Unity AR
增强现实开发实战

主　编　李婷婷
副主编　余庆军　刘石　仲于姗

清华大学出版社
北　京

内容简介

本书以 Unity 2018 版本为开发平台，从增强现实的基本概念出发，系统介绍 AR 相关理论、行业应用及发展趋势，并且结合大量增强现实技术应用开发案例，从实战角度系统地介绍增强现实开发相关知识。

本书共分为 10 章。第 1 章为增强现实技术概述，主要对增强现实理论进行介绍，重点介绍增强现实技术的概念、原理、特点、组成、分类、表现形式等内容。第 2 章为 Unity3D 基础，系统介绍 Unity3D 下载与安装、界面基础、脚本编写、资源获取、发布设置等内容。第 3 章为 AR 开发概述，结合多卡识别方式讲解 AR 开发方法及开发流程。第 4 章为 AR 界面开发，重点讲解界面设计原则以及 UGUI 各种控件使用方法。第 5 章为 AR 场景开发，基于 Unity3D 引擎讲解 AR 场景环境搭建方法。第 6 章为 AR 视频开发，主要介绍增强现实开发中音频和视频相关知识。第 7 章为 AR 动画开发，重点对 AR 动画知识进行概述，并基于 Mecanim 动画系统开发 AR 角色交互动画。第 8 章为 AR 交互开发，概述 AR 交互方法及分类，并且实现模型旋转、缩放、动态加载、脱卡等功能。第 9 章为 AR 特效开发，重点讲解增强现实开发中 Unity 粒子系统的属性参数及实践应用。第 10 章为 AR 游戏开发，将前 9 章知识内容综合，通过项目构思、项目设计、项目实施、项目测试过程完整讲述 AR 游戏开发过程。全书提供了大量应用实例，每章均附有 PPT、习题、案例、素材、拓展学习等相关学习资源。

本书适合作为高等院校数字媒体技术、数字媒体艺术及相关专业的教学用书，也适用于广大增强现实技术初学者以及有志从事增强现实应用开发的人员参考。

图书在版编目(CIP)数据

Unity AR 增强现实开发实战/李婷婷主编.—北京：清华大学出版社，2020.7（2023.1重印）
ISBN 978-7-302-55597-1

Ⅰ.①U… Ⅱ.①李… Ⅲ.①游戏程序－程序设 Ⅳ.①TP317.6

中国版本图书馆 CIP 数据核字(2020)第 087930 号

责任编辑： 张 玥 薛 阳
封面设计： 傅瑞学
责任校对： 胡伟民
责任印制： 沈 露

出版发行： 清华大学出版社
网 址： http://www.tup.com.cn，http://www.wqbook.com
地 址： 北京清华大学学研大厦 A 座 **邮 编：** 100084
社 总 机： 010-83470000 **邮 购：** 010-62786544
投稿与读者服务： 010-62776969，c-service@tup.tsinghua.edu.cn
质量反馈： 010-62772015，zhiliang@tup.tsinghua.edu.cn
课件下载： http://www.tup.com.cn，010-83470236
印 装 者： 北京鑫海金澳胶印有限公司
经 销： 全国新华书店
开 本： 185mm×260mm **印 张：** 19.25 **字 数：** 485 千字
版 次： 2020 年 7 月第 1 版 **印 次：** 2023 年 1 月第 5 次印刷
定 价： 59.50 元

产品编号：083031-01

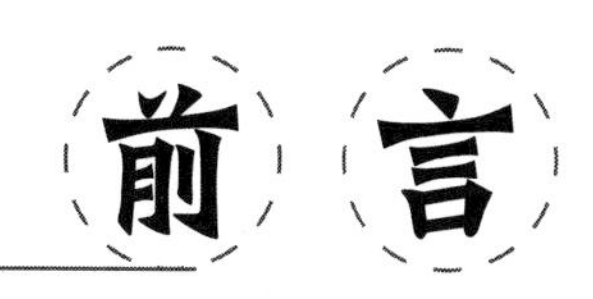

前言

Foreword

增强现实(AR)是一种通过实时计算摄影机影像的位置及角度,并叠加相应图像的技术。该技术利用计算机对从现实世界获取的信息进行加工,从而提供个性化的体验。近年来,随着信息技术的发展,增强现实日益被大众所熟知,越来越多的人开始关注相关领域的动态及发展,如今增强现实已经吸引了谷歌、微软、苹果等世界级企业的关注,并且被广泛应用到医疗、教育、工业、娱乐、军事等领域,未来增强现实将具有更广阔的发展前景。

Unity可以很好地支持增强现实技术开发。它是由Unity Technologies公司开发的三维游戏制作引擎,凭借自身的跨平台性与开放性优势已经逐渐成为当今世界范围内的主流游戏引擎。同时,该引擎已经成为增强现实应用开发的首选方案,极高的开发效率使得增强现实应用开发者可以将自己的全部精力集中在项目内容开发上。用Unity开发的增强现实应用可以在移动设备或者PC平台运行。Unity功能强大,简单易学,无论对初学者还是专业增强现实应用开发团队来说,Unity都是非常好的选择。

本书内容丰富、条理清晰,主要以Unity 2018.2.16版本进行知识讲解。主要讲述Unity结合Vuforia平台开发增强现实应用的方法及经验。从简单的AR Base应用程序到完整的增强现实游戏案例,难度循序渐进。书中结合大量增强现实应用开发案例,从实战角度系统地介绍增强现实开发知识,将增强现实应用开发知识完整呈现在读者面前。通过学习本书,读者可以在Unity结合Vuforia平台基础上,熟悉并掌握基于Unity结合Vuforia的增强现实内容开发。

本书受辽宁省教育厅科学研究项目(JZR2019005)、大连市科技创新基金项目(NO.2019J13SN112)、辽宁省自然科学基金(NO.2019-2D-0352)资助。本书由大连东软信息学院数字媒体专业增强现实课程群负责人李婷婷任主编,余庆军、刘石、仲于姗任副主编。参加编写的还有宋志谦、王进、赵婧、宜美姗。由于近年来增强现实应用开发技术发展迅速,Unity软件版本更新加快,同时受编者自身水平及编写时间所限,本书难免存在疏漏和不足之处,敬请读者提出宝贵意见和建议,以利于我们的改进。

编　者

2020年3月

Contents

目录

第1章

增强现实技术概述

增强现实技术是把现实世界中某一区域原本不存在的信息，经过模拟仿真后再叠加到真实世界，被人类感官所感知的技术。增强现实技术能够使真实的环境和虚拟的物体实时地显示到同一个画面或空间，从而达到超越现实的感官体验。本章主要对增强现实理论进行概述，结合增强现实技术的概念、原理、特点、组成、分类、表现形式等内容对增强现实技术进行系统介绍。

1.1 增强现实技术简介

1.1.1 增强现实技术概念

增强现实（Augmented Reality，AR）也被称为扩增现实，1990 年由波音公司研究院 Thomas Caudell 提出。广义地讲，增强现实是扩展现实世界技术的统称。通俗地可以理解为一种实时计算摄影机影像的位置及角度，并加上相应的图像的技术。它将原本现实世界中在特定时间、空间范围内很难体验到的实体信息，通过计算机科学技术，模拟、仿真再叠加后，使真实的环境和虚拟的物体实时地在同一个画面或空间出现，被人类感官所感知，实现超越现实的感官体验，如图 1.1 所示。

图 1.1 增强现实技术体验

增强现实技术结合真实环境和虚拟环境，实现了真实世界信息和虚拟信息相互叠加、相互补充，并通过真实与虚拟之间的互动，在人们的意识中形成虚即是实，实即是虚的效果。这种虚实结合的技术可以为各种信息提供可视化的解释和表现，使用户能够有效地扩展感知世界的维度，是人机交互技术发展的一个重要方向。增强现实技术介于完全虚拟与完全真实之间，是超越虚拟技术的新阶段。

1.1.2 增强现实技术原理

增强现实技术，是一种将真实世界信息和虚拟世界信息“无缝”集成的新技术，是把原本在现实世界的一定时间、空间范围内很难体验到的实体信息（视觉、听觉、味觉、触觉等），通过计算机等科学技术，模拟仿真后再叠加，将虚拟的信息应用到真实世界，被人类感官所感知，从而达到超越现实的感官体验。具体工作时，真实的环境和虚拟的物体实时地叠加到了同一个画面或空间存在。从真实世界出发，经过数字成像，系统通过影像数据和传感器数据一起对三维世界进行感知理解，同时得到对三维交互的理解，三维交互理解的目的是告知系统需要增强的内容。一旦系统知道了要增强的内容和位置，就可以进行虚实结合，这一般是通过渲染模块完成的。最后，合成的视频被传递到用户视觉系统中，由此实现了增强现实的效果。

增强现实技术不仅展现了真实世界的信息，而且将虚拟的信息同时显示出来，两种信息相互补充、叠加。在视觉化的增强现实中，用户利用头盔显示器，把真实世界与计算机图形重合在一起，便可以看到如真实的世界围绕着他。

增强现实技术包含多媒体、三维建模、实时视频显示及控制、多传感器融合、实时跟踪及注册、场景融合等新技术与新手段。增强现实技术提供了在一般情况下不同于人类可以感知的信息。

1.1.3 增强现实技术特点

增强现实技术有几个突出的特点：①真实世界和虚拟信息的合成，简称为虚实融合；②具有实时交互性；③在三维尺度空间中定位虚拟物体，也称三维配准。正是因为以上几个特点，增强现实技术可以广泛应用于许多领域，如娱乐、教育和医疗等。接下来将从增强现实的三个突出特点出发对增强现实技术进行详细介绍。

1. 虚实融合

增强现实技术要将真实世界中的信息和虚拟世界中的信息集成后，通过科学技术，将其在一个画面或空间展现出来。真实环境与虚拟环境相结合是增强现实技术最大的特点，它能使现实生活中的真实环境和计算机生成的虚拟图像信息共存，将屏幕上呈现的虚拟物体拓展到真实环境中。增强现实技术利用计算机图形技术生成虚拟信息并借助传感技术将虚拟信息准确“放置”在真实场景中，而虚拟物体出现的时间或位置与真实世界对应的事物保持一致，再通过显示设备将虚拟信息与真实环境融为一体，呈现给用户一个虚实结合的新环境。

虚实融合还要考虑到几何和光照问题，这是虚拟物体与真实世界比较明显的区别。几何问题是指虚拟物体的模型精度应该比较高，显示出的模型效果应该与真实物体接近。同时，虚拟物体与真实物体应该具备一定的遮挡关系。由于当前计算机图形技术的局限性，生成的虚拟物体不可能与真实物体完全一致，只能在一定的分辨率下利用抗锯齿（Anti-aliasing）和曲面细分（Tessellation）等技术使虚拟物体尽可能逼真。光照问题是指真实世界中的物体具有眩光、透明、折射、反射和阴影等效果，实现完美的虚实融合需要利用计算机图形技术中的光照算法（如全局光照算法和局部光照算法等）生成虚拟的光影效果。

2. 实时交互

增强现实技术的目的就是使虚拟世界与现实世界实时同步。由于增强现实技术是虚拟场景和真实场景的叠加,用户在体验过程中需要结合虚拟画面进行实时交互,使用户能在现实世界中感受到来自虚拟世界的物体,从而提升用户的体验与感知。

近期热门的基于增强现实技术的地图 App 就是一个很好的例子,用户可以通过手机屏幕看到现实环境中叠加了各种信息,这些信息可以根据用户的操作和移动改变。其中的交互就是将地图信息放入现实场景中引导用户。

交互是从小而精确的位置扩展到整个环境中,从简单的人机交互发展到用户融入周围的虚实环境中的过程。增强信息不再作为独立的部分存在,而是同当前的用户活动融为一体。用户与增强现实系统的交互通常会使用键盘、鼠标、触摸设备(触摸屏、触摸笔)和麦克风等硬件。随着科技的发展,近年来出现了一些基于手势和体感的交互方式,如数据手套和动作捕捉仪等。

3. 三维配准

增强现实技术通过利用计算机技术实现虚拟世界与真实世界的实时同步。三维配准的目的是保持虚拟物体在真实世界中的存在性和连续性。随着设备的移动,屏幕中会相应呈现不同的内容,即设备根据用户在三维空间的运动调整计算机产生的增强信息。增强现实技术所生成的增强后的信息与用户实现精确"对准用户移动或转动头部时,视野随之变动,增强现实系统生成的增强信息也随之变化",这是借助三维配准技术实现的。三维配准技术可以实时为计算机在真实世界中的某个位置添加增强虚拟信息,以确保增强虚拟信息能实时显示在显示器的正确位置上。

为了实现虚拟物体和真实世界的融合,首先要将虚拟物体正确地定位在真实世界中并实时地显示出来,这个定位过程被称为三维注册。增强现实技术的三维环境注册方式可以分为三类:第一类是基于传感器的注册技术,这类技术无须使用复杂的算法获取虚拟信息呈现的位置,而是通过 GPS、加速度传感器、电子指南针和电子陀螺仪等各种硬件设备得到位置信息;第二类是基于计算机视觉的注册技术,这类技术使用计算机视觉算法,通过对真实世界中的物体图像或者特别设计的标志物进行图像识别和分析获取位置信息;第三类是综合使用传感器和计算机视觉的注册技术,它结合了前两类的优点,可以达到更可靠、更准确的注册。

1.1.4 增强现实系统组成

1. Monitor-based 系统

摄像机摄取的真实世界图像输入到计算机中,与计算机图形系统产生的虚拟景象合成,并输出到屏幕显示器,用户从屏幕上看到最终的增强场景图片,如图 1.2 所示。这是一套最简单的 AR 实现方案。由于这套方案对硬件要求很低,因此被实验室中的 AR 系统研究者大量采用。

2. Optical See-through 系统

光学透视头盔显示器利用特殊的半透半反光学系统,像帽子一样佩戴在用户头部,覆盖的范围更大。视觉呈现方面部分为透视状态,将真实的环境光线直接透射给人眼,同时虚拟

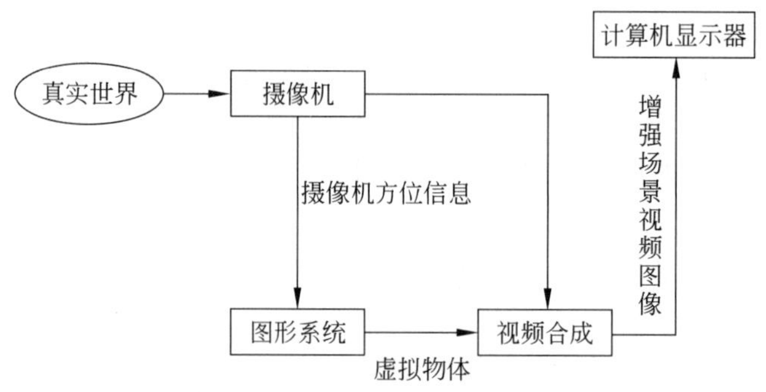

图 1.2 Monitor-based 系统示意图

信息图像通过反射光路进入人眼，这种方式保证了人眼接收到的环境是绝对真实、没有加工过的，分辨率等于人眼自身分辨率，而虚拟信息直接叠加在上面，分辨率为投影器件分辨率，这种方式更加真实自然，如图 1.3 所示。市面上轰动一时的 HoloLens 谷歌眼镜利用的就是光学透视头盔显示器原理，可以看到谷歌眼镜的镜面是透明的，跟普通眼镜一样，当用户戴上谷歌眼镜后看到的现实景象会与虚拟图像合成。光学透视式头盔显示器能够显示几乎完整的真实场景，但在虚实融合的精确度上不如视频透视式头盔显示器。其最大的优势在于用户的舒适度较高，视野范范围广不易产生头晕，能直接看到真实环境等。当然，其不完善的地方在于对增强现实的实时响应性要求很高，如果达不到便会产生因更新速度不足或虚拟物体绘制不足而导致的虚拟与真实场景不同步现象，影响用户体验。

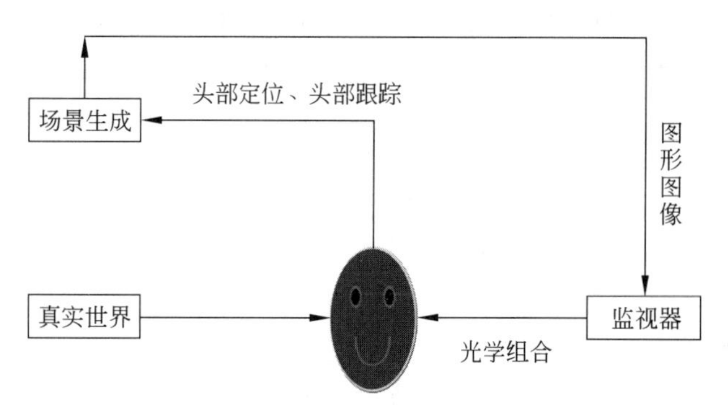

图 1.3 Optical See-through 系统示意图

3. Video See-through 系统

视频透视头盔显示器带有一个或两个摄像头，大多采用基于视频合成技术的穿透式 HMD，和光学透视头盔显示器原理类似，先使用摄像头获取场景的图像，然后根据摄像头位置进行虚拟信息的叠加，此时虚拟信息(图像或文字)直接渲染到原有视频流的上层，覆盖原有的信息。在拍摄现实场景的过程中，视频与图像经过场景合成器的处理，便会直达显示器让用户看到，如图 1.4 所示。用户对外部环境只能间接感受，因为装置上的摄像头遮挡视线，从而把用户与外部完全分隔开来。相对于光学透视显示装置而言，虽然它成本比较低，但不足的方面同样显而易见，不仅观察的舒适度不如光学透视显示装置，视野范围也比较小。

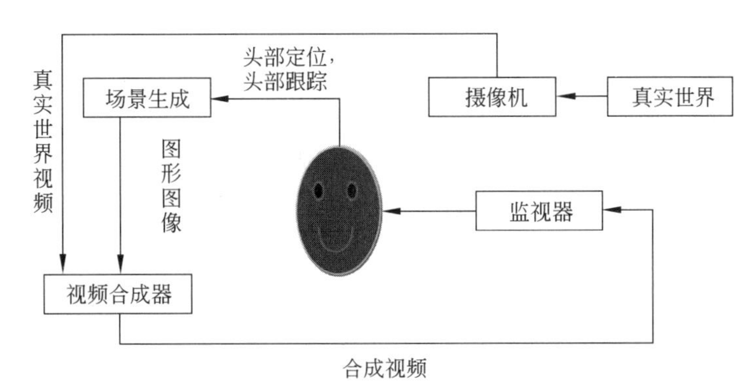

图 1.4 Video See-through 系统示意图

1.1.5 增强现实系统分类

增强现实系统从使用方式上可以分为两类：移动型和固定型。移动型增强现实系统给用户提供了可移动性，可以让用户在大多数环境中使用增强现实设备并随意走动。固定型增强现实系统与之相反，系统不能移动，只能在系统构建位置处使用。实用的移动型或者固定型系统让用户只关注增强现实应用，而非设备本身，从而使用户的体验更加自然，使系统更易被社会认可。

增强现实系统从技术手段上可以分为两类：基于计算机视觉的 AR(Vision-based AR)和基于地理位置信息的 AR(LBS-based AR)。Vision-based AR 是利用计算机视觉方法建立现实世界与屏幕之间的映射关系，使我们想要绘制的图形或是 3D 模型可以如同依附在现实物体上一般展现在屏幕上，如图 1.5 所示。LBS based AR 是通过 GPS 获取用户的地理位置，然后从某些数据源(如 Wiki、Google)等处获取该位置附近物体(如周围的餐馆、银行、学校等)的 POI 信息，利用移动设备的电子指南针和加速度传感器获取用户手持设备的方向和倾斜角度，再通过这些信息建立目标物体在现实场景中的平面基准(相当于 marker)，最后将坐标变换显示，如图 1.6 所示。

图 1.5 Vision-based AR

图 1.6 LBS-based AR

1.1.6 增强现实表现形式

1. 依照标识图的有无划分

增强现实的表现形式依照标识图的有无基本上可以分为两类：标记式和无标记式。

1）标记式

标记式的增强现实是目前最常见的一种增强现实表现形式。标记式的增强现实系统必须通过事先读取的标识图信息为系统提供识别标准，并定位相关联的虚拟模型对于标识图的相对位置，之后将虚拟模型叠加在真实画面中呈现在屏幕上。

标记式的优点：①便于实现，利用普通纸张便可以印制标记，成本低，计算量较小，短时间内便可以实现系统搭建。②图像位置配准容易实现，标记式的位置配准实际上以标识的位置信息为基准，进行图像的叠加显示，因此跟踪性好，精度高。③直观明了，标记便于人识别，有标记的地方就在向人们传达一种信息：此处是增强现实区域，可以扫描。

标记式的缺点：①场所受限，受光线及遮挡影响明显，标记式只能用于能够拍摄到标识整体的范围内，如果标记的一部分信息被遮挡或是遭受强光/弱光照射就难以识别。②美观问题，增强现实标记过于显眼，有时会破坏周围环境或产品的美观。

2）无标记式

无标记式的增强现实系统不需要特定的标识图，系统可以通过更多样的方法实现虚拟现实特效。其中一种是基于地理位置服务(LBS)的增强现实系统。LBS通过电信移动运营商的无线电通信网络或外部定位方式(如GPS)获取移动终端用户的位置信息，在地理信息系统平台的支持下为用户提供相应服务。

2. 依照硬件设备摄像机的输入数划分

增强现实的表现形式依照硬件设备摄像机的输入数，又可以分为单目和双目两种。

1）单目

单目即使用一台摄像机的输入图像作为计算机视觉算法的处理与输出，许多与增强现实相关的计算机视觉算法都是依赖单目摄像机完成的，例如所有依赖标识图进行检测识别的增强现实技术。常规的智能手机和平板电脑等移动设备都是单目的增强现实硬件设备，当然，现在有些厂商已经推出了带有双摄像头的智能手机。

2）双目

顾名思义，双目的增强现实系统需要两台摄像机的视频流输入。双目增强现实往往被应用于需要对真实环境进行场景检测或者三维重建的应用中。许多基于单目的计算机视觉算法，都是通过在初始化时将摄像头平移一小段距离，用平移前与平移后的两幅图像进行三角化，估算图中特征的深度信息。相比于单目系统，双目系统可以更直接地对真实环境中所需特征的深度信息进行更精确的计算和优化。

3. 依照展现形式的不同划分

增强现实的表现形式依照展示内容的不同，又可以分为3D模型展示、AR视频展示、AR场景和AR游戏等。

1）3D模型

3D模型的展示形式比较简单，是AR基本的展示形式，应用较广泛，在早教商品以及展示领域有特殊的应用，如魔法百科的AR早教卡、宜家的AR家具App。

2）AR视频

AR视频展示的不再是一个静态模型，而是一段视频。通过AR视频展示，可以将原本枯燥的内容变得生动，相比于简单的3D模型更能博人眼球，一段普通的AR视频应用马上就能将晦涩的内容变得通俗易懂。AR 视频展示主要用于内容介绍，如 AR 报纸。

3）AR 场景

AR 场景展示是基于现实并且在现实场景中叠加虚拟信息，应用范围比较广，内容都是动态的，实现了更多的展示方式，在 AR 场景展示中，人们可以与 3D 模型进行交互。

4）AR 游戏

AR 游戏相比较于传统游戏，以真实世界为场景，省去了场景的建模过程。AR 游戏是目前比较受欢迎的，在真实的世界里玩游戏是一种非常棒的体验。

1.1.7 AR 与 VR 的区别

VR 和 AR 都是目前较新的计算机技术。一般认为，AR 技术的出现源于虚拟现实技术（Virtual Reality，VR）的发展，但二者存在明显的差别。虚拟现实（VR）技术给予用户一种在虚拟世界中完全沉浸的效果，场景和人物全是假的、脱离现实的，理想状态下，用户是感知不到真实世界的，是另外创造一个世界；而增强现实（AR）技术将虚拟和现实结合，用户看到的场景和人物一部分是真的，一部分是假的，是把虚拟的信息带入现实世界中，通过听、看、摸、闻虚拟信息增强对现实世界的感知，如图 1.7 所示。

图 1.7 AR 和 VR 区别

因为 VR 是纯虚拟场景，所以 VR 装备更多地用于用户与虚拟场景的互动，比较多使用的是：头戴式显示器、位置跟踪器、数据手套（5DT 之类的）、动捕系统、数据头盔等。AR 是现实场景与虚拟场景的结合，通过摄像头捕捉现实环境中的事物，结合虚拟画面进行展示和互动，所以基本都要用到摄像头。比如谷歌眼镜、微软 HoloLens 等产品都是增强现实设备，现在的智能手机只要安装 AR 软件也可以作为 AR 设备使用。

1.2 增强现实发展历程

1. 1962 年：Sensorama 摩托车仿真器

AR 的起源最早可追溯到 20 世纪 50～60 年代所发明的 Sensorama Stimulator，如图 1.8 所

示。Morton Heilig 是一名哲学家、电影制作人和发明家。他利用在电影上的拍摄经验设计出了叫作 Sensorama Stimulator 的机器。Sensorama Stimulator 可通过图像、声音、气味和振动，让用户感受在纽约布鲁克林街道上骑着摩托车风驰电掣的场景。这个发明在当时非常超前，以此为契机，AR 也展开了它的发展史。

图 1.8 Sensorama 摩托车仿真器设备

2. 1966 年：第一台 AR 设备

计算机图形学之父和增强现实之父苏泽兰(Ivan Sutherland)开发出了第一套增强现实系统，是人类实现的第一个 AR 设备，被命名为达摩克利斯之剑(Sword of Damocles)，同时也是第一套虚拟现实系统，如图 1.9 所示。这套系统使用一个光学透视头戴式显示器，同时配有两个追踪仪，一个是机械式，另一个是超声波式，头戴式显示器由其中之一进行追踪。

由于当时技术并不发达，做出来的头戴显示器显得非常笨重，如果直接佩戴会因为重量导致使用者断颈身亡，所以这套系统将显示设备放置在用户头顶的天花板上，并通过连接杆和头戴设备相连，能够将简单线框图转换为 3D 效果的图像。从某种程度上讲，苏译兰发明的这个 AR 头盔和现在的一些 AR 产品有着惊人的相似之处。当时的 AR 头盔除了无法实现娱乐功能以外，其他技术原理和现在的增强现实头盔没有什么本质区别。

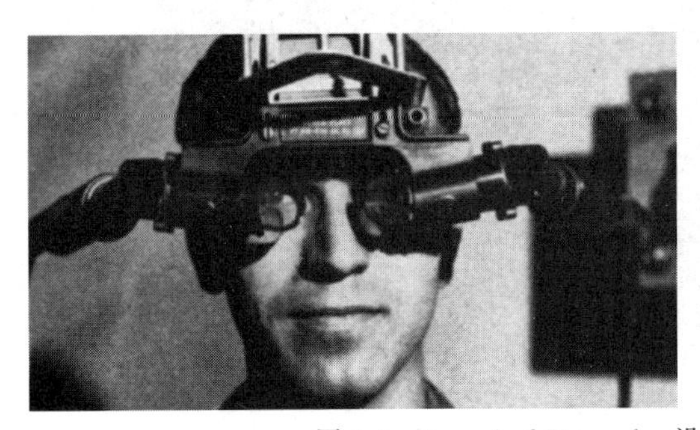
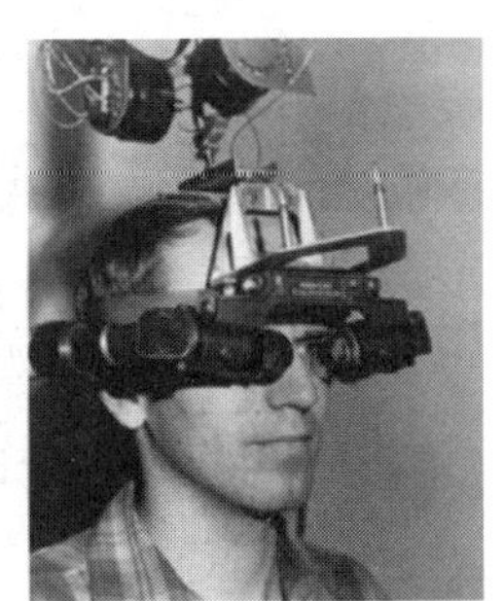

图 1.9 Sword of Damocles 设备

虽然这款产品被业界认为是虚拟现实和增强现实发展历程中里程碑式的作品，不过在当时除了得到大量科幻迷的热捧外，并没有引起很大轰动。笨重的外表和粗糙的图像系统都大大限制了产品在普通消费者群体里的发展。

3. 1992 年：AR 术语正式诞生

Tom Caudell 和 David Mizell 在论文 *Augmented reality: an application of heads-up display technology to manual manufacturing processes* 中首次使用了增强现实(Augmented Reality)这个词，用来描述将计算机呈现的元素覆盖在真实世界上这一技术，并在文章中探讨了 AR 相对于 VR 的优点。

4. 1994 年：AR 技术用于表演

这一年，AR 技术首次在艺术上得到发挥。艺术家 Julie Martin 设计了一场叫作《赛博空间之舞》(*Dancing in Cyberspace*)的表演。舞者作为现实存在,舞者与投影到舞台上的虚拟内容进行交互,在虚拟的环境与物体之间婆娑,这是AR概念非常到位的诠释。这是世界上第一个增强现实戏剧作品。

5. 1998年:AR用于体育直播

当时体育转播图文包装和运动数据追踪领域的领先公司Sportvision开发了1st & Ten系统。在实况橄榄球直播中,首次实现了"第一次进攻"黄色线在电视屏幕上的可视化,如图1.10所示。另外,在我们每次看游泳比赛时,每个泳道上会显示选手的名字、国旗以及排名,这就是AR技术用于体育直播,如图1.11所示。

图1.10 AR在橄榄球直播中的应用

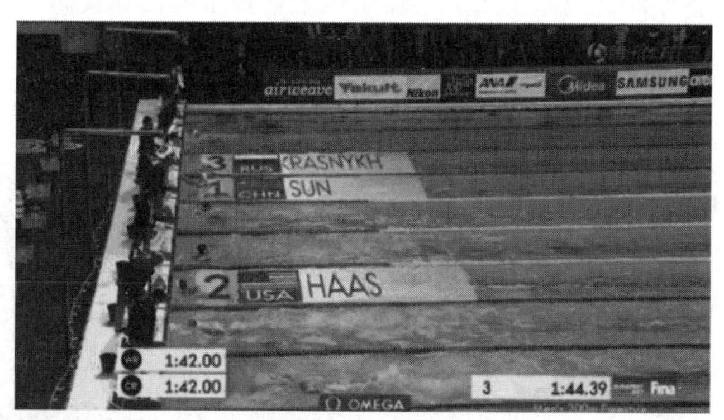

图1.11 AR在游泳比赛直播中的应用

6. 1999年:第一个增强现实SDK ARToolKit

这个开源工具由奈良先端科学技术学院(Nara Institute of Science and Technology)的加藤弘(Hirokazu Kato)开发,可以说是消费级增强现实的第一个实例。2005年,ARToolKit与软件开发工具包(SDK)结合,可以为早期的塞班智能手机提供服务。开发者通过SDK启用ARToolKit的视频跟踪功能,可以实时计算出手机摄像头与真实环境中特定标志之间的相对方位,如图1.12所示。这种技术被看作是增强现实技术的一场革命,目前在Android及iOS设备中,ARToolKit仍有应用。

图 1.12　ARToolKit 演示效果

7. 2000 年：第一款 AR 游戏

BruceThomas 等发布了一款增强现实版本的游戏 AR-Quake，是流行计算机游戏 Quake（雷神之锤）的扩展。这款游戏集成了六自由度跟踪系统、GPS、数字罗盘和基于标记的视觉追踪技术，并可以让玩家以第一视角在室内或室外操作游戏。

8. 2001 年：可扫万物的 AR 浏览器

Kooper 和 MacIntyre 开发出第一个 AR 浏览器 RWWW，这是一个作为互联网入口界面的移动 AR 程序。这套系统起初受制于当时笨重的 AR 硬件，需要一个头戴式显示器和一套复杂的追踪设备。2008 年，Wikitude 在手机上实现了类似的设想。

9. 2009 年：平面媒体杂志首次应用 AR 技术

当把这一期的 *Esquire* 杂志的封面对准笔记本的摄像头时，封面上的罗伯特·唐尼就会跳出来，和读者聊天并开始推广自己即将上映的电影《大侦探福尔摩斯》，如图 1.13 所示。这是平面媒体第一次尝试 AR 技术，期望通过 AR 技术，能够让更多人重新开始购买纸媒。

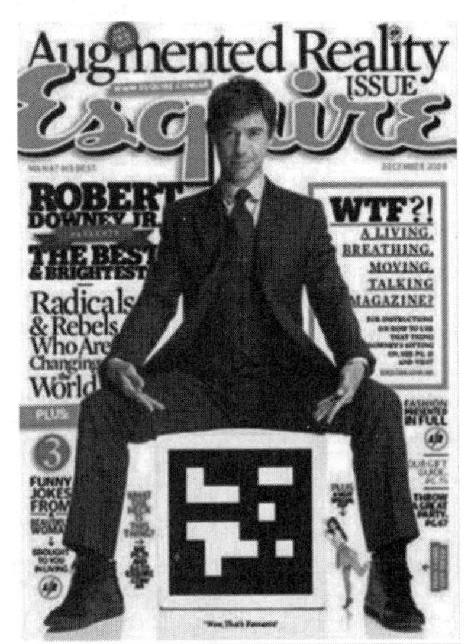

图 1.13　AR 平面杂志封面

10. 2012 年：谷歌 AR 眼镜来了

2012 年 4 月，谷歌公司宣布开发 Project Glass 增强现实眼镜项目。这种增强现实的头戴设备将智能手机的信息投射到用户眼前，通过该设备也可直接进行通信。当然，谷歌眼镜远没有成为增强现实技术的变革，但它重燃了公众对增强现实的兴趣。2014 年 4 月 15 日，Google Glass 正式开放网上订购。

从谷歌眼镜在 2012 年横空出世之后，增强现实突然又来到大众的面前，如图 1.14 所示，不过其价格依然还是太高。不仅如此，谷歌眼镜那怪异的造型以及不太舒服的佩戴感受，甚至让用户发明出了“Glassholes”这样的贬义词。2015 年 1 月，谷歌停止销售第一版谷歌眼镜，并将谷歌眼镜项目从 Google X 研究实验室拆分为一个独立部门。再一次，增强现实技术开始沉寂。2015 年 3 月 23 日，谷歌执行董事长埃里克·施密特表示，谷歌会继续开发谷歌眼镜，因为这项技术太重要了，以至于无法放弃。

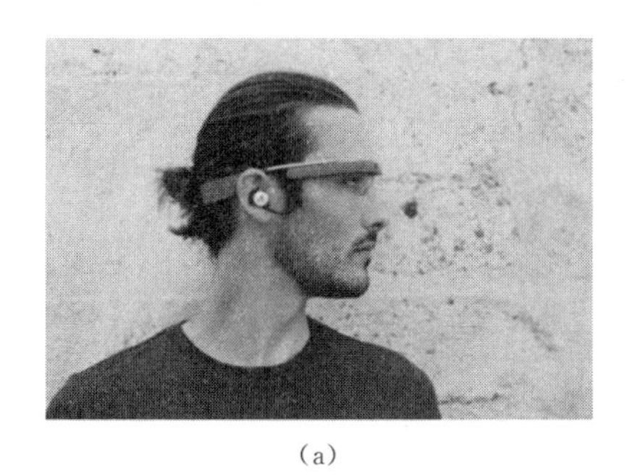

(a)

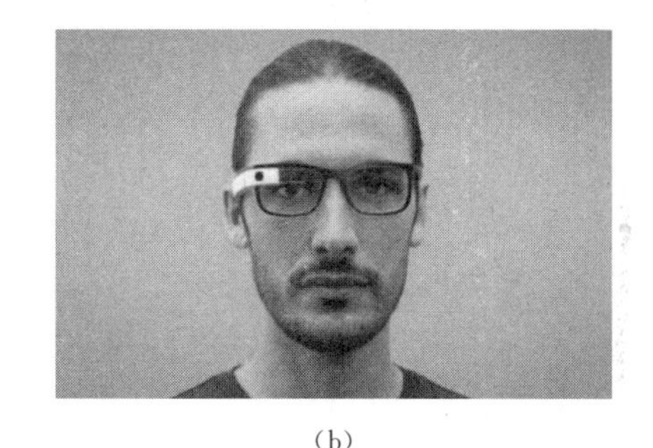

(b)

图 1.14 Google Glass

11. 2014 年：首个获得成功的 AR 儿童教育玩具

Osmo 是前 Google 公司员工 Pramod Sharma 和 Jerome Scholler 创立的一家生产 AR 儿童益智玩具的公司。它由一个 iPad 配件和一个 App 组成，如图 1.15 所示。Osmo 包含一个可以让 iPad 垂直放置的白色底座和一个覆盖前置摄像头的红色小夹子，夹子内置的小镜子可以把摄像头的视角转向 iPad 前方区域，并用该区域玩识字、七巧板、绘画等游戏。

图 1.15 Osmo AR 儿童教育玩具

12. 2015 年：AR 手游 *Pokémon GO*

Pokémon GO 是由任天堂公司、Pokémon 公司授权，Niantic 公司负责开发和运营的一款 AR 手游，如图 1.16 所示。在这款 AR 类的宠物养成对战游戏中，玩家捕捉现实世界中出现的宠物小精灵，进行培养、交换以及战斗。

图 1.16 *Pokémon GO* AR 手游

市场研究公司 APP Annie 发布的数据显示，AR 游戏 *Pokémon GO* 只用了 63 天便通过 Apple Store 和 Google Play 应用商店在全球赚取了 5 亿美元，成为史上赚钱速度最快的手游。

13. 2017 年：苹果打造最大 AR 开发平台

2017 年 6 月 6 日，在 WWDC 大会上苹果宣布在 iOS 11 中带来了全新的增强现实组件 ARKit，该组件适用于 iPhone 和 iPad 平台，使得 iPhone 一跃成为全球最大的 AR 平台。2018 年 6 月 5 日，苹果全球开发者大会 WWDC 在加州圣何塞召开，会上苹果宣布推出旗下 AR 工具的新版本 ARKit 2.0。

1.3 增强现实开发平台

增强现实的应用领域广泛，在增强现实开发中常见的插件有 Vuforia、Metaio、EasyAR 和 ARToolKit 等。这些插件各有优缺点，其中，Vuforia 插件在移动平台有非常好的兼容性，支持 Android 和 iOS 开发，但是需要注意的是，它并不支持 Mac 平台的开发。相比较 Vuforia 插件，EasyAR 较为全面，它可以很好地支持 PC 和 Mac 平台的开发，并且支持移动应用的开发，但是却不如 Vuforia 的兼容性好，Vuforia 插件可以使开发者在 Unity 中很方便地进行增强现实开发。常见的增强现实开发插件相关说明如表 1.1 所示。

表 1.1 增强现实开发中的常用插件

名　称	说　　明	官　网
Vuforia	市面上应用最广泛的插件，应用于移动平台的开发	http://developer.vuforia.com
Metaio	已被苹果公司收购，目前无法购买和使用	http://www.meitaio.com
EasyAR	由国内团队开发，更适合 PC 和 Mac 平台的开发	http://www.easyar.cn
ARToolKit	适合底层开发，难度大，使用人数少	http://artoolkit.org

1.3.1 Vuforia

Vuforia 是美国高通公司的一款 AR SDK，官方网址为 https://developer.vuforia.com/。Vuforia 被认为是全球使用最广泛的 AR 平台之一，稳定性非常高，跨平台性好，识别范围广，在移动端的性能表现优秀，是很多 AR 应用的首选 SDK。Vuforia 得到了全球生态系统的支持，拥有 325 000 多名注册开发人员，市面上已经有基于 Vuforia 开发的 400 多款应用程序。开发人员可以轻松地为任何应用程序添加先进的计算机视觉功能，使其能够识别图像和对象，或重建现实世界中的环境。无论是用于构建企业应用程序以便提供详细步骤的说明和培训，还是用于创建交互式的营销活动或产品可视化，以及实现购物体验，Vuforia 都具有满足这些需求的所有功能和性能。使用 Vuforia 平台，应用程序可以选择各种各样的东西，比如对象、图像、用户定义的图像、圆柱体、文本、盒子，以及 VuMark(用于定制和品牌意识设计)。其中，Smart Terrain 的功能为实时重建地形的智能手机和平板电脑，创建环境的 3D 几何图。Vuforia 支持的平台也很多，如 Android、iOS、UWP 和 Unity Editor。Vuforia SDK 目前的最新版本为 8.1 版，支持微软公司的 HoloLens，支持 Windows 10 设备，也支持来自 Google 公司的 Tango 传感器设备以及 Vuzix M300 企业智能眼镜等。

1.3.2 Metaio

Metaio是2003年由大众的一个项目衍生出来的一家虚拟现实初创公司，公司创始人为Thomas Alt和Peter Meier，专门从事增强现实和机器视觉解决方案。2005年，Metaio公司发布了第一款终端AR应用KPS Click & Design，让用户把虚拟的家具放到自家的客厅图像中。此后，Metaio公司陆续发布多款AR产品，在2011年赢得了国际混合与增强现实会议追踪比赛(ISMAR Tracking Contest)大奖。Metaio提供的产品涵盖了整个AR价值链的需求，包括产品设计、工程、运营、市场营销、销售和客户支持。在被苹果公司收购之前，Metaio公司在全世界30个国家有1000多个客户和超过15万用户。2015年5月29日，Metaio公司被苹果公司收购。此次收购完成后，Metaio将为苹果在虚拟现实iPhone VR、移动设备、客厅娱乐及游戏机等方向提供算法和专利上的积累。

1.3.3 EasyAR

EasyAR是Easy Augmented Reality的缩写，是视辰信息科技(上海)有限公司的增强现实解决方案系列的子品牌，应用于消费品、零售、品牌营销等领域。官方网址为https://www.easyar.cn/，支持C、C++、Java和Object-C编程语言，支持iOS、Android、Windows和Mac OS等多种平台，支持平面图片识别、二维码识别，可以跟踪不同形状或结构的目标物体，对3D物体的物理尺寸没有严格限制，可以同时识别多个物体，2012年为北京国际车展现场提供AR互动展示。相比较Vuforia，EasyAR较为全面，但是却不如Vuforia在移动端的兼容性好。所以，移动应用的开发大多使用Vuforia，本书的讲解内容也基于Vuforia进行开发。

1.3.4 ARToolKit

ARToolKit是一个免费的开源SDK，包含跟踪库和这些库的完整源代码，开发者可以根据平台的不同调整接口，也可以使用自己的跟踪算法代替它们以适应自己的特定应用。官方网址为https://artoolkit.org/ARToolKit。最新的ARToolKit 6是一款快速而现代的开源跟踪和识别SDK，可让计算机在周围的环境中查看和了解更多信息。它使用了现代计算机视觉技术，以及DAQRI内部开发的分钟编码标准和新技术。ARToolKit 6采用了免费和开源许可证发布，允许AR社区将其用于商业产品软件以及研究、教育和业余爱好者开发。支持的平台包括Android、iOS、Linux、Windows、Mac OS和智能眼镜。

1.4 增强现实开发硬件

可以实现增强现实的硬件设备主要包括移动手持式设备、头戴式显示器(HMD)、智能眼镜及空间增强现实显示设备等。

1.4.1 移动手持式设备

各种智能手机及iPad等移动手持式设备，可以通过增强现实应用程序的实时取景器观看叠加显示的数字图像，并可以通过单击屏幕与虚拟数字图像进行交互，这就是移动手持式显示器的工作模式。这类设备的性能依然在持续进步，显示器分辨率越来越高，处理器越来越强，相机成像质量越来越好，自身带有多种传感器。这些都是实现增强现实必要的组成元素。尽管手持设备是消费者接触增强现实最为直接方便的方式，但由于大部分手持设备不具有可穿戴功能，因此用户无法获得双手解放的增强现实体验。

1.4.2 头戴式显示器

头戴式显示器就像头盔一般，在头盔内部装有一块或多块显示屏。头戴式显示器上通常装有两个甚至更多的摄像头，用于采集真实场景的图像，然后再将这些图像经过校正、拼接后和虚拟物体的画面叠加显示在用户视野中。头戴式显示器通常搭载自由度很高的传感器，用户可以在前后、上下、左右、俯仰、偏转、滚动六个方向自由移动头部，头戴式显示器会根据用户的头部移动对画面进行相应的调整。

1.4.3 智能眼镜

智能眼镜是带有屏幕、摄像机和话筒的眼镜，用户在现实世界中的视角被增强现实设备截取，增强后的画面重新显示在用户视野中。增强现实画面通过眼镜镜片反射，从而进入眼球。

1. Google Glass

2012 年 4 月，Google 公司联合创始人、Google Glass 项目的牵头人谢尔盖·布林(Sergey Brin)在旧金山的一场活动上首次佩戴 Google Glass 公开亮相，吸引了全球的目光。尽管当时的 Google Glass 仍然是原型机，但是形态已经和现在公开发售的 Google Glass 非常相似。在一个 U 型金属框架下，佩戴者从右耳到右眼被 Google Glass 长条形的机身覆盖。机身中包含设备的处理器、触摸控制板、摄像头和投射显示模块等元件，尽管功能十分有限，但人们都被这种未来科技感所震撼。

Google Glass 正式公布之后，在长达一年的时间里只提供给和谷歌有合作关系的开发者使用，名为 Developer Edition。2013 年 4 月，谷歌正式将对外提供的眼镜命名为 Google Glass Explorer Edition，按照 1.5 万美元的价格销售给经过谷歌认证的 Glass Explorer。Google Glass 是有史以来人们见到过的最接近大众期待的 AR 人机交互产品，但却在相当长的一段时间里无法为大众所用。

2017 年 7 月 20 日，Google Glass 发布了企业版，已开始面向合作伙伴提供，如图 1.17 所示。此次 Google Glass 以商业版的形式回归，产品的代号为 Glass Enterprise Edition。

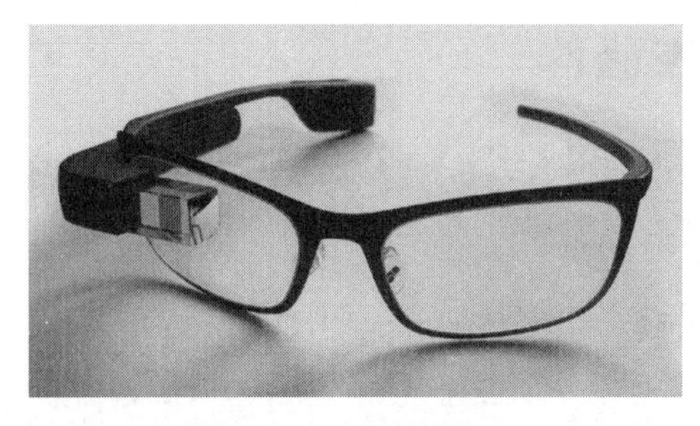

图 1.17 Google Glass

虽然 Google Glass 1 的消费版夭折了,但是之前就有不少工业生产企业选择使用这款眼镜来提高他们的工作效率。而商业版的正式推出,也是谷歌明确产品定位的一大进步,Glass Enterprise Edition 将针对有特殊需求的企业,谷歌还希望通过商业版的计划为更多的企业提供定制的、端到端的支持。

2. HoloLens

2016 年 3 月 30 日,微软在一年一度的 Build 大会上宣布 HoloLens 开发者套装正式在美国和加拿大市场发售,价格为 3000 美元,如图 1.18 所示。除了开发者版的 HoloLens 眼镜、常规的包装盒和充电器,套装还包括可交互的 Clicker 配件和另外 7 款应用及游戏。

HoloLens 的镜片采用通透式成像技术,佩戴者的视线将完全沉浸在现实场景和虚拟界面相结合的 AR 世界,而不是像 Google Glass 要求的那样,必须把视线移动到"小棱镜"的位置,才能看到里面"小屏幕"上的内容。HoloLens 上使用了多个深度镜头和光学镜头,采集回来的数据直接在应用端进行处理,由英特尔最新的 Atom 处理器制作出影像,并以 60 帧每秒的速度输出并投影到用户的视网膜上。镜片采用通透式成像技术,最前面的那层深色玻璃则没有输出输入效果,起到的只是对外部杂光的过滤作用。HoloLens 不需要线缆连接任何外部计算设备,因为它本身就是一部可以运算的计算机。

HoloLens 能够让使用者进入一个未来的世界,给人一种叹为观止的用户体验。它是一台完全独立的计算设备,内置了包括 CPU、GPU 和一个专门的全息处理器。它能够追踪人的手势和眼部活动,屏幕和投影都会随着人的活动而移动。HoloLens 的最成功之处可能就是用 AR 全息投影"欺骗"大脑使大脑将看到的光当成实物。其终极目标就是让人感知光的世界,它既存在,也不存在,重要的是让大脑认为它待在一个实体世界里。

3. Magic Leap

2017 年 12 月,Magic Leap 公司公布了旗下第一款增强现实 AR 眼镜产品 Magic Leap One,官方称之为"Creator Edition 版本"。Magic Leap One 已经在 Magic Leap 新版网站上发布,如图 1.19 所示。表面上看,Magic Leap 的外观算不上好看,但设备的体积控制得比较理想,戴上眼镜后并不会有明显的重量感,因为主要负责性能处理和运算的部分都移到了那个圆盘主机上,而且实际使用时可以直接别在腰间。它的内部搭载的是来自 NVIDIA 的 Tegra X2 芯片,此外还有 8GB 的内存和 128GB 的存储空间,内置的电池可以供 Magic Leap 连续运行 3 小时左右。

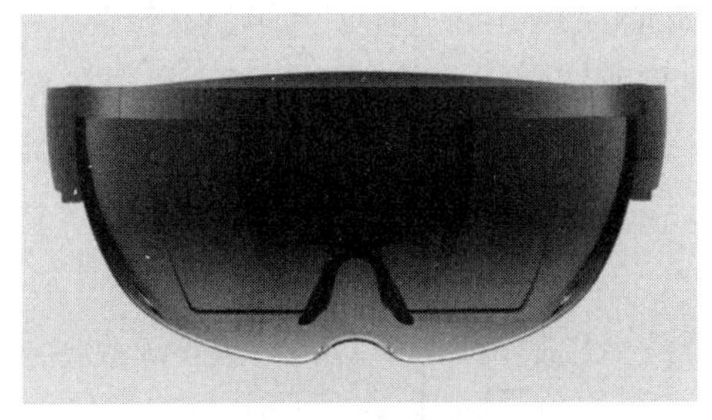

图 1.18 HoloLens

图 1.19 Magic Leap One

Magic Leap 的核心技术是"光场显示技术",与微软的 HoloLens 不同。二者的感知部分没有太大差异,都是空间感知定位技术,最大的不同来自显示部分。Magic Leap 是用光纤向视网膜直接投射整个数字光场,产生所谓的电影级的现实。而 HoloLens 则采用一个半透玻璃,从侧面 DLP 投影显示,虚拟物体总是实的,所以沉浸感会打折扣。如果 Magic Leap 的光场显示技术最终实现,它将是目前所能看到的所有增强现实设备里最好的一种显示方式。

4. DAQRI AR 头显

DAQRI 公司成立于 2010 年,2011 年其第一款 AR 平台发布,通过智能手机扫描二维码,可以将图片、视频与手机摄像头取景进行叠加。与 HoloLens 希望在工业和家庭应用两方面双管齐下不同,DAQRI 的 AR 头显只定位于工业应用。这家位于美国洛杉矶的 AR 公司,想要用 AR 技术把工人武装成"超人"。DAQRI 的 AR 头显名为 Daon Smart Helmet,核心元件包括第六代英特尔 M7-6Y75 处理器与一系列 360°的感应器。DAQRI 采用了英特尔的实感技术。简单来说,实感技术就是一套英特尔开发的搭载多种传感的摄像头组件,它采用了主动立体成像原理,能够模仿人眼的视差。DAQRI 的实感技术系统主要由 3 个传感器组成:一个集成的 RGB 摄像头,一个立体声红外摄像头和红外线发射器,通过左右红外传感器追踪,利用三角定位原理来读取 3D 图像中的深度信息,如图 1.20 所示。实感技术的应用,能够改变与设备之间的交互方式,让设备"看懂"人的眼神,"听懂"人的声音。

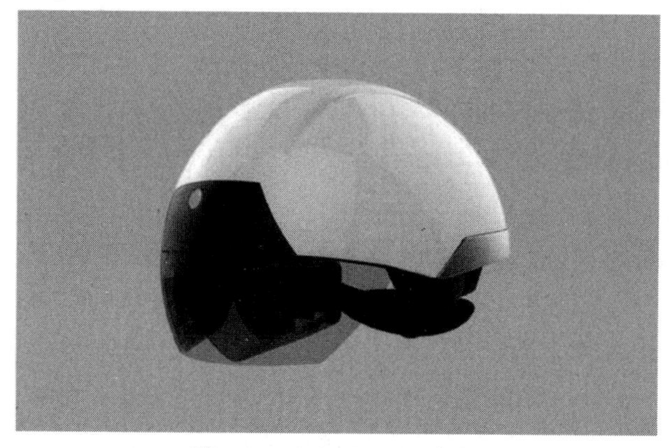

图 1.20　DAQRI AR 头显

DAQRI 公司对这些技术进行深度优化定制,希望让工业领域,如石油钻井平台和制造业的工人等有更高的工作效率和更安全的工作环境。DAQRI 选择了透明的显示屏,外镀一层蓝膜,以适应室内外都需要有清晰视角的工业作业特性。此外,DAQRI 还特别在头显上集成了一个热感应摄像头,专门用于检测工业设备运行过程中的发热量,然后再将数据以图像的形式,反映在 AR 显示屏上。

5. Meta Glass

Meta 公司成立于 2012 年,主要生产的产品是 AR 眼镜 Meta Glass。Meta Glass 采用独特的光学结构和底层算法,已经实现了 90°的可视视角。同时,在硬件上叠加了包含空间定位、系统平台和人机交互等基础功能,并且还在着力为开发者提供能够快速开发应用的开发系统套件。从外观和功能的角度看,Meta2 与 HoloLens 的构造非常相似。与其他的头戴式 AR 设备一样,佩戴者需借助面前的一块特殊光学玻璃才能看到画面中随时变化的物体,并与之进行交互,如图 1.21 和图 1.22 所示。

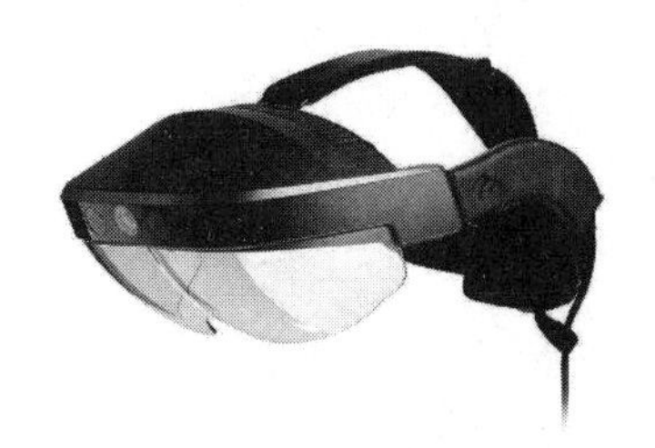

图 1.21　Mate2 侧方向

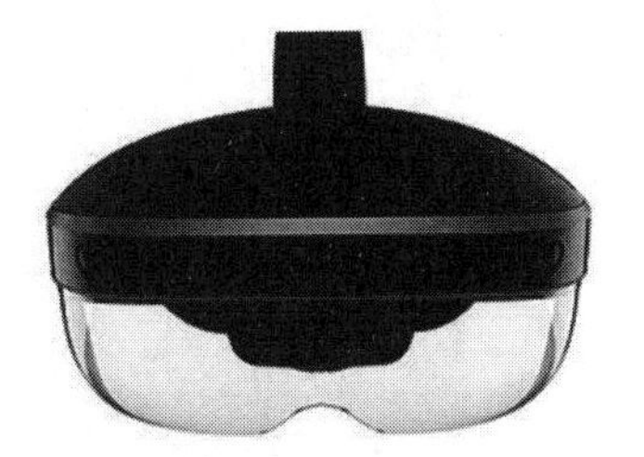

图 1.22　Mate2 正方向

6. 0glass 智能眼镜

0glass 公司已研发出国内可量产首款墨镜式 AR 一体机——0glass 智能眼镜,并已升级至第三代。在配置上,该眼镜的设计遵循人体工学——三层镜片、L 型鼻托、环绕镜腿;36°F0V、高分辨率 OLED 显示屏、85%高透光显示;1300 万像素高清防抖摄像头;骁龙工业专用处理器和工业级 AR 算法带来极佳的机器性能和体验;语音交互使用工业级降噪麦,彻底解放一线工人的双手,如图 1.23 所示。目前,0glass 眼镜已经在国家电网、华为、西门子、江铃汽车和两个军工企业进行了试点应用,应用行业覆盖了电力、汽车、航空和军事等。

图 1.23　0glass 智能眼镜

1.4.4　空间增强现实显示设备

空间增强现实显示设备是利用视频投影仪、全息摄影技术和其他技术,直接把数字信息显示在真实物体上,用户可以裸眼观看,不再需要显示器。实时交互通过控制器终端操作,结果也会实时投影在真实物体上。这套增强现实系统可以提供裸眼的增强现实信息,能根据应用场景的实际情况,设计出创意十足、效果酷炫的视觉效果,适用于固定场所中需要更大显示屏或更高分辨的场景。这些极少移动的系统可以搭载更加先进的相机系统,因此能够更加精确地识别人物和场景。此外,显示屏往往更大,分辨率更高,而且受阳光和照明等环境因素的影响较少。比如商家在某大型购物广场用增强现实的形式进行商业推广时,一般都会采用这种增强现实硬件设备。

1.5　增强现实应用领域

1.5.1　新闻传播

在日常的休闲中,观众通过 AR 技术可以在观看电视节目的同时,看见叠加在屏幕画面指定位置的相关实时信息。比如在电视上观看游泳比赛时,比赛成绩、选手信息等资料被实时叠加到对应泳道上,使观众可以更清晰地了解比赛的情况和结果,如图 1.24 所示。这种 AR 技术目前广泛应用于赛事直播、文艺演出中。

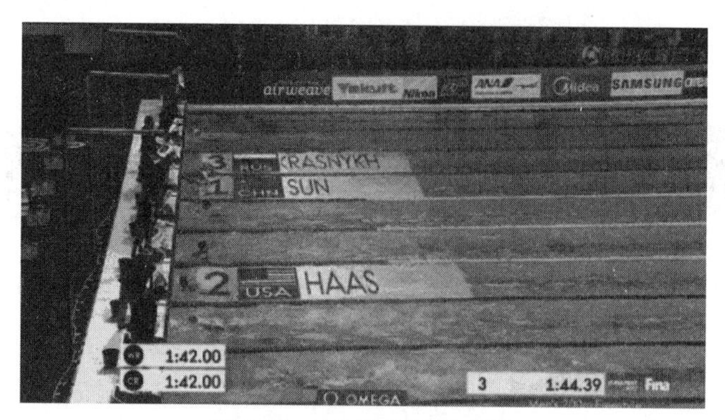

图 1.24　AR 游泳现场直播

1.5.2　教育教学

AR 技术具有独特的呈现方式，与教育相结合将会产生一种特别的个性化教学模式，这种人机互动教学带来的趣味可以提高学生的学习兴趣和自主性，也更符合学生的学习特点，从而实现教育质量的提升。索尼公司联手 J・K.罗琳打造的首本增强现实图书 Wonderbook，让用户仿佛置身书中场景并能与图书深度互动，如同真正进入魔法世界一般。Wonderbook 的外形和一本真正的书一样，用户通过 PlayStation Move 动作控制器可以随意创建与操纵数字画面，以此与图书进行互动。所有的动作都由 PlayStationEye 摄像头记录并识别，用户与 Wonderbook 互动的效果将同时显示在屏幕上。例如，当读者挥手时，PlayStation Move 就会将该动作转换成一个围绕图书的神奇效果，就像使用法术让龙复生一样，如图 1.25 所示。相信未来增强现实技术在教科书的编撰及教育方式的创新中将会出现更加独特的表达。

图 1.25　Wonderbook 互动效果

1.5.3　展览展示

在博物馆展品展示方面，增强现实技术也有所作为。传统的博物馆一般采取文物展示及导览图的方式引导游客在展区游览，但是这样始终难以突破二维的局限。参观者大多盲目地跟随展区设置的线路游览，隔着巨大的玻璃罩走马观花地观看博物馆中的展品。部分国家博物馆缺乏基础场景或是对场景的还原,如故宫博物院也不具备第一手的挖掘现场,想让参观者在这里产生身临其境之感实在是困难重重。自然博物馆中的史前动物展区更是如此,冷冰冰的化石被放置在展厅中,游客隔着巨大的玻璃感叹一下史前动物躯体之庞大,并未留下深刻的印象。增强现实技术的应用与发展为改变这一现象带来了新的契机,增强现实技术让博物馆活了过来,参观者可以打开手机扫描文物,在屏幕中即可展示文物的详细信息,如图 1.26 所示。这样,参观者不再是被动地观看,而是全身心地感知自然与文化,这种方式增加了参观者与展品之间的互动,能够更加有效地达到传播知识的目的。

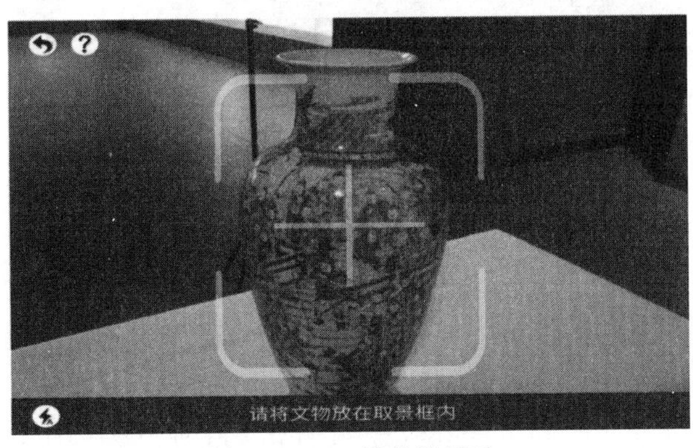

图 1.26　AR 博物馆展示

1.5.4　市场营销

市场营销是如今增强现实应用最广泛的领域之一。增强现实所展示出的特效变化无穷,可以很好地达到吸引眼球和激起用户兴趣的作用,这与市场营销的目的不谋而合。最直接的应用方式便是虚拟试戴。虚拟试戴已开始应用于珠宝、眼镜、手表、服装、箱包和鞋帽行业,同时在美容、美发和美甲行业也出现了虚拟试妆应用。虚拟试戴可以把虚拟产品叠加到客户的动态影像上,人体动作与虚拟产品同步交互,展示出逼真的穿戴或试妆效果。目前,虚拟试戴系统主要用于成品和定制品的电商业务,通过互联网,在不易接触实物的情况下使用技术手段模拟最终效果。在商业实体店中,使用虚拟试戴技术可以大大提高店面的驻足率、成交率和美誉度。这种增强现实应用既为客户提供了良好的体验,也大幅改进了销售和服务模式。

作为全球最大的家居用品商家,宜家在 2014 年的新品目录中使用了 AR 技术。据悉,宜家新品目录的发行量已经达到 2.11 亿份,数字十分惊人,给消费者的选择过程带来了更多趣味,同时也能更好地帮助消费者选择心仪且合适的家居产品。用户通过智能手机或平板电脑打开宜家的增强现实应用时,摄像头也会随之打开,在屏幕上人们能看到摄像头拍摄下来的现实画面。这时候用户只需在 App 上选择自己喜欢的产品,如桌子、椅子或是沙发等,即可按照自己的意愿选择摆放到房间内预览现实效果,如图 1.27 所示。

1.5.5　车载系统

增强现实技术的应用逐渐从计算机等电子产品领域进入到汽车产品领域。我们熟悉的带轨迹线的倒车可视功能,其实就是较为简单的增强现实技术应用。将增强现实技术与

图 1.27 宜家 AR 应用

LBS 相结合，可将道路和街道的名字及其他相关信息一起标记到现实地图中。现在也有汽车配件的商家将目的地方向、天气、地形和路况等交通信息投影到汽车的挡风玻璃上实现增强现实的应用，如图 1.28 所示。2015 年，宝马联合高通推出了一款专为车主配备的增强现实眼镜——Mini Augmented Vision。戴上这款增强现实眼镜，司机在开车的时候可以看到导航数据、行驶速度、限速提示和岔口信息等，并且在开车时收到的手机信息也会在眼前的虚拟屏幕上显示，内置音频功能会读出短信内容，这样视线就不用离开地面。此外，汽车周边的信息也可以显示在眼镜上。整个行车过程中，司机只需专注眼前的一个屏幕就可以在安全驾驶的同时处理各种事情。未来 10 年，随着增强现实技术的成熟，汽车上将越来越多地引入增强现实技术。

图 1.28 AR 车载系统

1.5.6 游戏娱乐

增强现实技术在游戏方式上也带来了巨大的革新，增强现实技术运用在游戏中可以使场景多元化，游戏背景可以是客厅也可以是卧室，每一处生活场景都可以当作游戏的舞台，如图 1.29 所示。目前像 *Pokémon Go*、《小龙斯派罗》《幻实新英雄卡》等，都是非常不错的增强现实游戏。*Pokémon Go* 集合了收集、养成、升级、完成任务、PK 以及社交等多重趣味，游戏体验非常好，被部分业内人士认为是增强现实游戏领域的现象级甚至是里程碑式产品。未来游戏也许不再需要复杂的场景建模，而是在真实的世界里游戏，同时在真实的世界里又能出现许多虚拟叠加进去的事物，游戏也能摆脱场地与空间的束缚，可以随时随地开始，将会是非常棒的体验。

图 1.29 Conduct AR 游戏

如今人们喜爱的电影大片在拍摄过程中也开始使用增强现实技术，电影行业是最早采用增强现实技术且为人们所熟知的领域之一。导演可以借助增强现实技术直观地预览各种虚拟场景，电影最终的拍摄效果也能直接呈现出来。将来，观众们不但可以选择观看二维或者三维电影，而且可以在增强现实环境中观看电影，使观众获得更多的身临其境体验。

1.5.7 医疗助手

增强现实技术在医学方面的贡献更为显著，增强现实技术可以在医生进行外科手术时使用，以更好地为病人服务。在做手术时，借助增强现实技术透视功能，利用智能设备的摄像头捕捉器官的影像，同时将手术计划数据进行二维和三维成像，再叠加到器官上，从而在手术过程中为医生提供实时的引导和辅助，如图 1.30 所示。首先，通过使用磁共振成像(Magnetic Resonance Imaging)、计算机断层扫描(Computed Tomography Scans)、超声波图像诊断(Ultrasound Imaging)等非侵入式传感器，医生可以实时又准确地收集到病人病灶的三维影像数据集。然后，借助一定的设备就能把这些搜集到的信息与被手术者的身体相结合，使得医生可以清楚地看到病人身体的内部构造，这可以帮助医生在手术过程中进行精准操作，从而最大限度地避免对病人的二次伤害。

1.5.8 工业产业

如今，在复杂机械的装配、维护和维修等方面也可以运用增强现实技术提高操作效率和精准度。在工业辅助设计领域，利用增强现实技术可以更加直观、高效、低成本地对工业设计效果进行评估分析。在工业维修领域，将多种辅助信息以增强现实的方式呈现给用户，包括虚拟仪表面板、设备内部结构、设备零件图及维修工序等叠加显示在需要维护的真实设备上。通过头盔显示器，维修工人能够看到他们正在维修的机器增强现实视图，这些增强现实视图包含机器组件标签和维护引导步骤，如图 1.31 所示。增强现实技术在工业方面的应用

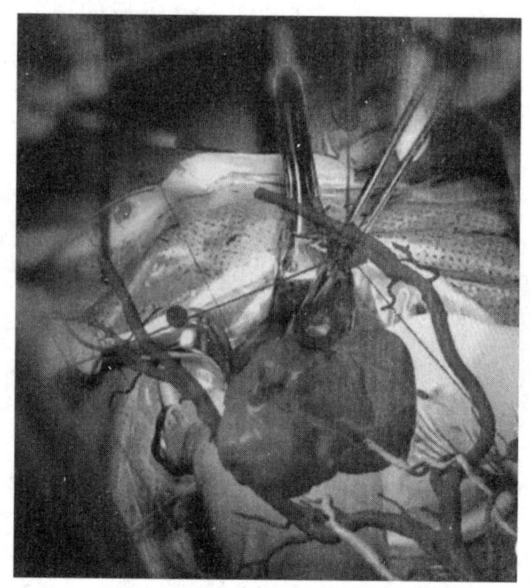

图 1.30　AR 手术医疗

不仅提高了工作效率和精准度，对于工业技术革新也起到了一定的辅助作用。

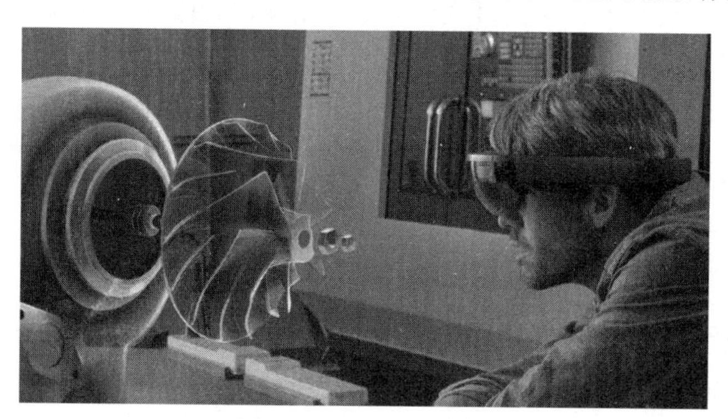

图 1.31　AR 工业维修

1.5.9　军事领域

在军事领域，增强现实技术早已在辅助驾驶、单兵作战、战场环境分析等训练活动中被应用，如图 1.32 所示。早在 1968 年美国的 Ivan Sutherland 研制出世界上第一台光学透视头戴式显示器时，美国就率先将其运用到军事领域。目前，增强现实技术在军事领域的应用主要集中在增强战场环境、军事训练及作战指挥等方面。另外，增强现实技术可以为部队的训练提供新方法，通过增强的军事训练系统，为军事训练提供比实兵演习更加真实的战场环境。通过增强的作战指挥系统，指挥员能实时掌握各个作战单元的情况，有利于指挥员及时做出正确的作战决策。增强现实技术的日趋完善和成熟，将使其在未来军事工业领域产生更为广泛和深刻的影响。

图 1.32 AR 军事应用

1.6 增强现实发展前景

1. AR 市场将迎来爆发式增长

增强现实在过去几十年里一直处于发展阶段,从 1968 年世界上第一台光学透视头戴显示器问世到现在不过短短几十年时间,增强现实技术已经被应用在很多领域,不论是在游戏娱乐、展览展示,还是在军事、医疗方面都有不可忽视的作用,为人们的生活带来了许多便利和惊喜。2016 年,增强现实行业开始起步,大批新兴企业进入,形成了跟风热潮。增强现实行业整个市场的未来发展潜力将会是巨大的。

2. 移动端 AR 技术为主导

现在网络游戏渐渐脱离硬性软件,人手一部智能手机的时代来临了,以至于将移动端市场作为主导力量的开发者或许能成为最大的赢家。手机将成为增强现实的主要入口。当前,开发者们争相打造下一个重磅的增强现实应用——从多玩家游戏到更加实用的应用程序,如交互式旅游指南和购物助手。与此同时,智能手机正在变得越来越先进,移动智能手机已经成为发达国家基础设施的组成部分,并且正快速地成为所有国家基础设施的组成部分。移动电话将作为现在的增强现实与未来的增强现实之间的桥梁,尤其当移动电话在速度和性能方面不断提高的时候,它的桥梁功能会更加明显。通过继续使用当今移动设备中具有的混合跟踪和传感器融合技术,将会克服一些识别方面的难题,相应地创造出能给增强现实提供越来越多有趣且有实用内容的环境。

3. AR 企业级市场应用广泛

毫无疑问,增强现实会在游戏者和个人消费者中流行起来。但是,企业用户同样会是增强现实市场中的一个重要部分。这不仅是因为企业可以用增强现实做营销推广,还可以在不同办公室增加信息流使操作效率提高等。增强现实还可以用于会议:在展现信息的时候,参会者可以在文件上叠加额外的数字信息。增强现实肯定会在个人消费市场流行,但是增强现实在企业市场的价值则可以使增强现实技术更加成功。如今,从能够显示 3D 图像的眼镜到DAQRI售价两万美元的工业用头盔,有大约五十款增强现实设备在生产当中应用。据ABI Research估计,到2021年增强现实市场规模将增长到960亿美元,其中工业和商业用途的产品将占60%。广泛的工业应用不仅能改变人们的工作方式,也将给未来的消费级产品带来启发。

4. AR无处不在

未来增强现实技术有着广泛的发展前景,相信在不久的将来,增强现实技术会在导航、设计、娱乐等领域有着更广泛的应用,这种自然、有效的互动方式进一步拉近了人与计算机之间的关系。不过,要让增强现实真正融入人们的生活,仍然是一项非常艰巨的任务。对于科技公司来说,技术挑战很大。互联网和移动化趋势彻底地改变了科技行业的格局,增强现实也有潜力催生新的巨头。换言之,未来将会是增强现实的时代。

小结

本章主要对增强现实理论进行概述,论述了增强现实技术的概念、原理、特点、组成、分类、表现形式等内容,并对增强现实硬件设备以及发展领域进行介绍。另外,还回顾了增强现实技术自1962年出现一直到今天的发展历程,叙述了增强现实与虚拟现实之间的区别,讨论了增强现实的发展机遇。可以看出,增强现实的优势不仅在游戏娱乐,而且可以满足实际需求的职业应用,这些应用看起来更加贴近现实。当然,增强现实的普及化需要克服很多技术壁垒,相信未来增强现实对未来人们的生产方式和社会生活将产生巨大影响。在随后的章节将会更加详细地讲述增强现实在视频、动画、特效等方面的具体应用。

习题

1. 概述增强现实技术的特点。
2. 概述增强现实技术与虚拟现实技术的区别。
3. 概述增强现实技术发展历程。
4. 概述增强现实技术应用领域。
5. 概述增强现实技术发展前景。

第2章 Unity3D 基础

Unity Technologies 公司开发的三维游戏制作引擎——Unity3D 凭借自身的跨平台性与开放性优势，已经逐渐成为当今世界范围内的主流游戏引擎。同时，该引擎已经成为 AR 开发的首选方案，极高的开发效率使得 AR 开发者可以将自己的全部精力集中在项目内容开发上。本章主要介绍 Unity3D 引擎，包括 Unity3D 引擎特色、发展历程及应用领域；然后介绍 Unity3D 界面基础、脚本编写、资源获取及发布方法，带领读者走进 Unity3D 的世界。

2.1 常用开发引擎

在游戏引擎的发展史上，曾经出现过众多璀璨的明星，至今仍然星光闪耀。打开维基百科，在游戏引擎清单的词条下会看到长长的一串列表，如 Unity3D、Unreal Engine、Cry Engine、Cocos2D、Corona、Frostbite、Gamebryo、GameMaker、id Tech 系列、Infinity Engine、OGRE、Panda3D、Renderware、RPG Maker、Source、Torque3D 等。其中有些引擎读者可能听说过，如 Unity3D、Unreal 和 Cocos2D，而更多的引擎则很少为常人所熟知。虽然可供选择的游戏引擎很多，但具体到 AR 开发领域，最值得人们关注的两款商用 3D 游戏引擎莫过于 Unity3D 和 Unreal 了。这里先对这两款游戏引擎做一个简单的介绍和对比分析，在后面的内容中将会着重对 Unity3D 做详细的介绍。

2.1.1 Unreal 引擎

Unreal 引擎是由 Epic Games 开发的一款商用游戏引擎，第一个版本发布于 1998 年。Epic Games 本身也开发自己的游戏内容，因此 Unreal 引擎最初是用于开发 Unreal Tournament（虚幻竞技场）这款游戏的。在 2014 年 3 月的时候，Epic 发布了 Unreal 引擎 4（Unreal Engine 4），也就是业界简称的 UE4。Unreal 引擎曾用于开发多款 PC 和主机平台上的 3A 级别大作。使用 Unreal 引擎开发的游戏画面表现力惊人，而且在 Github 上开放了引擎的所有源代码。Unreal 引擎的早期授权价格对于小型开发团队来说是一个天文数字，但是目前已经免费。遗憾的是，虽然 Unreal 引擎的功能很强大，但是入门相对较难。此外，与 Unity3D 引擎相比，Unreal 引擎对各种新设备平台的支持也稍微滞后一点儿。

2.1.2 Unity3D 引擎

相比 Unreal 这种专业且复杂的游戏引擎而言，Unity3D 引擎自诞生的初衷就是：人人皆能开发游戏。Unity3D 的编辑器界面简洁、易上手，脚本语言支持 C# 而且教程、资源非常丰富,开发者能够很轻松地上手开发。而且随着 Unity3D 的不断迭代更新,曾经为人诟病的渲染、光照、粒子特效等影响游戏视觉效果的部分已经大大提升,最新的 Unity2019 版本更是一个质的飞跃。除此之外,相比 Unreal 引擎,Unity3D 的另一个巨大优势就是,提供了一个类似 App store 的素材资源商城 Asset store,其中包含了游戏开发所需的各种资源,比如 3D 模型、音效资源、骨骼动画、各种强大的功能插件等。对于小型团队和独立开发者,可以充分利用 Asset store 中的资源快速创建游戏;对于新手来说,如果希望尽快完成自己的第一款 AR 作品,那么无疑 Unity3D 就是最好的选择。不需要太高的成本,也不需要太多精力,只要你有丰富的创意,就可以立即动手开发 AR 作品。

Vuforia+Unity3D 的优势在于长期稳定、开源、跨平台性好、交互性强,不需要过多的硬件依赖。本书以 Vuforia 为例,结合 Unity3D 进行 AR 知识介绍及应用开发。

2.2 Unity3D 引擎简介

Unity3D 也称 Unity,是由 Unity3D Technologies 开发的一个让玩家轻松创建诸如视频游戏、建筑可视化、实时三维动画等类型互动内容的多平台的综合型游戏开发工具,其编辑器运行在 Windows 和 Mac OS X 下,可发布游戏至 Windows、Mac、Wii、iPhone、WebGL(需要 HTML5)、Windows Phone 8 和 Android 平台。也可以利用 Unity Web Player 插件发布网页游戏,支持 Mac 和 Windows 的网页浏览,是一个全面整合的专业游戏引擎。业界现有的商用游戏引擎和免费游戏引擎数不胜数,其中最具代表性的商用游戏引擎有 Unreal、CryENGINE、Havok Physic Engine、Game Bryo、Source Engine 等,但是这些游戏引擎价格昂贵,使得游戏开发成本大大增加。与此同时,Unity3D 公司提出了"大众游戏开发"(Democratizing Development)的口号,使开发人员不再顾虑价格,提供了任何人都可以轻松开发的优秀游戏引擎。

Unity3D 的中文意思为"团结"。Unity3D 的核心含义是想告诉人们,游戏开发需要在团队合作基础上相互配合完成。时至今日,游戏市场上出现众多种类的游戏,它们分别由不同游戏引擎开发,Unity3D 这款游戏引擎以其强大的跨平台特性与绚丽的 3D 渲染效果而闻名出众,现在很多的商业游戏及虚拟现实产品都在采用 Unity3D 引擎来开发。

2.2.1 Unity3D 特色

Unity3D 游戏开发引擎之所以能够炙手可热,与其完善的技术以及丰富的个性化功能密不可分。Unity3D 游戏开发引擎在使用上易于上手,降低了对游戏开发人员的要求。下面将对 Unity3D 游戏开发引擎的特色进行阐述。

1. 跨平台

游戏开发者可以通过不同的平台进行开发。游戏制作完成后,游戏无须任何修改即可直接一键发布到常用的主流平台上。Unity3D 可发布的平台包括 Windows、Linux、Mac OS X、iOS、Android、Xbox360、PS3 及 Web 等。跨平台开发可以为游戏开发者节省大量时间。在以往的游戏开发中,开发者要考虑平台之间的差异,如屏幕尺寸、操作方式、硬件条件等,这样会直接影响到开发进度,给开发者造成巨大的麻烦,Unity3D 几乎为开发者完美地解决了这一难题,将大幅度减少移植过程中一些不必要的麻烦。

2. 综合编辑

Unity3D的用户界面具备视觉化编辑，详细的属性编辑器和动态游戏预览特性。Unity3D创新的可视化模式让游戏开发者轻松构建互动体验，当游戏运行时可以实时修改参数值，方便开发，为游戏开发节省大量时间。

3. 资源导入

项目中资源会被自动导入，并根据资源的改动自动更新，Unity3D几乎支持主流的三维格式，如3d Max、Maya、Blender等，贴图材质自动转换为U3D格式，并能和大部分相关应用程序协调工作。

4. 一键部署

只需一键即可完成作品的多平台开发和部署，让开发者的作品在多平台呈现。

5. 脚本语言

Unity3D集成了MonoDeveloper编译平台，它最初支持C#、JavaScript和Boo三种脚本语言，但是选择Boo作为开发语言的使用者非常少，而Unity公司还需要投入大量的资源支持它，这显然非常浪费。所以在Unity 5.0以后，Unity公司放弃了对Boo的技术支持。同时Unity3D把支持的重心转移到C#，也就是说文档和示例以及社区支持的重心都在C#。就目前的形式来看，C#的文档是最完善的，C#的代码实例会是最详细的，社区内用C#讨论的人数会是最多的。

6. 联网

支持从单机应用到大型多人联网游戏开发。

7. 着色器

着色器系统整合了易用性、灵活性和高性能。

8. 地形编辑器

Unity3D内置强大的地形编辑系统，该系统可使游戏开发者实现游戏中任何复杂的地形，支持地形创建和树木与植被贴片，支持自动的地形LOD，水面特效，尤其是低端硬件也可流畅运行广阔茂盛的植被景观，方便地创建出游戏场景中所需要使用到的各种地形。

9. 物理特效

物理引擎是一个计算机程序模拟牛顿力学模型，使用质量、速度、摩擦力和空气阻力等变量。Unity3D内置nVIDIA的PhysX物理引擎，游戏开发者可以用高效、逼真、生动的方式复原和模拟真实世界中的物理效果，例如，碰撞检测、弹簧效果、布料效果、重力效果等。

10. 光影

Unity3D提供了具有柔和阴影与烘焙效果高度完善的光影渲染系统。

2.2.2 Unity3D发展

2004年，Unity3D诞生于丹麦的阿姆斯特丹。

2005年，发布了Unity3D 1.0版本，此版本只能应用于Mac平台，主要针对Web项目和VR的开发。

2008 年，推出 Windows 版本，并开始支持 iOS 和 Wii，从众多的游戏引擎中脱颖而出。

2009 年，荣登 2009 年游戏引擎的前五，此时 Unity3D 的注册人数已经达到 3.5 万。

2010 年，Unity3D 开始支持 Android，继续扩散影响力。

2011 年，开始支持 PS3 和 Xbox360，此时全平台的构建完成。

2012 年，Unity3D Technologies 公司正式推出 Unity3D 4.0 版本，新加入对 DriectX 11 的支持和 Mecanim 动画工具，以及为用户提供 Linux 及 Adobe Flash Player 的部署预览功能。

2013 年，Unity3D 引擎覆盖了越来越多的国家，全球用户已经超过 150 万，Unity3D 4.0 引擎已经能够支持包括 Max OS X、安卓、iOS、Windows 等在内的 10 个平台发布。同时，Unity3D 公司的 CEO David Helgason 发布消息称，游戏引擎 Unity3D 今后将不再支持 Flash 平台，且不再销售针对 Flash 开发者的软件授权。

2014 年，发布 Unity3D 4.6 版本，更新了屏幕自动旋转等功能。

2016 年，发布 Unity3D 5.4 版本，专注于新的视觉功能，为开发人员提供的最新的理想实验和原型功能模式，极大地提高了其在 VR 画面展现上的性能。

2017 年，Unity 推出了全新的 2017 版本，在保证易用性和易拓展性的同时，Unity 也朝着更加专业化的方向发展。

2018 年，Unity 推出 2018 版本，在 2018 版本中高清晰度渲染管道拥有对着色器可视化编程工具 Shader Graph 的支持，这是 Unity 新推出的工具，它允许开发人员用图形方式而不是通过编码构建着色器。高清晰度渲染管道还在体积光效、光滑的平面反射、网格贴图、模型贴花、阴影罩和其他属性方面得到了改进。

2019 年，Unity 推出 2019 版本，在 Unity 2019 中集成了 ARKit 2.0 和 ARCore 1.5。

2.2.3 Unity3D 应用

Unity3D 是目前主流的游戏开发引擎，有数据显示，全球最赚钱的 1000 款手机游戏中，有 30%都是使用 Unity3D 的工具开发出来的。尤其在 VR 设备中，Unity3D 游戏开发引擎更加具有统治地位。Unity3D 能够创建实时、可视化的 2D 和 3D 动画、游戏，被誉为 3D 手游的传奇，孕育了成千上万款高质、超酷炫的神作，如《炉石传说》《神庙逃亡 2》《我叫 MT2》等。Unity3D 行业前景广泛，在游戏开发、虚拟仿真、教育、建筑、电影、动漫等多行业都在广泛运用 3D 技术。

1. 在游戏中应用

3D 游戏是 Unity3D 游戏引擎重要的应用方向之一，从最初的文字游戏到二维游戏、三维游戏，再到网络三维游戏，游戏在其保持实时性和交互性的同时，其逼真度和沉浸感在不断地提高和加强。图 2.1 为 Unity3D 官方发布的 3D 游戏 demo，名叫 AngryBots。随着三维技术的快速发展和软硬件技术的不断进步，在不远的将来，3D 虚拟现实游戏必将成为主流游戏市场的应用方向。

2. 在虚拟仿真教育中应用

Unity3D 应用与虚拟仿真教育是教育技术发展的一个飞跃，如图 2.2 所示。它营造了虚拟仿真的学习环境，由传统的读书看图的学习方式代之为学习者通过自身与信息环境的

图 2.1　Unity3D 在游戏中的应用

相互作用得到知识、技能的新型学习方式。

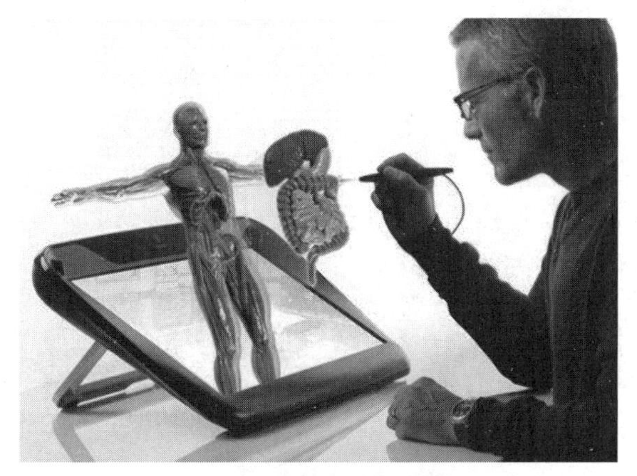

图 2.2　Unity3D 在虚拟仿真教育中的应用

3. 在军事航天中应用

模拟训练一直是军事与航天中的一个重要课题，这为 Unity3D 提供了广阔的应用前景。美国国防部高级研究计划局（DARPA）自 20 世纪 80 年代起一直致力于研究称为 SIMNET 的虚拟战场系统，以提供坦克协同训练，该系统可连接二百多台模拟器。另外，利用 VR 技术，可模拟零重力环境，以代替现在非标准的水下训练宇航员的方法，如图 2.3 所示。

图 2.3　Unity3D 在军事领域中的应用

4. 在室内设计中应用

Unity3D引擎可以实现虚拟室内设计效果，它不仅是一个演示媒体，而且是一个设计工具。它以视觉形式反映了设计者的思想，比如装修房屋之前，首先要做的事是对房屋的结构、外形做细致的构思，为了使之定量化，还需设计许多图纸，当然这些图纸只有内行人能读懂，虚拟室内设计可以把这种构思变成看得见的虚拟物体和环境，使以往只能借助传统的设计模式提升到数字化的即看即所得的完美境界，大大提高了设计和规划的质量与效率。

虚拟室内设计方案应用Unity3D引擎进行开发，设计者可以完全按照自己的构思去构建装饰"虚拟"的房间，并可以任意变换自己在房间中的位置，去观察设计的效果，直到满意为止，既节约了时间，又节省了制作模型的费用，如图2.4所示。

图2.4　Unity3D在室内设计中的应用

5. 在城市规划中应用

城市规划一直是对全新的可视化技术需求最为迫切的领域之一，利用Unity3D引擎可以进行虚拟城市规划开发，并带来切实可观的利益。展现规划方案虚拟现实系统的沉浸感和互动性不但能够给用户带来强烈、逼真的感官冲击，获得身临其境的体验，还可以通过其数据接口在实时的虚拟环境中随时获取项目的数据资料，方便大型复杂工程项目的规划、设计、投标、报批、管理，有利于设计与管理人员对各种规划设计方案进行辅助设计与方案评审，如图2.5所示。

图2.5　Unity3D在城市规划中的应用

6. 在工业仿真中应用

当今世界工业已经发生了巨大的变化，先进科学技术的应用显现出巨大的威力，Unity3D引擎已经被世界上一些大型企业广泛地应用到工业仿真的各个环节，对企业提高开发效率，加强数据采集、分析、处理能力，减少决策失误，降低企业风险起到了重要的作用，如图2.6所示。

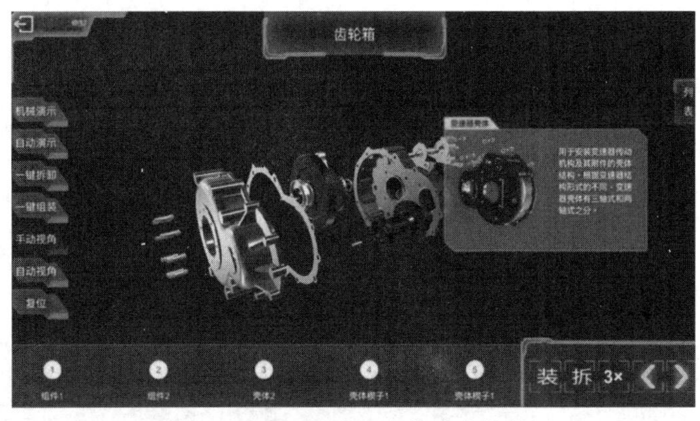

图2.6　Unity3D在工业仿真中的应用

7. 在文物古迹中应用

利用Unity3D引擎，结合网络技术，可以将文物的展示、保护提高到一个崭新的阶段。首先表现在将文物实体通过影像数据采集手段，建立起实物三维或模型数据库，保存文物原有的各种形式数据和空间关系等重要资源，实现濒危文物资源的科学、高精度和永久的保存。其次，利用这些技术来提高文物修复的精度和预先判断，选取将要采用的保护手段，同时可以缩短修复工期。通过计算机网络整合统一大范围内的文物资源，并且通过网络在大范围内利用虚拟技术更加全面、生动、逼真地展示文物，从而使文物脱离地域限制，实现资源共享，真正成为全人类可以"拥有"的文化遗产，如图2.7所示。利用Unity3D引擎实现虚拟文物仿真可以推动文博行业更快地进入信息时代，实现文物展示和保护的现代化。

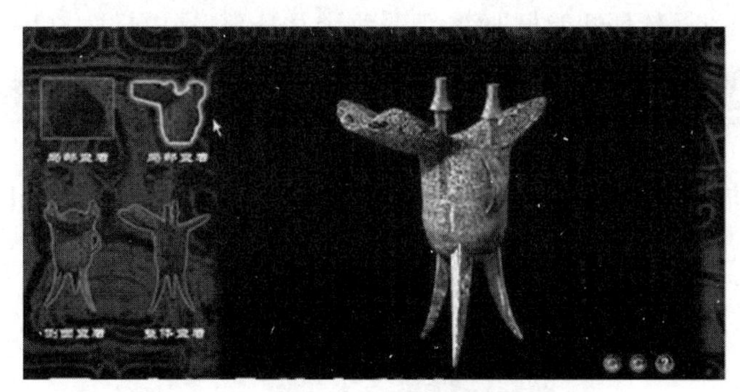

图2.7　Unity3D在文物古迹中的应用

2.3 Unity3D 下载与安装

Unity3D 是一个设计精良、功能强大、开发者群体十分庞大的游戏引擎。软件的下载与安装十分便捷，开发者可根据个人计算机的类型选择性地安装基于 Windows 平台或是 Mac OS X 平台的 Unity 软件。因为考虑到国内的游戏开发者使用的计算机类型多是 Windows 系统，因此本部分将集中为开发者介绍 Unity 2018 版本在 Windows 平台下的下载与安装步骤，具体下载与安装的操作步骤如下。

2.3.1 Unity3D 下载

安装 Unity 游戏引擎的最新版，可以到 Unity 官方网站，如图 2.8 所示。Unity 的官方网址为 https://unity3d.com/cn/。进入官网，看到“在线购买”按钮后单击进入。或者直接输入网址 https://store.unity.com/cn 即可到达 Unity 下载页面。

图 2.8 Unity 官网界面

这个页面中有 Unity 版权的一些信息。在 Unity 的官方网站可以看到三个版本，分别是：Plus 加强版、Pro 专业版和 Personal 个人版，如图 2.9 所示。Unity 的个人版是免费使用的，不需要支付任何费用。而加强版和专业版具备更多的软件服务内容，例如，认证开发者课程的访问权限以及软件性能报告等，但是每个月分别需要支付 160 元(Plus 加强版)或

图 2.9 Unity 版本选择

者850元(Pro专业版)。对于Unity的初学者来说,直接使用免费的Unity个人版即可,它具备Unity引擎的全部基础功能,单击Personal下的“试用个人版”按钮。

选择Personal版本后,在这个页面上需要勾选接受服务选项,单击“下载Windows版安装程序”按钮,就可以下载Unity的安装包了,如图2.10所示。不过单击这个按钮首先下载的是Unity官方的一个专业下载器,需要一段时间。下载好这个下载器之后,需要运行它,就可以得到真正的下载Unity的安装包。

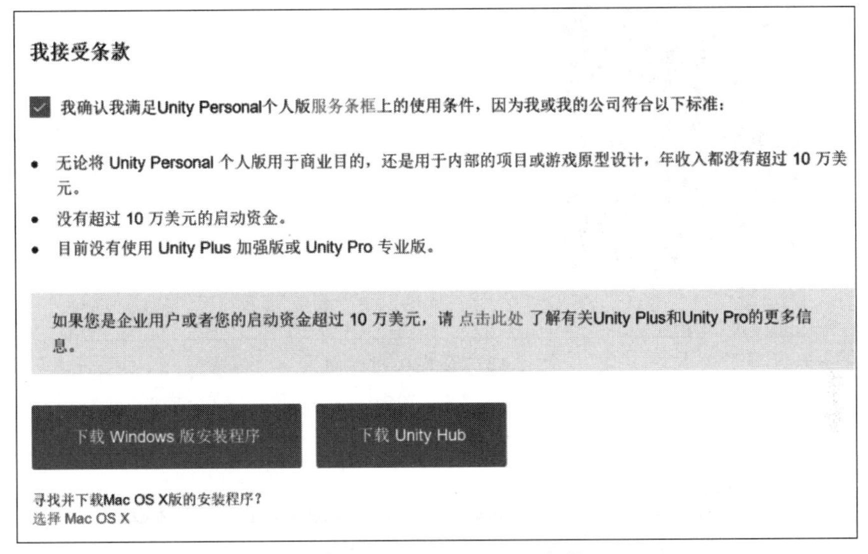

图2.10　Unity接受协议条款

2.3.2　Unity3D安装

下载好安装包之后,双击打开运行。然后根据提示,选择安装路径,一步步下去,就能够安装成功了。

1. 安装Unity3D

Step1:双击下载得到的UnityDownloadAssistant-2018.2.16f1文件进行安装(本书随书附赠资源中包括此下载文件),如图2.11所示。

图2.11　Unity图标

Step2:双击之后会进入第一安装欢迎界面,如图2.12所示。直接单击Next按钮进入License Agreement界面。

Step3:在License Agreement界面,选中I accept the terms of the License Agreement复选框,单击Next按钮,进入Choose Components界面,如图2.13所示。

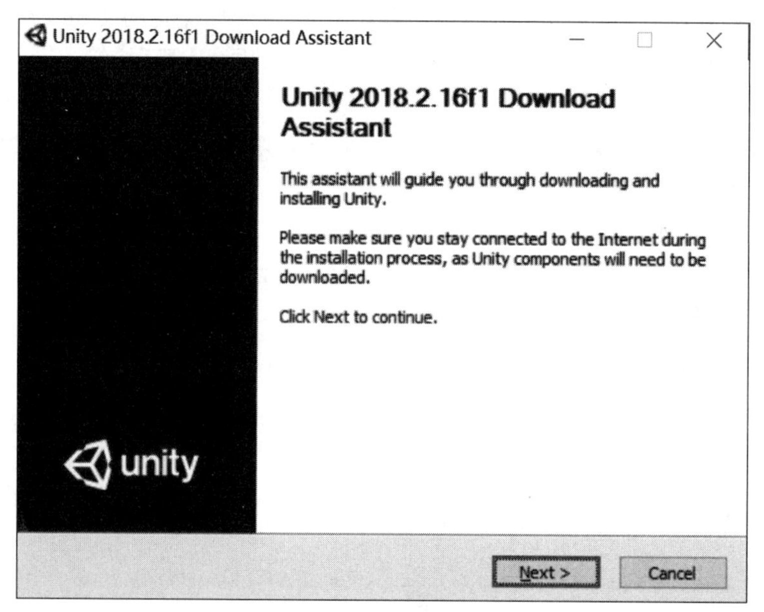

图 2.12　安装欢迎界面

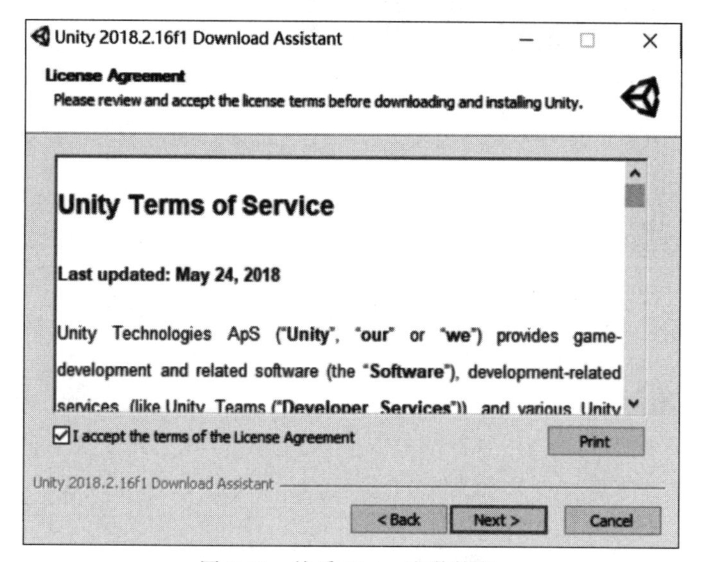

图 2.13　接受 Unity 安装协议

Step4：在 Choose Components 界面中，选中 Unity 2018.2.16、Documentation、Android Build Support 和 Vuforia Augmented Reality Support 以及需要的 components，然后单击 Next 按钮，如图 2.14 所示。其中，Unity 2018.2.16 是引擎必备组件，包括编辑器和 Mono，必须安装；Documentation 引擎文档离线版，建议安装便于查询；Android Build Support 安卓编译平台，需要安装才能发布 apk 文件；Vuforia Augmented Reality Support 为增强现实开发 SDK，需要勾选才能开发增强现实应用。

Step5：进入 Choose Install Location 界面，单击 Browse 按钮选择 Unity 的安装路径，默认安装在 C:\Program Files\Unity 中，选好路径后单击 Install 按钮进行安装，如图 2.15 所示。

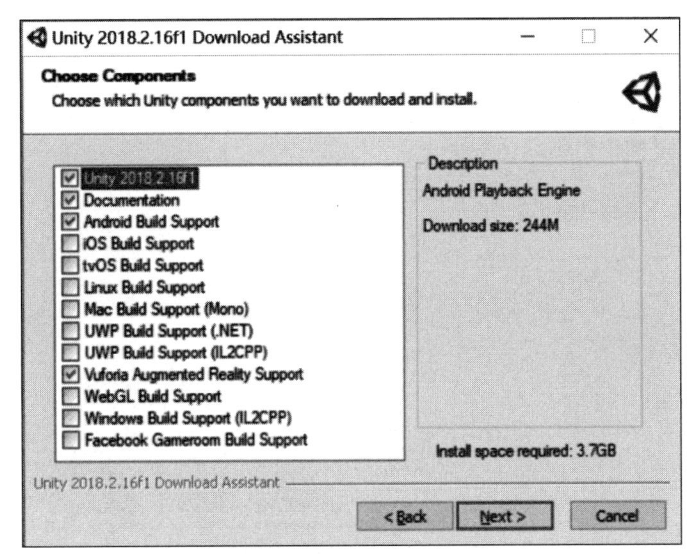

图 2.14　选择 Unity 安装组件

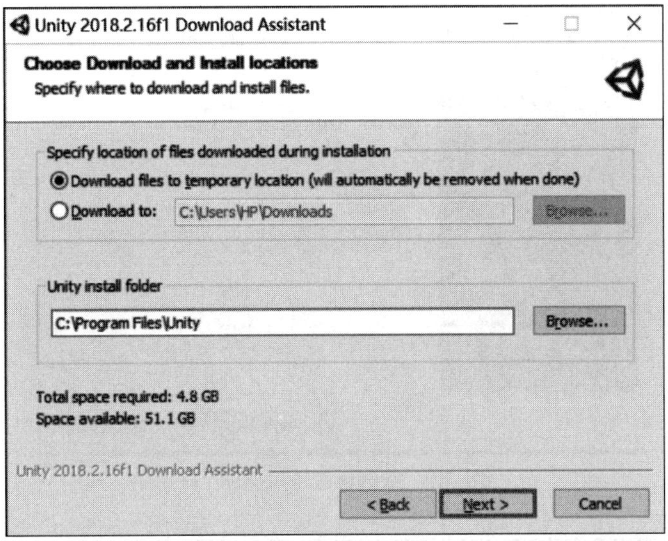

图 2.15　选择 Unity 安装路径

Step6：Installing 界面将会持续比较长的时间，请耐心等待，如图 2.16 所示。

Step7：当进度条进行到 100%时将会转到 Finish 界面。单击 Finish 按钮即可完成 Unity 的安装，如图 2.17 所示。

2. 激活 Unity3D

Step1：运行 Unity 桌面快捷方式即可启动，但是需要账号密码登录，需要到官方注册一个账号，单击页面右上角最后一个图标，选择“立即注册”，如图 2.18 所示。

Step2：基本信息填入邮箱、密码、用户名以及姓名信息后，选中同意条款，单击“立即注册”按钮，如图 2.19 所示。Unity 对账号密码设定比较严格，要求至少 8 个字符，其中至少包括 1 个大写字母，1 个小写字母，1 个数字。

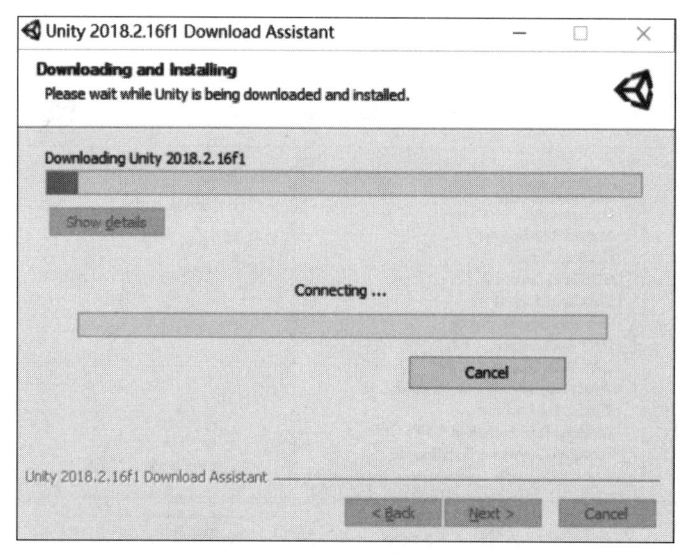

图 2.16　Unity 安装进度条

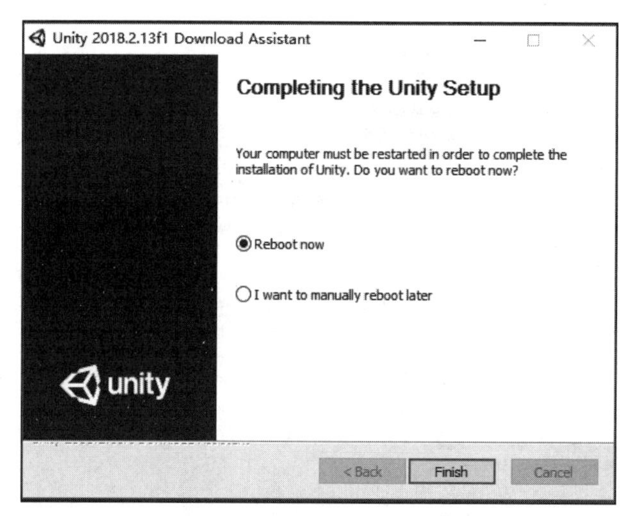

图 2.17　Unity 安装完成界面

图 2.18　登录 Unity 界面

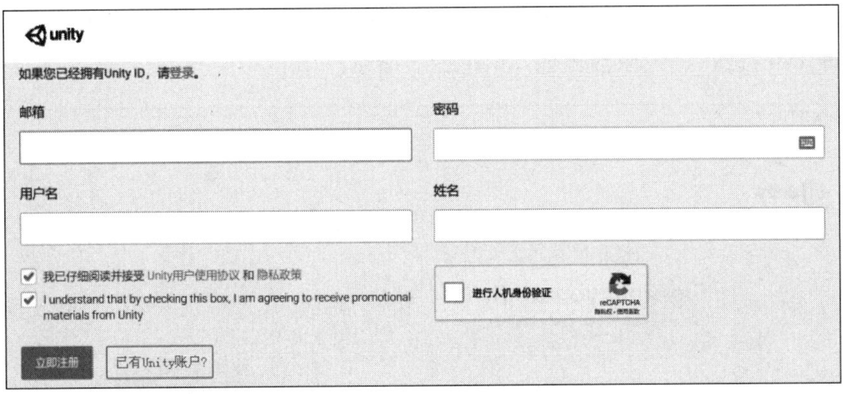

图 2.19　基本信息填入界面

Step3：完成上几步后再勾选 I agree to the Unity Terms of Use and Privacy Policy 选项就可以注册了，如图 2.20 所示。

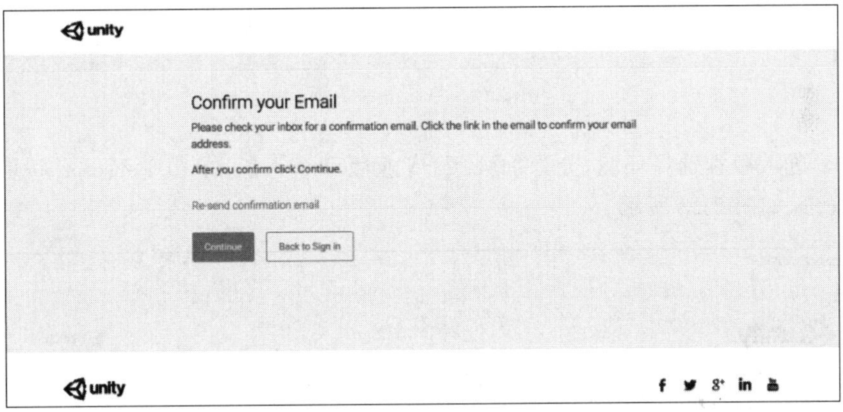

图 2.20　确认勾选界面

Step4：此时注册邮箱会收到一封 Unity Technologies 发来的名为 Welcome to your new Unity ID 的邮件，登录邮箱找到 Unity Technologies 发送邮件，如图 2.21 所示。单击 Link to conform email 即可完成注册。

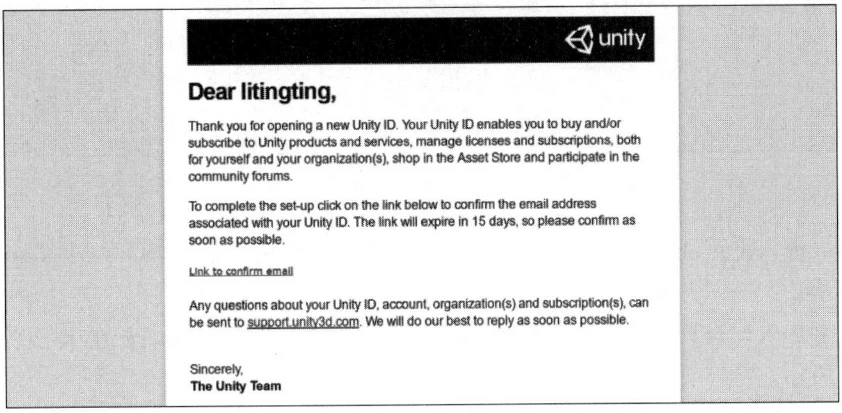

图 2.21　邮箱确认界面

Step5：打开 Unity 程序，单击右上方的 Sign in 按钮，进入登录界面，输入邮箱账号和密码，单击 Sign in 按钮，进入激活界面，如图 2.22 所示。

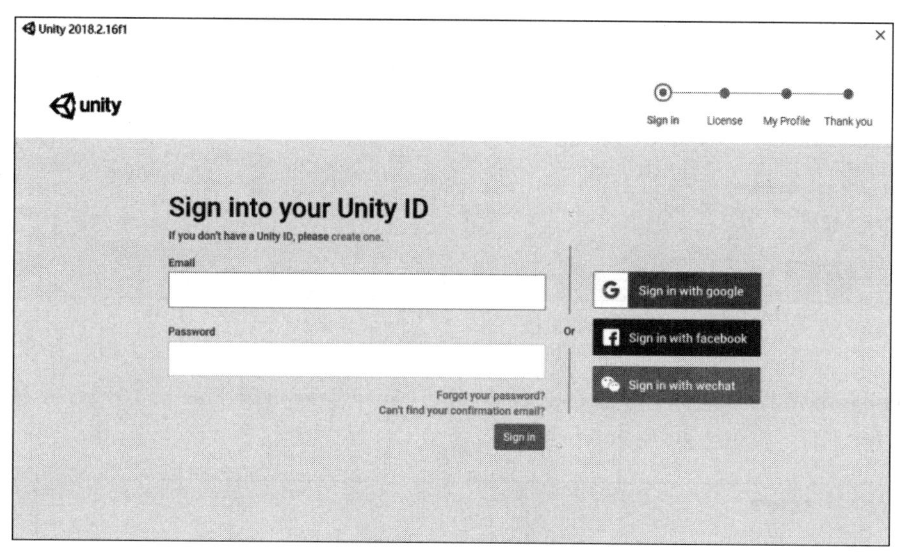

图 2.22 系统登录界面

Step6：进入版本选择环境，分为加强版、专业版和个人版，单击 Personal 按钮即可，单击 Next 按钮，如图 2.23 所示。

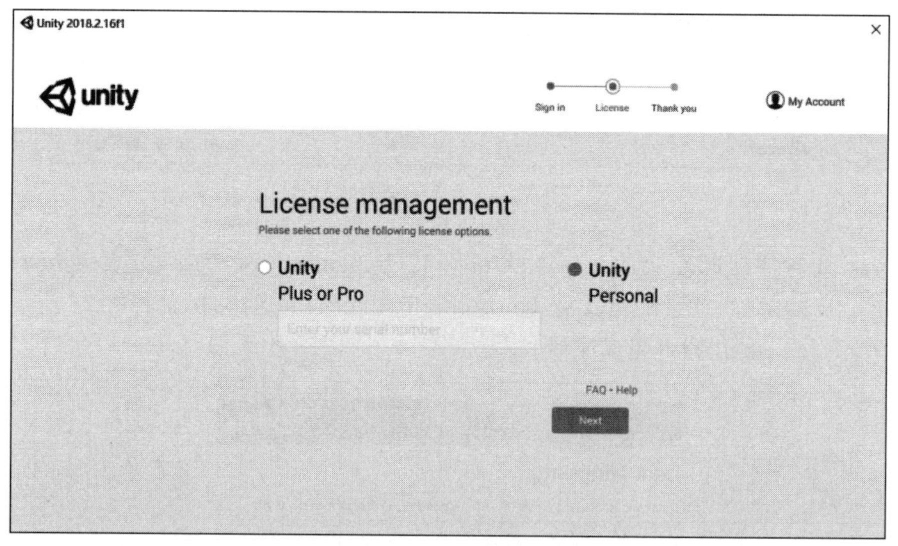

图 2.23 Unity 激活版本界面

Step7：进入许可证协议界面，再次确认用户情况，勾选最后一项，单击 Next 按钮，如图 2.24 所示。

Step8：进入调查页面，对每个调查问题进行选择，然后单击 OK 按钮，即可完成激活，如图 2.25 所示。

在 Mac 下安装 Unity 的过程与在 Windows 下类似，这里不再赘述。需要特别说明的

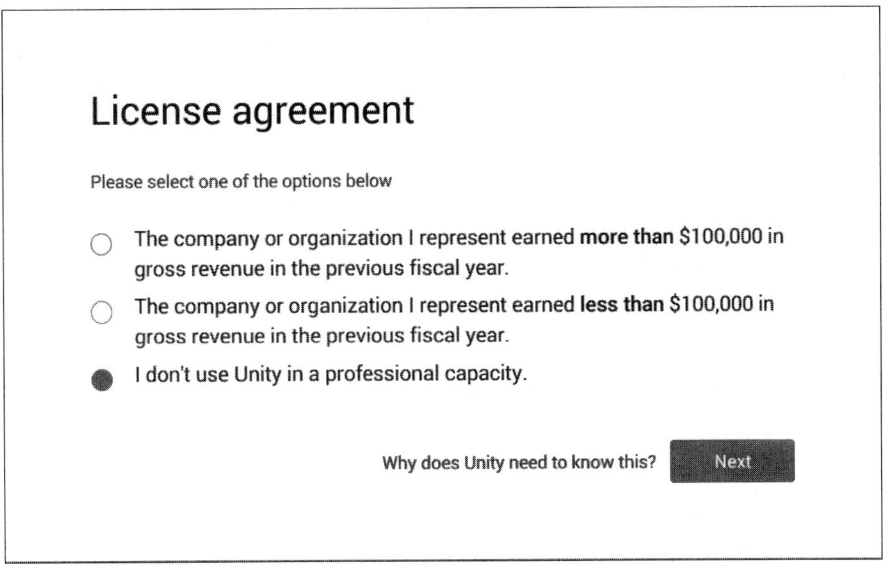

图 2.24 许可证协议界面

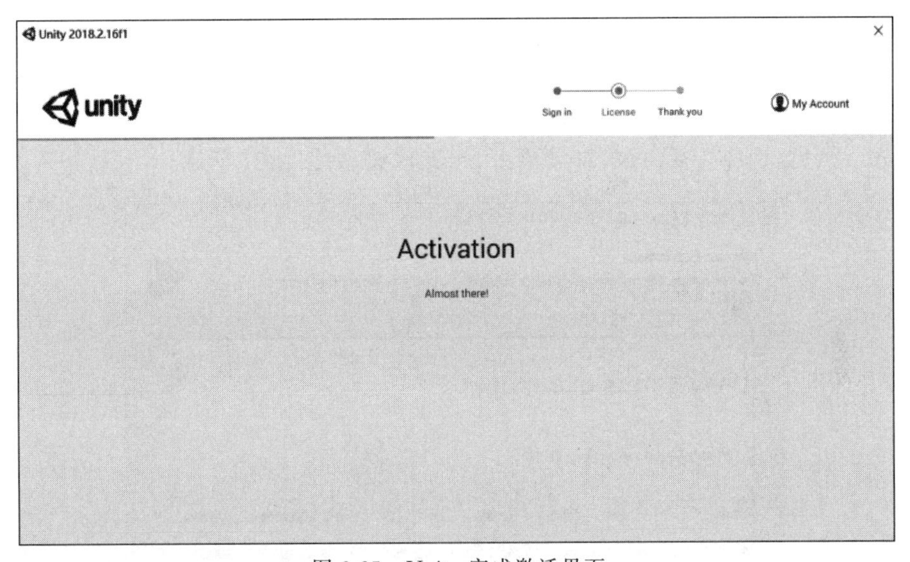

图 2.25 Unity 完成激活界面

是，对初学者来说，通常选择下载最新的版本，以便了解 Unity 最新的功能特性。但是在实际的项目开发中，通常并不推荐最新的版本，而应由项目负责人根据实际需要确定某个相对稳定的版本。在涉及团队协作开发的项目中，由于不同版本的开发会引起未知的兼容问题和 Bug，因此必须在开始项目之前选择并安装相同版本的 Unity。

3. 安装标准资源包

Unity 从 5.X 版本就开始不内置标准资源包了，如果开发者需要就去下载。而在 Unity 2018.2.0 之后，官方页面更是直接找不到下载链接，而 Assest Store 上的资源包内容又不够齐全。对此，有两种解决方法。第一种，下载 2018.1.9f2 版本资源包 Unity

StandardAssetsSetup-2018.1.9f2；第二种，在官方 Beta 项目中，找到安装 Unity 版本号，进行下载。本书中采用第一种方法进行安装(本书随书附赠资源中包括此资源安装包)。

Step1：双击运行 Unity 标准资源安装包 UnityStandardAssetsSetup-2018.1.9f2，在弹出的界面中单击 Next 按钮，如图 2.26 所示。

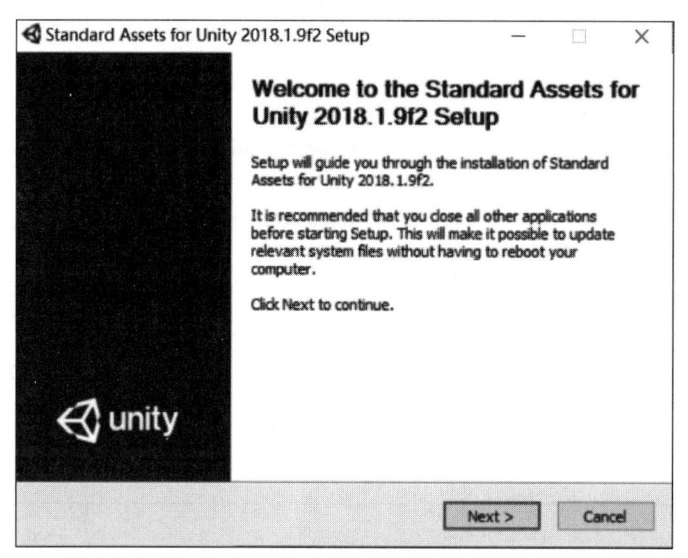

图 2.26　Unity 标准资源包欢迎界面

Step2：然后，选择接受协议，继续单击 Next 按钮，如图 2.27 所示。

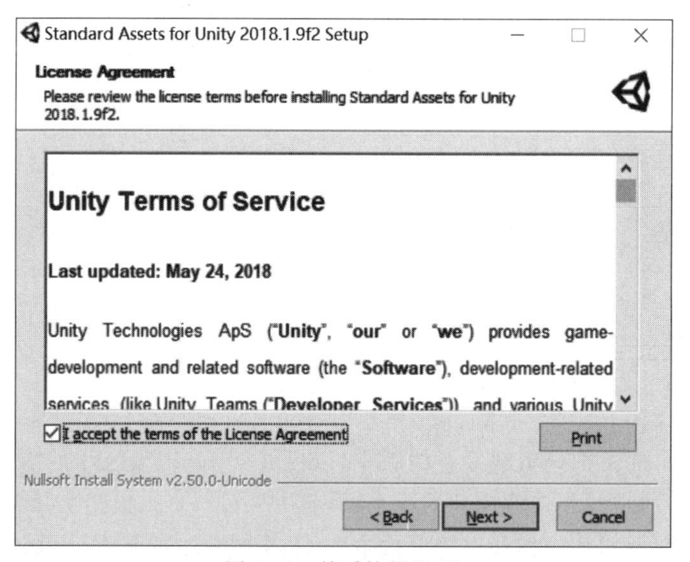

图 2.27　接受协议界面

Step3：选择安装资源，单击 Next 按钮，如图 2.28 所示。

Step4：选择安装地址，然后单击 Install 按钮，如图 2.29 所示。

Step5：耐心等待，待进度条走完即弹出安装完成界面，如图 2.30 所示。

Standard Assets for Unity 2018.1.9f2 Setup
Choose Components
Choose which features of Standard Assets for Unity 2018.1.9f2 you want to install.
Check the components you want to install and uncheck the components you don't want to install. Click Next to continue.
Select components to install:
Unity Standard Assets
Space required: 180.5MB
Nullsoft Install System v2.50.0-Unicode
< Back
Next >
Cancel

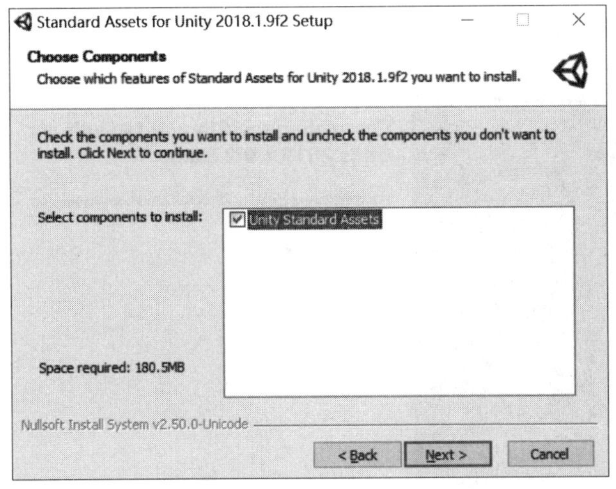

图 2.28　选择资源界面

Standard Assets for Unity 2018.1.9f2 Setup
Choose Install Location
Choose the folder in which to install Standard Assets for Unity 2018.1.9f2.
Setup will install Standard Assets for Unity 2018.1.9f2 in the following folder. To install in a different folder, click Browse and select another folder. Click Install to start the installation.
Destination Folder
C:\Program Files\Unity
Browse...
Space required: 180.5MB
Space available: 47.6GB
Nullsoft Install System v2.50.0-Unicode
< Back
Install
Cancel

图 2.29　选择安装地址界面

Standard Assets for Unity 2018.1.9f2 Setup
Installing
Please wait while Standard Assets for Unity 2018.1.9f2 is being installed.
Installing Standard Assets...
Show details
Nullsoft Install System v2.50.0-Unicode
< Back
Next >
Cancel

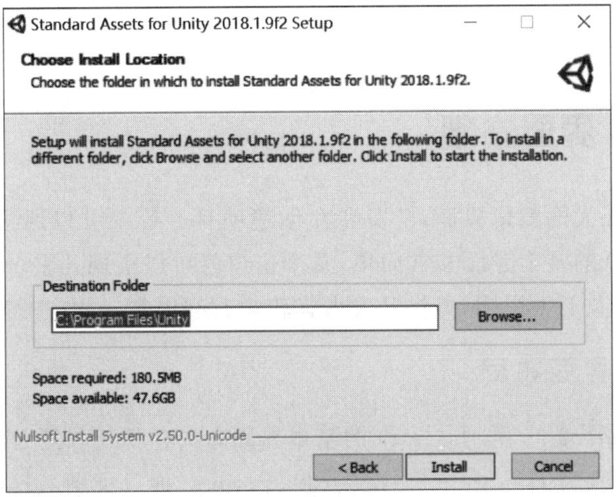

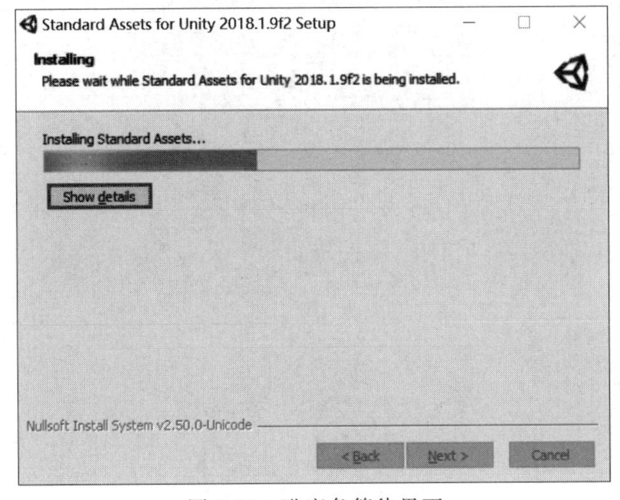

图 2.30　进度条等待界面

Step6：单击 Finish 按钮安装完成，如图 2.31 所示。

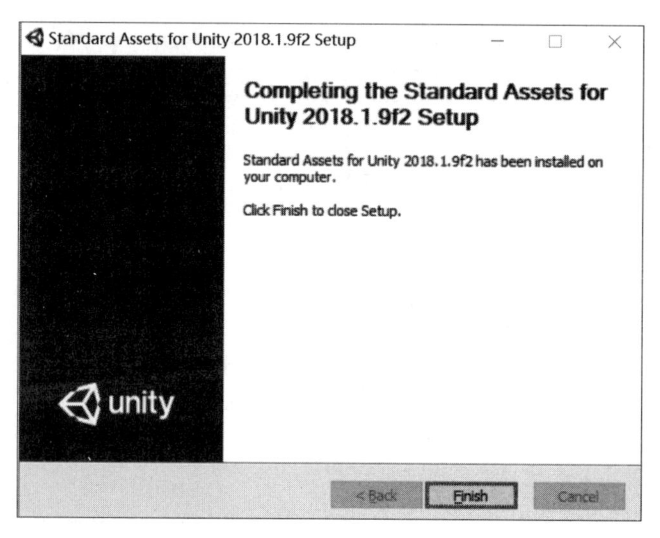

图 2.31 资源包安装完成界面

2.4 Unity3D 界面基础

Unity3D 拥有强大的编辑界面，开发者在创建项目过程中可以通过可视化的编辑界面创建项目。Unity3D 的基本界面非常简单，几个窗口就可以实现几乎全部的编辑功能，主要包括菜单栏、工具栏及五大视图，可供开发者在较短时间内掌握相应的基础操作方法。

2.4.1 Unity3D 界面布局

Unity 主界面如图 2.32 所示，Unity 的基本界面布局包括工具栏、菜单栏以及五个主要的视图操作窗口，分别为 Hierarchy（层次视图）、Project（项目视图）、Inspector（检视视图）、Scene（场景视图）和 Game（游戏视图）。

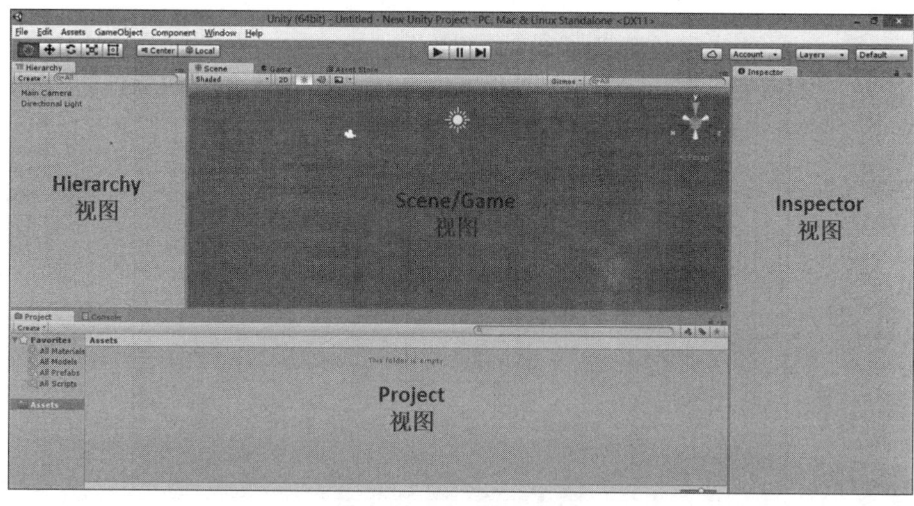

图 2.32 Unity 界面视图

在 Unity 中有几种类型的视图，每种视图都有指定的用途。右上角 Layouts 按钮用于改变视图模式，单击 Layouts 选项，可以在下拉框中看到有很多种视图，其中有 2 by 3、4 Split、Default、Tall、Wide 等，如图 2.33 所示。其中，2 by 3 布局是一个经典的布局，很多开发人员都使用这样的布局。4 Spilt 窗口布局可以呈现 4 个 Scene 场景视图，通过控制 4 个场景可以更清楚地进行场景的搭建。Wide 窗口布局将 Inspector 视图放置在最右侧，将 Hierarchy 视图与 Project 视图放置在一列。Tall 窗口布局将 Hierarchy 视图与 Project 视图放置在 Scene 视图的下方。当自定义好窗口布局时单击 Windows→Layouts→Save Layout，然后在弹出来的小窗口中输入自定义窗口的名称，单击 Save 按钮，可以看到窗口布局的名称是"自定义"。

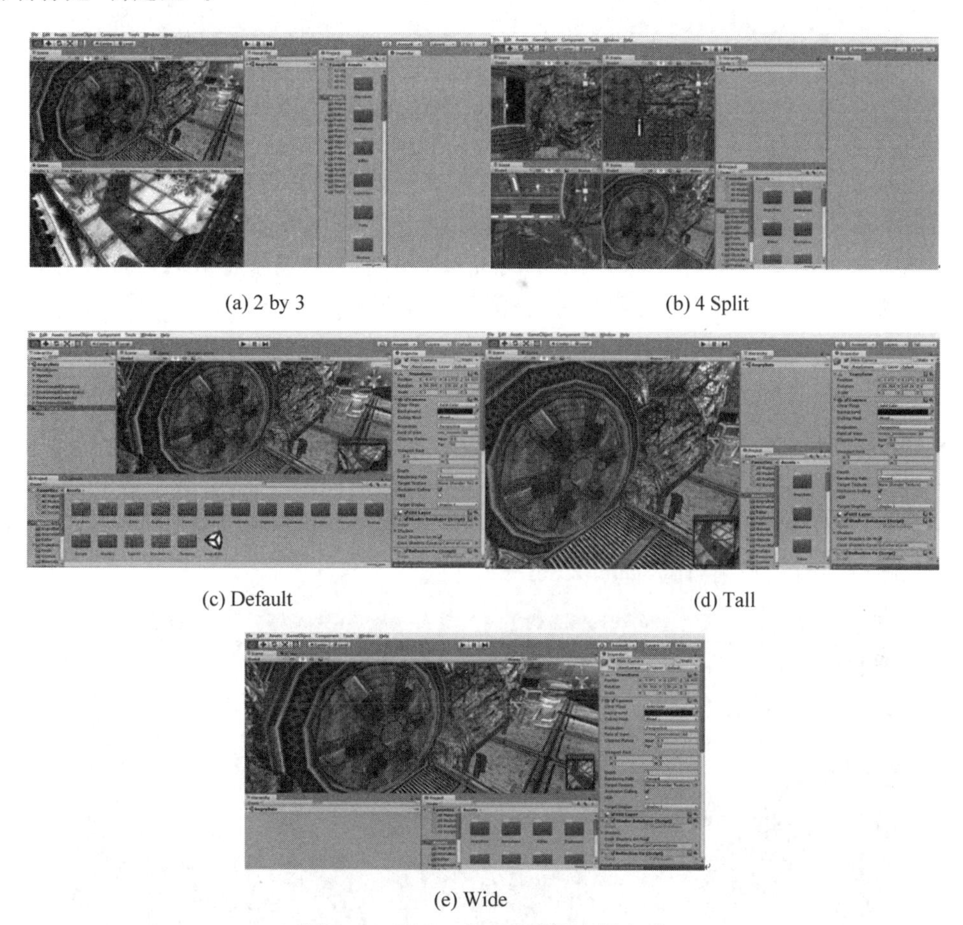

(a) 2 by 3　(b) 4 Split

(c) Default　(d) Tall

(e) Wide

图 2.33　Unity 中五种界面布局方式

2.4.2　Unity3D 界面介绍

1. Scene 面板

Unity 中 Scene（场景）视图用于构建游戏场景，开发者可以在该视图中通过可视化方式进行项目开发，并根据个人的喜好调整 Scene 视图的位置，创建游戏时所用的模型、灯光、相机、材质、音频等内容都将显示在该窗口中，如图 2.34 所示。

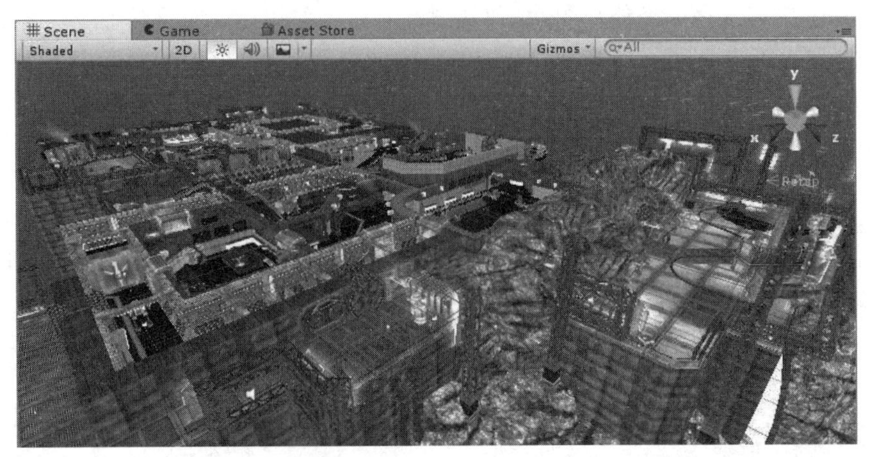

图 2.34　Scene(场景)视图

Scene(场景)视图上端的视图控制栏，此选项用于改变相机查看场景的方式。从左到右依次是 Shaded、2D、灯光、声音、特效、Gizmos 等按钮。其中，Shaded 按钮主要用来切换绘图模式；2D 按钮用来切换 2D 与 3D 视图；灯光按钮用来控制场景中灯光的打开与关闭；声音按钮用来控制场景中声音的打开与关闭；图片按钮用来控制场景中天空球、雾效、光晕等组件的显示与隐藏；Gizmos 按钮用来控制场景中光源、声音、相机等对象的显示与隐藏；Gizmos 按钮右侧视图板块用来查找物体。

2. Game 面板

Unity 中 Game(游戏)视图用于显示最后发布后的项目运行画面，开发者可以通过此视图进行项目测试，单击“播放”按钮后，开发者可以在 Game(游戏)视图中进行游戏的预览，并且可以随时中断或停止测试，如图 2.35 所示。

图 2.35　Game(游戏)视图

Game(游戏)视图的顶部是用于控制 Game(游戏)视图中显示属性的控制条，从左到右依次是 Display1、Free Aspect、Scale、Maximize on Play、Mute audio、Stats、Gizmos。其中，Display1 表示当前测试窗口名称；Free Aspect 用于调整屏幕显示比例，默认为自由比例；

Scale 用于测试窗口的缩放大小；Maximize on Play 用于切换游戏运行时最大化显示场景；Mute audio 用于静音测试；Stats 用于显示运行场景的渲染速度、帧率、内存参数等内容；Gizmos 用于显示隐藏场景中的灯光、声音、相机等游戏对象图标。

3. Hierarchy 面板

Unity 中 Hierarchy(层次)视图，用于显示当前场景的所有游戏对象(Game Object)，同时，在 Hierarchy(层次)视图中，开发者可以通过对游戏对象建立父子级别的方式对大量对象的移动和编辑进行更加精确和方便的操作，如图 2.36 所示。

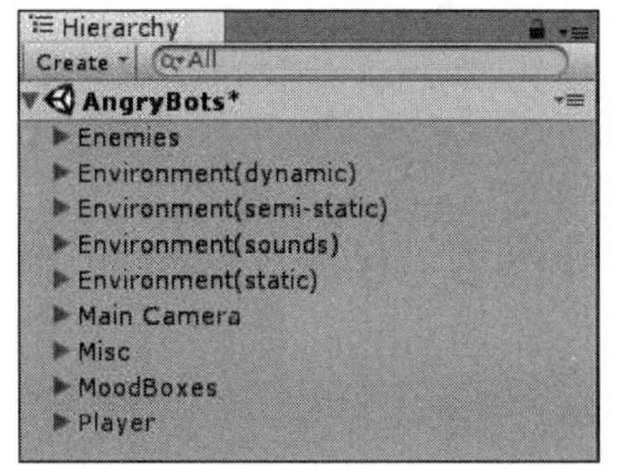

图 2.36 Hierarchy 面板

在 Hierarchy(层次)视图中，单击 Create 按钮，可以开启与 Game Object 菜单下相同的命令功能；单击右侧的倒三角可以保存场景及加载场景；单击搜索区域，则游戏开发者可以快速查找到场景中的某个对象。

4. Project 面板

Unity 中 Project(项目)视图，用于显示资源目录下所有可用的资源列表，相当于一个资源仓库，用户可以使用它访问和管理整个项目资源。对于显示的资源，可以从其图标看出它的类型，如脚本、材质、子文件夹等。可以使用面板底部的滑块调节图标的显示尺寸，当滑块移动到最左边时，资源就会以层次列的形式显示出来。当进行搜索时，滑块左边的空间就会显示资源的一个完整路径，如图 2.37 所示。

图 2.37 Project 面板

在 Project(项目)视图中，在项目视窗最顶部的是一个浏览器工具条。在最左边的是一个 Create 菜单，单击 Create 按钮，则会开启与 Assets 菜单下 Create 命令相同的功能，开发者可以通过其创建脚本、阴影、材质、动画、UI 等资源。

在 Project(项目)视图中，单击搜索区域，开发者可以快速查找到指定的某个资源文件的内容。其中包括三个按钮，第一个按钮允许通过使用菜单更进一步过滤资源；第二个按钮会根据资源的“标签”过滤资源，如图 2.38 所示。

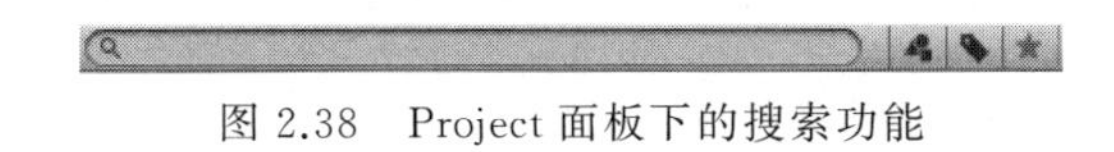

图 2.38 Project 面板下的搜索功能

在 Project(项目)视图中，在左侧面板的顶部是一个名称为 Favorites(收藏)的小面板，把要经常或频繁访问的资源保存在此处，这样可以更方便地访问它们。使用时，可以从项目文件夹层次中拖动文件夹到此处，或通过保存搜索结果的方式进行保存，如图 2.39 所示。

在Project(项目)视图中,在右侧面板的顶部是一个"选择项轨迹条",它显示了项目视图中当前选中的文件夹的具体文件路径,如图2.40所示。

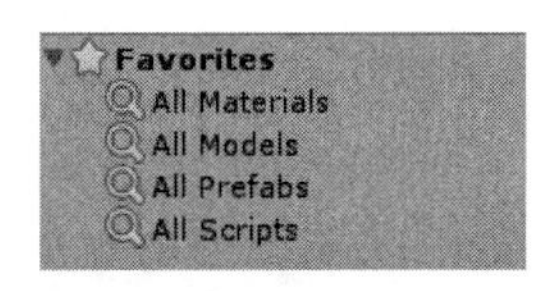

图2.39 Project面板下的收藏功能

图2.40 Project面板下的选择轨迹条

5. Inspector面板

Unity中Inspector(检视)面板用于显示当前游戏场景中选中对象所拥有的所有组件,开发者可以在Inspector(检视)面板中修改摄像机对象的各项参数及属性设置,如图2.41所示。

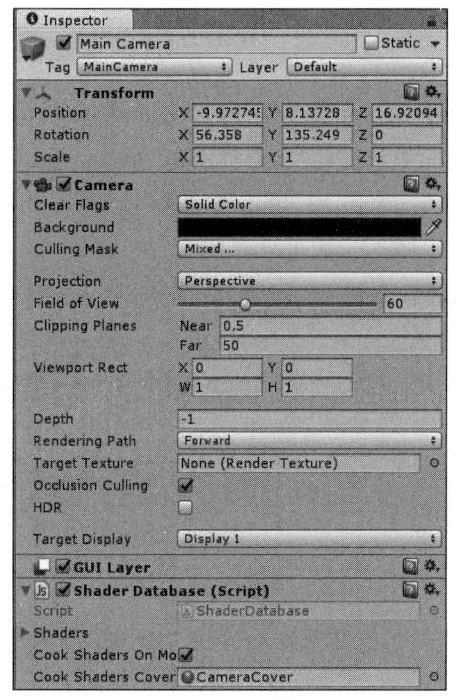

图2.41 Inspector面板

在Unity的Inspector(检视)面板中通常会出现Transform组件,用于调节所选对象的Position(位置)、Rotation(旋转)、Scale(缩放)属性值。除此以外,还会出现Collider碰撞体的相关参数,Mesh Render用于设置网格渲染器的相关参数等。

6. 顶部菜单栏

Unity中菜单栏是操作界面的重要组成部分之一,其主要用于集合分散的功能与板块,并且友好的设计能够使游戏开发者以较快的速度查找到相应的功能内容。Unity3D菜单栏中包含File(文件)、Edit(编辑)、Assets(资源)、GameObject(游戏对象)、Component(组件)、Window(窗口)和Help(帮助)7组菜单,如图2.42所示。

File　Edit　Assets　GameObject　Component　Window　Help

图 2.42　Unity 菜单栏

1）File（文件）菜单

File 菜单主要用于打开和保存场景项目，同时也可以创建场景。其中，New Scene(Ctrl＋N）用于创建一个新的场景；Open Scene（Ctrl＋O）用于打开一个已经创建的场景；Save Scene（Ctrl＋S）用于保存当前场景；Save Scene as（Ctrl＋Shift＋S）用于另存当前场景；New Project（新建工程）用于新建一个新的项目工程；Open Project（打开工程）用于打开一个已经创建的工程；Save Project（保存工程）用于保存当前项目；Build Settings（Ctrl＋Shift＋B）用于工程发布的相关设置；Build & Run（Ctrl＋B）用于工程发布并运行项目；Exit（退出）用于退出 Unity3D。

2）Edit（编辑）菜单

Edit（编辑）菜单用于场景对象的基本操作（如撤销、重做、复制、粘贴）以及项目的相关设置。其中，Undo（Ctrl＋Z）用于撤销上一步操作；Redo（Ctrl＋Y）用于重复上一步动作；Cut（Ctrl＋X）用于将对象剪切到剪贴板；Copy（Ctrl＋C）用于复制对象；Paste（Ctrl＋V）用于将剪贴板中的当前对象粘贴上；Play（Ctrl＋P）用于执行游戏场景；Pause（Ctrl＋Shift＋P）用于暂停游戏；Step（Ctrl＋Alt＋P）用于单步执行程序；Sign in（登录）用于登录 Unity 账户；Sign out（退出）用于退出 Unity 账户；Duplicate（Ctrl＋D）用于复制并粘贴上对象；Selection（选择）用于载入和保存已有选项；Delete（Shift＋Del）用于删除对象；Frame Selected（F）用于平移缩放窗口至选择的对象；Look View to Selected（Shift＋F）用于聚焦到所选对象；Find（Ctrl＋F）用于切换到搜索框，通过对象名称搜索对象；Select All（Ctrl＋A）用于选中所有对象；Preferences（偏好设置）用于设定 Unity 编辑器偏好设置功能相关参数；Modules（模块）用于选择加载 Unity 编辑器模块；Project Settings（工程设置）用于设置项目相关参数；Graphics Emulation（图形仿真）用于选择图形仿真方式配合一些图形加速器的处理；Snap Settings（吸附设置）用于设置吸附功能相关参数。

3）Assets（资源）菜单

Assets（资源）菜单主要用于资源的创建、导入、导出以及同步相关所有功能。其中，Create（创建）用于创建功能（脚本、动画、材质、字体、贴图、物理材质、GUI 皮肤等）；Show in Explorer（文件夹显示）用于打开资源所在的目录位置；Open（开启）用于开启对象；Delete（删除）用于删除所选对象；Rename（重命名）用于将所选对象重命名；Copy Path（复制路径）用于复制路径；Open Scene Addictive（添加场景）用于打开添加的场景；Import New Asset（导入新资源）用于导入新的资源；Import Package（导入资源包）用于导入资源包；Export Package（导出资源包）用于导出资源包；Find References in Scene（在场景中找出资源）用于在场景中找出相关资源；Select Dependencies（选择相关）用于选择相关资源；Refresh（刷新）用于刷新资源；Reimport（重新导入）用于将所选对象重新导入；Reimport All（重新导入所有）用于将所有对象重新导入；Run API Updater（运行 API 更新器）用于启动 API 更新器；Open C# Project（与 MonoDevelop 工程同步）用于开启 MonoDevelop 并与工程同步。

4）GameObject（游戏对象）菜单

GameObject（游戏对象）菜单主要用于创建、显示游戏对象。其中，Create Empty（Ctrl＋

Shift+N)用于创建一个空的游戏对象;Create Empty Child(Alt+Shift+N)用于创建其他组件,如摄像机、接口文字与几何物体等;3D Object(3D 物体)用于创建三维对象;2D Object(2D 物体)用于创建二维对象;Effects(特效)用于创建特效;Light(灯光)用于创建灯光对象;Audio(声音)用于创建声音对象;Video(视频)用于创建视频对象;UI(界面)用于创建 UI 对象;Vuforia(高通)用于创建 Vuforia 对象;Camera(摄像机)用于创建摄像机对象;Center on Children(聚焦子对象)用于将父对象的中心移动到子对象上;Make Parent(构成父对象)用于选中多个对象后创建父子对象集的对应关系;Clear Parent(清除父对象)用于取消父子对象的对应关系;Apply Changes To Prefab(应用变换)用于更新对象的修改属性到对应的预制体上;Break Prefab Instance(取消预制实例)用于取消实例对象与预制体直接的属性关联关系;Set as first sibling(Ctrl+=)用于设置选定子对象为所在父对象下面的第一个子对象;Set as last sibling(Ctrl+-)用于设置选定子对象为所在父对象下面的最后一个子对象;Move To View(Ctrl+Alt+F)用于改变对象的 Position 的坐标值将所选对象移动到 Scene 视窗中;Align With View(Ctrl+Shift+F)用于改变对象的 Position 的坐标值将所选对象移动到 Scene 视窗的中心点;Align View To Selected(视图选择)用于将编辑视角移动到选中物体的中心位置;Toggle Active State(Alt+Shift+A)用于设置选定的对象为激活或不激活状态。

5) Component(组件)菜单

Component(组件)菜单主要用于在项目制作过程中为游戏物体添加组件或属性。其中,Mesh(网格)用于添加网格属性;Effects(特效)用于添加特效组件;Physics(物理效果)用于物理系统,可以使物体带有对应的物理属性;Physics 2D(2D 物理特效)用于添加 2D 物理组件;Navigation(导航)用于添加导航组件;Audio(音效)用于添加音频组件,可以创建声音的听者;Video(视频)用于添加视频组件;Rendering(渲染)用于添加渲染组件;Tilemap(图类)用于添加图类组件;Layout(布局)用于添加布局组件;Playables(播放)用于添加播放组件;AR(增强现实)用于添加增强现实组件;Miscellaneous(其他)用于添加杂项组件;UI(界面)用于添加界面组件;Scripts(脚本)用于添加 Unity 脚本组件;Analysis(分析)用于添加分析组件;Event(事件)用于添加事件组件;Network(网格)用于添加网格组件;XR(AR、VR、MR)用于 AR、VR、MR 开发;Add(新增)用于新增组件。

6) Window(窗口)菜单

Window(窗口)菜单主要用于在项目制作过程中显示 Layout(布局)、Scene(场景)、Game(游戏)和 Inspector(检视)窗口。其中,Next Window(Ctrl+Tab)用于显示下一个窗口;Previous Window(Ctrl+Shift+Tab)用于显示前一个窗口;Layouts(布局)用于页面布局方式,可以根据需要自行调整;Vuforia Configuration(AR 窗口)用于 AR 开发;Package Manager(包管理窗口)用于管理打包资源;Text Mesh Pro(文本网格)用于管理文本网格;General(普通窗口)用于管理 Unity 中常用视图窗口;Rendering(渲染窗口)用于渲染灯光;Animation(动画窗口)用于创建时间动画的面板;Audio(声音窗口)用于控制声音混合;Sequencing(测序窗口)用于控制时间线;Analysis(分析窗口)用于探查分析;Asset Management(资源管理)用于资源管理;2D(2D 窗口)用于 2D 开发;AI(AI 窗口)用于导航开发;XR(XR 窗口)用于全息仿真;Experimental(测试窗口)用于测试。

7) Help(帮助)菜单

Help(帮助)菜单主要用于帮助用户快速地学习和掌握 Unity,提供当前安装 Unity 的版本号。其中,About Unity(关于 Unity)用于提供 Unity 的按照版本号及相关信息;Unity Manual(Unity 教程)用于连接至 Unity 官方在线教程;Scripting Reference(脚本手册)用于连接至 Unity 官方在线脚本参考手册;Vuforia(增强现实)用于增强现实开发;Unity Service(Unity 在线)用于连接至 Unity 官方在线服务平台;Unity Forum(Unity 论坛)用于连接至 Unity 官方论坛;Unity Answers(Unity 问答)用于连接至 Unity 官方在线问答平台;Unity Feedback(Unity 反馈)用于连接至 Unity 官方在线反馈平台;Check for Updates(检查更新)用于检查 Unity 版本更新;Download Beta(下载安装程序)用于下载 Unity3D 的 Beta 版本安装程序;Manage License(软件许可管理)用于打开 Unity3D 软件许可管理工具;Release Notes(发行说明)用于连接至 Unity 官方在线发行说明;Report a Bug(问题反馈)用于向 Unity 官方报告相关问题;Reset Packages to defaults(将包重置为默认值)用于重置包为默认值;Troubleshoot issue(疑难问题解答)用于解答疑难问题。

7. Unity3D 的工具栏

在工具栏中,一共包含 14 种基本的控制按钮,如表 2.1 所示。

表 2.1 Unity 常用工具

图 标	工具名称	用途说明	快捷键
	平移窗口工具	用于平移场景视图画面	Q
	位移工具	用于针对单个或两个轴向做位移	W
	旋转工具	用于针对单个或两个轴向做旋转	E
	缩放工具	用于针对单个轴向或整个物体做缩放	R
	矩形手柄	用于设定矩形选框	T
	三合一功能	用于移动、旋转、缩放物体	Y
Center	变换轴向	以对象中心当中参考轴来做位旋转及缩放	无
Local	变换轴向	控制对象本身的轴向	无
Global	变换轴向	控制世界坐标的轴向	无
	播放	播放游戏进行测试	无
	暂停	暂停游戏、暂停测试	无
	逐步执行	逐步进行测试	无
Layers	图层下拉菜单	设定图层	无
Layout	页面布局	选择或自定义 Unity 的页面布局方式	无

2.4.3 Unity3D 基本操作

1. 创建新项目

Unity 创建游戏的理念可以被简单地理解为：一款完整的游戏就是一个 Project(项目工程)，游戏中不同的关卡对应的是项目下的 Scene(场景)。一款游戏可以包含若干个关卡(场景)，因此一个项目工程下面可以保存多个场景。首先双击 Unity 图标创建一个项目，如图 2.43 所示。

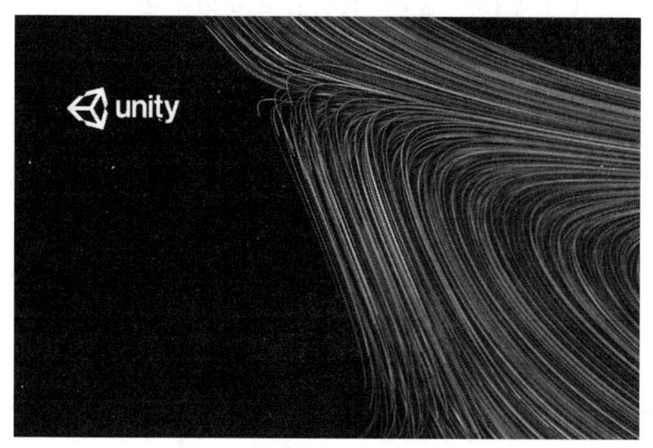

图 2.43　Unity 开始启动界面

在弹出的对话框中，单击页面右上方的 New(新建项目)，创建一个新的工程，可以设置 Project 的目录，然后修改文件名称和文件路径，如图 2.44 所示。

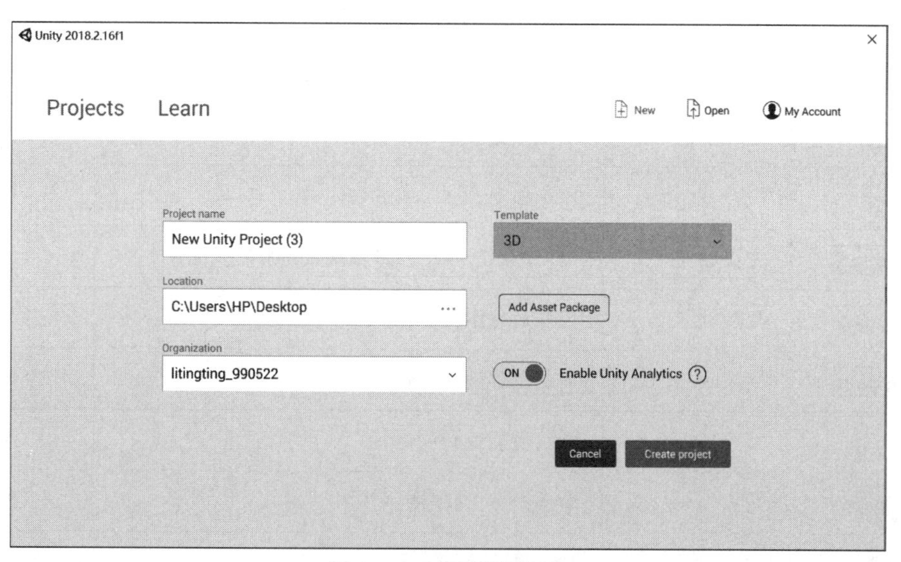

图 2.44　新建项目界面

在 Project name 下(项目名称)中输入项目名称，然后在 Location(项目路径)下选择项目保存路径并且选择 2D 或者 3D 工程的默认配置，最后单击 Add Assets Package 按钮选择需要加载的系统资源包，如图 2.45 所示。设置完成后，单击页面右下角的 Create Project 按钮完成新建项目。Unity 会自动创建一个空项目，其中会自带一个名为 Main Camera 的相机和一个 Directional Light 的直线光，如图 2.46 所示。

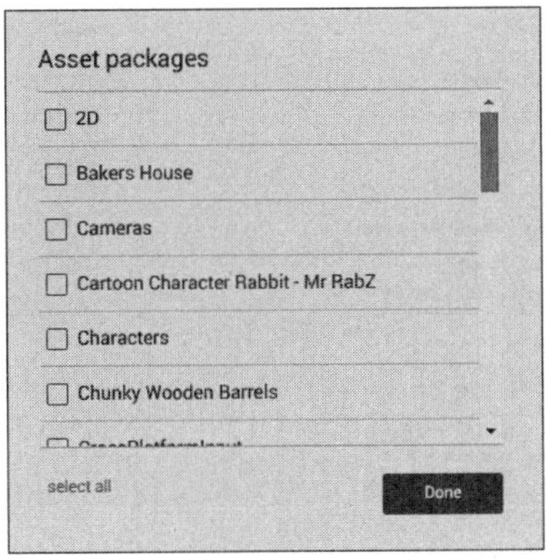

图 2.45 资源加载

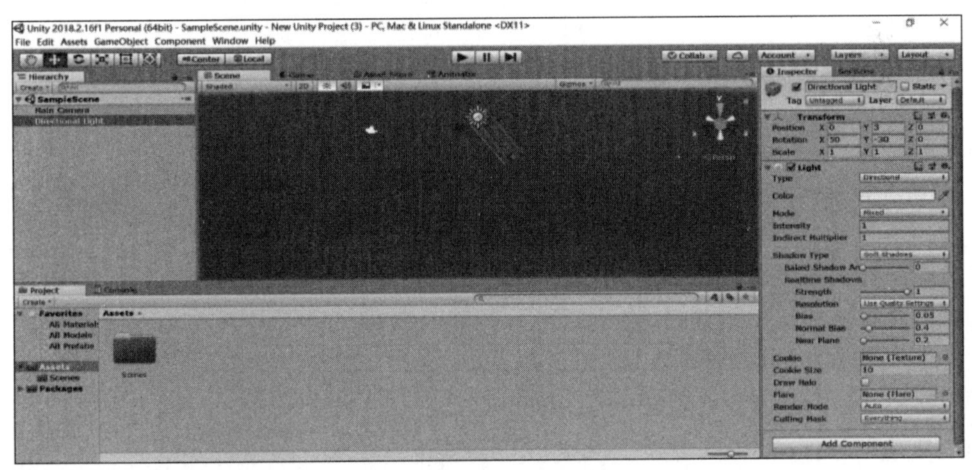

图 2.46 创建 Unity 项目

2. 保存场景及项目

首先单击 File(文件)→Save Scene(保存场景)菜单命令或按 Ctrl+S 快捷键，如图 2.47 所示。在弹出的“保存场景”对话框中，输入要保存的文件名，如图 2.48 所示。此时在 Project(项目)面板中能够找到刚刚保存的场景。接下来，单击 File(文件)→Save Project(保存项目)菜单命令，保存项目，完成整个保存工作。

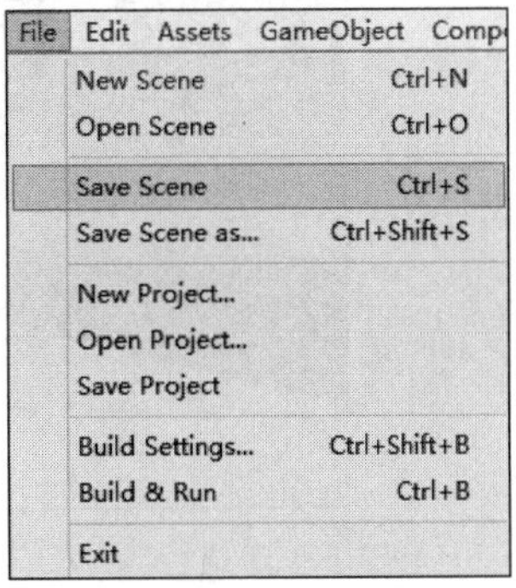

图 2.47 保存场景

3. 创建新场景

保存好 Unity 工程及场景后，由于每个项目中可能会有多个不同的场景或关卡，所以开发人员往往要新增多个场景。游戏场景包含游戏中的所有对象。可以在场景中创建主菜单、不同的关卡等。每个场景文件都可以看作一个独立

图 2.48 场景命名

的关卡。在每个独立的游戏场景中，都可以放置环境、障碍物、装饰物等。新建场景的方法是：选择 Unity3D 软件界面上的 File(文件)→New Scene(新建场景)，如图 2.49 所示。

4. 创建游戏对象

游戏中的每一个对象都是游戏对象 GameObject，这就意味着在游戏中所需要考虑的一切都与游戏对象有关。但单纯的游戏对象什么也不能做，必须赋予其特定的属性，这样它才能成为游戏角色、游戏场景，或是某种特殊的游戏效果。单击 GameObject(游戏对象)→3D Object(三维物体)→Plane(平面)命令创建一个平面用于放置物体。单击 GameObject(游戏对象)→3D Object(三维物体)→Cube(立方体)命令创建一个立方体。最后，使用场景控件调整物体位置，完成游戏物体的基本创建，如图 2.50 所示。

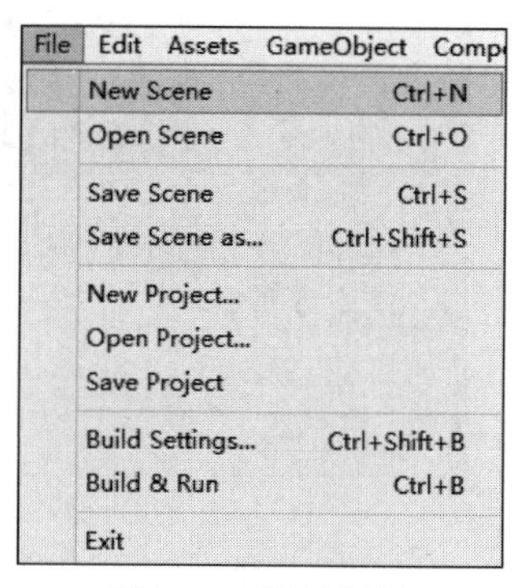

图 2.49 新建场景

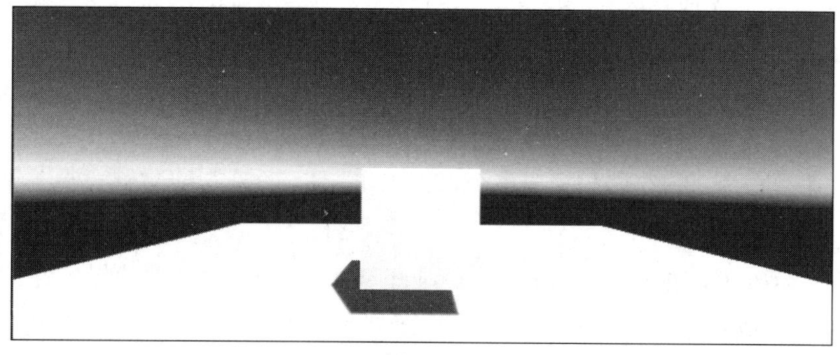

图 2.50 立方体创建效果

5. 添加物体组件

游戏对象也是一种容器，可以向其添加不同的部件，使其成为游戏角色、灯光树木、声音，或任何其他别的东西。所添加的每个部件则被称为组件(Component)。

游戏物体组件可以通过 Inspector(属性编辑器)进行显示，其本身也可以附加很多组件，如 Rigidbody(刚体)。选中 Cube(立方体)，执行 Component(组件)→Physics(物理)→Rigidbody(刚体)菜单命令，为游戏物体 Cube(立方体)添加一个 Rigidbody(刚体)组件，如图 2.51 和图 2.52 所示。

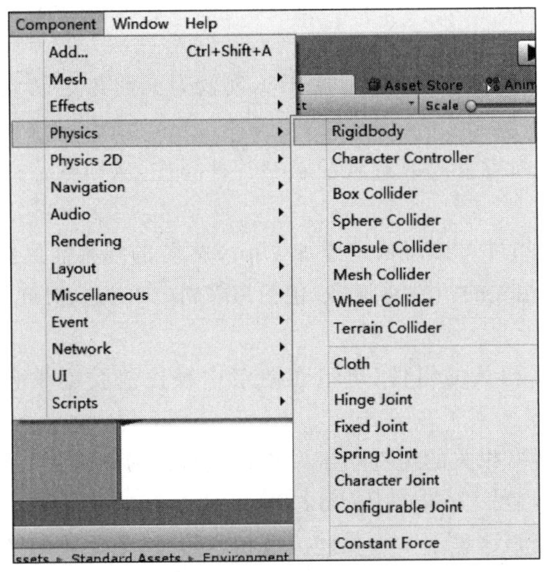

图 2.51　添加 Rigidbody

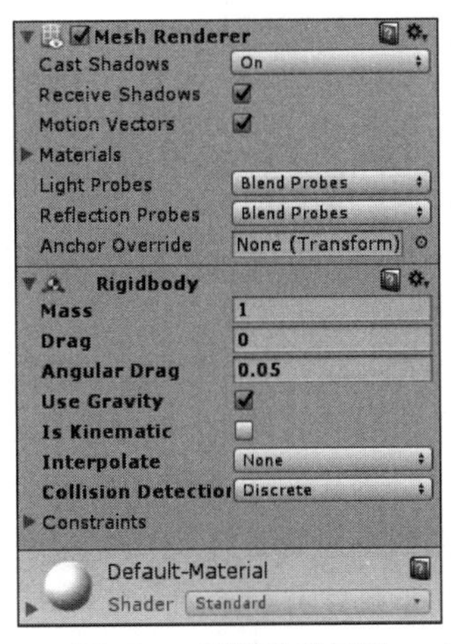

图 2.52　刚体组件属性

刚体添加完成后，在 Scene 视图中使用左键单击 Cube(立方体)并将其拖曳到平面上方，然后单击 Play 按钮进行测试，可以发现 Cube 会做自由落体运动与地面发生相撞，最后留在地面，如图 2.53 和图 2.54 所示。

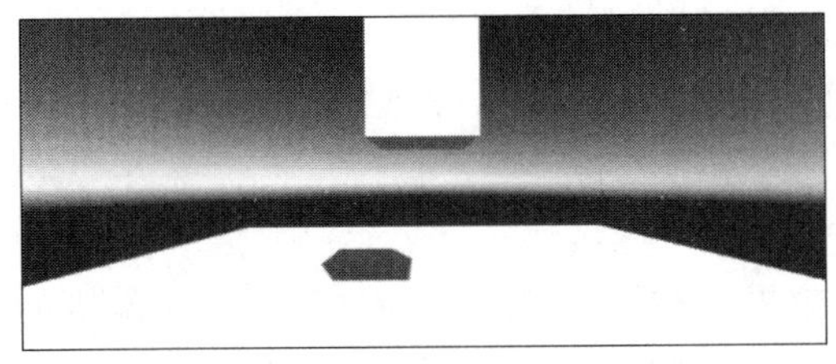

图 2.53　运行测试前

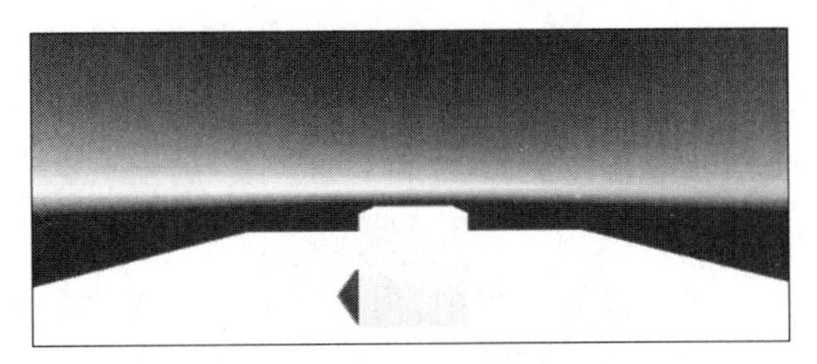

图 2.54　运行测试后

2.4.4　Unity3D 常用组件

游戏对象往往包含一个或多个组件，组件可以为游戏对象提供不同的功能和特性。Unity 中常用的组件类型如下。

(1) Transform：游戏对象的基础组件，可以修改游戏对象在地图中的位置、旋转和缩放值。默认情况下，所有游戏对象都会有一个 Transforn 组件。

(2) Mesh(网格)类型的组件：与Mesh相关的组件有4种，包括Mesh Filter(网格过滤器)、Text Mesh(文本网格)、Mesh Renderer(网格渲染器)和Skinned Mesh Renderer(蒙皮渲染器)。

(3) Particle System(粒子系统)：该组件可以模拟各种各样的特效，例如火焰、云彩、水流等。这是一个非常有用并且较为庞大的系统，涉及非常多的数据设置，在后续章节中将对其进行详细介绍。

(4) Physics(物理组件)：为了让创造的场景更具有真实性，需要在虚拟现实世界中让物体遵循现实世界的物理规则。为了实现这一点，Unity内置了NVIDIA PhysX物理引擎，以此模拟真实的物理行为。

(5) Scripts(脚本组件)：该组件由开发者自行编写，用于实现较为灵活与定制化的功能。Unity主要支持C#语言。

(6) Audio(音频组件)：该组件可以设置音效或背景音乐的各种属性，从而营造更好的游戏氛围。

(7) Video Player(视频播放器)：该组件可以轻松地添加Unity内置的视频播放器。

(8) Rendering(渲染)：与视觉渲染相关的组件有很多，包括摄像机、天空盒、灯光、遮挡剔除等。

(9) Event(事件)：通过使用Event相关的组件，可以在游戏中轻松地设置和响应各事件。

(10) Network(网络)：顾名思义，网络相关的组件用于设置游戏对象的网络相关属性。

(11) UI(界面)：与UI相关的组件，包括Image、Button、Text、Panel等。

关于组件有很多细节的内容，限于篇幅这里不一一赘述。在初学阶段，最重要的是先从整体上认识这些重要概念。

2.5 Unity3D核心系统

1. 视觉渲染系统

视觉渲染系统(Graphic)是任何一个游戏引擎中最为核心的部分，Unity的视觉渲染系统提供了丰富而强大的功能，可以让开发者轻松创作出自己所需的视觉效果。Unity的视觉渲染系统又包括以下主要子系统。

1) 光照

在虚拟的世界中，为了展示更为逼真的视觉效果，需要引入现实世界中一个不可缺少的元素，那就是光照(Lighting)。为了计算某个3D游戏对象的阴影，Unity需要了解光照的强度、方向和色彩等信息。Unity支持不同类型的光源，并根据实际的情境实现复杂和高级的光照效果。

2) 摄像机

Unity中提供了两种摄像机，分别是Perspective(透视)和Orthographic(正交)摄像机。其中，透视摄像机模拟的是真实世界中人眼观察世界的方式，用于创建仿真的虚拟世界。默认情况下Unity会使用透视摄像机。

3）材质、着色器和贴图

Unity 的渲染是通过材质（Material）、着色器（Shader）和贴图（Texture）共同实现的。材质定义了游戏对象的表面应该如何渲染，包括色彩、表面平滑度等。着色器包含渲染每个像素所需要进行的数学计算和算法。在大多数情况下，只需使用 Unity 内置的标准 Shader，但是通过编写自定义的 Shader 可以让游戏画面效果提升到更高的层次。贴图其实就是位图。某个材质中可能会引用贴图，此时该材质所使用的 Shader 将使用贴图计算出游戏对象的表面色彩。除了基本的色彩，纹理还提供了材质表面的诸多其他信息，如发光或粗糙程度等。

4）粒子系统

粒子系统是计算机图形渲染中常用的一种技巧，通过使用大量的小图片、3D 模型或其他图形对象模拟某种“模糊”的自然现象。比较适合使用粒子系统模拟的自然对象或化学效果有火焰、爆炸、烟、水流、落叶、云彩、雾、雪、尘埃、流星尾迹、魔法效果或发光等视觉效果。此类现象使用传统的渲染技术是很难实现的，但是使用粒子系统就可以轻松实现所需要的效果。

2. Mecanim 动画系统

Unity 内置了一个功能强大的动画系统，名为 Mecanim 系统。Mecanim 系统提供了简单操作的工作流程，可以轻松设置各类游戏对象的动画，包括物体、游戏角色等。

3. PhysX 物理引擎系统

Unity 内置了 NVIDIA 的 PhysX 物理引擎，另一个知名商业引擎 UE4 中同样采用了物理引擎。通过使用物理引擎系统，可以让游戏实时模拟出真实世界的部分物理法则，如刚体动力学、柔体动力学、流体动力学等。

4. 音效系统

任何一款游戏如果没有音效或者背景音乐，都是不完整的。Unity3D 提供了一个强大而又灵活的音效系统。Unity 内置的音效系统支持 3D 环绕立体声、实时混音、预定义效果等。通过该音效系统，可以导入多种格式的音频文件，并设置不同的声音效果。

5. 导航寻路系统

Unity 中提供了强大而又智能的导航寻路系统，可以让角色在游戏世界中自由漫步。通过使用导航寻路系统，角色可以“理解”他们是否需要通过楼梯抵达第二层，或者跳过某个水坑。Unity 的 Nav Mesh 系统包含 Nav Mesh、NavMesh Agent、Off-Mesh Link 和 Nav Mesh Obstacle 等元素。

6. UI 系统

早期的 Unity 版本并不支持原生的 UI 系统，所以当时大多数开发者使用的是一个名为 NGUI 的插件，而且至今仍有一些开发者在项目中使用该插件实现 Unity 项目中的 UI 界面。从 Unity4.6 版本开始，Unity 提供了原生的 UGUI 系统，可以轻松创建 2D 和 3D 的 UI 界面。

7. Input 输入控制系统

Unity 支持各种形式的传统输入设备，包括键盘、鼠标、游戏手柄、手机触摸屏，同时也支持全新的AR、VR自然交互,如Leap Motion的手势识别、HoloLens的手势识别等。此外,Unity还支持通过计算设备的麦克风和摄像头输入音频和视频信息。

8. 资源导入系统

除了Unity内置的原生游戏对象,Unity还通过强大的资源导入系统支持多种格式的外部游戏资源,包括使用3dMax、Maya或Blender等建模软件创建的3D模型,各种格式的纹理图片,各种格式的音频文件、视频文件、字体文件等。

9. Scripting(脚本)系统

脚本是所有游戏的必要元素。即便是最简单的游戏也需要脚本,从响应玩家的输入到实现特定的游戏逻辑,都离不开脚本。此外,有经验的开发者还可以直接通过脚本创建视觉渲染效果,控制游戏对象的物理行为,甚至实现角色的AI系统。

10. 2D系统

Unity的设计初衷是为了帮助开发者开发3D游戏、实现3D的建筑设计以及漫游和VR系统,而无须支付传统商业游戏引擎那样高昂的授权费。早期的Unity对2D的支持很差,但是随着手游时代的兴起,2D游戏再次占据了市场的主流。而一向审时度势的Unity也在4.3版本中提供了对2D游戏开发的支持。

11. AR/VR支持系统

Unity诞生之初,就提供了对虚拟现实应用开发的支持。而随着AR/VR时代的来临,Unity VR系统内置了对多款AR/VR设备的原生支持,包括HTC Vive、Oculus Rift、Google Daydream VR、Samsung Gear VR、HoloLens等。

2.6 Unity3D编程基础

Unity3D中脚本是用来界定用户在开发中的行为的,它能实现各个文本的数据交互并监控项目的运行状态。以往,在Unity中主要支持三种语言:C#、UnityScript(也就是JavaScript for Unity)以及Boo。但是选择Boo作为开发语言的使用者非常少,而Unity Technology公司还需要投入大量的资源支持它,这显然非常浪费。所以在Unity5.0后,Unity Technology公司放弃了对Boo的技术支持,在Unity2017以后放弃了对JavaScript的支持,仅保留C#作为Unity脚本编程语言。官方网站上的教程及示例基本上都是关于C#语言的。相对来说,因为C#语言在编程理念上符合Unity3D引擎原理,因此在本书中所有案例代码都使用C#实现。

2.6.1 C#语言概述

在Unity内编程,首选C#脚本,C#是微软开发的一门面向对象编程语言,基于.NET框架。由于有强大的.NET类库支持,以及由此衍生出的很多跨平台语言,C#逐渐成为Unity开发者推崇的程序语言。

在使用Unity进行C#脚本开发时,通常可以选择两种开发环境,一种是Unity自带的集成开发环境(IDE)Mono Develop,而另一种则是微软所提供的Visual Studio。除了Mono Develop和Visual Studio这两种IDE,还可以使用一些简单的代码编辑器编写代码,如 Vm、Emac、Am、Sublime Text，甚至是普通的文本编辑器。

2.6.2 变量

在编程语言中，每一个数值都需要存储在某个特定的地方，被称为变量。变量主要用于存储数据。在 Unity 的脚本程序中，每个变量必须拥有唯一的名称，脚本程序在识读变量时采用的是字符串匹配方式，所以对变量名称大小写敏感。一旦 Unity 脚本程序挂到某个对象上，游戏在 Unity3D 的属性面板(Inspector)中就会显示出该脚本中的各个公共变量。开发人员也可以在属性面板中对公共变量的值进行设置，设置后的值将会影响程序的运行，相当于在脚本程序中对该变量进行赋值。

变量由变量名称和数据类型构成。变量的数据类型决定了可以在其中存储哪种类型的数据。常见数据类型有以下几种。

1. 数字型变量

在 C# 中，数字型的变量主要包括整数(int)、单精度浮点数(float)和双精度浮点数(double)。float 和 double 类型变量的区别是：float 是单精度类型，其有效位数是 6 位，占用 4B 的存储空间；而 double 是双精度类型，有效位数是 15 位，占用 8B 的存储空间。默认情况下，小数使用 double 表示。如果需要使用 float，需要在末尾加上 f，如 float number＝1.33f;。

在上面这行代码中，定义了一个名为 number 的变量，其类型是 float，其初始值是1.33。除了以上 3 种最常用的数字变量类型，在 C# 中还有其他类型的数字型变量，如表 2.2 所示。

表 2.2 数字型变量

类 型	说 明	范 围
sbyte	有符号 8 位整数	－128～127
byte	无符号 8 位整数	0～255
short	有符号 16 位整数	－32 768～32 767
ushort	无符号 16 位整数	0～65 535
int	有符号 32 位整数	－2 147 489 648～2 147 483 647
uint	无符号 32 位整数	0～42 994 967 295
long	有符号 64 位整数	－2^63～2^63
ulong	无符号 64 位整数	0～2^64
float	32 位单精度	1.5E－45～3.4E38
double	64 位单精度	5.0E－324～1.7E08
decimal	128 位二进制数	1.0E－28～7.9E28

2. 文本型变量

文本型的变量主要是字符(char)和字符串(string)。其中,char类型变量用于保存单个字符的值,而string类型变量则用于保存字符串的值。char类型的字面量是用单引号括起来的,在下面这行代码中,定义了一个名为player的变量,其类型是string,其初始值是Steve。

```
string player="Steve"
```

下面来了解一些转义字符,如表2.3所示。

表2.3 转义字符

转义序列	字　符	转义序列	字　符
\'	单引号	\f	换页
\"	双引号	\n	换行
\\	反斜杠	\r	回车
\0	空	\t	水平制表符
\a	报警	\v	垂直制表符
\b	退格		

3. 布尔型变量

在C#中,布尔(bool)类型用于保存逻辑状态的变量,包含两个值:真或假。布尔类型变量,其值只能是true或false,不能将其他的值赋给bool类型。在定义全局变量时,若没有特别要求,不用对上述值类型进行初始化,整数类型和浮点类型默认初始化为0,bool类型默认初始化为false。

```
bool b=true;
```

在上面这行代码中,定义了一个名为b的变量,其类型是bool,其初始值是真。

4. 引用类型变量

引用类型是构建C#应用程序的主要对象数据类型,C#的所有引用类型均派生自System.Object。引用类型可以派生出新的类型,也可以包含null值,引用类型变量的赋值只复制对象的引用而不复制对象本身。

5. 枚举类型变量

枚举类型为定义一组可以赋给变量的命名整数常量提供了一种有效的方法。编写日期相关的应用程序时,经常需要使用年、月、日、星期等数据,可以将这些数据组织成多个不同名称的枚举类型。使用枚举类型可以增加程序的可读性,在C#中使用关键字enum类声明枚举。

```
enum 枚举名称
```

```
{A1=value1;
A2=value2;
A3=value3;
...
AX=valueX
}
```

2.6.3 表达式与运算符

表达式与运算符的作用是对数据或信息进行各种形式的运算处理，它们构成了程序代码的主体。表达式由运算符和操作数组成。其中，运算符比较好理解，它用于设置对操作数进行怎样的运算，例如，+、−、×、/分别代表加、减、乘、除 4 种运算。而操作数是运算符作用于的实体，指出指令执行的操作所需要的数据来源。操作数的概念最早来源于汇编语言，它代表参与运算的数据及其单元地址。在 C# 中，操作数可以简单理解为参与运算的各类变量和表达式等。在 C# 中，需要了解以下几种主要的运算符。

1. 算术运算符

算术运算符指的是数学中最基本的加减乘除等运算。算术运算符需要两个操作数，因此也称二元运算符。假设操作数 a，b，它们的算术运算符如表 2.4 所示。

表 2.4 算术运算符

算术运算符	功　能	使用方法
+	两变量相加	a+b
-	两变量相减	a-b
*	两变量相乘	a * b
/	两变量相除	a/b
%	求余数	a%b
++	变量做+1 操作	a=a+1
−−	变量做−1 操作	a=a−1

2. 相等运算符

相等运算符是用来比较两个值，根据比较结果返回一个布尔值，广义的相等运算符包含以下几种。

(1) 相等运算符(==)。

(2) 等同运算符(===)。

(3) 不等运算符(! =)。

(4) 不等同运算符(! ===)。

3. 关系运算符

关系运算符用来测试两个值之间的关系，如果指定关系成立，返回 true，否则返回

false。常见关系运算符如表 2.5 所示。

表 2.5 关系运算符

关系运算符	说　明	关系运算符	说　明
==	等于	>	大于
<	小于	>=	大于等于
<=	小于等于	! =	不等于

4. 赋值运算符

赋值运算符可以将运算符右边运算数的值赋给左边的运算数，它要求左边的运算数为变量、数组的元素或者对象的属性，而右边的运算数可以为任意类型的值。

```
变量=操作数
```

该简单赋值表达式的结果是把操作数赋值给变量。

例如，去书店买书，针对一本书的书名，会定义变量 bookName，如果这本书叫“Unity AR 增强现实开发实战”，此时变量 bookName 指代的就是“Unity AR 增强现实开发实战”，具体代码如下。

```
string bookName;
bookName="Unity AR 增强现实开发实战";
```

5. 逻辑运算符

逻辑运算符通常用来针对布尔值的操作，主要包含以下几种。

(1) 逻辑与(&&)运算符。

(2) 逻辑或(||)运算符。

(3) 逻辑非(!)运算符。

2.6.4 流程控制

流程控制，就是对某个条件进行判断，如果判断通过，就执行某语句。C# 中的流程控制方法与其他语言基本相同，支持 if…else、while、do…while、for、switch 等流程控制语句。

1. if…else 语句

if…else 语句是最基本也是最常用的流程控制语句，表示在满足某种特定条件的情况下，将执行某种操作，否则执行 else 后面的操作。if…else 语句完成了程序流程块中的分支功能：如果其中的条件成立，则程序执行紧接着条件的语句或语句块；否则程序执行 else 中的语句或语句块。

语法如下。

```
if (条件)
    {执行语句 1}
else
    {执行语句 2}
```

如果条件表达式为true,执行if块内的代码;如果条件表达式为false,则执行else块内的代码。

一个if语句后可跟一个可选的else if…else语句,可用于测试多种条件。C#中if…else if…else语句的语法如下。

```
if(Boolean_expression1)
{/* 当布尔表达式 1 为真时执行* /}
else if(Boolean_expression2)
{/* 当布尔表达式 2 为真时执行* /}
else if(Boolean_expression3)
{/* 当布尔表达式 3 为真时执行* /}
else
{/* 当上面条件都不为真时执行* /}
```

2. while语句

在C#中while循环是常用的一种循环语句。while和if…else类似,只要循环的条件成立,循环体就被反复地执行。while语句所控制的循环不断地测试条件,如果条件始终成立,则一直循环,直到条件不再成立。

语法如下:

```
while (条件)
    {执行语句... }
```

在这里,执行语句可以是一个单独的语句,也可以是几个语句组成的代码块。条件可以是任意的表达式,当为任意非零值时都为真。当条件为真时执行循环;当条件为假时,程序流将继续执行紧接着循环的下一条语句。这里,while循环的关键点是循环可能一次都不会执行。当条件被测试且结果为假时,会跳过循环主体,直接执行while循环体外的语句。

3. do…while语句

do…while和while的区别在于,do…while语句并不会首先进行判定,它会先执行一次括号中的语句再进行判定,如果判定成立,再继续执行括号中的语句。C#中的do…while循环语法如下。

```
do{
statement(s);
}while(condition);
```

注意,条件表达式出现在循环的尾部,所以循环中的statement(s);会在条件被测试之前至少执行一次。如果条件为真,控制流会跳转回上面的do,然后重新执行循环中的statement(s);。这个过程会不断重复,直到给定条件变为假。

4. for语句

for语句就是循环,重复执行一段代码,一直到结束。同时for循环也是一个允许编写执行特定次数的循环的重复控制结构。

for语句的语法如下:

```
for (初始化部分;条件部分;更新部分)
    {执行部分…}
```

5. switch 语句

分支语句 switch 可以根据一个变量的不同取值采取不同的处理方法。如果表达式取的值同程序中提供的任何一条语句都不匹配,将执行 default 中的语句,如图 1.54 所示。

语法如下:

```
switch (expression)
        {
case label1:语句串 1;
             case label2: 语句串 2;
             case label3: 语句串 3;
                   ...
             default: 语句串 3;
    }
```

2.6.5 函数

在数学里面,函数的作用是让输入值根据特定的规则计算出某个结果并输出。在编程领域,函数的作用与之类似,不过不仅局限于数值计算,而是可以实现任何所需要的功能。简单来说,函数就是可以完成特定功能,并且可以重复执行的代码块。在 Unity 中,C＃脚本需要预先载入类库,代码如下所示。

```
using UnityEngine;
using System.Collections;
public class NewBehaviourScript : MonoBehaviour {
}
```

其中,NewBehaviourScript 是脚本的名称,它必须和脚本文件的外部名称一致(如果不同,脚本将无法在物体上被执行)。所有游戏执行语句,都包含在这个继承自 MonoBehaviour 类的自创脚本中,Unity 脚本中常用函数如下。

(1) Update():正常更新,创建 JavaScript 脚本时,脚本默认添加这个方法,每帧都会由系统调用一次。

(2) LateUpdate():推迟更新,此方法在 Update()方法执行完后调用,每帧都调用一次。

(3) FixedUpdate():置于这个函数中的代码每隔一定间隔将被执行一次。

(4) Awake():脚本唤醒,用于脚本的初始化,在脚本生命周期中执行一次。

(5) Start():这个函数将在 Update()之前,Awake()之后执行。Start()函数和 Awake()函数的不同点在于 Start()函数仅在脚本启用时执行。

(6) OnDestroy():当前脚本销毁时调用。

(7) OnGUI():绘制游戏界面的函数,因为每一帧执行多次,所以一些时间相关的函数要尽量避免直接在其内部使用。

(8) OnCollisionEnter()：当游戏对象的碰撞脚本与另外的游戏对象碰撞时执行这个函数内的代码。

(9) OnMouseDown()：当鼠标键在一个载有 GUI 元素(GUIElement)或碰撞器(Collider)的游戏对象里按下时执行该函数内的代码。

(10) OnMouseOver()：当鼠标键在一个载有 GUI 元素或碰撞器的游戏对象有按下抬起后动作时，执行该函数内的代码。

(11) OnMouseEnter()：鼠标进入物体范围时执行该函数的内容。与 OnMouseOver 不同，该函数只执行一次。

(12) OnMouseExit()：鼠标离开物体范围时执行该函数的内容。

(13) OnMouseUp()：当鼠标键释放时执行该函数的内容。

(14) OnMouseDrag()：按住鼠标键拖动时执行该函数的内容。

2.6.6 脚本系统

Unity 的脚本系统是开发过程中十分重要的一个环节，哪怕是最简单的游戏项目都需要使用脚本对用户的操作进行反馈。脚本可以用于场景中几乎所有的事件触发、对象移动和玩家交互。下面将介绍关于 Unity 脚本的创建、使用和命名等内容。

1. 创建脚本

在 Unity 中创建脚本的方式通常有两种。

第一种方式：执行 Assets(资源)→Create(创建)→C# Script 菜单命令，创建一个空白脚本，将其命名为 Move，如图 2.55 所示。

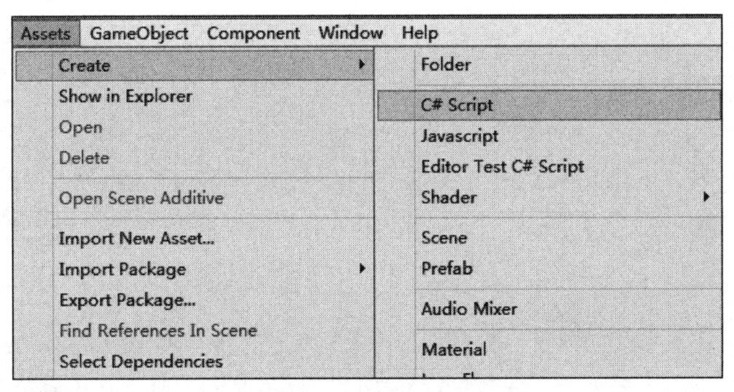

图 2.55 创建脚本方式 I

第二种方式：在 Project 面板中单击右键，依次选择 Create(创建)→C# Script，创建一个空白脚本，将其命名为 Move，如图 2.56 所示。

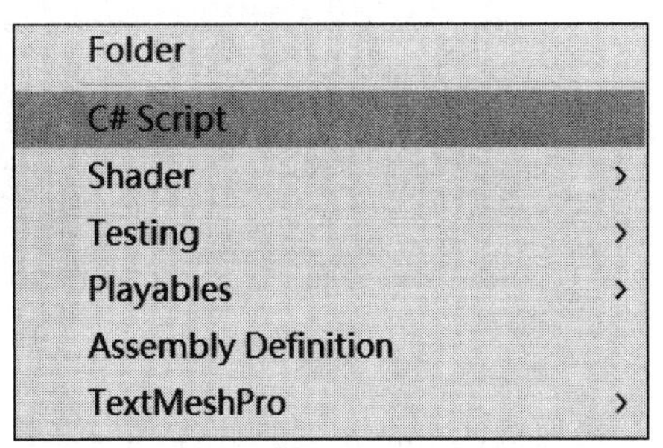

图 2.56 创建脚本方式 II

在 Project(项目)面板中双击 Move 打开脚本，进行脚本编写。默认会通过 MonoDevelop 编辑器打开。在 Update()函数中插入代码，函数内的每一帧代码，系统都会去执行，代码如下。

```
using UnityEngine;
```

```
using System.Collections;
public class Move : MonoBehaviour {
void Start(){
}
void Update () {
    transform.Translate (Input.GetAxis ("Horizontal"), 0, Input.GetAxis ("
Vertical")); }
}
```

在以上的代码中，public class Move：MonoBehaviour 表示该脚本名为 Move，继承自 MonoBehaviour。只有继承自 MonoBehaviour 的脚本才能够使用 Unity 提供的 APl。脚本中默认提供了 Start()和 Update()两个方法。这两个方法都是 Unity 生命周期的一部分，为 private 类型。Unity 生命周期相关的方法在运行时由 Unity 自己调用。其中，Start()方法会在脚本第一次激活的时候调用，而 Update()方法则每一帧都会调用。

其中，Input.GetAxis()函数返回－1～1 的值，在水平轴上，左方向键对应－1，右方向键对应 1。由于目前不需要向上移动摄像机，所以 Y 轴的参数为 0。执行 Edit(编辑)→Project Settings(项目设置)→Input(输入)菜单命令，即可修改映射到水平方向和垂直方向的名称和快捷键。

2. 链接脚本

脚本创建完成后，需要将其附加在物体上。在 Hierarchy(层次)视图中，单击需要添加脚本的游戏物体 Main Camera(主摄像机)，然后执行 Component(组件)→Script(脚本)→Move(移动)菜单命令，如图 2.57 所示，Move 脚本就链接到 Main Camera 上。

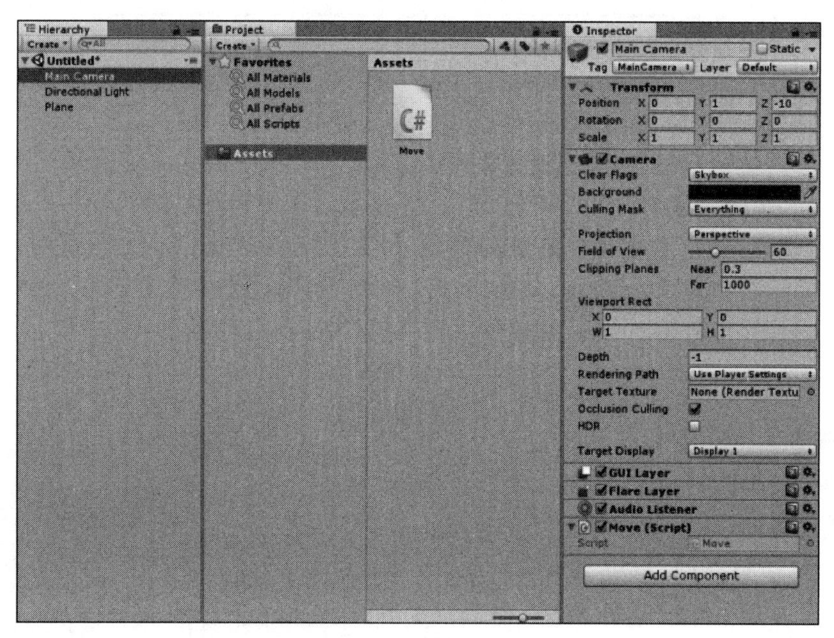

图 2.57 脚本链接

摄像机(Camera)是向玩家捕获和显示世界的设备，如图 2.58 所示。通过自定义和操作摄像机，可以自由旋转游戏视角，同时场景中摄像机的数量不受限制。它们可以以任何顺序设定放置在屏幕上的任何地方，或在屏幕的某些部分。摄像机参数如表2.6所示。

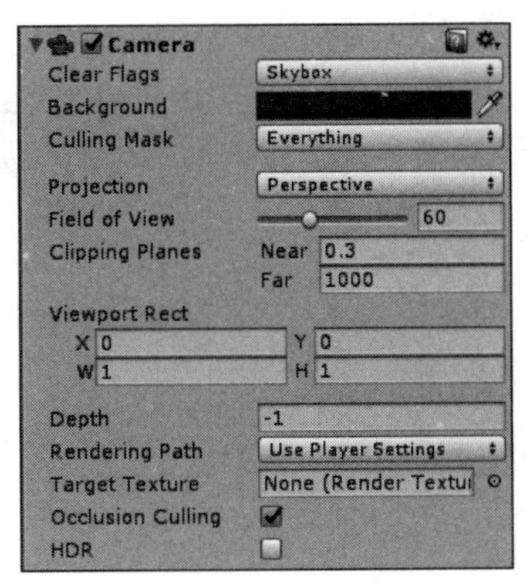

图2.58 摄像机属性

表2.6 摄像机参数

英文名	中文名	参 数 说 明
Clear Flags	清除标识	确定了屏幕哪些部分将被清除。这是为了方便使用多个摄像机画不同的游戏元素
Background	背景	应用于视图中的所有元素绘制后，和没有天空盒的情况下，剩余屏幕的颜色
Culling Mask	消隐遮罩	包含层或忽略层将被相机(Camera)渲染。在检视窗口向对象分配层
Projection	投影	切换相机透视(Perspective)和正交(Orthographic)投影
Field of view	视野	相机的视野，沿着本地Y轴测量的度为单位
Clipping Planes	裁剪面	相机到开始和结束渲染的距离。Near为最近点绘制距离；Far为最远点绘制距离
Viewport Rect	视口矩形	摄像机画面显示在屏幕的区域。X为相机视图的开始水平位置；Y为相机视图的开始垂直位置；W为摄像机输出在屏幕上的宽度；H为摄像机输出在屏幕上的高度
Depth	深度	相机在渲染顺序上排位，具有较低深度的相机将在较高深度的相机之前渲染
Rendering Path	渲染路径	定义什么绘制方法将被用于相机的选项
Target Texture	目标纹理	参见渲染纹理(Render Texture)。渲染纹理包含相机视图输出。这会使相机渲染在屏幕上的能力被禁止
Occlusion Culling	遮挡剔除	是否剔除物体背向摄像机的部分
HDR	高动态光照渲染	用于启用摄像机的高动态范围渲染功能

3. 运行测试

使用鼠标左键单击“播放”按钮，在场景视图中，使用键盘上的 W(前)、S(后)、A(左)、D(右)键移动摄像机，运行效果如图 2.59 和图 2.60 所示。

图 2.59 运行测试效果图 I

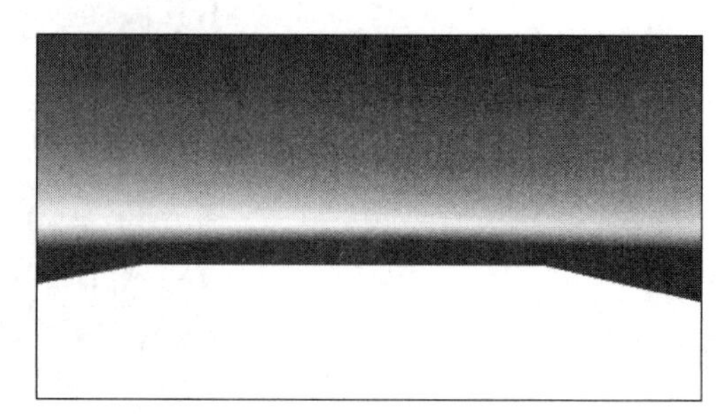

图 2.60 运行测试效果图 II

2.6.7 脚本编写注意事项

Unity 中 C# 脚本的运行环境使用了 Mono 技术，Mono 是一个致力于.NET 开源的工程。可以在 Unity 脚本中使用.NET 所有的相关类。但 Unity 中 C# 的使用与传统的 C# 有一些不同。

1. 继承自 MonoBehaviour 类

Unity 中所有挂载到游戏对象上的脚本中包含的类都继承自 MonoBehaviour 类。MonoBehaviour 类中定义了各种回调方法，例如 Start、Update 和 FixedUpdate 等。通过在 Unity 中创建 C# 脚本，系统模板已经包含必要的定义。

2. 使用 Awake 或 Start 函数初始化

C# 中用于初始化的脚本代码必须置于 Awake 或 Start 方法中。Awake 和 Start 的不同之处在于 Awake 方法是在加载场景时运行，Start 方法是在第一次调用 Update 或 FixedUpdate 方法之前调用，Awake 方法在所有 Start 方法之前运行。

3. 类名字必须匹配文件名

C# 脚本中类名需要手动编写，而且类名还必须和文件名相同，否则当脚本挂载到游戏对象时，控制台会报错。

4. 只有满足特定情况时变量才能显示在属性查看器中

只有序列号的成员变量才能显示在属性查看器中，而 private 和 protected 类型的成员变量不能显示，如果属性项在属性查看器中显示，必须是 public 类型的。

5. 尽量避免使用构造函数

不要在构造函数中初始化任何变量，而是使用 Awake 或 Start 方法实现。在单一模式下使用构造函数可能会导致严重后果，引发类似随机的空引用异常。因此，一般情况下应尽量避免使用构造函数。

2.7 Unity3D资源获取

2.7.1 Unity3D资源管理

1. 导入系统资源包

Unity3D游戏引擎中有很多的资源包，可支持多种主流媒体资源格式，包括模型、材质、动画、图片、音频、视频等，为游戏开发者提供了相当便利的操作经验，也使其开放的游戏作品具有较高的可玩性和丰富的游戏媒体体验。游戏开发者可以根据实际情况导入不同的资源包，下面讲解两种资源包的导入方法。

第一种方法：在新建项目时导入。在“新建项目”对话框中单击Add Asset Packages按钮，如图2.61所示，在弹出的对话框中勾选所需的资源，系统将会自动导入资源，如图2.62所示。

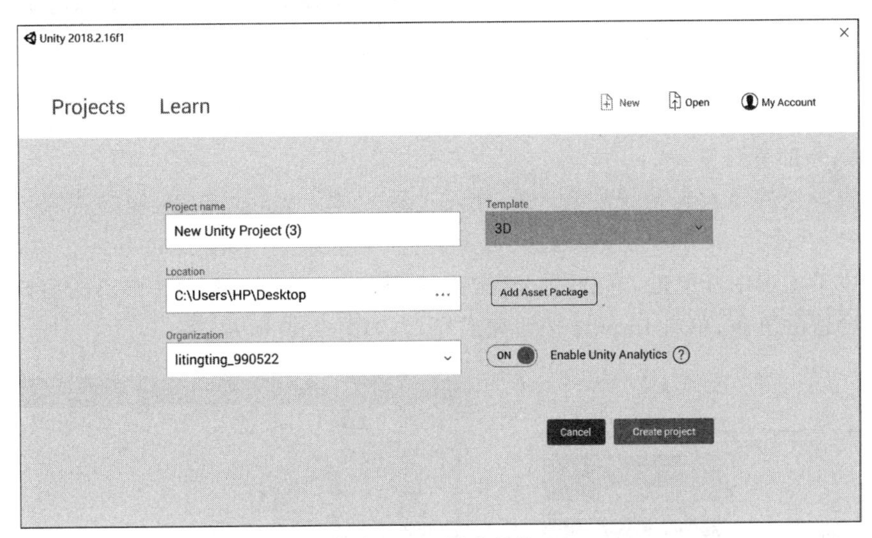

图2.61 新建项目

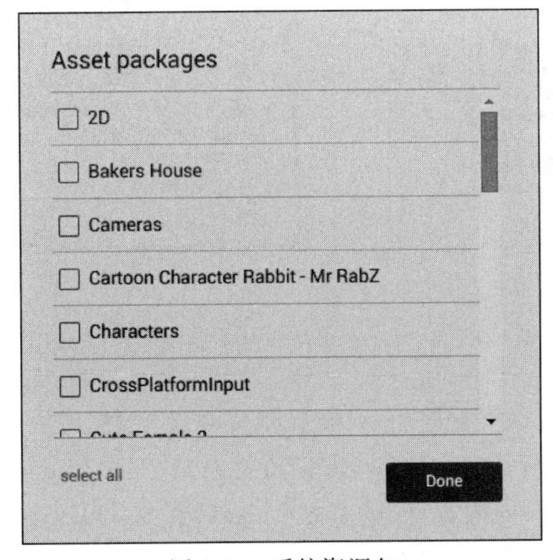

图2.62 系统资源包

第二种方法：在项目创建完成之后导入。单击 Assets(资源)→Import Package(导入资源包)命令，在弹出的下拉菜单中，选中需要的资源包导入即可，如图 2.63 所示。

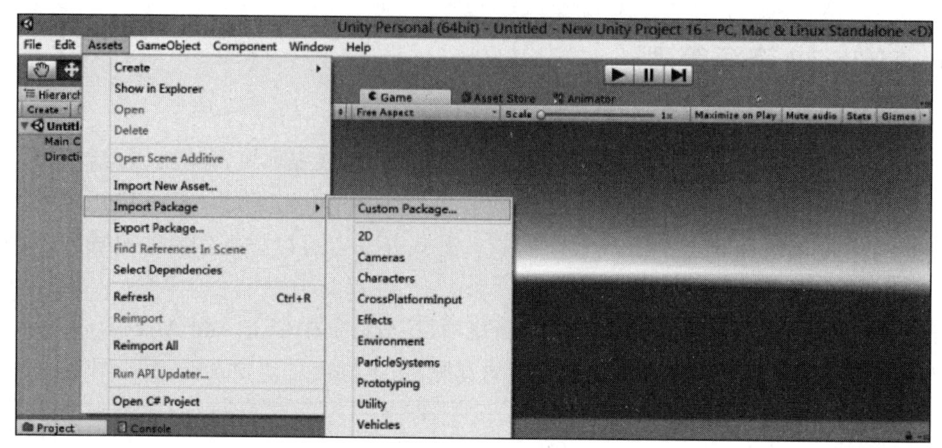

图 2.63　导入系统资源包

2. 导入外部资源包

外部资源包的导入与系统资源包的导入过程大体一致，执行 Assets(资源)→Import Package(导入资源)→Custom Package(自定义包)菜单命令，如图 2.64 所示。然后在弹出的对话框中单击选中资源包，单击"打开"按钮，如图 2.65 所示。最后在弹出的窗口中，根据需要选择合适的资源，单击 Import 按钮完成导入，如图 2.66 所示。

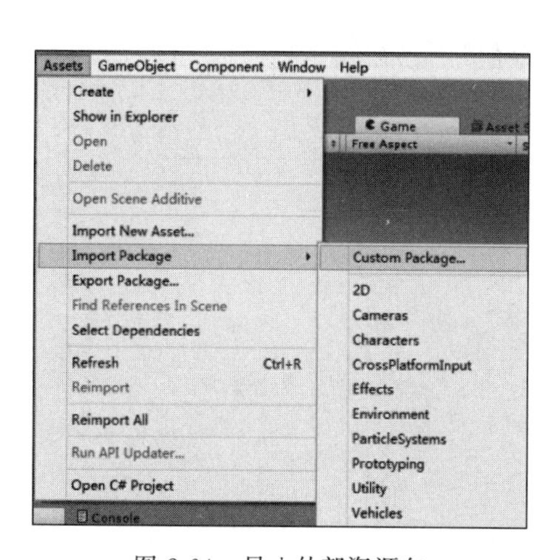

图 2.64　导入外部资源包

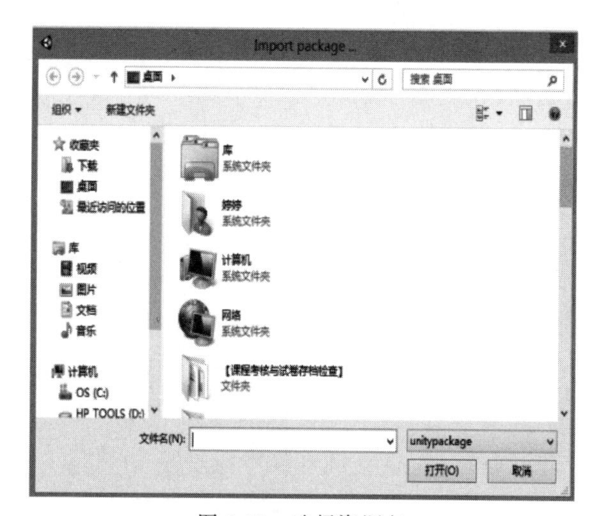

图 2.65　选择资源包

3. 资源导出

项目中的一些资源可以重复使用，只需要将资源导出，在另一个项目中导入资源即可。资源导出的方法很简单，只需要单击 Assets(资源)→Select Dependencies(选择相关)菜单命令，选中与导出资源相关的内容，然后单击 Assets(资源)→Export Package(导出资源)菜单命令，如图 2.67 所示。

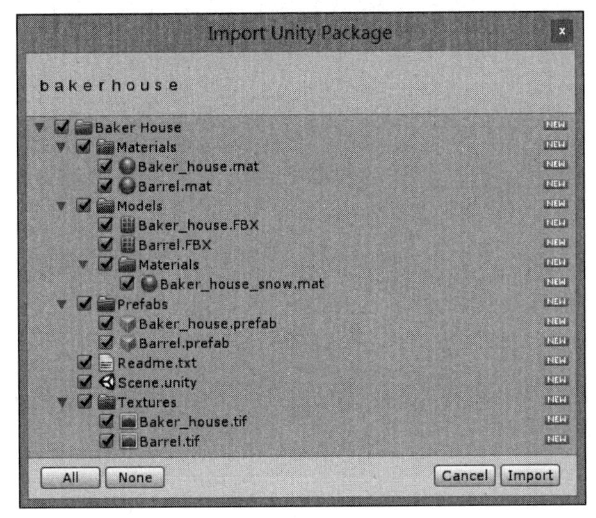

图 2.66　导入资源

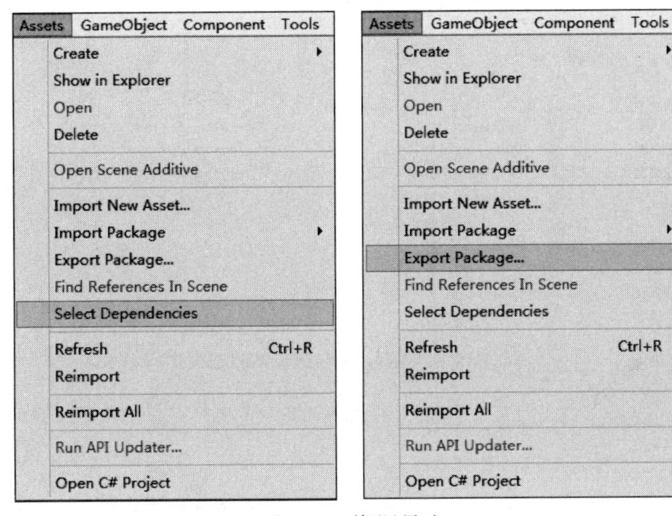

图 2.67　资源导出

在弹出的 Exporting Package(正在导出资源)对话框中,单击 All 按钮,将要导出的所有文件选中,然后单击 Export 按钮,如图 2.68 所示。接下来在弹出的对话框中设置资源包的保存路径及资源包的名称,完成后保存即可,如图 2.69 所示。

2.7.2 Unity3D 资源商店

Unity 为用户提供了丰富的资源,其官方网址为 https://www.assetstore.unity3d.com/。也可以在 Unity 中单击 Window 菜单,选择 Asset Store 命令直接访问 Unity 官方资源商店,如图 2.70 所示。

1. Asset Store 简介

Unity AssetStore 资源商店中提供多种游戏媒体资源的下载和购买,例如,人物模型、

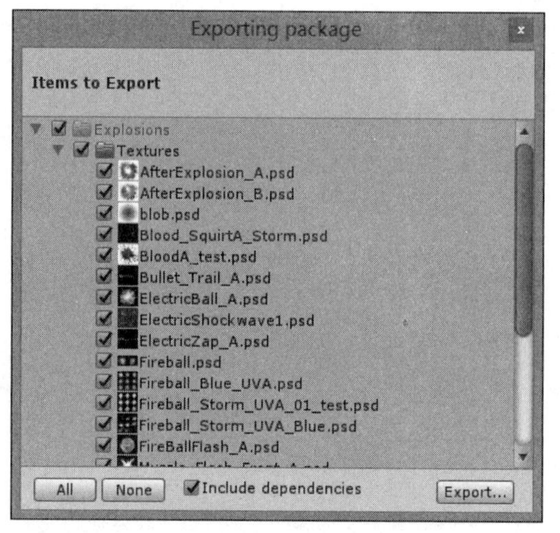

图 2.68　导出所选文件

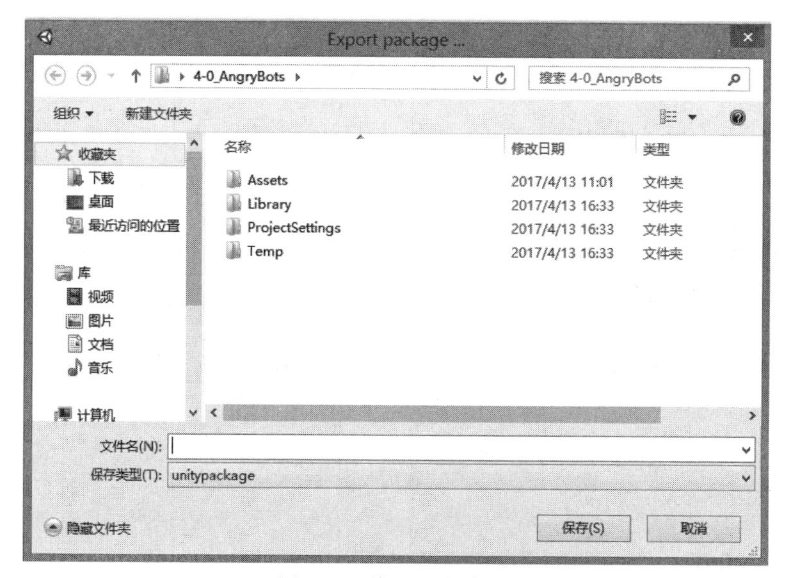

图 2.69　资源文件命名

图 2.70　Unity 官方资源商店主页

动画、粒子特效、纹理、游戏创作工具、音乐特效、功能脚本和其他类拓展插件等。同样，作为资源的发布者，用户同意可以在商店中出售或免费提供资源，如图 2.71 所示。

图 2.71　Unity 官方资源商店

2. 资源的下载与导入

为了帮助 Unity 开发者制作更加完美的游戏，Unity 拥有大量的特效包帮助开发者提升效率，Unity 官方商店里面有各类的特效资源可以供开发者使用。

Step1：打开网络浏览器，进入 Unity Asset Store 资源商店主页，并创建一个免费账户，如图 2.72 所示。

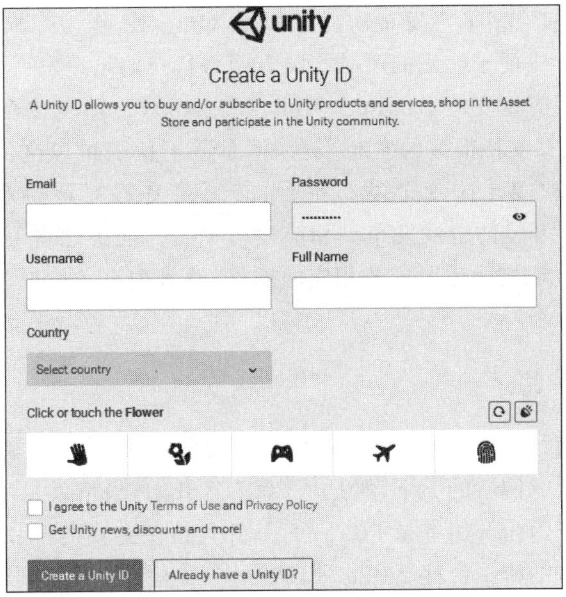

unity
Create a Unity ID
A Unity ID allows you to buy and/or subscribe to Unity products and services, shop in the Asset Store and participate in the Unity community.
Email
Password
Username
Full Name
Country
Select country
Click or touch the Flower
I agree to the Unity Terms of Use and Privacy Policy
Get Unity news, discounts and more!
Create a Unity ID
Already have a Unity ID?

图 2.72　Unity 资源商店注册

Step2：在 Categories 资源分区中打开“完整项目”，单击“Unity 功能范例”选择相应链接即可观看到该资源的详细介绍。在 Unity 官方商店里有很多种类的资源，大致可以分为如下几类，如表 2.7 所示。

表 2.7 Asset Store 资源分类表

类 型	含 义	类 型	含 义
home	首页	Particle Systems	粒子系统
3D Models	3D 模型	Scripting	脚本
Animation	动画	Services	服务
Audio	音频	Shaders	着色器
Complete Projects	完整的项目	Textures & Materials	纹理和材料
Editor Extensions	编辑器扩展		

Step3：在详细介绍界面中单击 Download 按钮，即可进行自由下载。当自由下载完毕后，Unity 会自动弹出 Importing package 对话框，对话框左侧是需要导入的资源文件列表，右侧是资源对应的缩略图，单击 Import 按钮即可将所下载的资源导入当前的 Unity 项目中。

Step4：资源导入完成后，在 Project 面板下的 Assets 文件夹中会显示出新增的资源文件目录，单击该图标即可载入该案例，只需要单击 Play 按钮即可运行这个游戏案例了。

2.8 平台设置与发布

近年来，随着手机、平板等多种移动平台的兴起，游戏平台不再局限于 PC 和家用主机。为了方便游戏开发人员将自己开发出来的游戏作品成功地运行在多种平台上，现在比较流行的游戏开发引擎都具有多平台发布功能。因此，Unity3D 作为一款跨平台的游戏开发工具，从一开始就被设计成便于使用的产品。随着网络科技的迅速发展，Unity3D 功能逐渐强大，它不仅支持 PC，同时也支持 Android、Web、PS3、Xbox、iOS 等多个应用平台。

虽然 Unity3D 能够支持很多的发布平台，但是并不代表可以毫无限制地使用和发布。例如，Xbox360、PS3 和 Wii 这三个发布平台，必须要有购买该游戏主机厂商的开发者 License 才能将 Unity 开发的游戏发布到相应运行平台。而要想将 Unity 开发的游戏成功发布并运行于 iOS 终端，则还需要安装相应的插件，并且拥有 Apple 公司的开发者账号，才可以发布作品。

2.8.1 发布 PC 平台

PC 平台是游戏运行最常见的一种，在 2007 年之前，PC 平台上能够玩到的单机游戏实在是少之又少，几乎就是网游的天下，但是从 2007 年开始，事情就发生了变化，随着欧美游戏的崛起，很多游戏都纷纷开始登录 PC 平台了，并且很多游戏类型和好的创意点子都是诞生在 PC 平台。Unity 的跨平台性高达 9 种，PC 平台就是其中最重要的发布平台之一。

当利用 Unity 开发游戏的过程中，需要对游戏发布时，单击 File 下拉菜单，选择 Build

Settings，如图 2.73 所示。在 Platform 窗口中选择 PC，Mac & Linux Standalone，在右侧的 Target Platform 选项框中可以选择 Windows、Mac OS X、Linux，在右侧的 Architecture 选项框中可以选择 x86 或 x86_64，如图 2.74 所示。

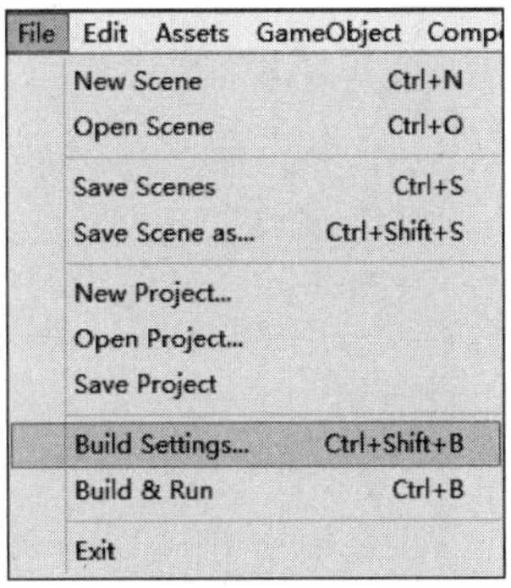

单击左下角的 Player Setting 按钮后，便可以在右侧的 Inspector 面板中看到 PC，Mac & Linux 的相关设定，如图 2.75 所示。在 Player Settings 界面中有 Company Name 和 Product Name 可以用于设置相关的名称，而 Default Icon 用于设定程序在平台上显示的 Icon。

图 2.73 Build Settings 选项

在 Player Settings 界面的下方区域中，分为四个选项设置：Resolution and Presentation、Icon、Splash Image 和 Other Settings。其中，Resolution and Presentation 的参数设置内容如图 2.76 所示。

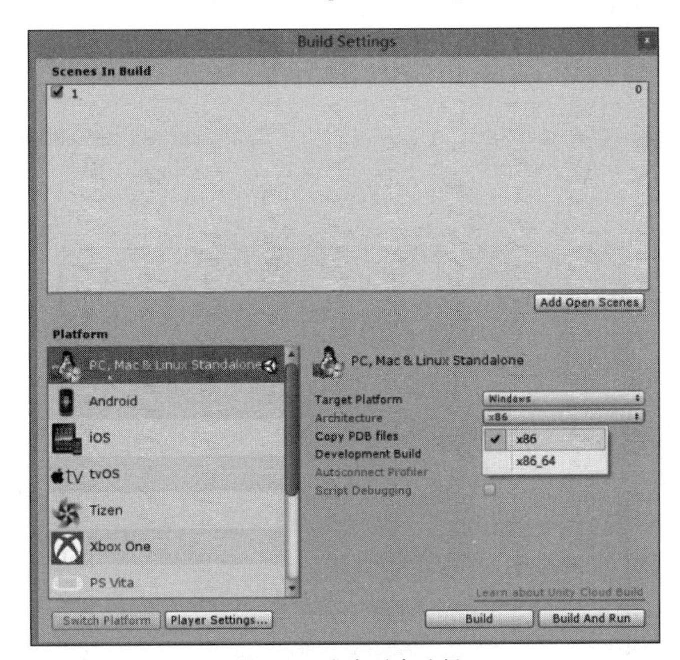

图 2.74 发布平台选择

完成上述设置或者全部选默认值后，便可回到 Build Settings 对话框，单击右下角的 Build 按钮，选择文件路径用于存放可执行文件。

发布出来的内容是一个可执行的.exe 文件和包含其所需资源的同名文件夹，单击该文件后便会出现如图 2.77 所示的游戏运行对话框。

2.8.2 发布 Android 平台

首先确认在下载 Unity 时勾选了 AndroidSupport(如果在 Build Settings 中 Android 选项是灰的，则代表没有勾选)，如果没有勾选的话，需要重新下载当前 Unity 版本的下载器，运行下载器到下载选项一栏，只勾选 AndroidSupport 进行下载并安装。

然后安装 JDK，建议不要下载最新的版本，有可能出现 Unity 并没有完成对最新版本的

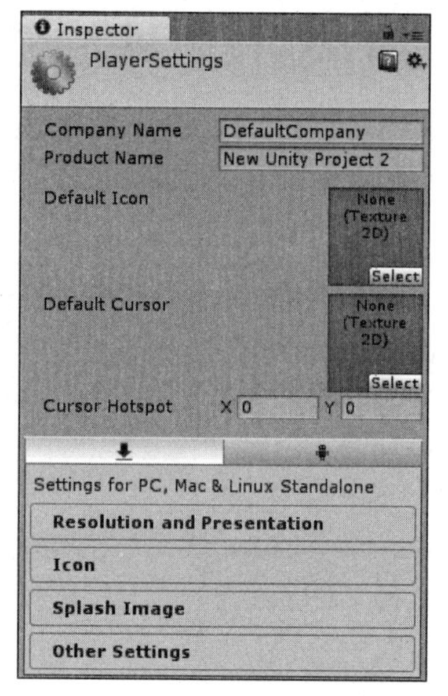

图 2.75　Player Settings 界面

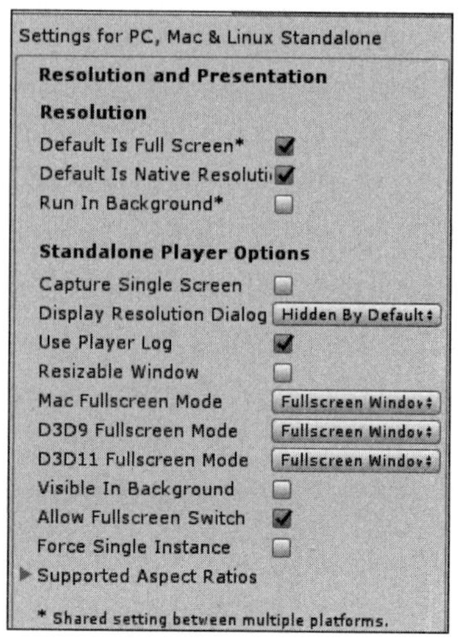

图 2.76　Resolution and Presentation 参数设置

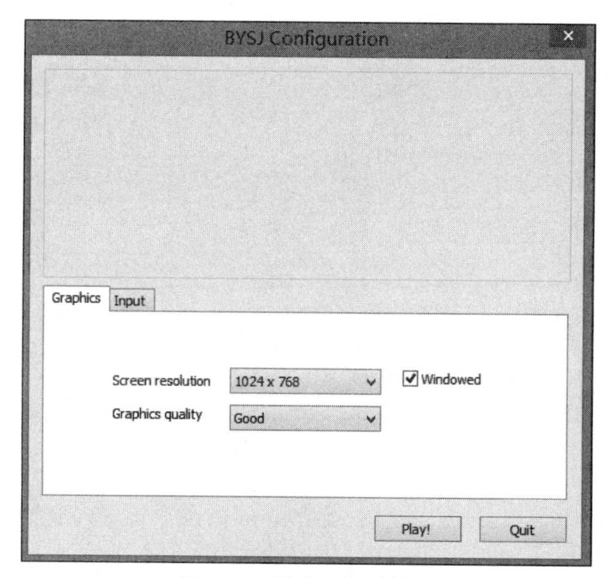

图 2.77　游戏运行对话框

适配，导致报一些不必要的错误。去官网下载 1.8 版本或是安装随书附赠资源中的 JDK 即可。下载之后进行安装，会有两次安装，一次 JDK，一次 JRE，建议建一个新的文件夹，在这个文件夹下面再创建两个文件夹分别保存 JDK 和 JRE。

1. 安装 Java 运行环境

Step1：双击 JDK 安装程序，在弹出的界面中单击“下一步”按钮，如图 2.78 所示。

Step2：选择安装路径，然后单击“下一步”按钮，如图 2.79 所示。

Step3：安装进度条读取中，等待进度条完成后，即可完成安装，如图 2.80 所示。

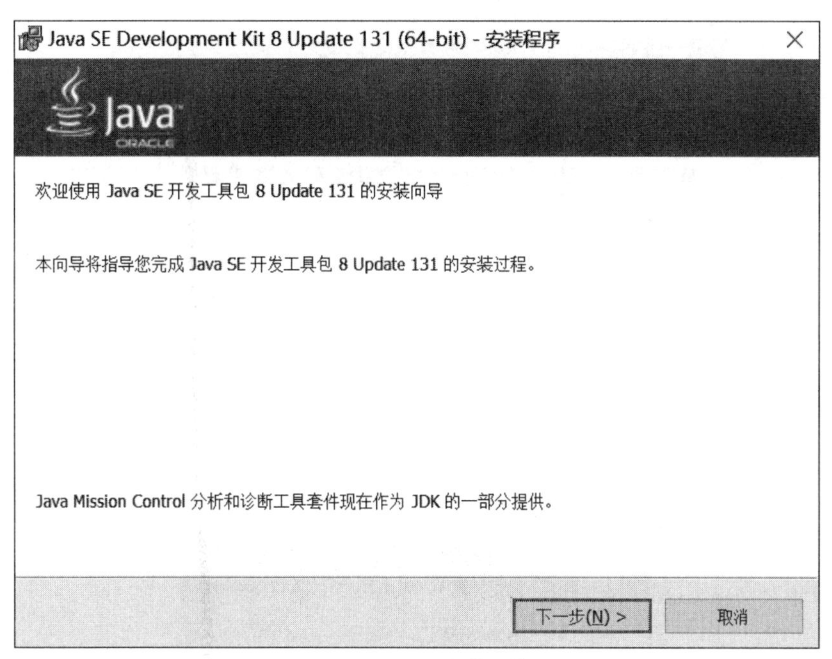

图 2.78　JDK 安装程序

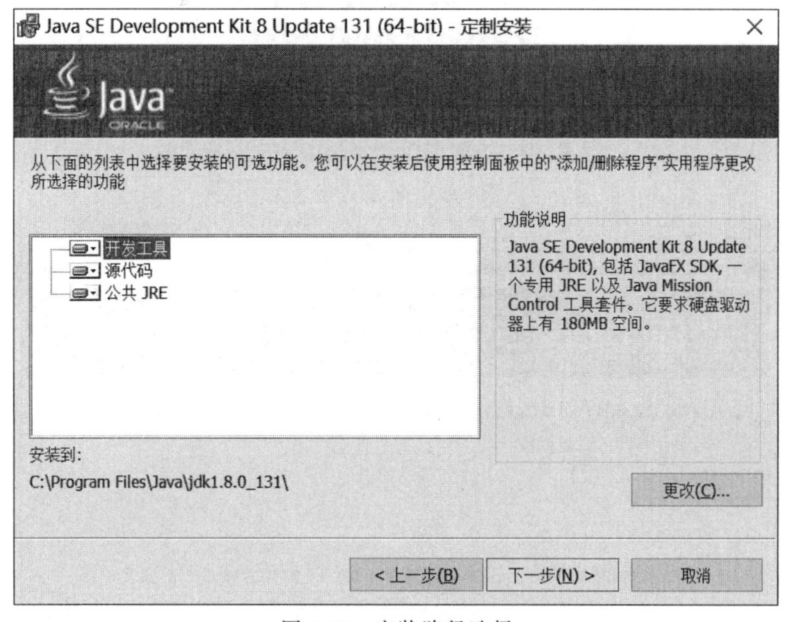

图 2.79　安装路径选择

Step4：成功安装后弹出界面，单击“关闭”按钮即可，如图 2.81 所示。

2. JDK 安装与配置

Step1：右击“我的电脑”→“属性”→“高级系统设置”→“环境变量”，如图 2.82 所示。

Step2：在环境变量中的“系统变量”中新建/添加 3 组变量。

图 2.80　安装进度条

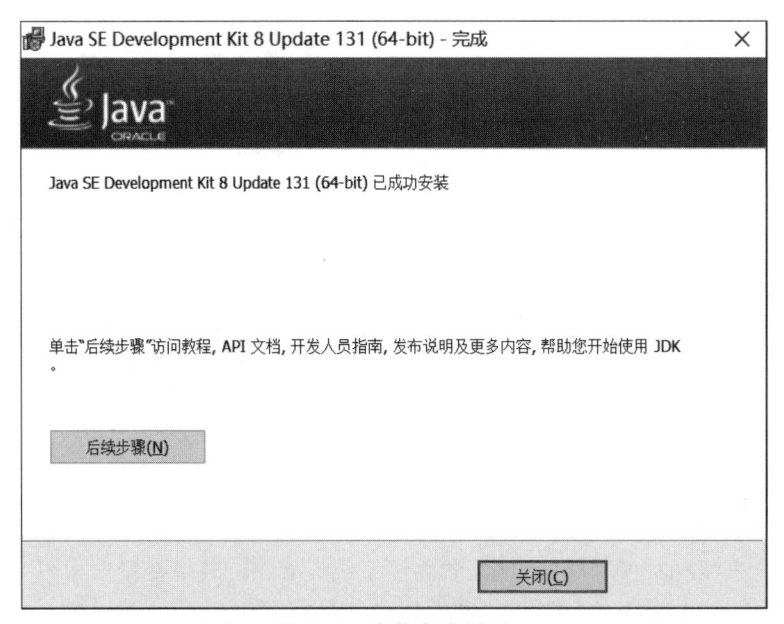

图 2.81　安装完成界面

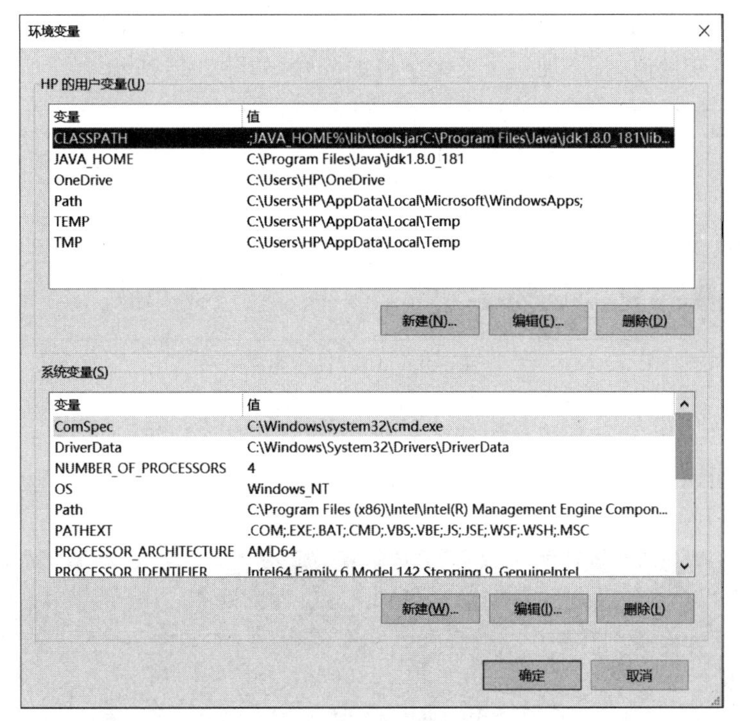

图 2.82 “环境变量”属性界面

(1) 第一组是 JAVA_HOME,此处的变量值是已经安装的 Java JDK 安装路径 ,找到后将其复制到变量值中,如图 2.83 所示。

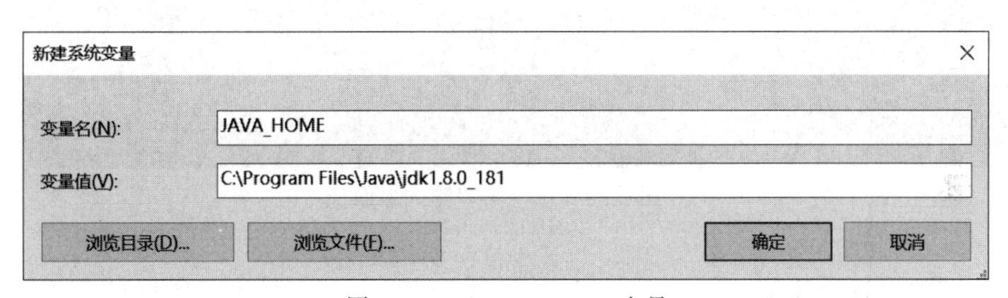

图 2.83 JAVA_HOME 变量

(2) 第二组是 CLASSPATH,此处需要新建 CLASSPATH 系统环境变量,并在变量值空格内填入“.;JAVA_HOME%\lib\tools.jar;%JAVA_HOME%\lib\dt.jar;%JAVA_HOME%\bin; ”,如图 2.84 所示。

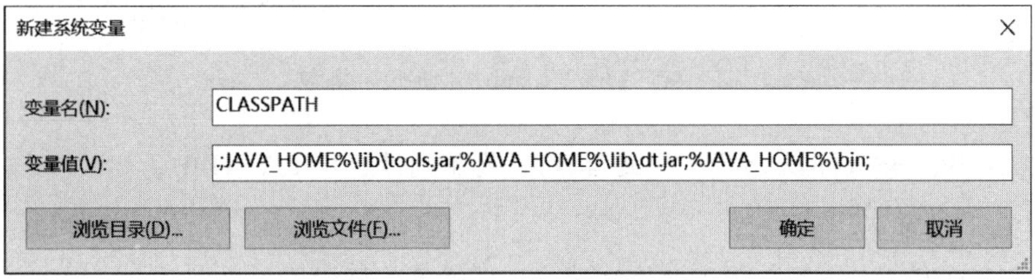

新建系统变量
变量名(N): CLASSPATH
变量值(V): .;JAVA_HOME%\lib\tools.jar;%JAVA_HOME%\lib\dt.jar;%JAVA_HOME%\bin;
浏览目录(D)... 浏览文件(F)... 确定 取消

图 2.84 CLASSPATH 变量

（3）第三组是PATH，如果已有系统变量PATH，就编辑文本，在最后一个分号字符的后边粘贴第二组变量值，并添加一个英文字符的分号，如图2.85所示。

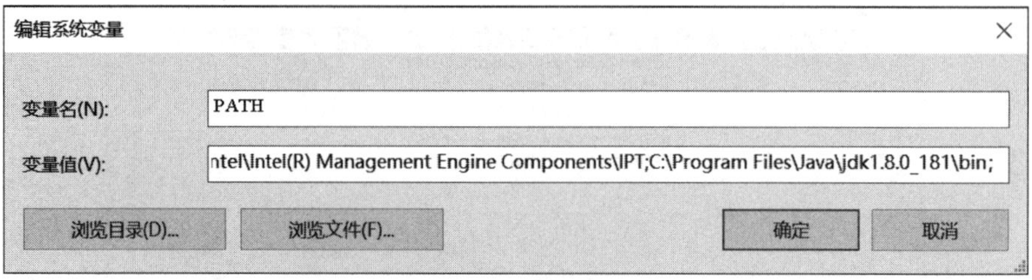

图2.85　PATH变量

Step3：测试Java运行环境是否安装成功，按Win+R组合键，通过cmd打开命令行工具，输入“java”后回车，如图2.86所示表示Java环境安装成功。

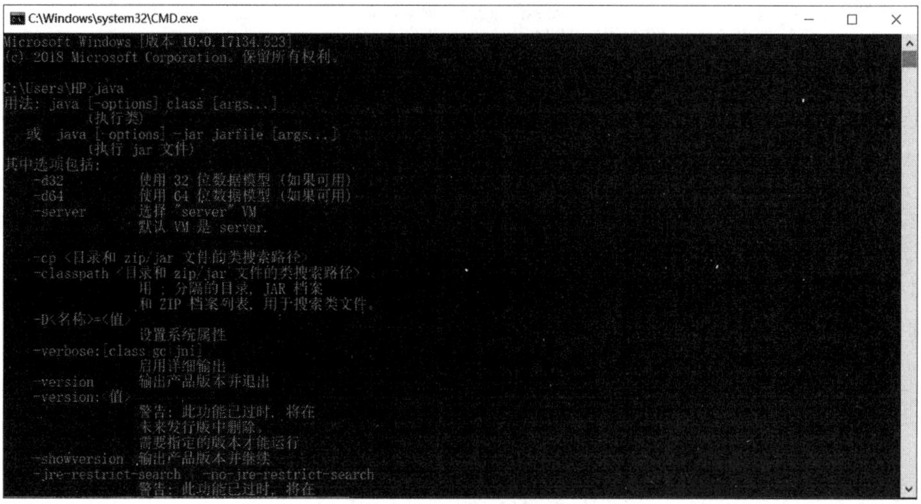

图2.86　Java安装测试界面

3. 安装安卓运行环境

Step1：将解压缩随书附赠资源Android SDK放到合适路径下，记录路径位置，后续需要在Unity3D中填入该路径，如图2.87所示。

图2.87　解压缩Android SDK资源包

Step2：找到Platform tool文件夹，将路径复制到计算机PATH中。

4. Unity配置

Step1：打开Unity后单击Edit→Preference找到偏好设置。

Step2：在Preference窗口中找到External Tool工具关联安卓的SDK目录，以及Java

的 JDK 目录，如图 2.88 所示。

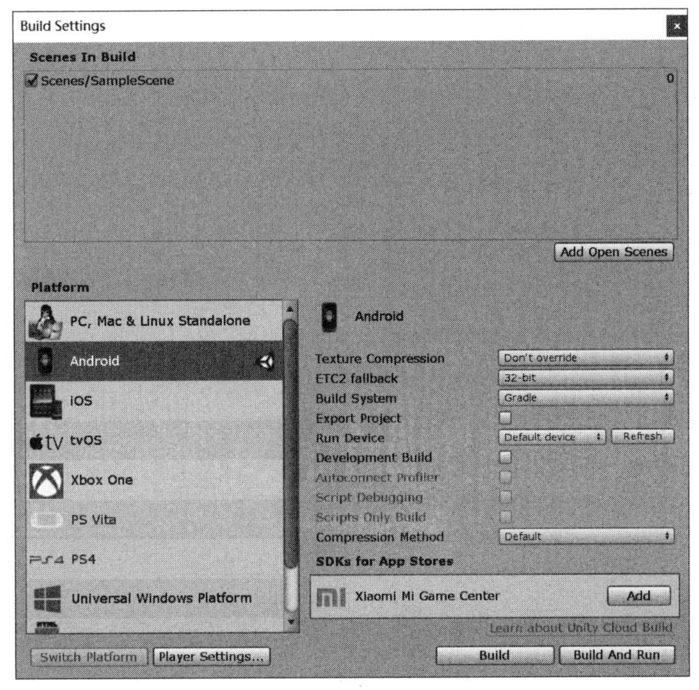

图 2.88　地址关联目录

Step3：单击 File→Build Settings→Player Settings 按钮，选择 Android 平台后，单击 Switch Platform 按钮，如图 2.89 所示。

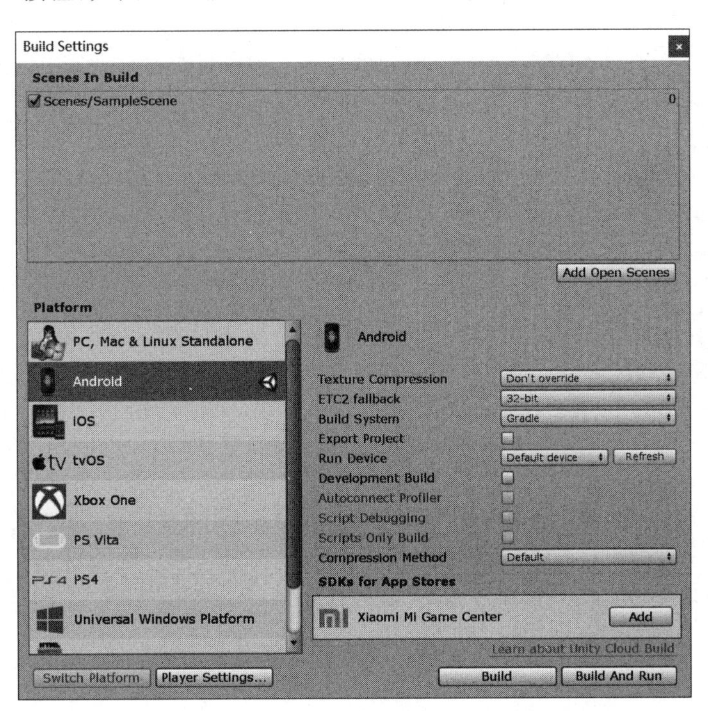

图 2.89　平台切换

Step4：在右侧的 Other Settings 中将 Unity 中发布 apk 文件配置修改名字，格式为 com.公司名.项目名，如图 2.90 所示。

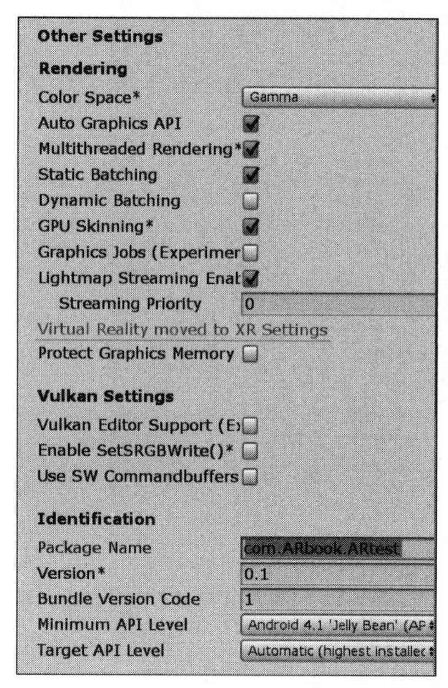

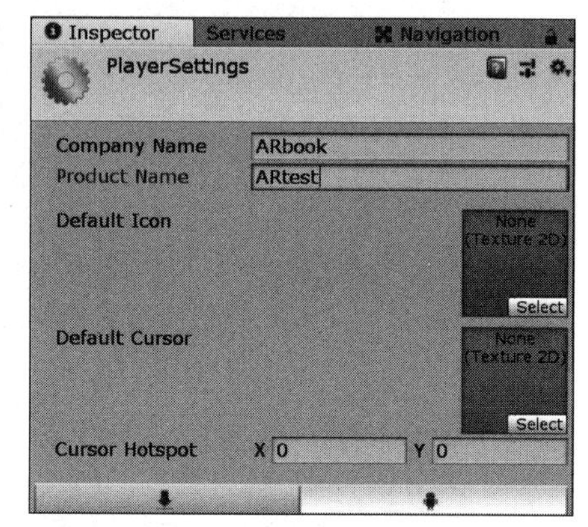

图 2.90　修改项目名称

Step5：完成了所有设置后，单击 Build 按钮，输入发布文件名称以及存储地址，如图 2.91 所示。

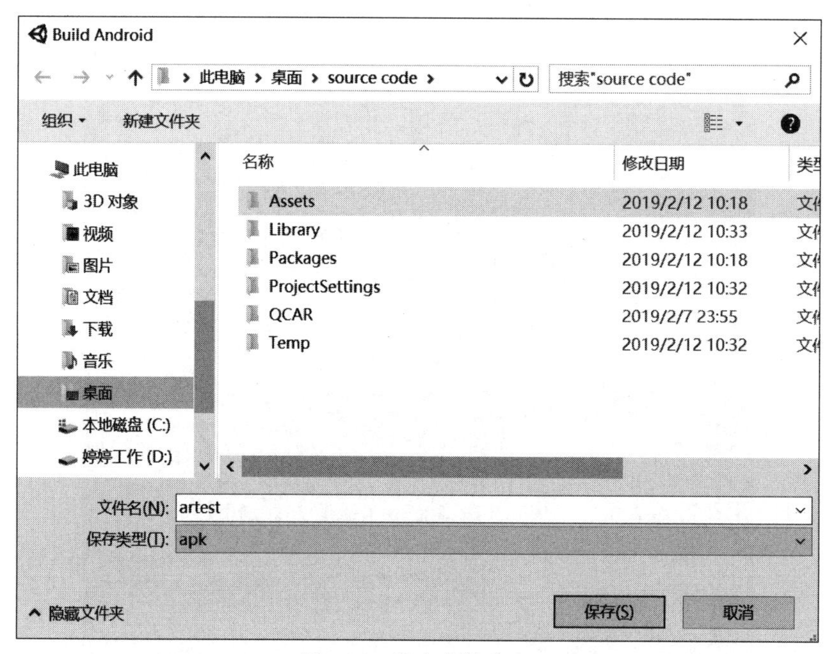

图 2.91　发布文件命名

Step6：等待发布进度条完成后，即可在目标文件夹找到发布文件，如图 2.92 所示。

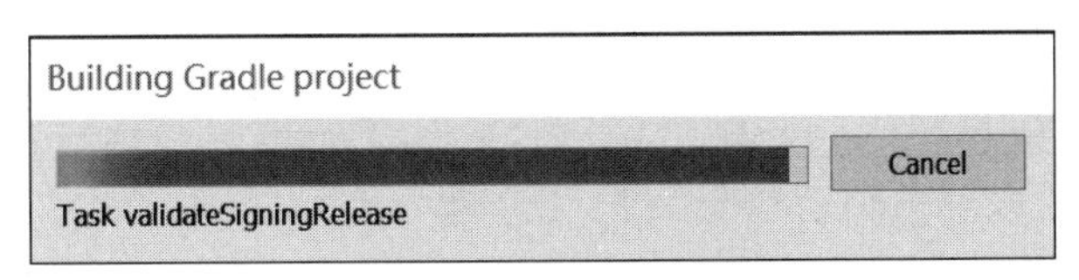

图 2.92　发布文件进度条

小结

本章首先介绍了最主流的 3D 商业引擎。然后以 Unity3D 引擎为主进行讲解，回顾了 Unity 的发展历程，了解了 Unity 的应用领域。然后学习了 在 Windows 平台上下载和安装 Unity 的方法。接下来介绍了 Unity3D 的界面以及 Unity3D 脚本编程基础。最后介绍了 Unity 的资源获取方法。从第 3 章开始，将介绍 AR 开发相关知识，包括 AR 概述、AR 界面、AR 场景、AR 视频、AR 动画、AR 特效等方面，进一步学习 AR 应用开发理论知识及实践技能。

习题

1. 概述常用引擎有哪些。
2. 概述 Unity3D 引擎的特色有哪些。
3. 登录 Unity 官网下载并安装 Unity3D 引擎。
4. 登录 Unity 资源商店下载资源到 Unity3D 中。
5. 熟悉 Unity3D 界面并创建 Cube、Cylinder、Sphere 等基本几何体。
6. Unity3D 界面布局有哪几种。
7. Unity3D 脚本编写注意事项有哪些。
8. 搭建 3D 场景并编写脚本实现虚拟漫游效果。
9. 简述项目发布 PC 平台的方法。
10. 简述项目发布 Android 平台的方法。

Chapter 3

AR 开发概述

增强现实的应用范畴相当广泛，Vuforia 可以使开发者在 Unity 中很方便地进行增强现实开发，本章主要通过 Unity3D 结合 Vuforia 平台实现增强现实应用开发，并以多卡互动开发为实践案例系统讲解在 Unity3D 中结合 Vuforia 平台进行增强现实应用开发流程。

3.1 Vuforia 开发概述

3.1.1 Vuforia 发展由来

高通公司是一家位于美国加州 San Diego 的无线电通信技术研发公司，成立之初主要为无线通信业提供项目研究、开发服务，同时还涉足有限的产品制造。公司的先期目标之一是开发出一种商业化产品。由此而诞生了 OmniTRACS®。自 1988 年货运业采用高通公司的 OmniTRACS 系统至今，该系统已成为运输行业最大的商用卫星移动通信系统。高通公司在 CDMA 技术的基础上开发了一个数字蜂窝通信技术，目前是全球二十大半导体厂商之一。

2010 年，高通公司收购了 ICSG 公司（Imagination Computer Service GmbH 公司）。ICSG 公司总部在奥地利的维也纳，是一家专门从事移动端计算机视觉和增强现实技术开发的公司。收购了 ICSG 公司后，高通公司以该公司的技术力量为基础，在奥地利成立了一个专门负责研究增强现实技术及其周边应用的研发机构。随后，高通公司的奥地利研发机构发布了高通的移动端 AR SDK，取名为 Vuforia。截至目前，Vuforia 已经成为移动端 AR 开发的主流工具包之一。

美国 PTC 软件公司在 2015 年以 6500 万美元的价格从高通技术公司手中收购了 Vuforia 业务。Vuforia SDK 是增强现实软件开发工具包，利用计算机视觉技术实时识别和捕捉平面图像或三维物体，并且已经可以实现多个目标同时识别。Vuforia 通过 Unity 游戏引擎扩展提供了 C、Java、Objective-C 和.NET 语言的应用程序编程接口。Vuforia SDK 能够同时支持 iOS 和 Android 原生开发，这也使开发者在 Unity 引擎中开发 AR 应用程序时很容易将其移植到 iOS 和 Android 平台上。

3.1.2 Vuforia 核心功能

1. 图片识别

Vuforia SDK 可以对图片进行扫描和追踪，通过摄像机扫描图片时在图片上方出现一些设定的3D物体，这种情况适用于媒体印刷的封面以及部分产品的可视化包装等。处理目标图片有两个阶段，首先需要设计目标图像，然后上传到Vuforia平台上进行目标处理和评估。评估结果有5个星级，不同的星数代表相应的星级，星级越高表示图片的识别率也就越高。为了获得较高的星级数，在选择被扫描的图片时需要注意以下几点。

(1) 选择图片建议使用8位或24位的JPG和只有RGB通道的PNG图像及灰度图，且每张图片的大小不可以超过2MB。

(2) 图片目标最好是无光泽、较硬的材质卡片，因为较硬的材质不会有弯曲或是褶皱的地方，可以使摄像机在扫描图片时更好地聚焦。

(3) 图片要包含丰富的细节、较高的对比度及无重复的图像，例如街道、人群、运动场等场景图片，重复度较高的图片评估星级往往会比较低。

(4) 带有轮廓分明，有棱有角的图案评级就会较高，其追踪和识别效果会比较好。

(5) 扫描图片时，环境也是十分重要的因素，图像目标应该在漫反射灯光照射下和适度明亮的环境中，图片表面被均匀照射，这样有利于收集图像信息，更加有利于Vuforia SDK的检测和追踪。

2. 圆柱体识别

圆柱体识别能够使应用程序识别并追踪卷成圆柱或圆锥形状的图像。它也支持识别追踪定位于圆柱体或圆锥体顶部和底部的图像。开发人员需要在Vuforia官网上创建Cylinder Targets，创建时需要使用到圆柱体的边长、顶径、底径以及想要识别的图片。

Cylinder Targets支持的图片格式和Image Targets、Multi Targets相同。图片是用RGB或GrayScale(灰度)模式的PNG和JPG图片，大小在2MB以下。上传到官网上之后，系统会自动将提取出来的图像识别信息存储在一个数据集中，供开发人员下载和使用。

现如今的识别和追踪圆柱体图形精度不是很高，所以开发人员在制作增强现实类应用程序时还需要注意一些细节，通过一些方法使用户能够具有很舒适的用户体验。

(1) 最好不要使用玻璃瓶等能够产生强烈镜面反射的物体，这样会影响到追踪和识别的精度。

(2) 选用的物体上图像最好能够覆盖住整个物体并提供很丰富的细节信息。

(3) 当想要从物体的顶部或底部识别物体时，合理地设置物体顶部和底部的图像很重要。

(4) 选用物体的表面图像不是大量重复的相同图片，如果选用这样的物体，会在识别时产生朝向歧义，影响识别效果。

3. 多目标识别

除了上述图片识别和圆柱体识别之外，还可以使用立方体盒子作为识别目标。立方体是由多个面组成的，一张图片的Image Targets无法实现，需要多目标识别技术(Multi-Targets)即将所要识别的立方体6个面以及长、宽、高等数据上传。

多目标识别对象为立方体，共有6个面，每一个面都可以被同时识别，这是因为它们所组成的结构形态已经被定义好，并且当它的任意一个面被识别时，整个立方体目标也会被识别出来。虽然是将立方体的6个面数据上传，但这6个面是不可分割的，系统识别的目标为整个立方体，所要识别的立方体目标其实是由数张Image Targets组成的。这些Image

Targets之间的联系是由Vuforia目标管理器负责,并且存储在XML文件中,开发者可以修改XML文件,也可以配置立方体目标。

多目标识别作为增强现实技术最基础的识别方法之一,与图片识别相比,用户可以扫描身边的具体物体,更加具体也富有乐趣,但缺点是不如图片识别方便快捷,通常用于产品包装的营销活动、游戏可视化产品展示等。

4. 文字识别

Vuforia SDK不但可以通过扫描图片进行识别,还提供了文本识别功能。该SDK一共提供了约十万个常用单词列表,Vuforia可以识别属于单词列表中的一系列单词。此外,开发人员可对该列表进行扩充。在开发过程中,可以将文本识别作为一个单独的功能或者将其与目标结合在一起共同使用。

文字识别引擎可以识别打印和印刷的字体,无论该文本是否带有下画线。字体格式包括正常字体、粗体、斜体等。文本目标应被放置在漫反射灯光照射的适度明亮环境中,保证该文本信息被均匀照射,更有利于Vuforia SDK的检测和追踪。

5. 云识别

云识别服务是一项在图片识别方面的企业级解决方案,它可以使开发人员能够在线对图片目标进行管理,当应用程序在识别和追踪物体时会与云数据库中的内容进行比较,如果匹配就会返回相应的信息。所以使用该服务需要良好的网络环境。

云识别服务非常适合需要能够识别很多目标的应用程序,并且这些目标还需要频繁地进行改动。有了云识别服务,相关的目标识别管理信息都会存储在云服务器上,这样就不需要在应用程序中添加过多的内容,且容易进行更新管理。但目前云识别还不支持Cylinder Targets和Multi Targets。

开发人员可以在Target Manager中添加使用RGB或灰度通道的JPG和PNG格式的图片目标,上传的图片需要保持在2MB以下,添加后官方会将图片的特征信息存储在数据库中,供开发人员下载和使用。

3.2 Vuforia SDK简介

Vuforia是一款能为现实世界物体带来互动体验的AR开发平台,是世界上应用最广泛的增强现实技术平台之一,旨在帮助开发者打造全新级别的真实世界物品与虚拟物品的互动。它使用计算机视觉技术实时识别和跟踪平面图像以及简单的3D物体,使开发者能够在现实世界与数字体验间架起桥梁。

Vuforia通过Unity3D游戏引擎扩展提供了C、Java、Objective-C和.NET语言的应用程序编程接口,能够同时支持iOS和Android的原生开发,使得开发者在Unity3D引擎中开发的AR应用很容易地移植到iOS和Android平台上。

3.2.1 Vuforia注册

Step1:登录Vuforia官网https://developer.vuforia.com/,如图3.1所示。

Step2:如果已经是Vuforia注册用户,单击页面右上角Log In就可以直接输入邮箱和

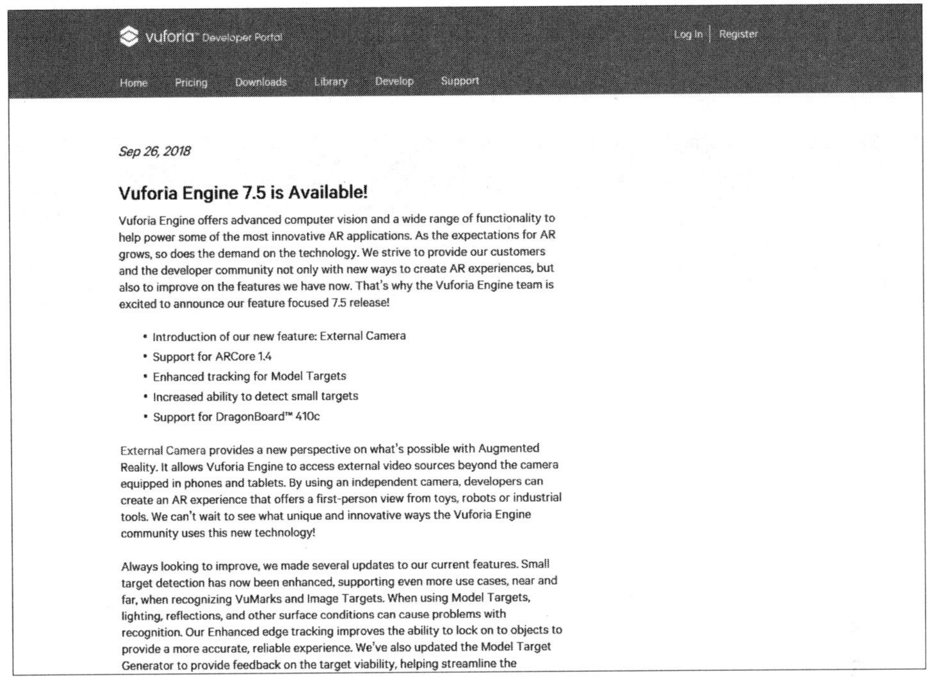

图 3.1 Vuforia 官网首页

密码登录 Vuforia 管理后台。如果还没有注册过 Vuforia 用户，则需要单击 Register 注册并填写相关注册信息，如图 3.2 所示。

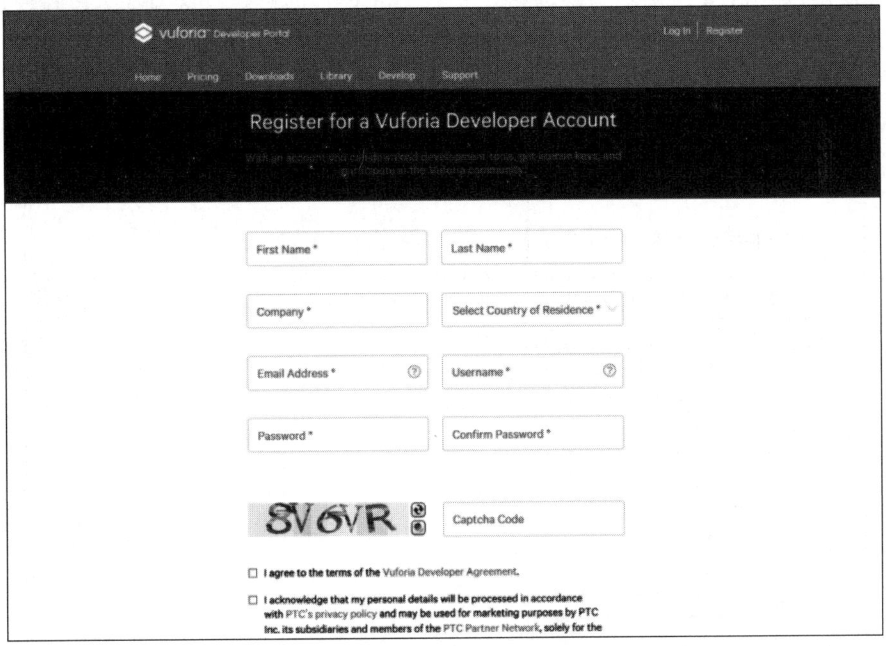

图 3.2 Vuforia 注册页面

Step3：在完成注册信息填写后，Vuforia 会给注册邮箱发送一封激活邮件，登录邮箱按照提示操作即可激活 Vuforia 账户。

Step4：在激活 Vuforia 账户后就可以单击页面右上角 Log In 登录进入 Vuforia 管理后台了，如图 3.3 所示。登录后，页面右上角会显示登录名。

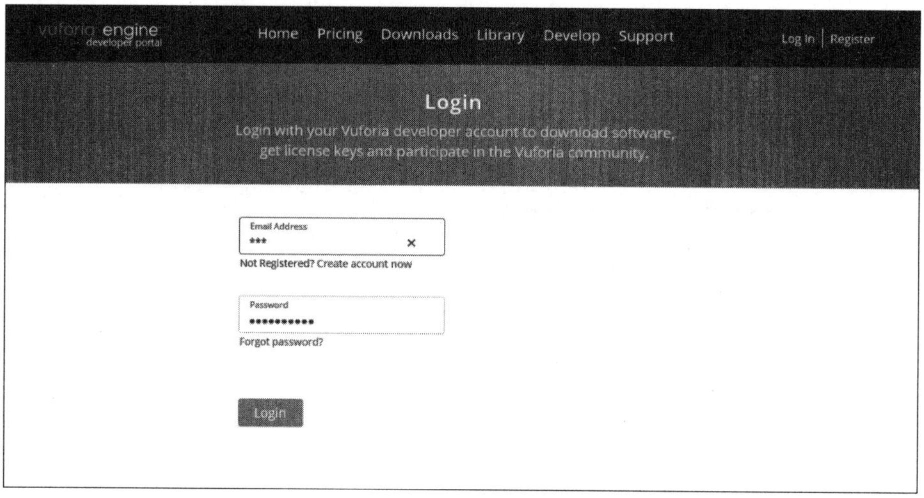

图 3.3 Vuforia 官网登录界面

3.2.2 Vuforia 下载

下载 Vuforia SDK 有两种方法。一种是选择 Download Unity3D Extension，将 Vuforia 作为插件使用，如图 3.4 所示。另一种是在安装 Unity3D 的时候直接勾选 AR 开发选项，如图 3.5 所示。官网中最后一个选项 Download Unity3D 就是这个方法，希望开发者在安装

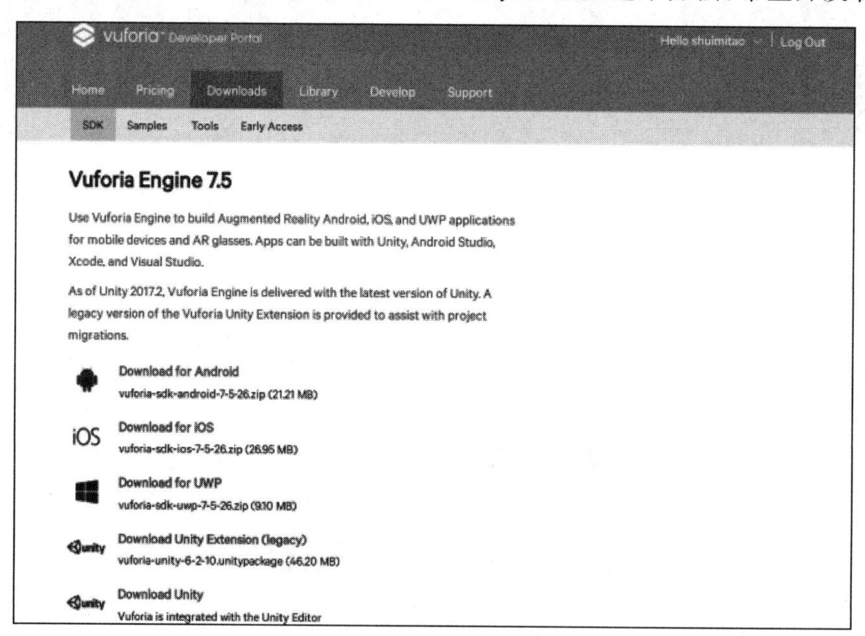

图 3.4 Vuforia 下载方法 1

Unity3D 的时候勾选 AR 开发选项。在此更推荐后一种做法，因为在 Unity 2018 之后对 AR 开发进行了集成，所以本书中默认安装 Unity 2018 时勾选 AR 开发选项，不再像之前版本那样将 Vuforia 作为插件使用。

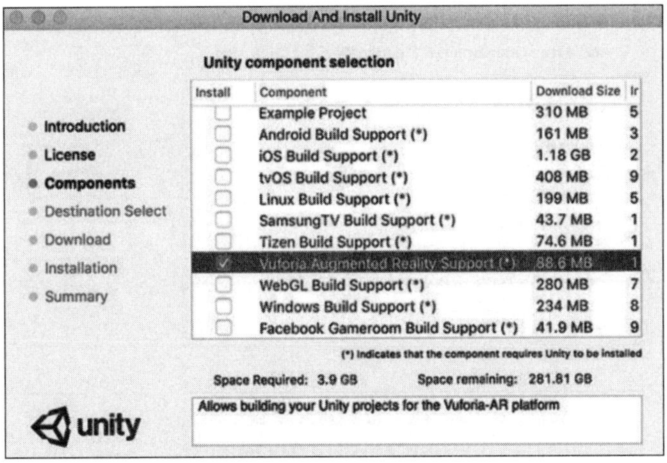

图 3.5 Vuforia 下载方法 2

3.2.3 Vuforia 密钥

登录账号后，单击 Develop 标签，选项卡中一共有两项，分别是 License Manager 和 Target Manager，如图 3.6 所示。其中，License Manager 用来管理密钥，而 Target Manager 用来管理上传的识别图资源。首先单击 License Manager 下的 Get Development Key 按钮，如图 3.7 所示。获得密钥，并将其复制，供以后开发 AR 项目时候备用，如图 3.8 所示。

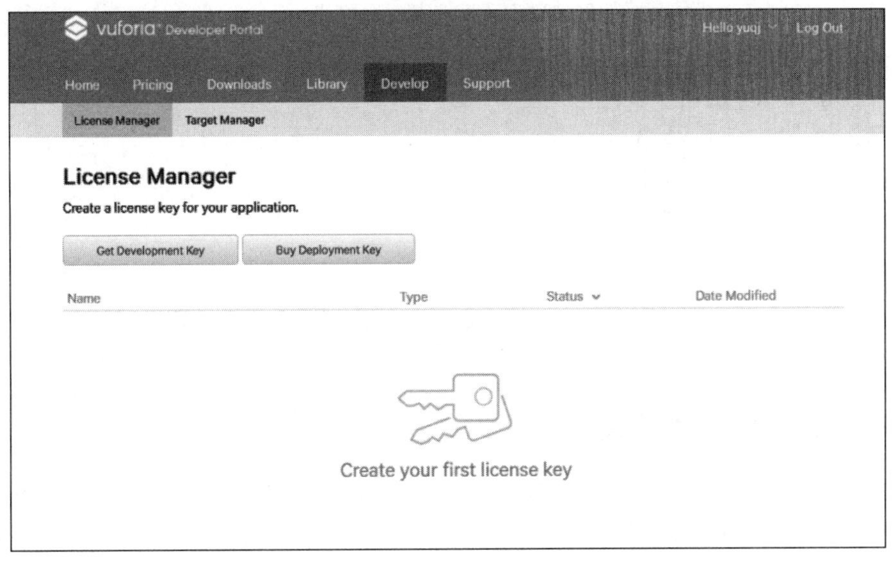

图 3.6 Develop 下选项卡

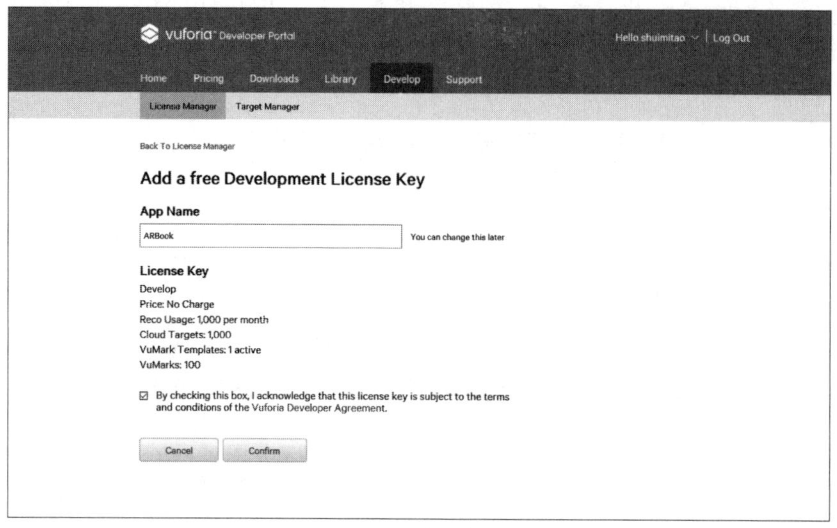

图 3.7 获取密钥

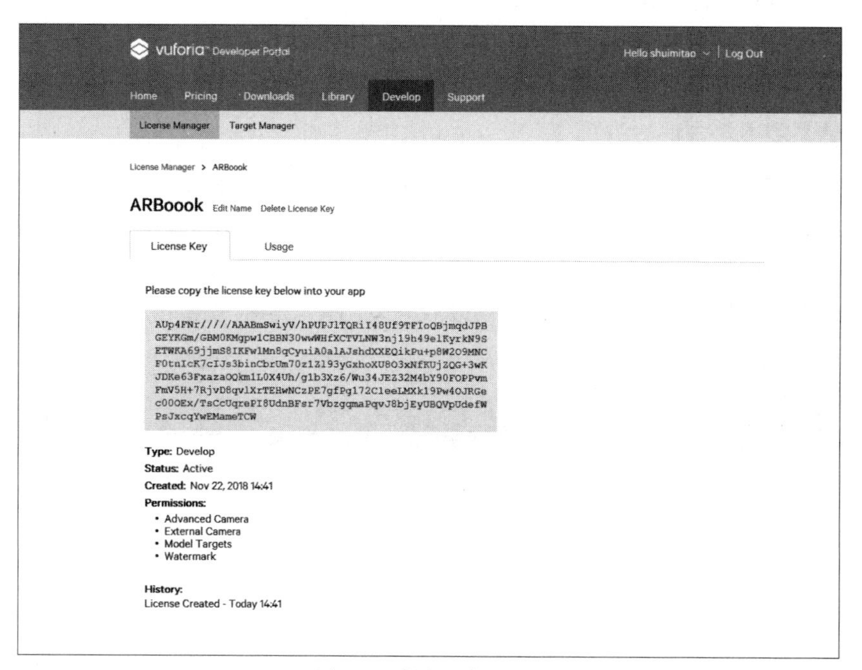

图 3.8 获得密钥界面

3.2.4 Unity AR 环境配置

Step1：创建一个新项目，将其命名为 AR-base，单击顶部菜单栏 File→Build Settings，进行平台选择切换，确定开发的应用平台。本例在弹出的对话框中选择 Android 平台后单击 Player Settings 按钮，在右侧属性面板中 XR Settings 中勾选 Vuforia Augmented Reality 复选框，如图 3.9 所示。

Step2：单击顶部菜单栏 GameObject→Vuforia→ARCamera，在弹出的对话框中单击

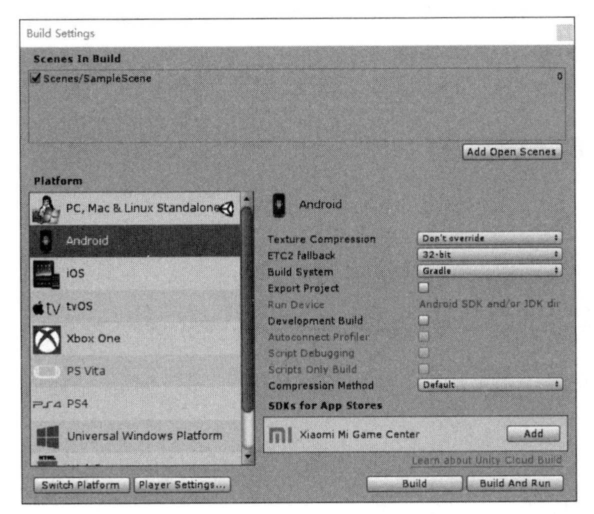

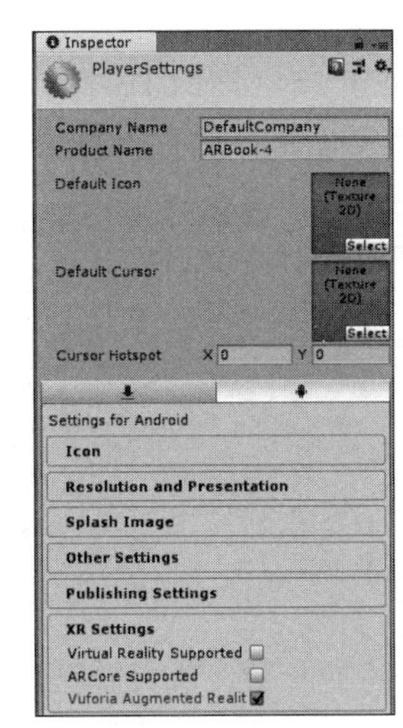

图 3.9　XR Settings 勾选项

Import 按钮，如图 3.10 所示，同时关闭场景中的 MainCamera 摄像机。

Step3：单击 ARCamera 属性面板中的 Vuforia Behaviour 上的 Open Vuforia Configuration。把 License Key 粘贴到 App License Key 输入框，如图 3.11 和图 3.12 所示。

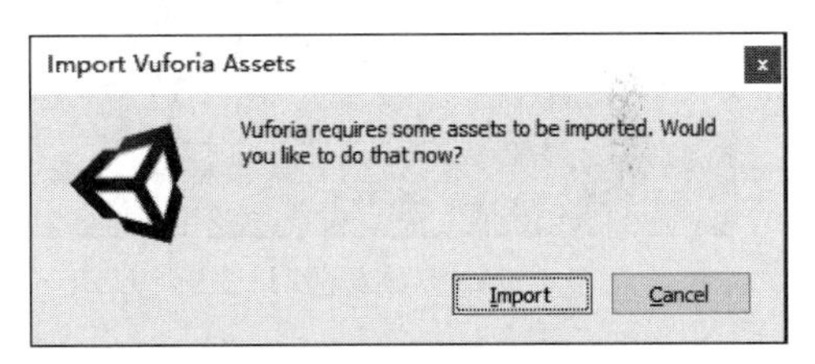

图 3.10　导入 Vuforia 摄像机

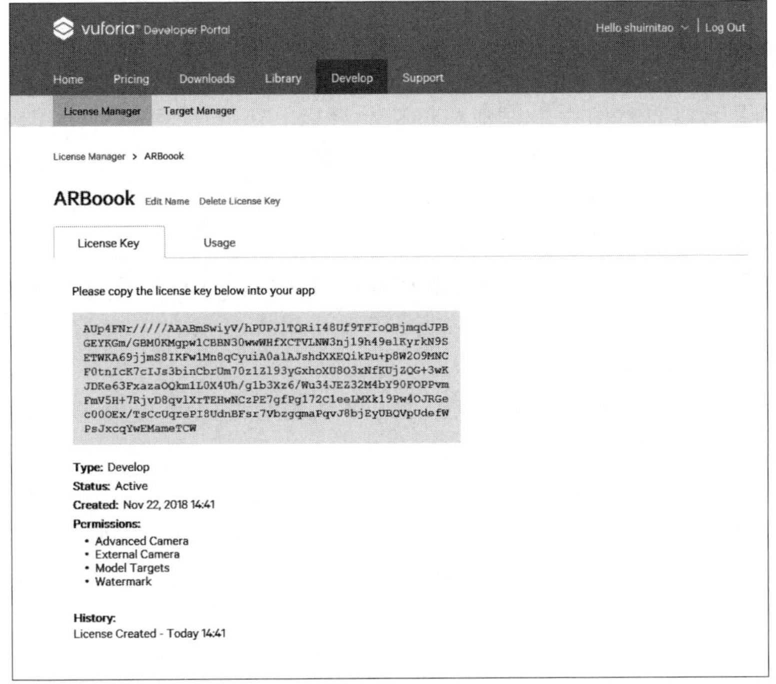

图 3.11　获得的 AR 开发密钥

Step4：单击顶部菜单栏 GameObject→Vuforia→Image，在弹出的对话框中单击 Import 按钮，导入后的 Hierarchy 面板中资源如图 3.13 所示。将此项目保存，以后每次进行 AR 开发时复制使用，比较方便。

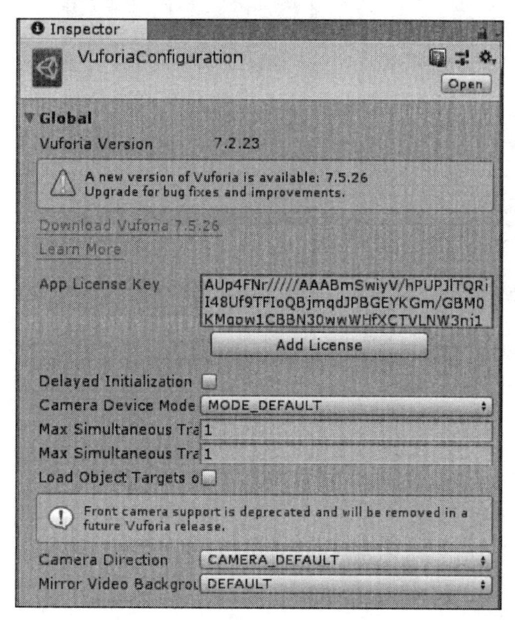

图 3.12　AR 开发密钥粘贴至 Unity

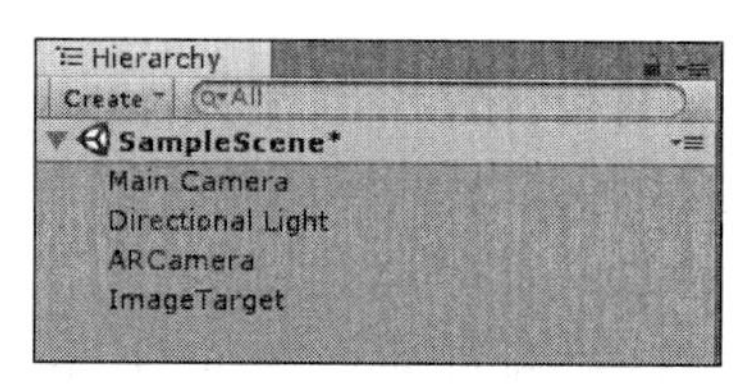

图 3.13　Hierarchy 面板中资源

3.3 基础识别

3.3.1 图片识别

图片识别就是以自然图片为识别和追踪的目标。Vuforia 可以对图片进行扫描和跟踪，通过摄像机扫描图片时在图片上方出现一些设定的三维物体。图片识别有两个阶段，首先需要设计识别图，然后上传到 Vuforia 系统进行处理和评估。评估结果有 5 个星级，不同的星数代表相应的星级，星级越高识别效果越好。

在识别过程中，Vuforia 通过对比输入图像的自然特征点和自身的特征点数据库来确定识别过程。在 Valoria 图片识别工作流中，需要使用 Vuforia Target Manager 来生成识别图的特征数据库，具体操作流程如下。

Step1：打开 AR-base 模板，或依照 3.2.4 节内容创建一个新项目并进行 AR 环境设置。

Step2：登录 Vuforia 官网 https://www.vuforia.com/，选择 Develop 选项卡，在对象数据库 Target Manager 中单击 Add Database 按钮加载一个识别数据库并取名为 ARBookDB，如图 3.14 所示。在弹出的对话框中，输入识别图片库名称，Type 选择 Device 即可，如图 3.15 所示。

Step3：识别数据库加载成功后，即可向数据库中添加识别图像，单击 Add Target 上传

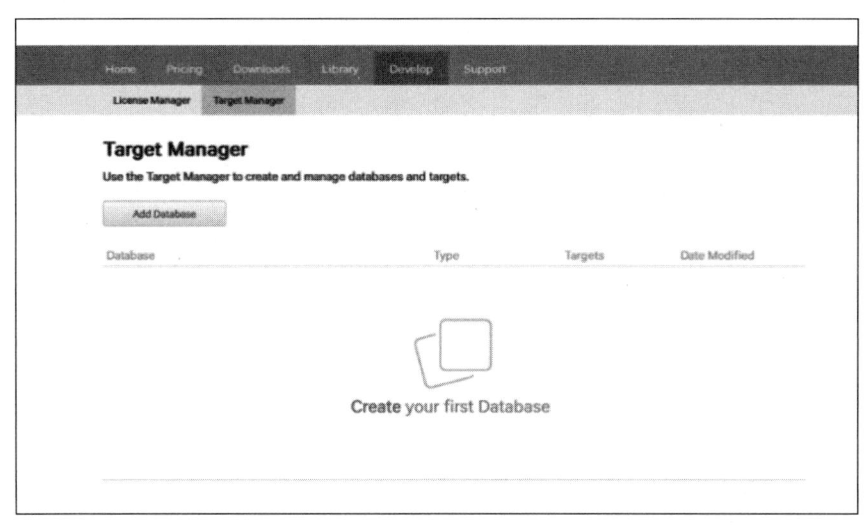

图 3.14　创建 ARBookDB 识别库

Create Database
Name:
ARBookDB
Type:
Device
Cloud
VuMark
Cancel
Create

图 3.15　设置 ARBookDB 识别库属性

识别图像，如图 3.16 所示。其中，Type 选择 Single Image，因为只是一个简单的图片识别。File 选项可以从本地计算机中选择识别图片的地址。Width 中输入识别图片的宽度，这是为了建立 Unity3D 场景中的单位长度，场景中所有其他物体的大小是以这个值为参照建立的。Vuforia 中的单位长度是以米来计算的。输入之后，图片的高度会以这个宽度来自动计算。这个值可以是任意的，但是最好比 Camera 的 Near Clip 值要大，否则在镜头靠近时可能会看不到相关内容。Name 中输入识别图的名字，这个很重要，每张识别图对象都有一个唯一的名字，而且 Vuforia 可以同时识别多张不同的图片，因此如果以后要用代码来控制选择哪个对象的话，就是用这个名字来查找是哪张识别图，所以最好取一个能方便认识的名字。

Step4：单击识别后的图像，即可出现识别信息，如图 3.17 所示。其中，Augmentable 表示识别度的高低，从五颗星依次向下排序，五颗星识别度最好，其识别特征点也最多，便于测试，如图 3.18 所示。

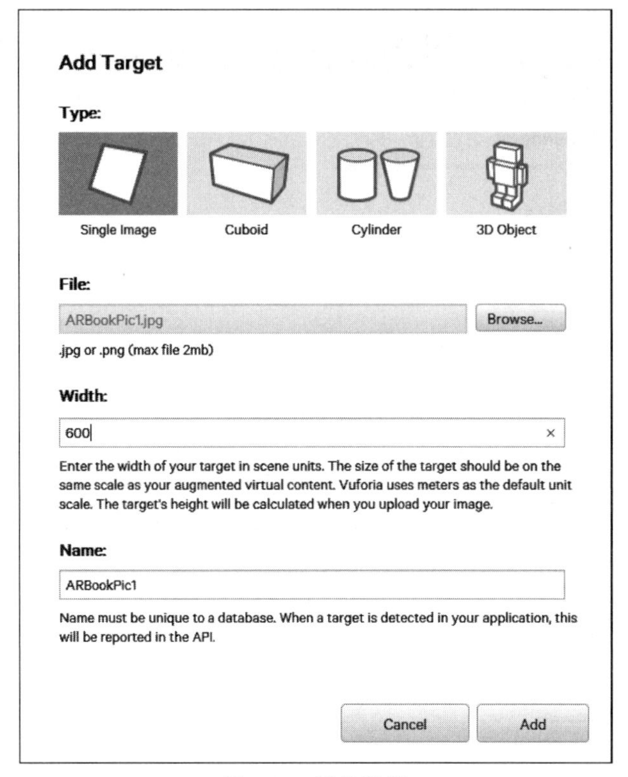

图 3.16　图片识别

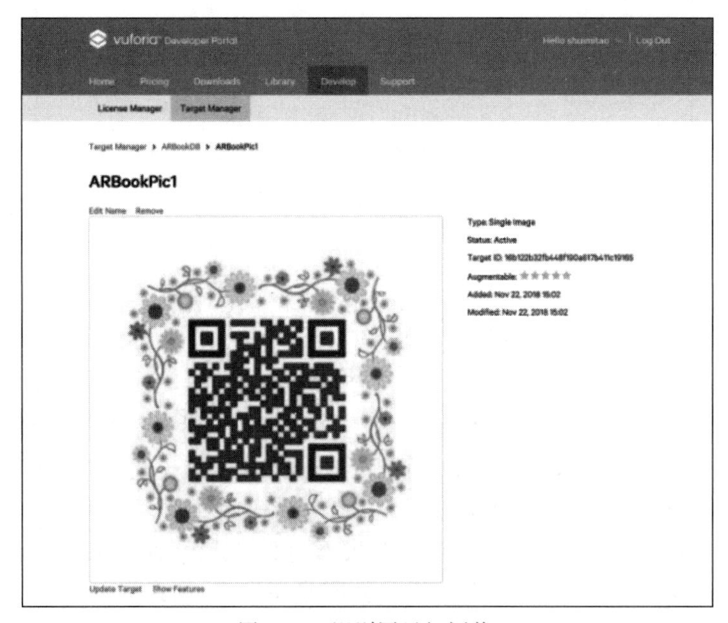

图 3.17　识别图星级评价

图 3.18　识别图特征点

Step5：单击 Dawnload Database 按钮下载识别图的资源包，如图 3.19 所示。在弹出的菜单中选择 Unity Editor，单击 Download 按钮，如图 3.20 所示。等待一会儿即可下载 ARBookDB.unitypackage。

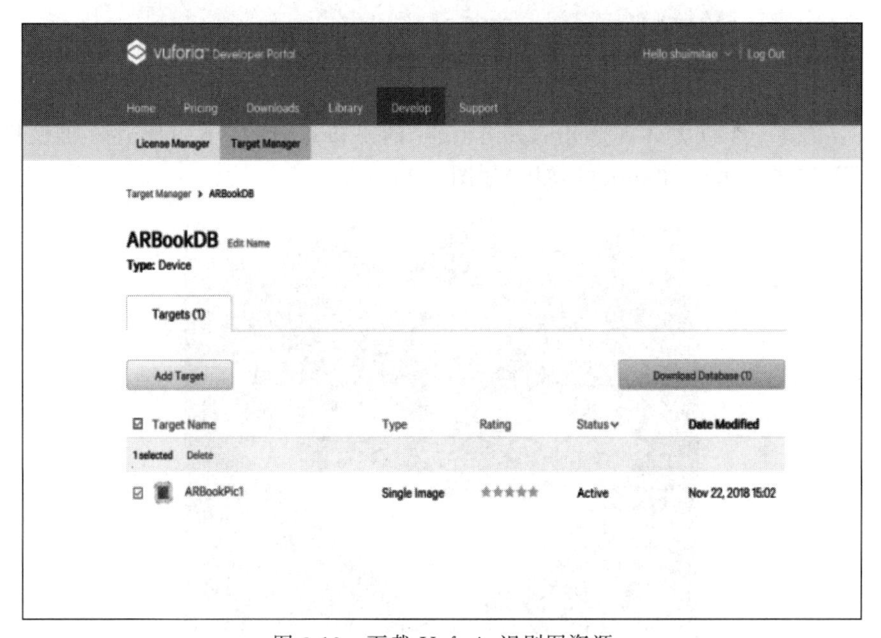

图 3.19　下载 Vuforia 识别图资源

Step6：在 Unity 单击菜单栏 Asset→Import Package→Custom Package 导入从高通下载的识别图资源包 ARBookDB.unitypackage，单击 Import 按钮导入，如图 3.21 所示。

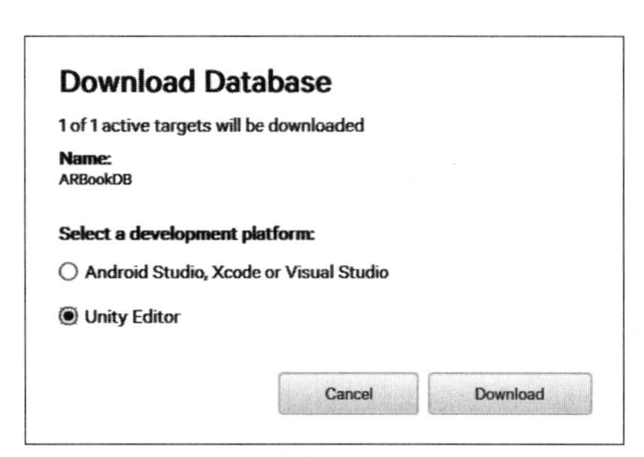

图 3.20 选择识别图资源属性

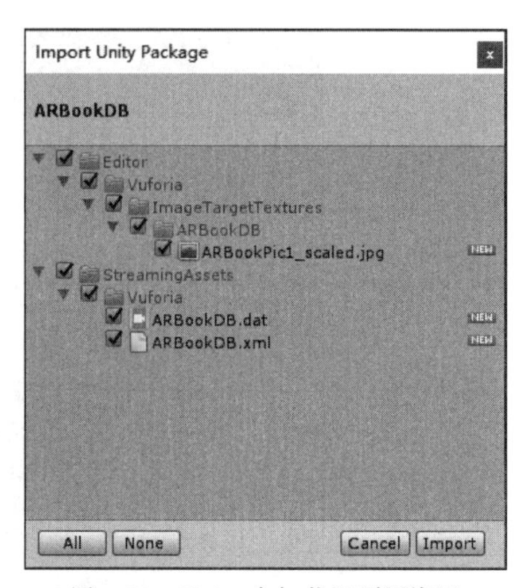

图 3.21 Unity 中加载识别图资源

Step7：选中 Image Target，在其 Inspector 面板中将 Database 设为 ARBookDB，如图 3.22 所示。

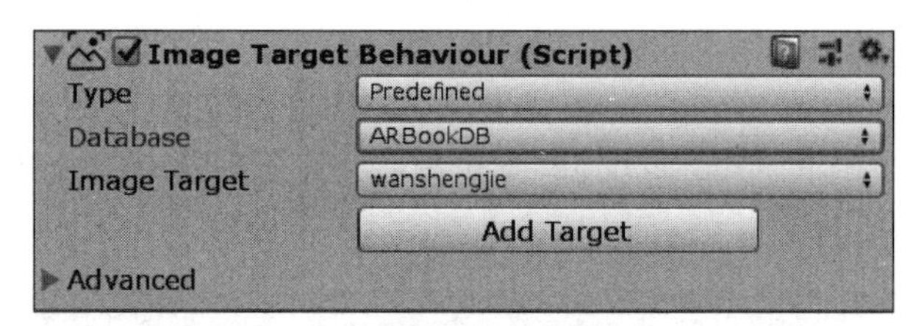

图 3.22 选择数据库

Step8：创建一个立方体作为 Image Target 的子节点，调整 ARCamera 摄像机位置进行测试，同时取消 Main Camera 的使用，如图 3.23 所示。

图 3.23 创建 Image Target

3.3.2 长方体识别

长方体识别为多目标对象管理，共有六个面，每一个面都可以被同时识别，因为它们所组成的结构形态已经被定义好，当任意一个面被识别时，整个立方体目标也会被识别出来。虽然是将六个面分别上传，但是这六个面是不可分割的，系统识别的目标为整个长方体。长方体识别与图片识别相比，用户可以扫描身边的具体物体，更加具有现实乐趣，但是缺点是不如图片识别方便快捷，通常用于产品包装或是营销领域，具体操作流程如下。

Step1：打开 AR-base 模板，或依照 3.2.4 节内容创建一个新项目并进行 AR 环境设置。

Step2：登录 Vuforia 官网，选择 Develop 选项卡，进入开发者中心的 Target Manager，如图 3.24 所示。

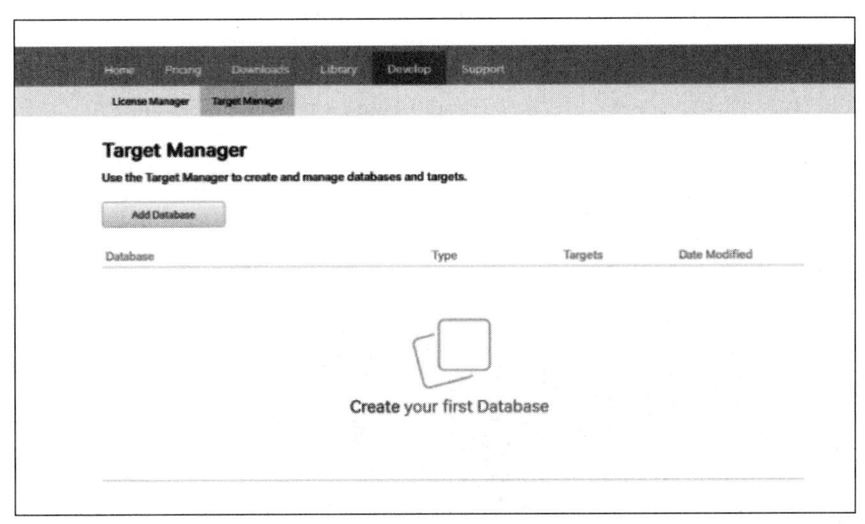

图 3.24 Target Manager 识别库

Step3：在已经创建好的 ARBookDB 数据库下添加识别长方体图片。其中，Type 选择 Cuboid，在 Width、Height、Length 和 Name 中填入长方体的宽、高、长以及名称，单击 Add 按钮，如图 3.25 所示。

Step4：在 Target 列表中选择刚刚命名好的长方体 box，进入其属性编辑界面，如图 3.26 所示。

Step5：按照界面右侧的操作面板指示，分别上传上下左右前后六个面的图片，如图 3.27 所示。

Step6：单击 Download Database 按钮下载识别图的资源包，如图 3.28 所示。在弹出的菜单中选择 Unity Editor，单击 Download 按钮，如图 3.29 所示。等待一会儿即可下载 ARBookDB.unitypackage。

Step7：在 Unity 中单击菜单栏 Asset→Import Package→Custom Package 导入从高通下载的识别图资源包 ARBookDB.unitypackage，单击 Import 按钮，如图 3.30 所示。

Step8：单击顶部菜单栏 GameObject→Vuforia→MultiImage，在弹出的对话框中单击 Import 按钮，导入后的 Hierarchy 面板中资源如图 3.31 所示。

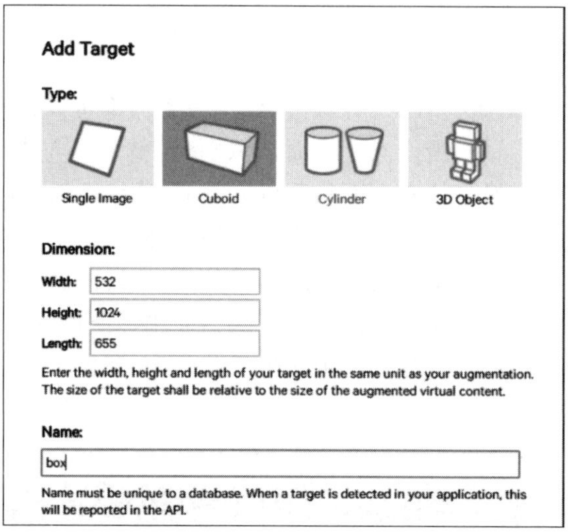

Add Target

Type:

Single Image　Cuboid　Cylinder　3D Object

Dimension:

Width: 532

Height: 1024

Length: 655

Enter the width, height and length of your target in the same unit as your augmentation. The size of the target shall be relative to the size of the augmented virtual content.

Name:

box

Name must be unique to a database. When a target is detected in your application, this will be reported in the API.

图 3.25　长方体识别

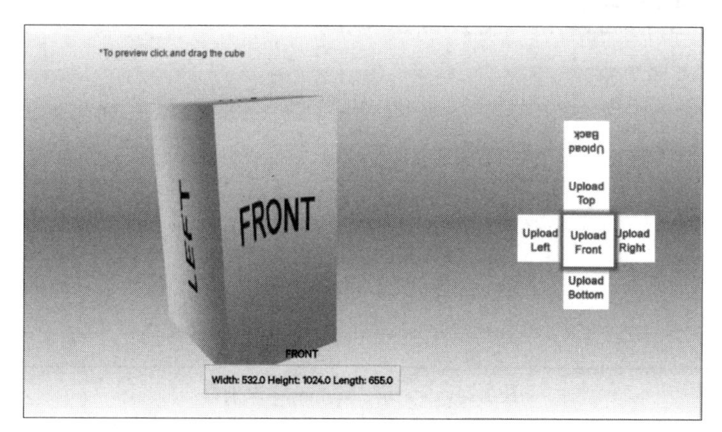

图 3.26　输入长方体六个面

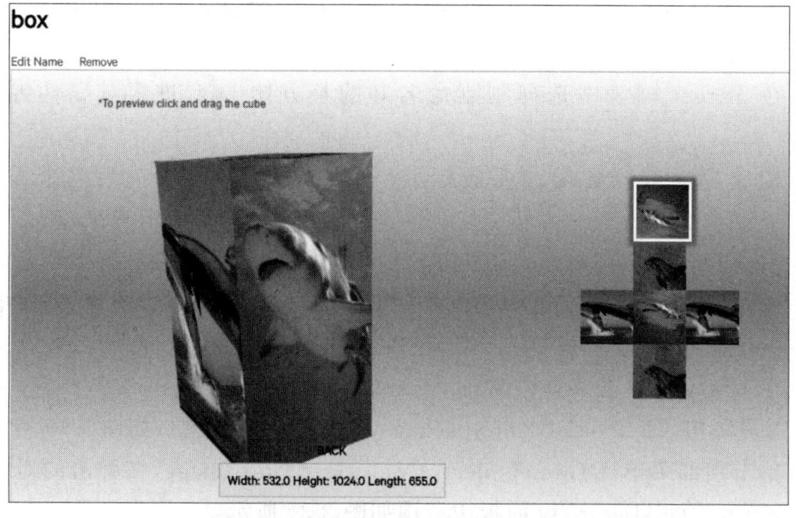

图 3.27　长方体六个面输入完成效果

图 3.28　下载长方体识别图资源

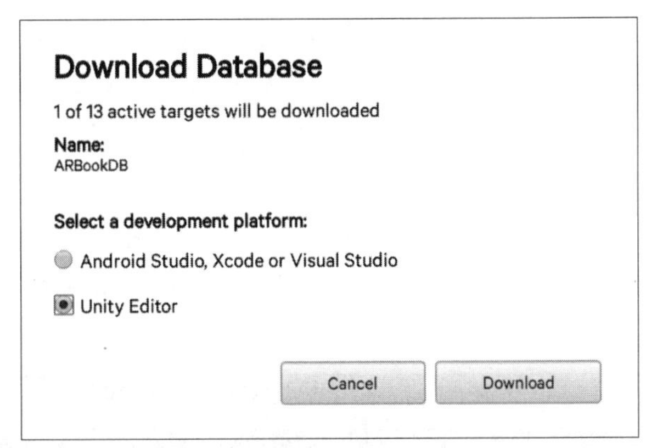

图 3.29　选择识别图资源属性

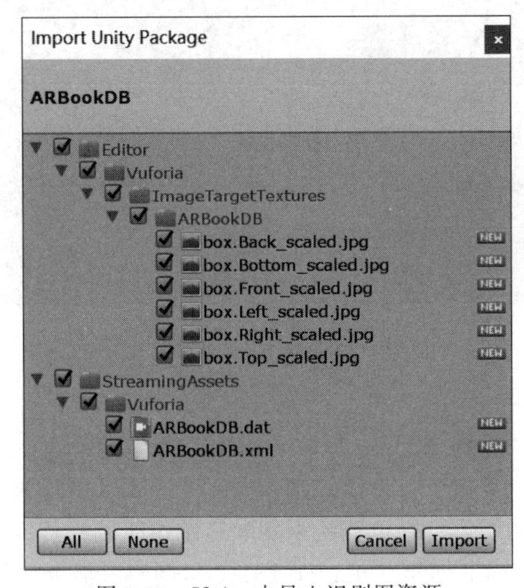

图 3.30　Unity 中导入识别图资源

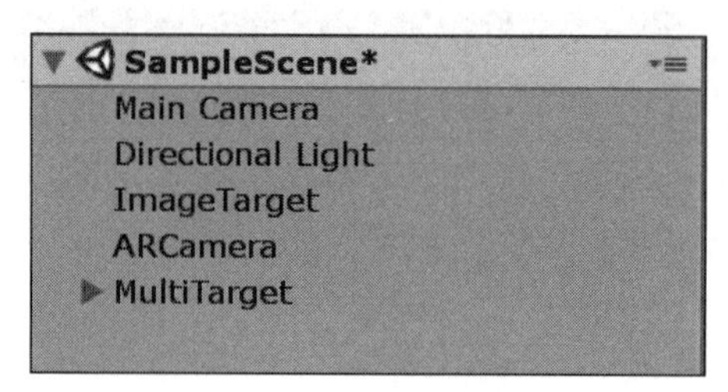

图 3.31　Hierarchy 面板中加载 MultiImage 资源

Step9：选中 ImageTarget，在 Inspector 面板中将 Database 设为 ARBookDB，将 Multi Target 设为 box，如图 3.32 所示。

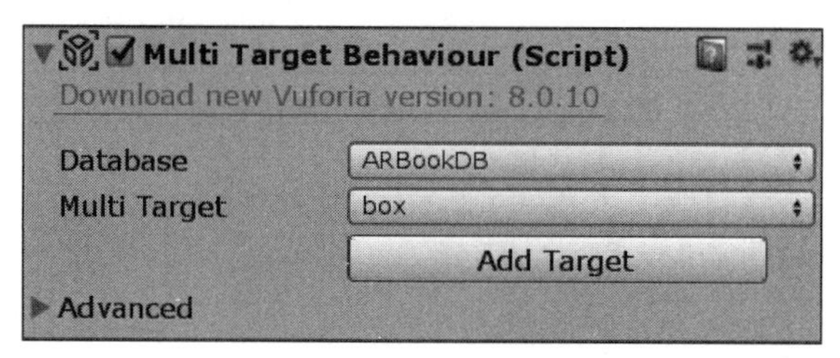

图 3.32　属性面板中设置识别数据库

Step10：创建一个立方体作为 ImageTarget 的子节点，调整 ARCamera 摄像机位置进行测试，如图 3.33 所示。取消 Main Camera 的使用，当拿着长方体盒子对准摄像机时，即可出现附加的三维模型。

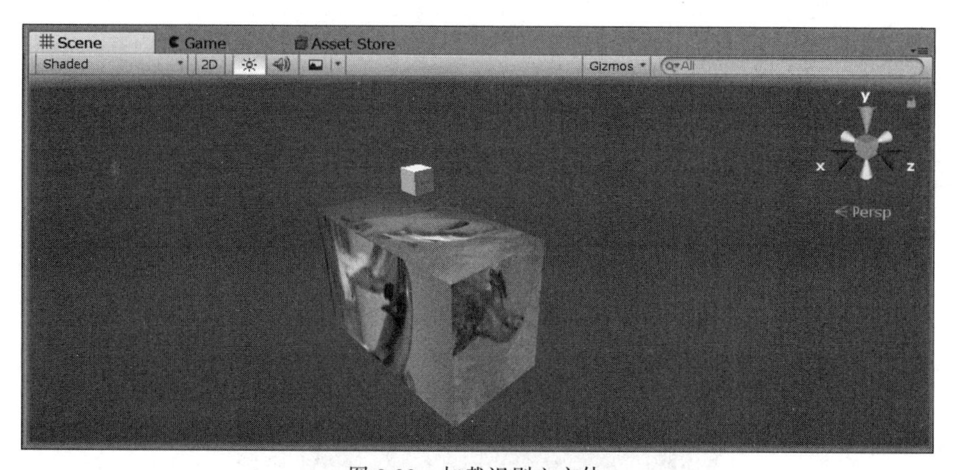

图 3.33　加载识别立方体

3.3.3　柱形体识别

圆柱体识别的工作流类似于长方体识别，Cylinder Targets 能够使应用程序识别并跟踪卷成圆柱或者圆锥形状的图像。它也支持识别和追踪位于圆柱体或圆锥体顶部和底部的图像。开发者在 Vuforia 官网上创建 Cylinder Targets，创建时需要使用到圆柱体的高、顶径、底径及识别图，特征较多的识别图可以提高识别精度，具体操作流程如下。

Step1：打开 AR-base 模板，或依照 3.2.4 节内容创建一个新项目并进行 AR 环境设置。

Step2：登录 Vuforia 官网，选择 Develop 选项卡，进入开发者中心的 Target Manager。在已经创建好的 ARBookDB 数据库下添加识别圆柱体图片。需要填写 Bottom Diameter、Top Diameter、Side Length 三个尺寸参数，以及上传圆柱体名称。这三个参数分别表示圆柱体底部和顶部圆的直径，以及边长。填写完毕后，单击 Add 按钮，如图 3.34 所示。

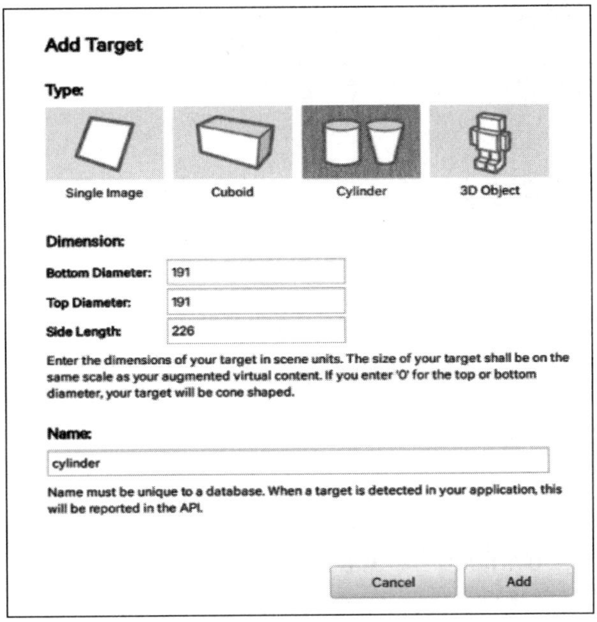

图 3.34　圆柱体识别

Step3：在 Target 列表中选择刚刚命名好的圆柱体 cylinder，进入其属性编辑界面，如图 3.35 所示。

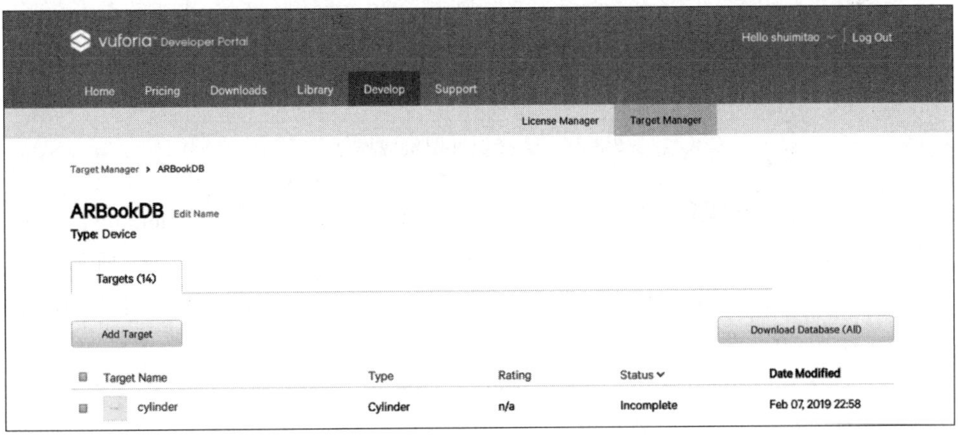

图 3.35　加载圆柱体识别图

Step4：按照界面右侧的操作面板指示，分别上传圆柱体的侧面展开图以及上下底的图片，如图 3.36 所示。

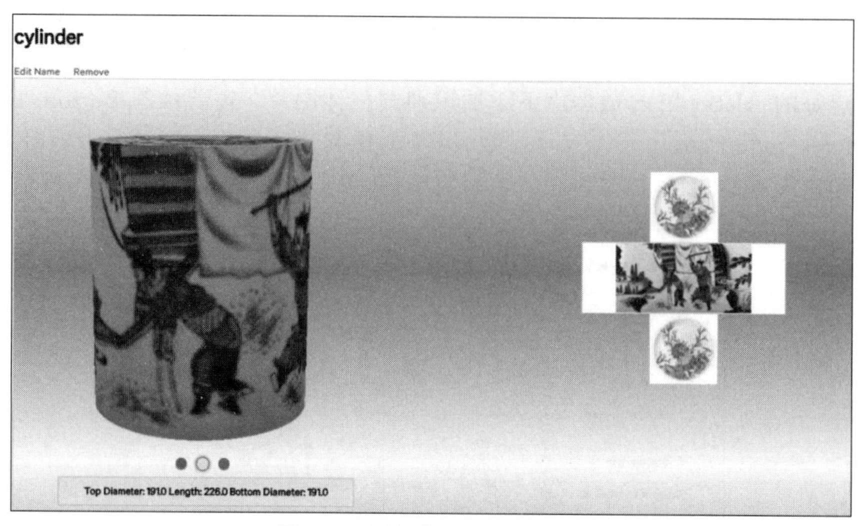

图 3.36 圆柱体图片加载完成

Step5：单击 Download Database 按钮下载 Vuforia 的 Unity SDK。在弹出的菜单中选择 Unity Editor，单击 Download 按钮，如图 3.37 所示。等待一会儿即可下载 ARBookDB.unitypackage。

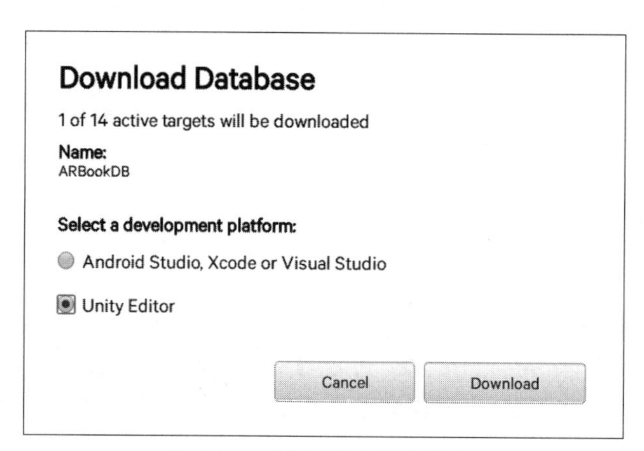

图 3.37 选择识别图资源属性

Step6：在 Unity 中单击菜单栏 Asset→Import Package→Custom Package 导入从高通下载的识别图资源包 ARBookDB.unitypackage，单击 Import 按钮，如图 3.38 所示。

Step7：单击顶部菜单栏 GameObject→Vuforia→Cylindrical Image，在弹出的对话框中单击 Import 按钮，导入后的 Hierarchy 面板中资源如图 3.39 所示。

Step8：选中 CylinderTarget，在 Inspector 面板中将 Database 设为 ARBookDB，将 Cylinder Target 设为 cylinder，如图 3.40 所示。

Step9：创建一个立方体作为 CylinderTarget 的子节点，取消 Main Camera 的使用，调整 ARCamera 摄像机位置进行测试，如图 3.41 所示。当拿着长方体盒子对准摄像机时，即可出现附加的三维模型。

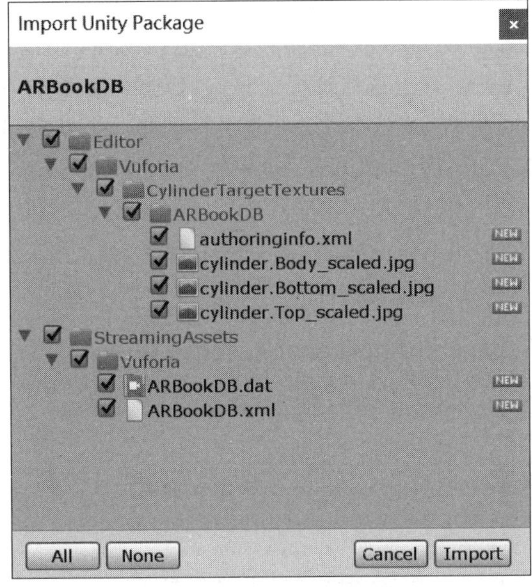

图 3.38　导入下载识别图资源

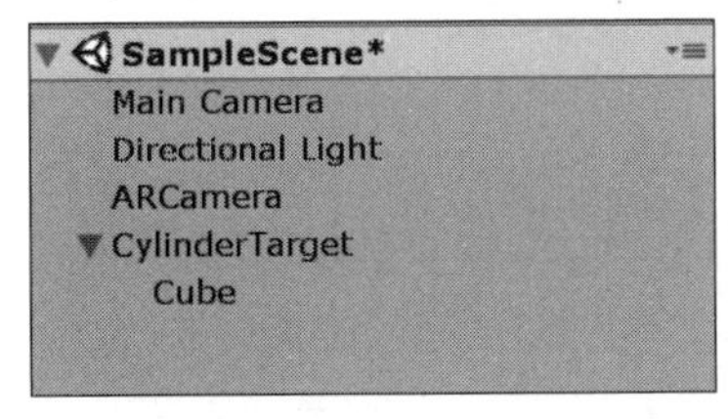

图 3.39　加载 Cylindrical Image 资源

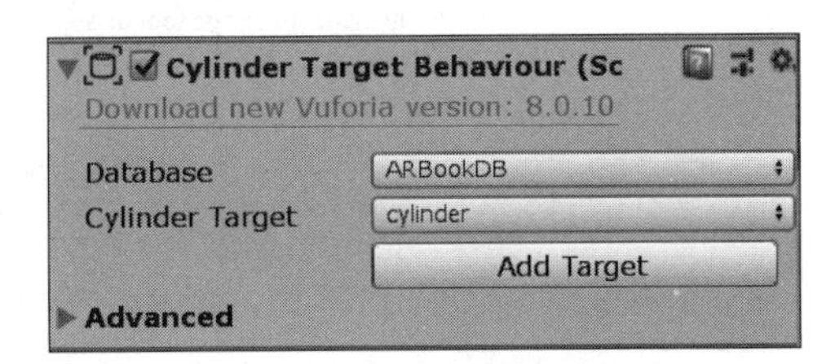

图 3.40　设置识别数据库

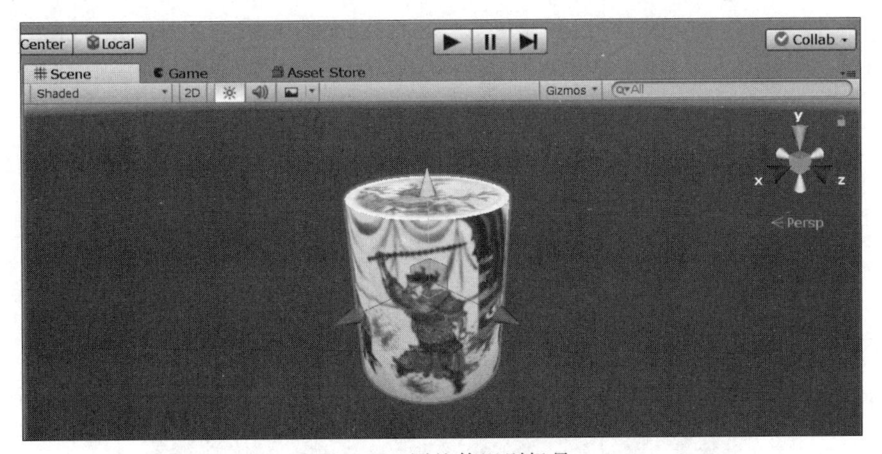

图 3.41　圆柱体识别场景

3.3.4　3D 物体识别

Vuforia 提供了实现与 3D 物体交互的技术。物体识别和传统图像识别不同，因为物体的二维图像在不同角度有变化，因此 Vuforia 推出了 Vuforia Object Scanner 工具来获取物体数据(Object Data，也就是 OD 文件)，利用该文件进行物体识别。对识别的 3D 物体要求是不透明、不变形，并且其表面有丰富的特征信息，具体操作流程如下。

Step1：打开 AR-base 模板，或依照 3.2.4 节内容创建一个新项目并进行 AR 环境设置。

Step2：下载并安装 Vuforia Object Scanner 软件，可以到 Vuforia 官网进行下载，下载地址为 https://developer.vuforia.com/downloads/tool，单击下载后弹出协议授权界面，单击 I Agree 按钮后即可下载 Vuforia Object Scanner 软件，如图 3.42 所示。同时，随书附赠资源中也有 Vuforia Object Scanner 软件，读者可自行安装。

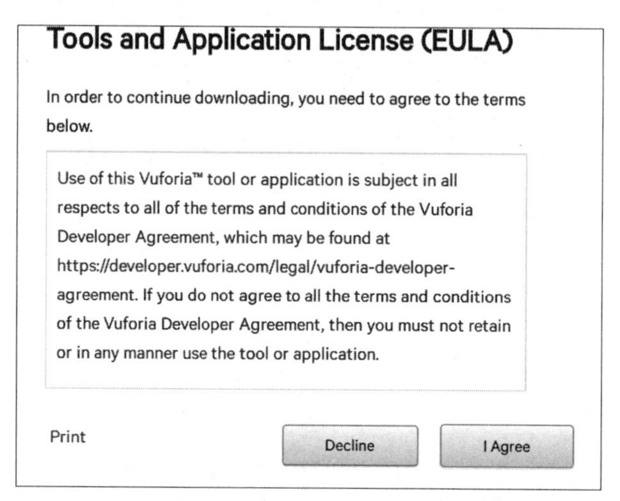
Tools and Application License (EULA)

In order to continue downloading, you need to agree to the terms below.

Use of this Vuforia™ tool or application is subject in all respects to all of the terms and conditions of the Vuforia Developer Agreement, which may be found at https://developer.vuforia.com/legal/vuforia-developer-agreement. If you do not agree to all the terms and conditions of the Vuforia Developer Agreement, then you must not retain or in any manner use the tool or application.

Print Decline I Agree

图 3.42 下载 Vuforia Object Scanner 软件同意界面

Step3：打开下载的资源包，找到 apk 文件，在手机上安装 Vuforia Object Scanner 工具。

Step4：打开下载的资源包，找到第一张 A4-ObjectScanningTarget.pdf 打印，将它放在需要识别的 3D 物体下方，主要是用来辅助扫描的，如图 3.43 所示。

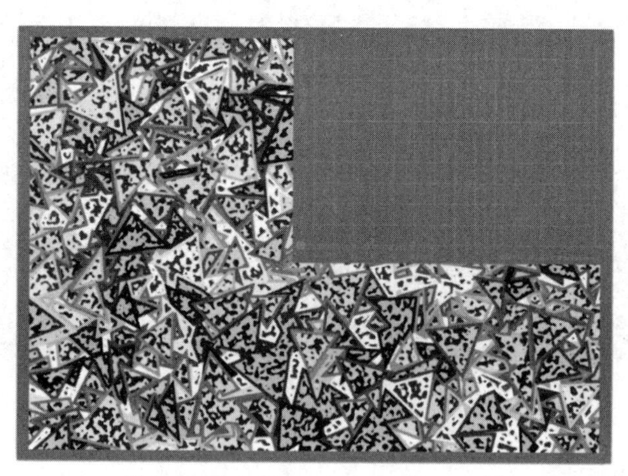

图 3.43 A4-ObjectScanningTarget 图

Step5：用摄像头扫描识别物体，有很多绿色的识别点，识别点越多，越容易识别，还有一个有线框的遮罩,转动纸,使手机能够一圈扫描完3D物体,扫描识别到后,遮罩就会变成绿色,得到尽可能多的识别点,直到大部分区域变成绿色。

Step6：识别完成后命名并保存识别文件,如图3.44所示。

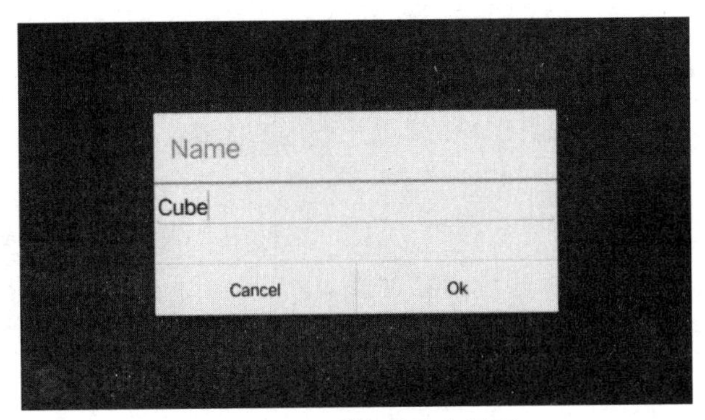

图3.44　识别完成取名界面

Step7：从手机中复制识别文件至本地磁盘。

Step8：将识别文件上传至Vuforia,在已经创建好的ARBookDB数据库下添加识别3D物体图片。分别填入文件路径以及名称,填写完毕后,单击Add按钮,如图3.45所示。

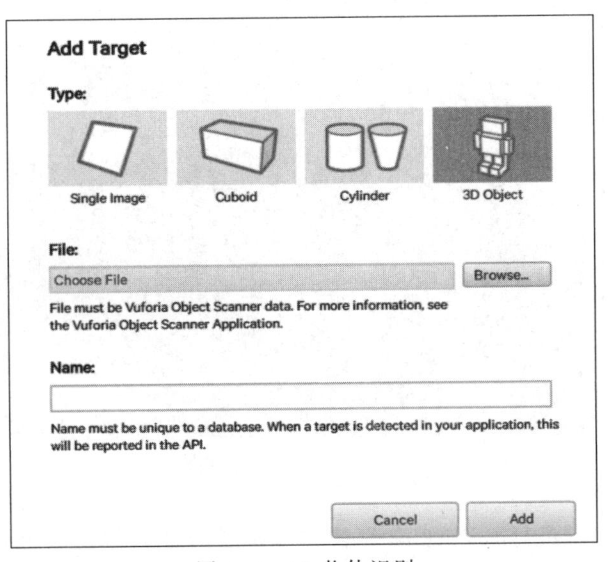

图3.45　3D物体识别

Step9：更新并下载识别文件数据库,如图3.46所示。

Step10：单击GameObject → Vuforia → 3D Scan,在Hierarchy面板中添加ObjectTarget,如图3.47所示。

Step11：选中ObjectTarget,在Inspector面板中将Database设为所识别的3D物体数据库duoka_OT,将Object Target设为3dbox,如图3.48所示。

Step12：创建一个cube作为ObjectTarget的子物体,取消Main Camera的使用。调整

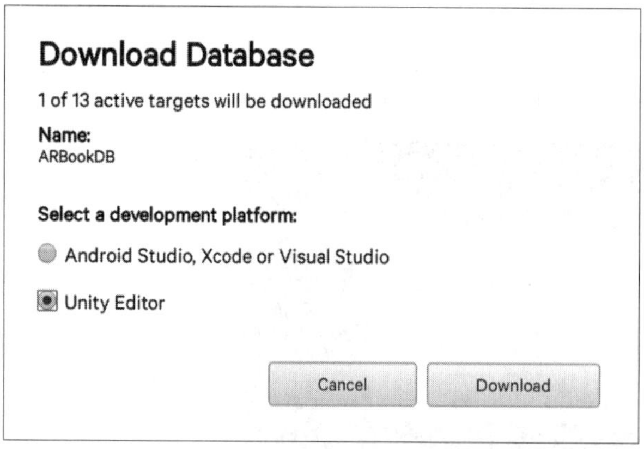

Download Database

1 of 13 active targets will be downloaded

Name:
ARBookDB

Select a development platform:

Android Studio, Xcode or Visual Studio

Unity Editor

Cancel Download

图 3.46　选择识别图资源属性

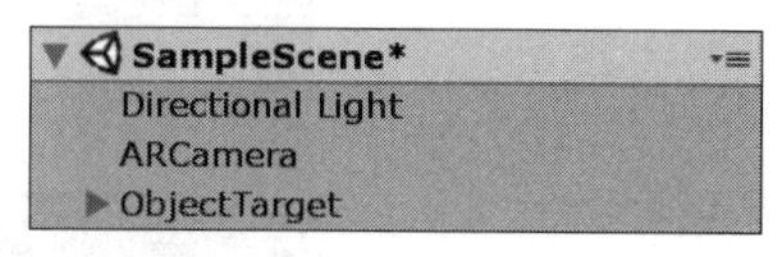

图 3.47　Hierarchy 面板

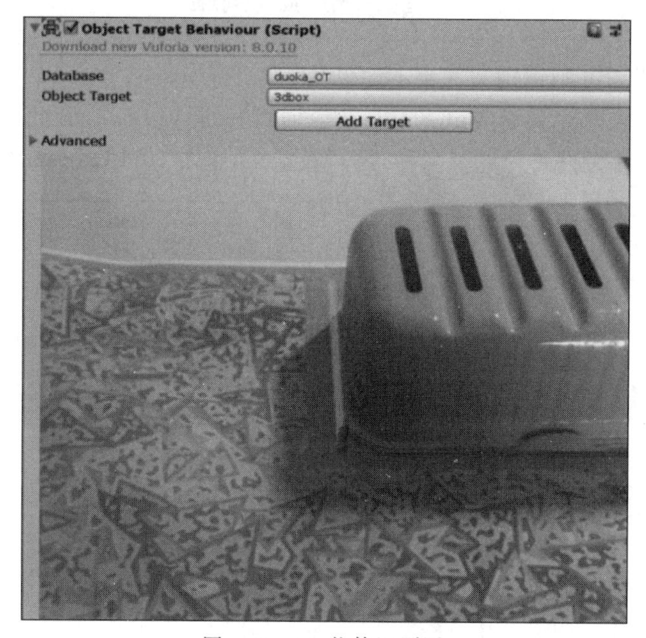

图 3.48　3D 物体识别图

ARCamera 摄像机位置进行测试，当拿着长方体盒子对准摄像机时，即可出现附加的三维 cube 模型。

3.4　虚拟按钮

虚拟按钮是通过 Vuforia 实现与现实世界交互的一种媒介。用户可以通过对现实世界的一些手势操作与应用程序中的场景物体进行交互。当要为应用程序添加虚拟按钮功能时，对于虚拟按钮的尺寸和摆放位置以及覆盖的面积，需要注意以下几点。

（1）虚拟按钮间不要重叠。

（2）虚拟按钮要远离识别图边框。

(3) 虚拟按钮应放在识别图信息多的地方。

为了使 AR 交互方式更加魔幻,我们期望可以在真实的识别图像上进行单击,从而触发应用中的某些行为。Vuforia SDK 为我们提供了 Virtual Button 功能来实现这样的交互,本节内容将使用虚拟按钮实现旋转、缩放场景中的立方体模型,具体操作流程如下。

Step1:打开 AR-base 模板,或依照 3.2.4 节内容创建一个新项目并进行 AR 环境设置。

Step2:打开 Vuforia 官网,登录账号,找到 Develop 选项卡,如图 3.49 所示。

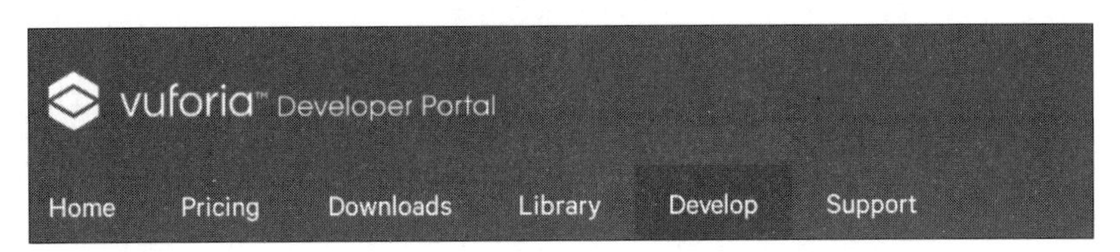

图 3.49 Develop 选项卡

Step3:在 Develop 选项卡下找到 Target Manager 选项,如图 3.50 所示。可以单击 Add Database 按钮新添加一个数据库,也可以打开以前数据库中上传好的图片,选择直接下载。这里选择直接下载第 2 章中已经上传好的图片 ARBookPic1,如图 3.51 所示。

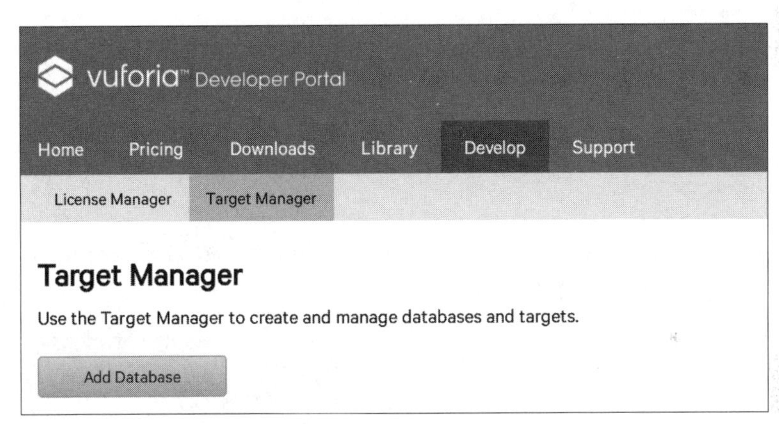

图 3.50 添加数据库界面

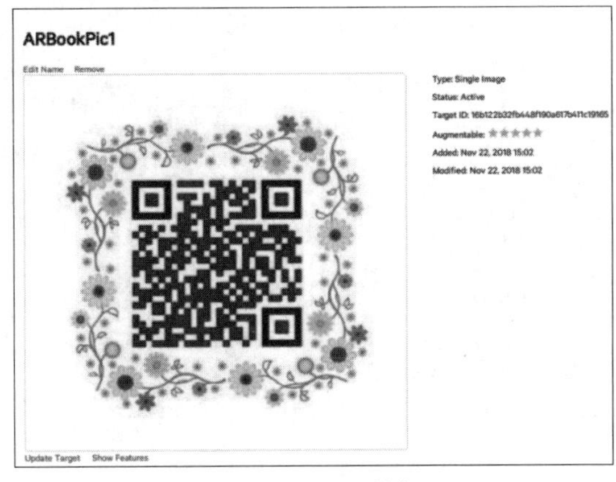

图 3.51 识别图

Step4：单击 Download Database 按钮下载识别图资源包，如图 3.52 所示。在弹出的菜单中选择 UnityEditor 下载导出包。

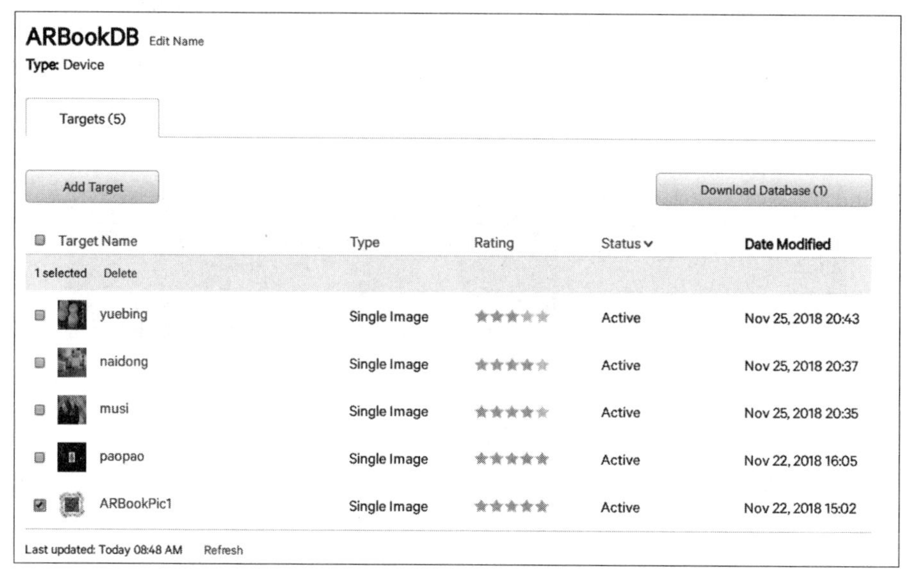

图 3.52 识别图资源库

Step5：在 Unity3D 中导入官网下载包。选择 Asset→Import Package→Custom Package 导入从高通下载的图片数据包 ARBookDB.unitypackage，单击 Import 按钮，如图 3.53 所示。

Step6：选择 ImageTarge 后，在属性面板中的 Database 数据库进行设置，如图 3.54 所示。此时场景中出现识别图，如图 3.55 所示。

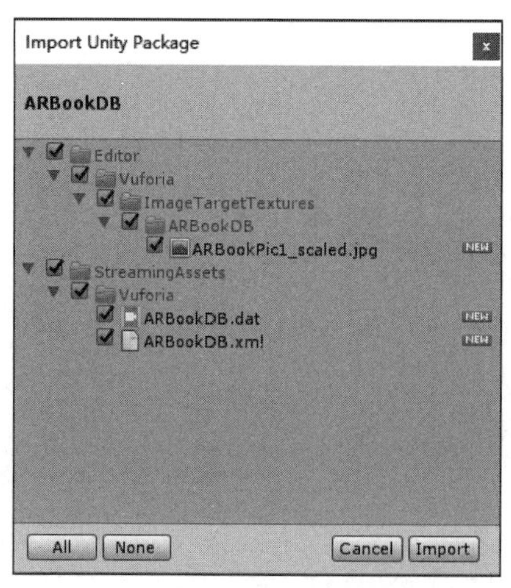

图 3.53 Unity 中导入识别图资源

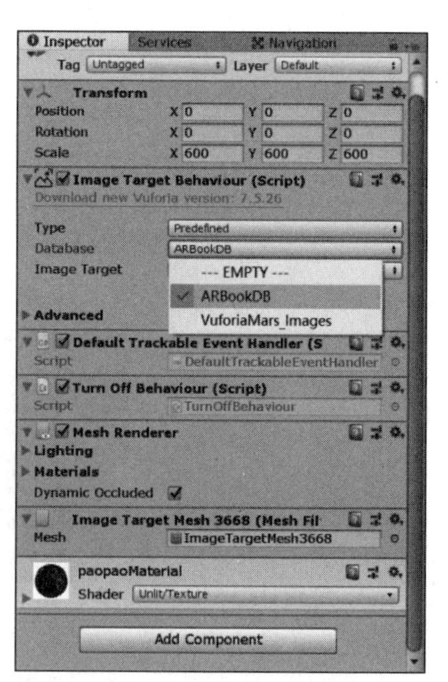

图 3.54 选择识别图数据库

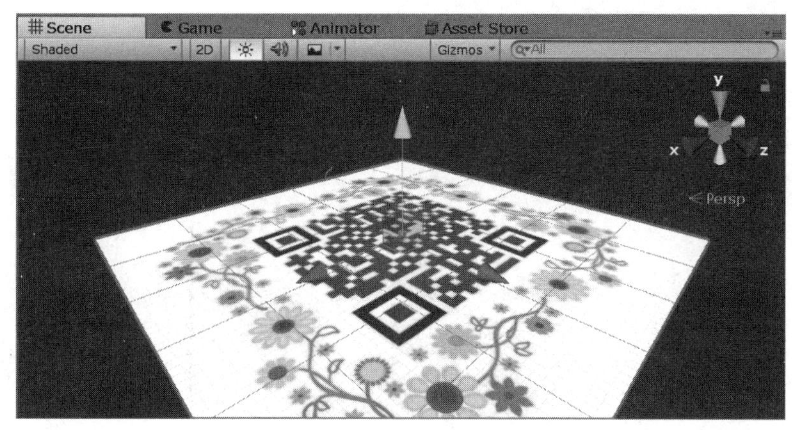

图 3.55　场景识别图

Step7：创建一个立方体作为 ImageTarget 的子节点，调整立方体大小及 ARCamera 摄像机位置进行测试，如图 3.56 所示。

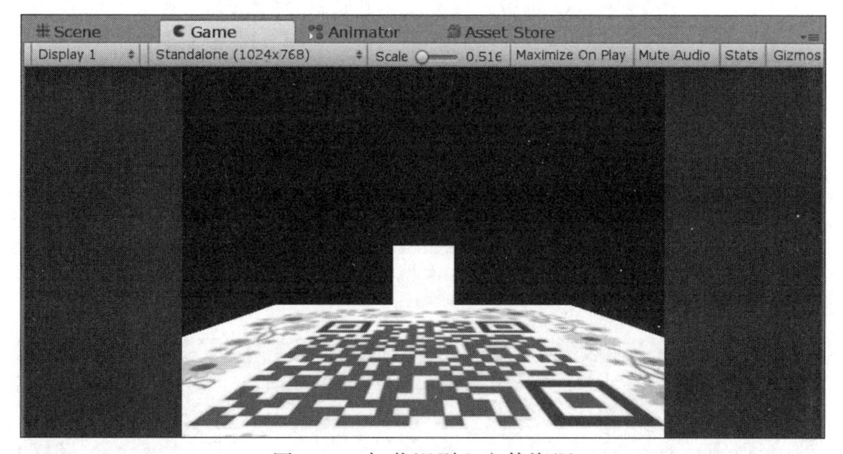

图 3.56　加载识别立方体资源

Step8：选中 ImageTarget，在其属性面板中找到 Advanced 属性，单击打开前面三角符号可以看到隐藏在其中的内容，最下部有 Add Virtual Button，如图 3.57 所示。单击该按钮可以创建一个虚拟按钮，这里直接单击两次，创建两个虚拟按钮，如图 3.58 所示。

Step9：选中 Virtual Button 后在属性面板中对虚拟按钮进行命名。两个虚拟按钮的名字分别命名为 Largen 和 Rotate，如图 3.59 所示。

Step10：默认两个虚拟按钮出现在屏幕中央，重合在一起。接下来需要调整两个虚拟按钮的位置，将虚拟按钮尽量放在特征点较多的位置，如图 3.60 所示。

Step11：创建 C＃脚本，输入代码如下。

```
using System.Collections;
using System.Collections.Generic;
using Unity3DEngine;
using Vuforia;                                   //引入命名空间
public class VirtualButtonEventHandler : MonoBehaviour, IVirtualButtonEventHandler {
```

图 3.57 添加虚拟按钮

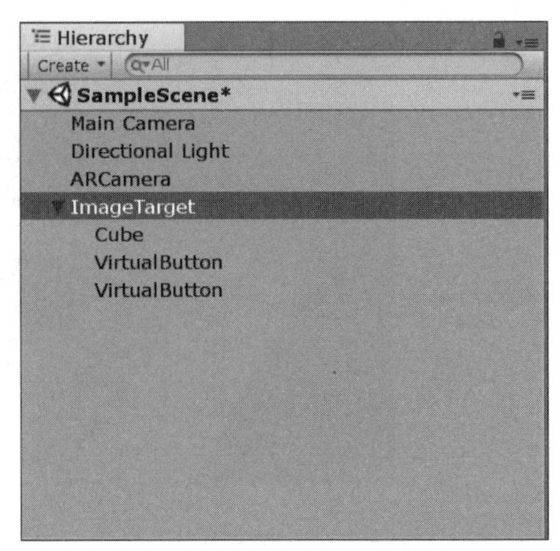

图 3.58 添加两个虚拟按钮

图 3.59 虚拟按钮命名

图 3.60 虚拟按钮位置调整

```
public GameObject cube;
VirtualButtonBehaviour[] vbs;              //两个按钮用数组保存
private bool isRotate=false;
void Start () {
    vbs=this.GetComponentsInChildren<VirtualButtonBehaviour> ();
    for (int i=0; i<vbs.Length; i++)       //遍历数组
```

```
            {
                vbs[i].RegisterEventHandler(this);      //将脚本注册到按钮上面
            }
    }
    void Update () {
        if (isRotate)
        {
            cube.transform.Rotate(Vector3.up,60.0f* Time.deltaTime,Space.World);
        }
    }
    public void OnButtonPressed(VirtualButtonBehaviour vb)
        {
            switch (vb.VirtualButtonName)
            {  case "Rotate":
                    isRotate=true;
                break;
                case "Largen":
                cube.transform.localScale + =new Vector3(0.05f, 0.05f, 0.05f);
                break; }
            }
    public void OnButtonReleased(VirtualButtonBehaviour vb)
        {
            switch (vb.VirtualButtonName)
            {
                case "Rotate":
                    isRotate=false;
                    break;
                case "Largen":
                    break;
            }
        }
    }
```

Step12：链接代码到 ImageTarget 上面，并对 Cube 进行属性赋值，如图 3.61 所示。

图 3.61　脚本代码链接及属性赋值

Step13：运行测试，可以看到单击其中的旋转虚拟按钮，立方体开始旋转；单击放大虚拟按钮，立方体被放大。

关于虚拟按钮，有以下几点需要注意。

本节只是实现了一个简单的旋转、缩放功能，读者可以根据自己的需求自定义 VirtualButton 事件。为了达到更好的体验效果，识别图可以复杂一些，尤其是在虚拟按钮的位置。可以使用PS等图像处理软件给识别图加上虚拟按钮的图像,这样会更直观。

3.5 综合项目:多卡识别2D/3D物体

3.5.1 项目构思

本项目计划将本章知识整合,设计实现多卡识别效果,包括图片识别、长方体识别、圆柱体识别以及3D物体识别在内的四种识别方式,采用多卡识别技术完成。在Vuforia中实现多卡识别是一件很轻松的事情,需要注意修改ARCamera上的Max Simutaneous Tracked Images的值,一般Max Simutaneous Tracked Images的值与识别图片数量一一对应。

3.5.2 项目设计

1. 图片识别

图片识别中,设计采用一张识别度比较高的图片,如图3.62所示。当摄像头识别到图片后,在其上会出现叠加立方体盒子效果。

2. 长方体识别

长方体识别采用威化饼干盒子实现。其中,前面、后面、左面、右面、顶面、底面六个方位如图3.63所示。当摄像头识别到长方体威化饼干盒子后,在其上会出现叠加立方体盒子效果。

图3.62 识别图

图3.63 威化饼干图

3. 圆柱体识别

圆柱体识别采用识别可口可乐瓶装商标图实现,如图3.64所示。当摄像头识别到可口可乐瓶装商标后,在其上会出现叠加立方体盒子效果。

4. 3D物体识别

3D物体识别采用识别3D立体香皂盒实现,如图3.65所示。当摄像头识别到3D立体香皂盒子后,在其上会出现叠加立方体盒子效果。

3.5.3 项目实施

Step1:打开AR-base模板,或创建一个新项目,按照3.2.4节讲述进行AR环境设置。

图 3.64 识别圆柱体图

图 3.65 识别 3D 物体图

Step2：登录 Vuforia 官网，选择 Develop 选项卡，进入开发者中心的 Target Manager。

Step3：在已经创建好的 ARBookDB 数据库下依次分别添加二维平面识别图、长方体识别图、柱形体识别图以及 3D 物体识别图。

Step4：识别数据库加载成功后，即可依次向数据库中添加识别图像，单击 Add Tardge 按钮上传识别图像，如图 3.66 所示。

图 3.66 识别图

Step5：按照界面右侧的操作面板指示，分别上传上下左右前后六个面的图片，如图 3.67 所示。

Step6：按照界面右侧的操作面板指示，分别上传圆柱体的侧面展开图以及上下底的图片，如图 3.68 所示。

Step7：将 3D 识别文件上传至 Vuforia，在已经创建好的 ARBookDB 数据库下添加识别 3D 物体图片，具体 3D 识别文件制作方法参考 3.3.4 节 3D 物体识别。

Step8：单击 Download Database 按钮下载识别图资源包。在弹出的菜单中选择 Unity Editor，单击 Download 按钮，如图 3.69 所示。等待一会儿即可下载 ARBookDB.unitypackage。

Step9：在 Unity 项目中选择 Asset→Import Package→Custom Package 导入从高通下载的图片数据包 duoka.unitypackage，单击 Import 按钮。

Step10：依次单击顶部菜单栏 GameObject→Vuforia。分别添加 Image、Multi Image、

图 3.67　长方体识别图

图 3.68　识别圆柱体图

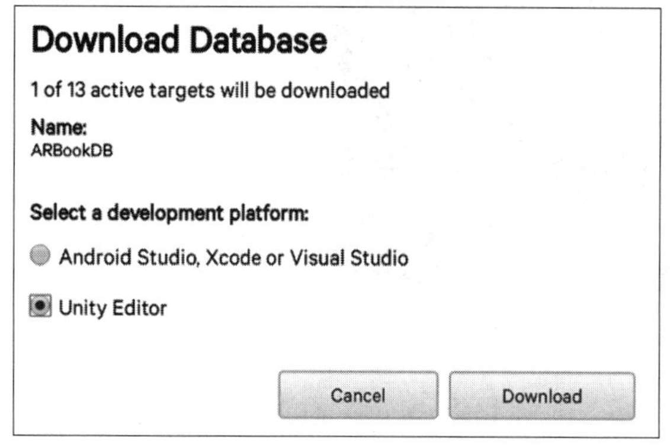

图 3.69　选择识别图资源属性

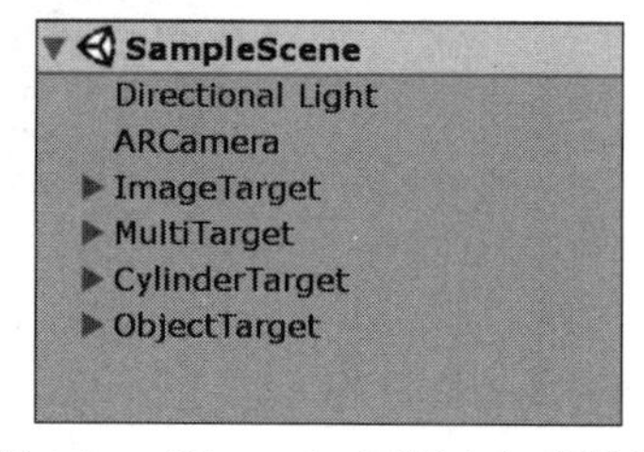

图 3.70　Hierarchy 面板中加载资源

Cylinderical Image、3D Scan，添加后的层次面板中资源如图 3.70 所示。

Step11：选中 ImageTarget，在 Inspector 面板中将 Database 设为 duoka，如图 3.71 所示。

Step12：分别创建一个立方体作为 ImageTarget、MultiTarget、CylinderTarget、ObjectTarget 的子节点，调整 ARCamera 摄像机位置进行测试。

3.5.4　项目测试

Step1：单击 File→Save Project，保存当前项目。

Step2：单击 Play 按钮进行测试，当拿着二维图片、长方体盒子、可乐瓶子、肥皂盒对准摄像机时，即可出现附加的三维模型。

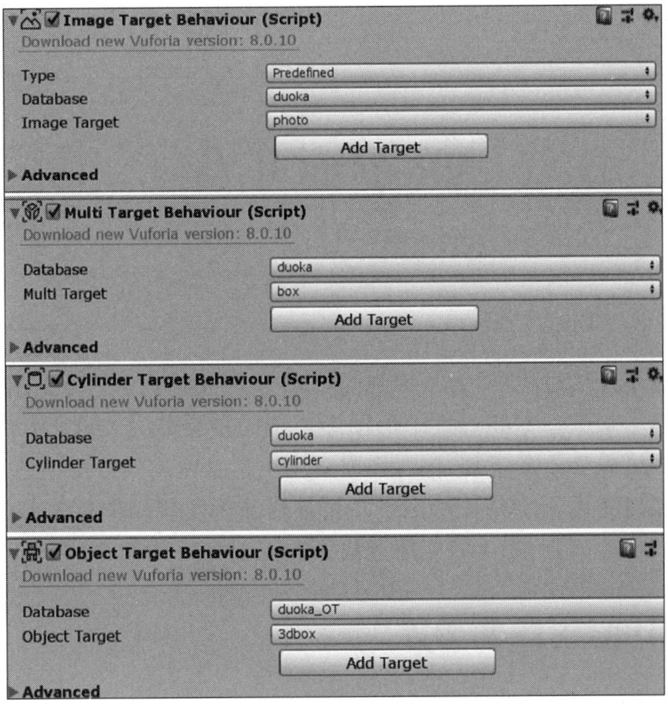

Image Target Behaviour (Script)
Download new Vuforia version: 8.0.10
Type Predefined
Database duoka
Image Target photo
Add Target
Advanced
Multi Target Behaviour (Script)
Download new Vuforia version: 8.0.10
Database duoka
Multi Target box
Add Target
Advanced
Cylinder Target Behaviour (Script)
Download new Vuforia version: 8.0.10
Database duoka
Cylinder Target cylinder
Add Target
Advanced
Object Target Behaviour (Script)
Download new Vuforia version: 8.0.10
Database duoka_OT
Object Target 3dbox
Add Target
Advanced

图 3.71 属性面板中设置识别数据库

小结

本章主要对 Vuforia 增强现实开发平台进行系统介绍，包括 Vuforia 发展由来、Vuforia 核心功能、Vuforia 注册下载、UnityAR 环境搭建等内容。着重介绍了 AR 图片识别技术和基本的 AR 开发环境配置方法。在综合实践内容中，以多卡互动开发为实践案例系统讲解了 Unity3D 结合 Vuforia 平台进行增强现实 AR 应用开发方法，帮助读者掌握 AR 应用的开发环境配置及 AR 应用开发流程。

习题

1. 基于 Vuforia 平台开发增强现实应用时，选择识别图片需要注意哪几点？

2. 在 Unity3D 中创建标准几何体 Cube，并基于 Vuforia 平台实现图片识别出现 Cube 效果。

3. 在 Unity3D 中创建标准几何体 Cube，并基于 Vuforia 平台实现扫描长方体识别出现 Cube 效果。

4. 在 Unity3D 中创建标准几何体 Cube，并基于 Vuforia 平台实现扫描柱形体识别出现 Cube 效果。

5. 在 Unity3D 中创建标准几何体 Cube，并基于 Vuforia 平台实现扫描 3D 物体识别出现 Cube 效果。

AR 界面开发

在增强现实应用开发过程中,为了增强与玩家的交互性,开发人员往往会通过制作图形用户界面来增强这一效果。Unity3D 中的图形系统的种类分为 OnGUI、NGUI、UGUI 等,这些类型的图形系统内容十分丰富,包含界面开发中通常使用到的按钮、图片、文本等控件。本章将详细介绍如何使用 UGUI 图形系统来开发增强现实应用中常见的图形用户界面,其中包括各种参数的功能简介、控件的使用方法。

4.1 Unity3D 图形界面概述

4.1.1 UI 界面概述

UI 是 User Interface 的简称,即人机交互界面,是指采用图形方式显示的计算机操作用户界面。与早期计算机使用的命令行界面相比,人机交互界面对于用户来说在视觉上更易于接受。如图 4.1 和图 4.2 所示分别为 AR 巡检系统界面效果。

图 4.1 AR 巡检系统主界面

4.1.2 UI 设计原则

UI 界面设计应该遵循以下原则。

(1) 用户界面简易性。界面设计简洁、明了,易于用户控制,并减少用户因不了解而错误选择的可能性。

(2) 用户语言界面设计中,以用户使用情景的思维方式做设计,即“用户至上”原则。

图 4.2 AR巡检系统功能界面

(3) 减少用户记忆负担,相对于计算机,要考虑人类大脑处理信息的限度。所以 UI 设计时需要考虑到设计的精练性。

(4) 保持界面的一致性,界面的结构必须清晰,风格必须保持一致。

4.1.3 UI 发展历程

在增强现实应用开发的整个过程中,界面占据了非常重要的地位。玩家在启动应用的时候,首先看到的就是游戏的 UI 界面。UI 界面包括贴图、按钮和高级控件等。早期的 Unity 采用的是 OnGUI 界面系统,后来进展到了 NGUI 界面系统,在 Unity4.6 以后 Unity 官方推出了新的 UGUI 系统,采用全新的独立坐标系,为游戏开发者提供了更高效的运转效率,如图 4.3 所示。

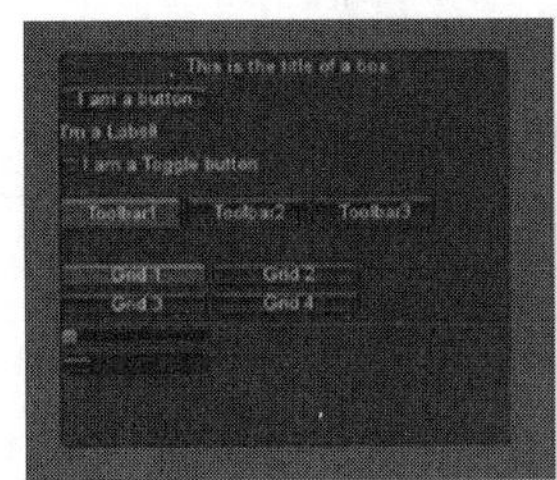

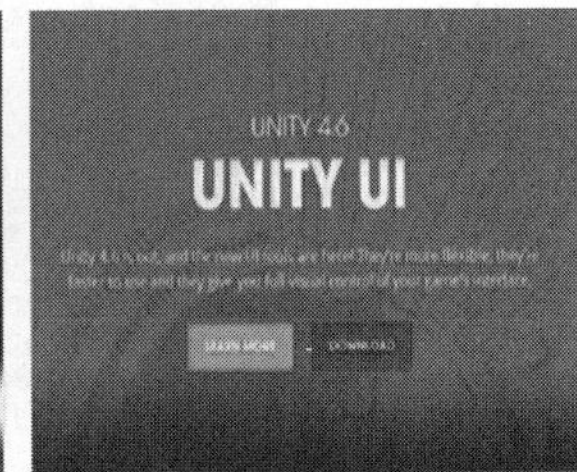

图 4.3 UI 发展历程说明

4.1.4 AR 应用中界面显示方式

1.显示在屏幕中的界面

显示在屏幕中的界面以手机或者平板电脑等手持终端为硬件的 AR 应用,与用户使用的 App 中的 UI 相同,如图 4.4 所示,UI 在手机屏幕中显示出来。

2. 显示在 AR 眼镜中的界面

显示在 AR 眼镜中的界面,可以通过查看眼镜上的实时更新数据,对自身和周边情况进行判断和分析,就像《钢铁侠》电影中的显示方式一样,如图 4.5 所示,可以更多地了解掌握周围信息。

图 4.4　显示在屏幕中的界面

图 4.5　显示在眼镜中的界面

3. 跟随识别物体出现的界面

跟随识别物体出现的界面具有一定的空间纵深和三维效果。我们通过 UI 设计得到用户界面布局，然后在三维软件中制作出模型，将之前设计好的 UI 以贴图的形式在模型上显示，如图 4.6 所示。

图 4.6　跟随识别物体出现的界面

4.1.5　AR 应用中界面交互方式

1. 屏幕交互

屏幕手势操作在目前 AR 移动智能手机和平板电脑上有大量的应用，用户与虚拟物体交互的方式除和其他应用界面的操作方式一样外，还可以对虚拟物体以及三维场景中的 UI 进行单击、双击、滑动、缩放等操作。如图 4.7 所示的宜家 AR 应用中，用户可以拖动虚拟物体，将其放到合适的位置，并可以通过食指和中指进行缩放。

图 4.7　手指屏幕交互方式

2. 语音交互

用户也可以通过语音识别输入对 AR 进行控制，如图 4.8 所示 Google Glass 应用中，用户可以使用语音进行翻页、返回、拍照等操作。

图 4.8　语音交互方式

3. 手势交互

用户佩戴 AR 眼镜后，可以在空间中单击虚拟 UI 或者虚拟物体，与它们进行手势交互，如 HoloLens 中的 air-tap 手势、Bloom 手势等，如图 4.9 所示。

图 4.9　手势交互方式

4.2 UGUI简介

UGUI是Unity官方的UI实现方式，自从Unity4.6以后，Unity官方推出了新版UGUI系统。新版UGUI系统相比于OnGUI系统更加人性化，而且是一个开源系统，利于游戏开发人员进行游戏界面开发。UGUI系统具有三个特点：灵活、快速、可视化。对于游戏开发者来说，UGUI运行效率高、执行效果好，易于使用、方便扩展，与Unity兼容性高。

图4.10 Rect Transform组件

在UGUI中所创建的所有UI控件，都有一个UI控件特有的Rect Transform组件。我们所创建的三维物体是Transform，而UI控件是Rect Transform，它是UI控件的矩形方位，其中的Pos X、Pos Y、Pos Z指的是UI控件在相应轴上的偏移量。UI控件除了Rect Transform组件外，每个UI控件还有一个Canvas Renderer组件，如图4.10所示。它是画布渲染，一般不用理会，因为它不能被点开。

4.2.1 Canvas画布

Canvas画布是摆放容纳所有UI元素的区域，在场景中创建的所有控件都会自动变为Canvas游戏对象的子对象，若场景中没有Canvas画布，在创建控件时该对象会被自动创建。创建画布有两种方式：一是通过菜单直接创建；二是直接创建一个UI组件时，自动创建一个容纳该组件的画布出来。不管用哪种方式创建画布，系统都会自动创建一个名为EnventSystem的游戏对象，上面挂载了若干与事件监听相关的组件可供设置。

在Canvas画布上有一Render Mode属性，它有3个选项，如图4.11所示，分别对应Canvas的三种渲染模式：Screen Space-Overlay、Screen Space-Camera和World Space。

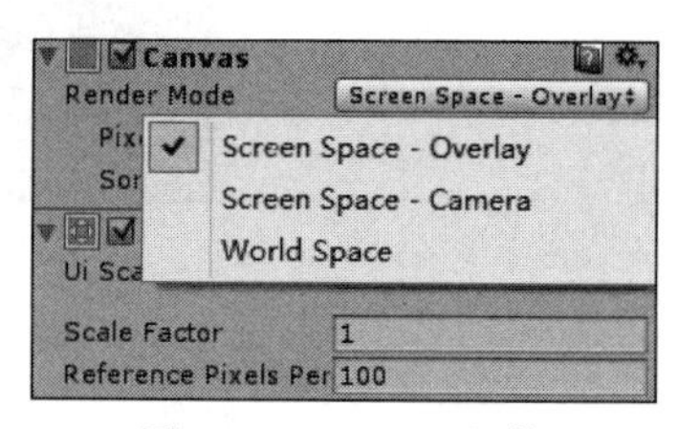

图4.11 Canvas组件

1. Screen Space-Overlay渲染模式

在Screen Space-Overlay渲染模式下，场景中的UI被渲染在屏幕上，如果屏幕大小改变或更改了分辨率，画布将自动更改大小，来很好地适配屏幕，此种模式不需要UI摄像机，UI将永远出现在所有摄像机的最前面，不会被其他任何对象所遮挡。

2. Screen Space-Camera渲染模式

Screen Space-Camera渲染模式类似于Screen Space-Overlay模式。在这种渲染模式下，画布被放置在指定相机前的一个给定距离上，它支持在UI前方显示3D模型与粒子系统等内容，通过指定的相机UI被呈现出来，如果屏幕大小改变或更改了分辨率，画布将自动更改大小，来很好地适配屏幕。

3. World Space渲染模式

在World Space渲染模式下，呈现的UI好像是3D场景中的一个Plane对象。与前两种不同，其屏幕的大小将取决于拍摄的角度和相机的距离。它是一个完全3D的UI，也就是把UI也当成3D对象，如摄像机离UI远了，其显示就会变小，近了就会变大。需要注意的是，在VR项目开发中，所有Canvas必须设置为World Space。在这种模式下，整个Canvas将和其他对象一样作为2D对象存在于场景中。

4.2.2 Envent System事件系统

创建UGUI控件后，在Hierarchy面板中会同时创建一个Envent System，用于控制各类事件，如图4.12所示。可以看到Envent System自带了两个Input Module，一个用于响应标准输入，另一个用于响应触摸操作。Input Module封装了Input模块的调用，根据用户操作触发各Envent Trigger。

Envent System事件处理器中有以下3个组件。

(1) Envent System事件处理组件，是一种将基于输入的事件发送到应用程序中的对象，无论使用键盘、鼠标、触摸或自定义输入均可。

(2) Standalone Input Module独立输入模块，用于鼠标、键盘和控制器。该模块被配置查看InputManager，发送事件是基于输入的InputManager管理器是何种状态。

(3) Touch Input Module触控输入模块，被设计为使用在可触摸的基础设备上。

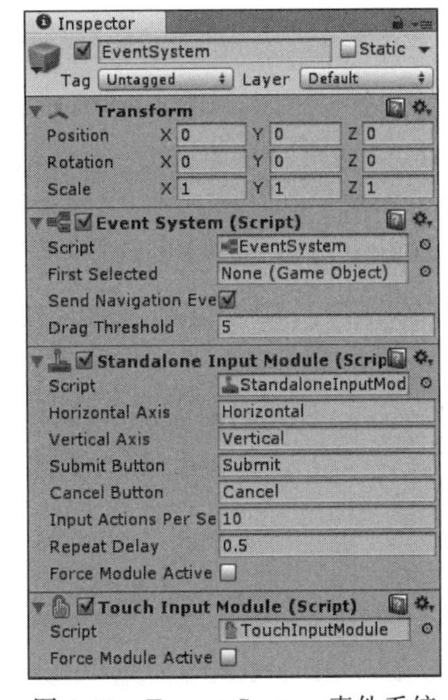

图4.12 Envent System事件系统

4.2.3 Panel控件

面板实际上就是一个容器，在其上可放置其他UI控件，当移动面板时，放在其中的UI控件就会跟随移动，这样可以更加合理与方便地移动与处理一组控件。拖动面板控件的四个角或是四条边可以调节面板的大小。一个功能完备的UI界面，往往会使用多个Panel容器控件，而且一个面板里还可套用其他面板，如图4.13所示。当我们创建一个面板后，此面板会默认包含一个Image(Script)组件，如图4.14所示。其中，Source Image用来设置面板的图像，Color用来改变面板的颜色。

图4.13 Panel面板

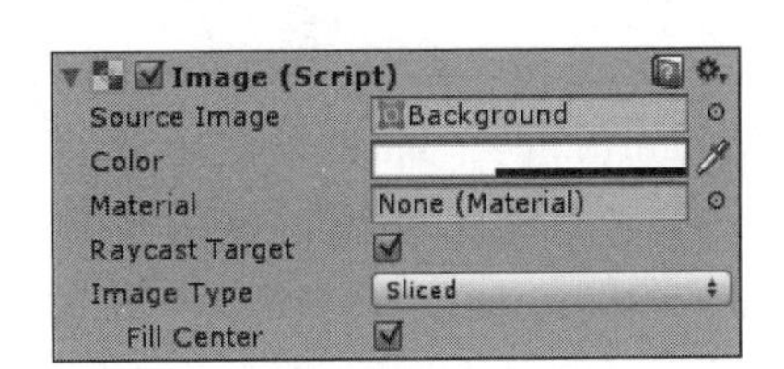

图4.14 Image(Script)组件

4.2.4 Text 控件

在 UGUI 中创建的很多 UI 控件，都有一个支持文本编辑的 Text 控件。Text 控件，也被称为标签，Text 区域用于输入将显示的文本。它可以设置字体、样式、字号等内容，如图 4.15 所示。

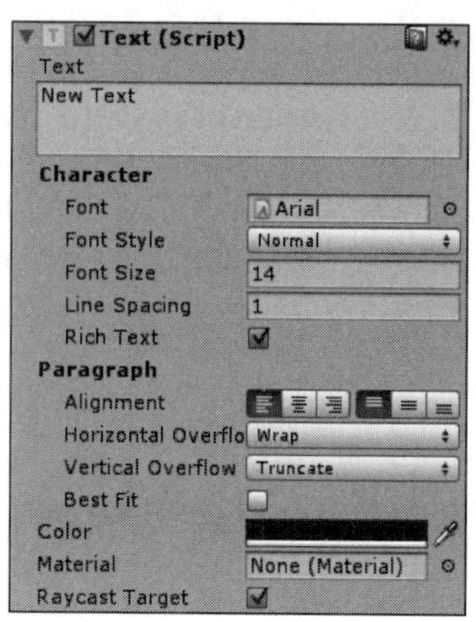

图 4.15 Text 控件

4.2.5 Image 控件

Image 控件除了两个公共的组件 Rect Transform 与 Canvas Renderer 外，默认情况下就只有一个 Image 组件，如图 4.16 所示。其中，Source Image 是要显示的源图像，要想把一个图片赋给 Image，需要把图片转换成精灵格式，转换后的精灵图片就可拖放到 Image 的 Source Image 中了。转换方法为：在 Project 中选中要转换的图片，然后在 Inspector 属性面板中，单击 Texture Type(纹理类型)右边的下拉框，在弹出的菜单中，选中 Sprite(2D and UI)并单击下方的 Apply 按钮就可以把图片转换成精灵格式，然后就可以拖放到 Image 的 Source Image 中了。

4.2.6 Raw Image 控件

Raw Image 控件向用户显示了一个非交互式的图像，如图 4.17 所示。它可以用作装饰、图标等。Raw Image 控件类似于 Image 控件，但是，Raw Image 可以显示任何纹理，Image 只能用于显示一个精灵。

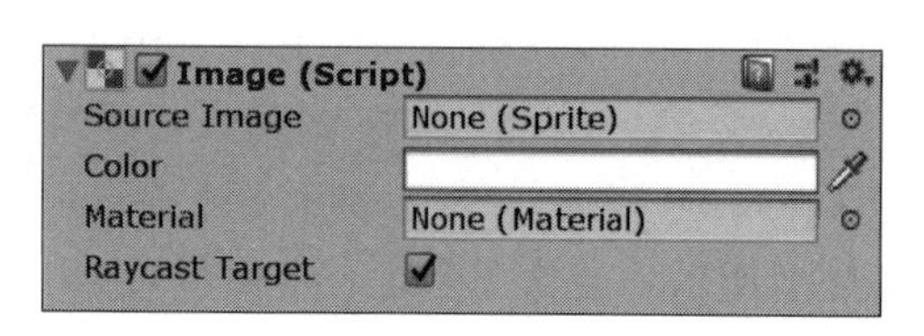

图 4.16 Image 控件

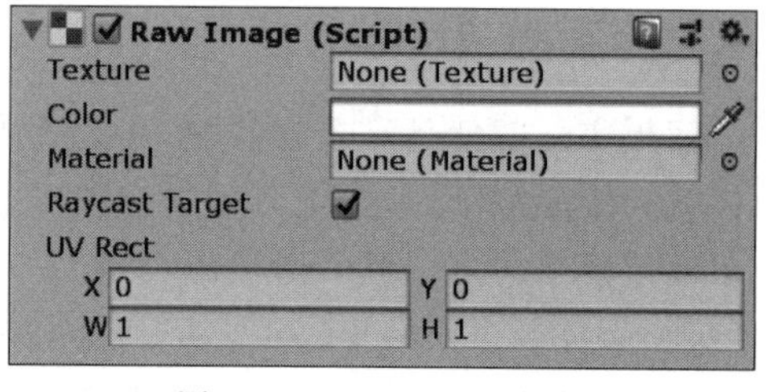

图 4.17 Raw Image 控件

4.2.7 Button 控件

Button 控件除了包含两个公共的 Rect Transform 与 Canvas Renderer 组件外，还默认拥有 Image 与 Button 两个组件，如图 4.18 所示。组件 Image 里的属性是一样的。Button 是一个复合控件，它还包含一个 Text 子控件，通过此子控件可设置 Button 上显示的文字内容、字体、样式、字大小、颜色等，与前面所讲的 Text 控件是一样的。

(1) Interactable(是否启用交互)：如果把其后的对勾去掉，此 Button 在运行时将无法单击，即失去了交互性。

(2) Transition(过渡方式)共有四个选项。默认为 Color Tint(颜色过渡)。

① None：没有过渡方式。

② Color Tint：颜色过渡。

③ Sprite Swap：精灵交换，需要使用相同功能不同状态的贴图。

④ Animation：动画过渡。

4.2.8 Toggle 控件

当创建 Toggle 开关后，可发现它也是一个复合型控件，有 Background 与 Label 两个子控件。Background 控件中还有一个 Checkmark 子控件，Background 是一个图像控件，其子控件 Checkmark 也是一个图像控件。其 Label 控件是一个文本框。通过改变它们所拥有的属性值，即可改变 Toggle 的外观，如颜色、字体等，如图 4.19 所示。

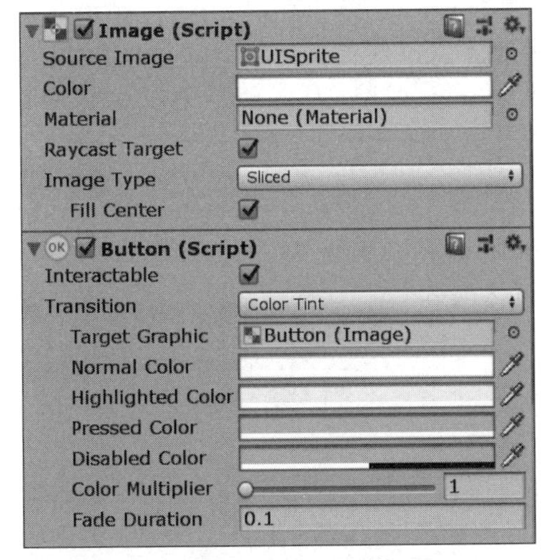

图 4.18 Button 控件

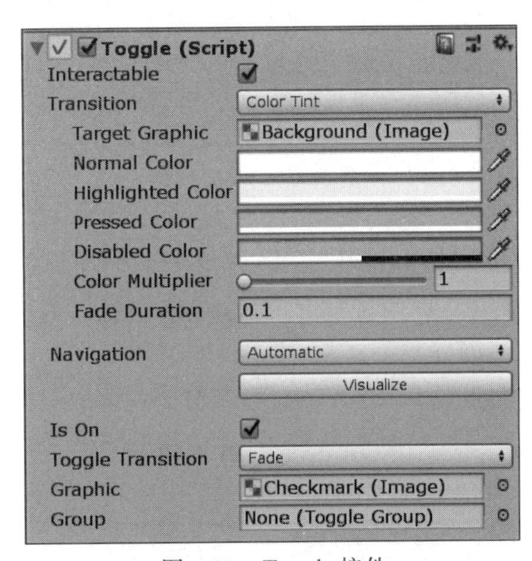

图 4.19 Toggle 控件

4.2.9 Slider 控件

在游戏的 UI 界面中会见到各种各样的滑块用来控制音量或者是摇杆的灵敏度。Slider 也是一个复合控件，Background 是背景，默认颜色是白色；Fill Area 是填充区域。创建一个 Slider 控件，内部结构如图 4.20 所示。

Slider 控件的参数列表中有一个需要注意的参数是 Whole Numbers，该参数表示滑块的值是否只可为整数，开发人员可根据需要进行设置。除此以外，Slider 控件也可以挂载脚本用来响应事件监听。

4.2.10 Scrollbar 控件

滚动条对象可以垂直或水平放置。主要用于通过拖动滑块以改变目标比例，如图 4.21 所示。它的最恰当的应用是用来改变一个整体值变为它的指定百分比例，最大值为 1（100%），最小值为 0（0%），拖动滑块可在此范围改变，例如，改变滚动视野的显示区域。

4.2.11 Input Field 控件

Input Field 也是一个复合控件，在主控件上还包含 Placeholder 与 Text 两个子控件，如

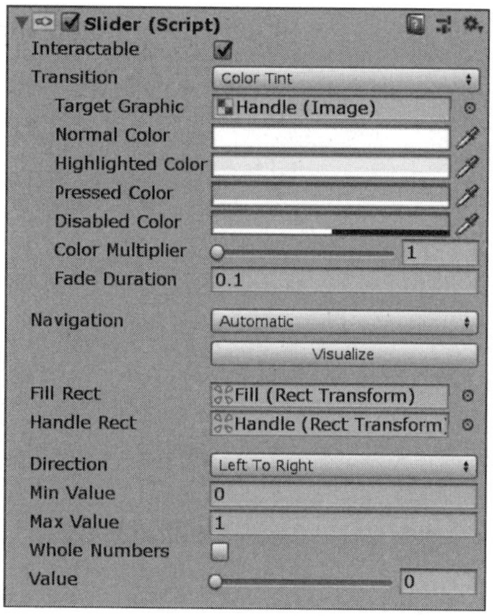

图 4.20　Slider 控件

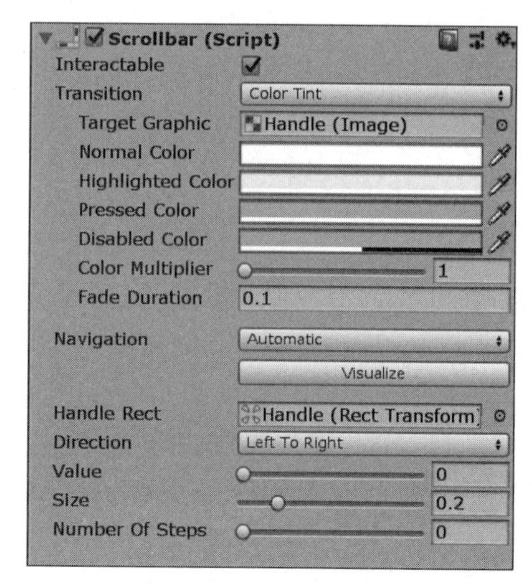

图 4.21　Scrollbar 控件

图 4.22 所示。其中，Text 是文本控件，程序运行时用户所输入的内容就保存在这个 Text 中；Placeholder 是占位符，表示程序运行时在用户还没有输入内容时显示给用户的提示信息。Input Field 输入字段组件与其他控件一样，也有 Image(Script)组件，另外也包括 Transition 属性，其默认是颜色变换，如图 4.23 所示。除此以外，它还有一个重要的 Content Type(内容类型)，如图 4.24 所示。用于限定此输入

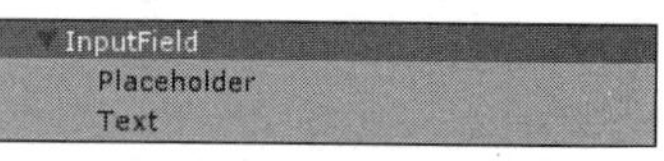

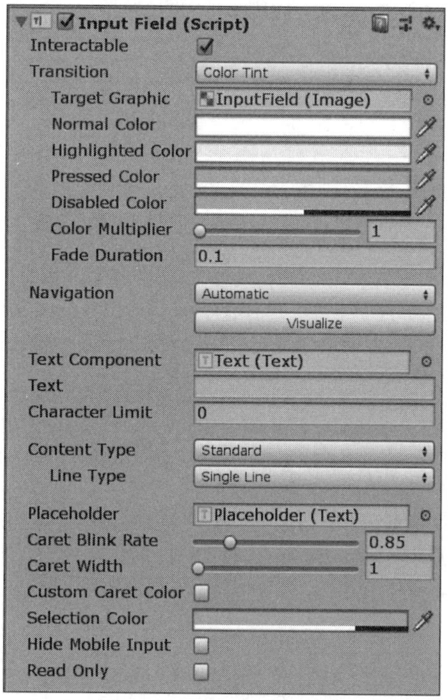

图 4.22　Input Field 组成

图 4.23　Input Field 控件

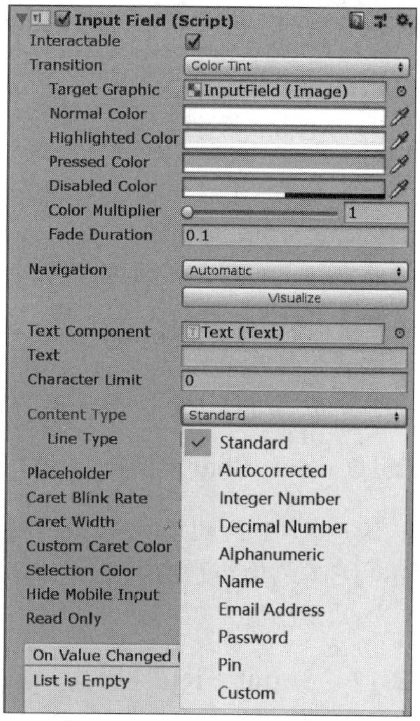

图 4.24　Content Type 属性

域的内容类型,包括数字、密码等,常用的类型如下。

(1) Standard(标准类型):什么字符都能输入,只要是当前字体支持的。

(2) Integer Number(整数类型):只能输入一个整数。

(3) Decimal Number(十进制数):能输入整数或小数。

(4) Alphanumeric(文字和数字):能输入数字和字母。

(5) Name(姓名类型):能输入英文及其他文字,当输入英文时自动姓名化。

(6) Password(密码类型):输入的字符隐藏为星号。

4.3 综合项目:AR系统登录界面

4.3.1 项目构思

中国传统节日是中华民族悠久历史文化的重要组成部分。传统节日的形成,是一个民族或国家的历史文化长期积淀凝聚的过程。项目将以中国传统节日为主题,将UGUI控件进行整合,制作一个完整的登录界面,并且通过案例制作实现UGUI的主要功能。

4.3.2 项目设计

1. 登录界面

设计登录界面将采用UGUI中的Canvas、Label、Button、Image以及Input Field等控件实现。其中,Label用来显示文字,Button用来实现界面跳转,Image用来放置背景图片,Input Field用来实现输入用户名及密码的功能,登录界面设计如图4.25所示。

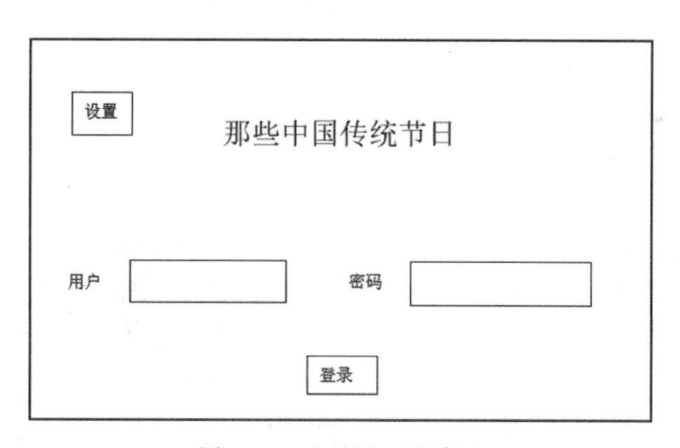

图4.25 登录界面设计图

2. Loading界面

Loading界面比较简单,主要实现5秒后页面自动跳转功能,可以使用UGUI中的Panel控件完成,将制作好的背景图放在Loading界面上,如图4.26所示。

3. 设置界面

设置界面中将通过UGUI中的Toogle以及Slider控件功能实现,其中,使用Toogle来实现是否播放音乐,使用Slide来实现调节音量的大小,如图4.27所示。

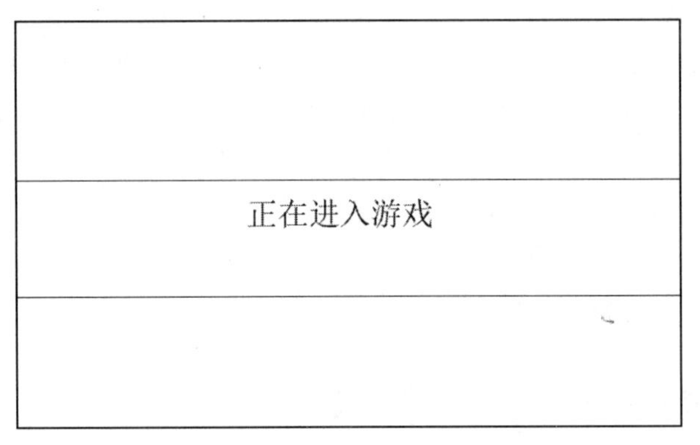

图 4.26　Loading 界面设计图

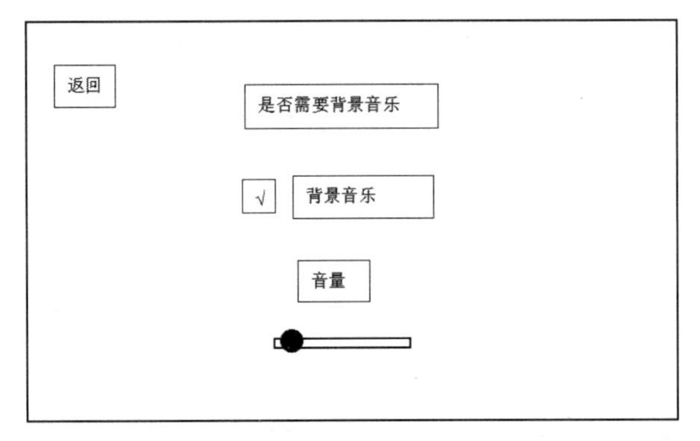

图 4.27　设置界面设计图

4. 简介界面

简介界面中通过 UGUI 中 Image 和 Button 控件来实现项目简介和回到主界面的跳转功能，如图 4.28 所示。

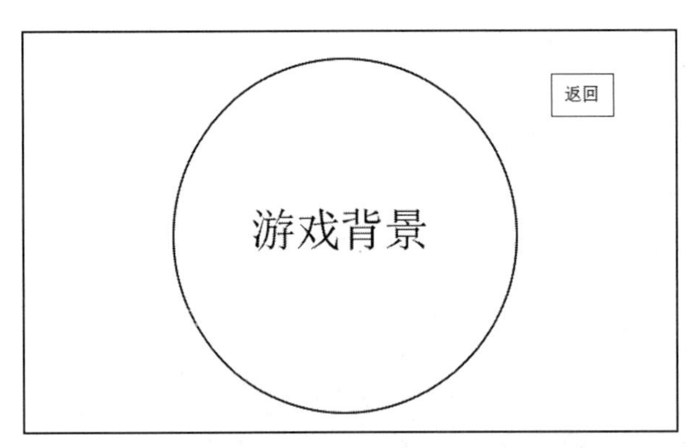

图 4.28　简介界面设计图

4.3.3　项目实施

1. 登录界面

Step1：双击 Unity 软件快捷图标建立一个空项目，将其命名为 chapter4，如图 4.29 所示。

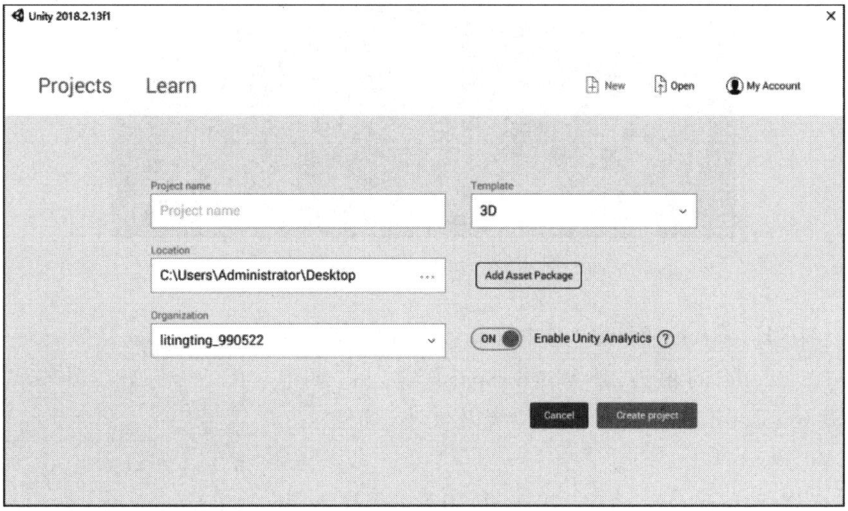

图 4.29　新建项目

Step2：进入 Unity 后将项目素材资源包直接拖入 Unity 中的 Project 面板里，如图 4.30 所示。

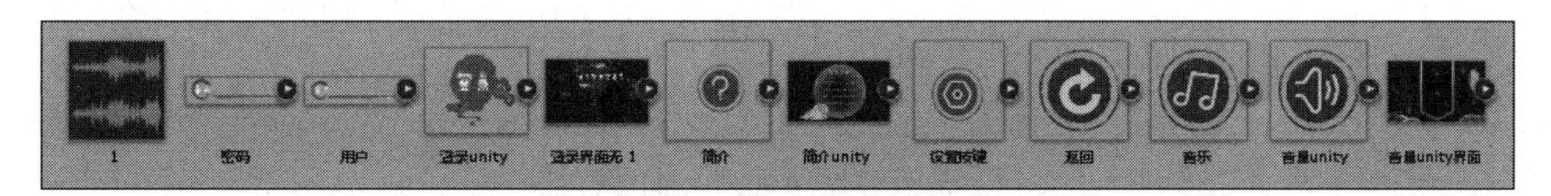

图 4.30　项目资源素材包

Step3：将素材图片转变为精灵。依次单击每一张图片在其上的 Inspector 属性面板中将图片的 Texture Type 属性由原来的 Default 属性修改为 Sprite(2D and UI)并单击右下角的 Apply 按钮，如图 4.31 所示。

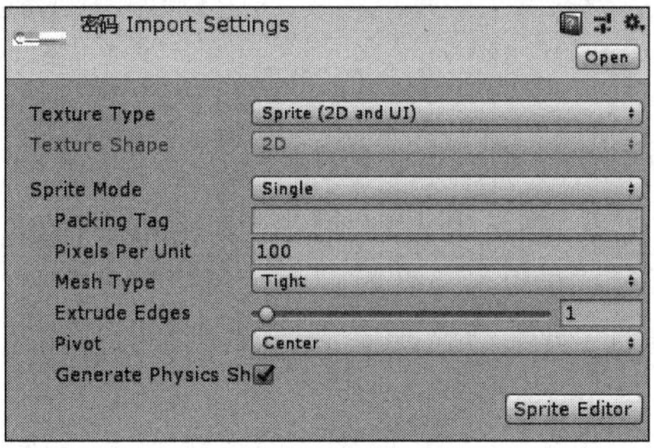

图 4.31　精灵属性

Step4：单击 GameObject→UI→Image 创建一张图片，并单击调整位置按键，将 Image 放在中心位置，如图 4.32 所示。

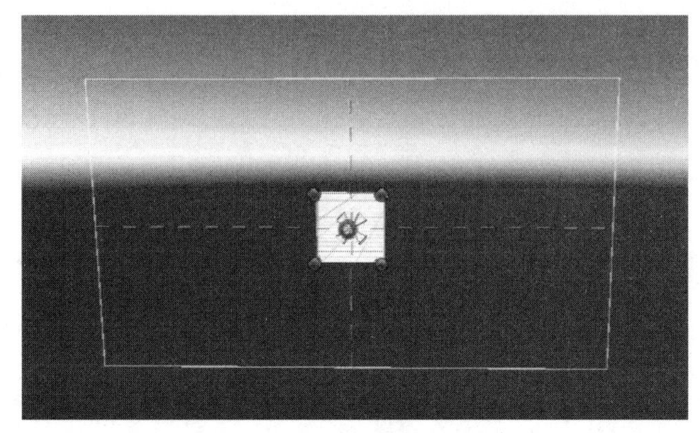

图 4.32　Image 设置示意图

Step5：在 Hierarchy 面板中选中 Canvas，并将其属性中的 Render Mode 的值改为 Word Space。然后，调整 Image 右边 Inspector 属性面板中的位置及大小，如图 4.33 所示。

Step6：在 Hierarchy 面板中选中 Image，修改其 Inspector 属性面板中的 Source Image 属性，选择“登录界面”图片，如图 4.34 所示。

Step7：固定好 Image 的位置后，调整 Main Camera 的位置，修改其 Inspector 属性面板中 X、Y、Z 的值如图 4.35 所示。

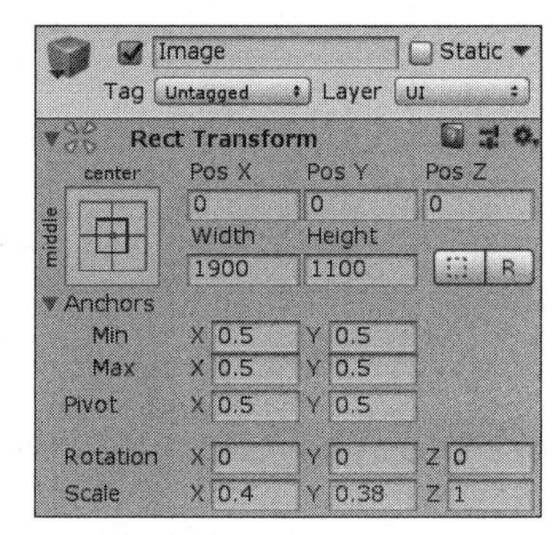

图 4.33　Image 位置和大小信息

Step8：单击 GameObject→UI→Button，创建一个 Button，更改其名字为“Button 设置”，调整 Button 右边 Inspector 属性面板中的位置及大小。然后，修改其 Source Image，设为“设置按键”图片，如图 4.36 所示。

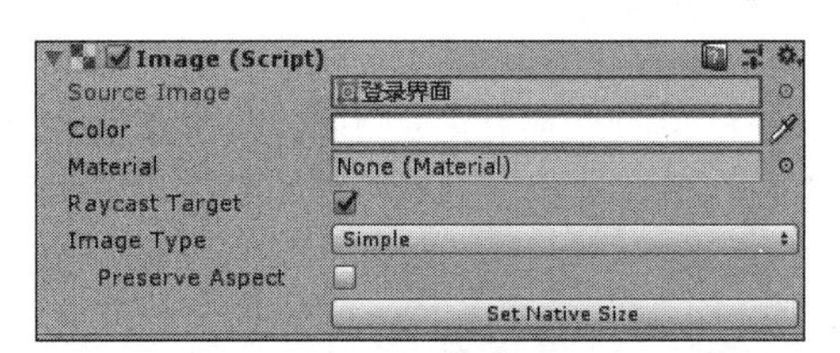

图 4.34　图片赋予示意图

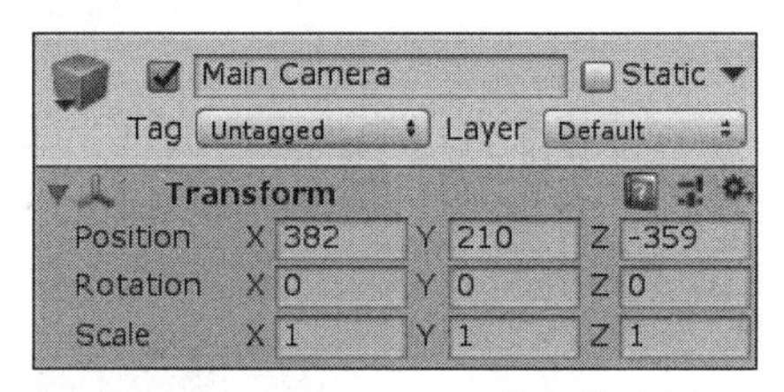

图 4.35　Main Camera 位置信息图

Step9：单击 GameObject→UI→InputField，创建一个 InputField 控件。单击左边的三角箭头将其展开，并将下面的 Placeholder 和 Text 分别右击选择 Delete 删除。然后将 InputField 名字改为“InputField 用户”，并修改其右边 Inspector 属性面板中的位置及大小数值以及 Source Image 属性，如图 4.37 所示。

Step10：单击 GameObject→UI→InputField 创建一个 InputField，将其命名为“InputField 密码”，更改其 Source Image 属性以及位置大小，如图 4.38 所示。

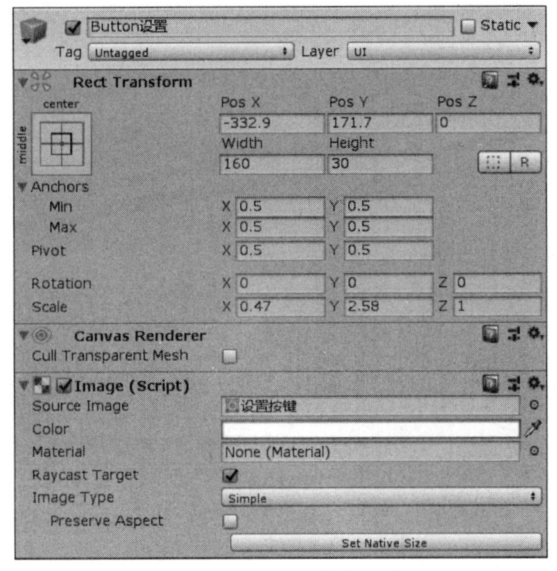

图 4.36 Button 属性参数

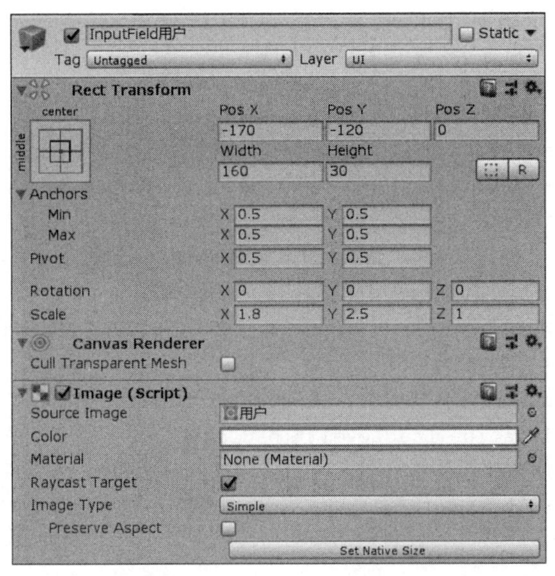

图 4.37 InputField 属性参数

Step11：单击 Asset→Create→C#，或者在 Project 面板中单击 Create 旁边的倒三角，创建一个 C# 脚本，将其命名为“mima”，具体代码内容如下。

```
using System.Collections;
using System.Collections.Generic;
using UnityEngine;
public class mima : MonoBehaviour {
    public string UserName="";
    public string PassWord;
```

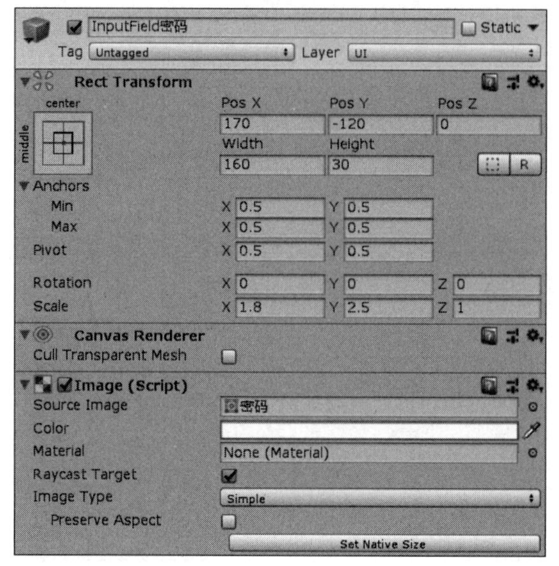

图 4.38　Input Field 属性参数

```
public GUISkin mySkin;
public int screenWidth;
public void OnGUI()
{
    GUI.skin=mySkin;
     UserName = GUI. TextField (new Rect (screenWidth / 2 + 139, 310, 160, 35),
     UserName);
    PassWord= GUI.PasswordField(new Rect(screenWidth / 2+ 489, 310, 160, 35),
    PassWord, "* "[0]);
    if (GUI.Button(new Rect(screenWidth / 2 +286, 326, 150, 110), ""))
    {
        if (PassWord=="abc")
        { Application.LoadLevel("loading"); }
        else
        { print("error"); }
    }
}
```

Step12：单击 Hierarchy 面板中的 Input Field 密码控件，在其右面的 Inspector 面板中单击最下边的 Add Component 按钮，找到 mima 脚本，将代码挂在 Input Field 密码控件上，如图 4.39 所示。

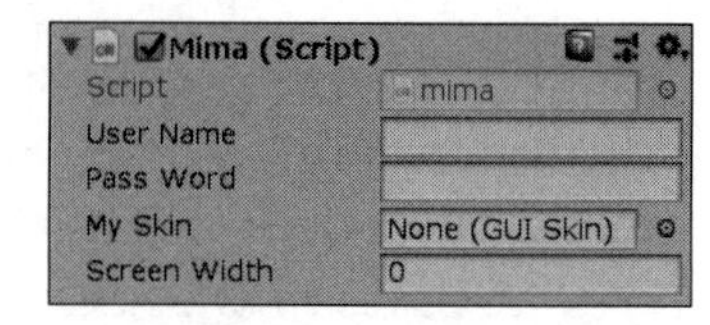

图 4.39　mima 脚本链接

Step13：单击 Asset→Create→GUI Skin，或者单击 Project 面板中 Create 旁边倒三角，创建一个 GUI Skin，选择 GUI Skin 并更改其 Inspector 属性面板，如图 4.40 所示。

Step14：选择 Hierarchy 面板中的 Input Field 密码控

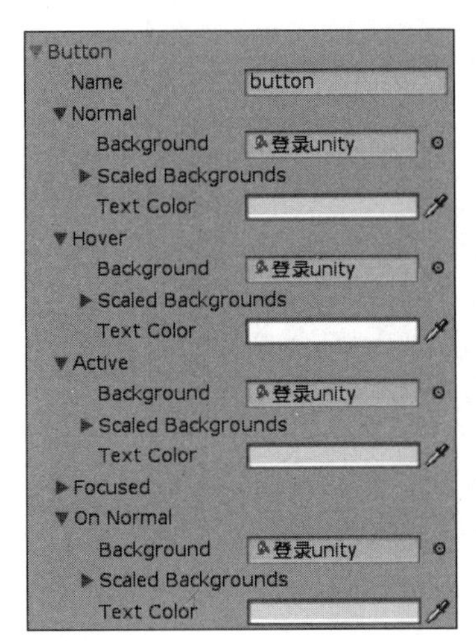

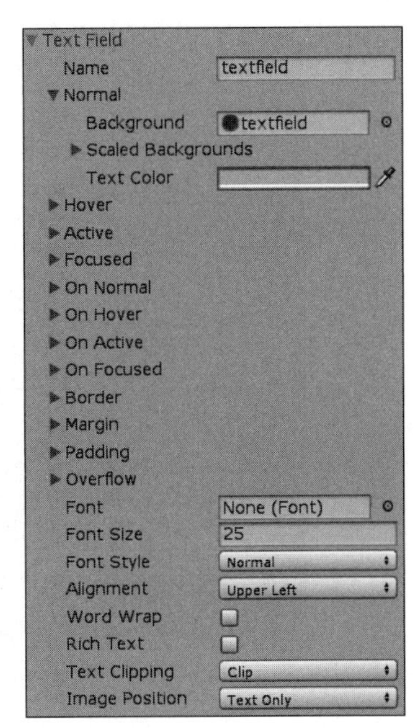

图 4.40　GUI Skin 属性

件,将制作好的 GUI Skin 添加到其属性面板中 mima 脚本的 My Skin 中,如图 4.41 所示。

Step15：单击 Asset→Create→C＃,创建 C＃脚本,将其命名为“shezhi”,输入代码如下。

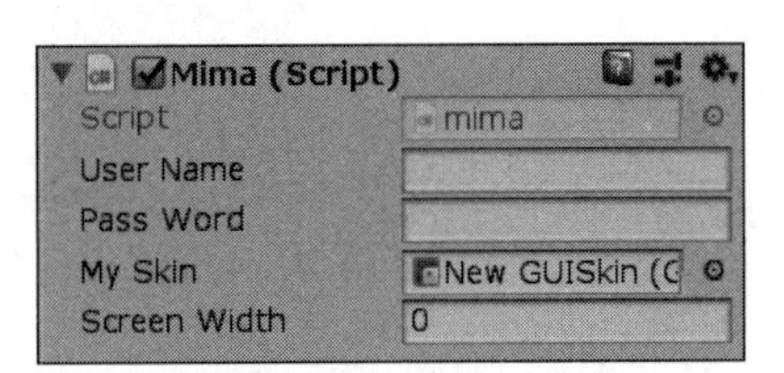

图 4.41　GUI Skin 属性赋值

```
using System.Collections;
using System.Collections.Generic;
using UnityEngine;
using UnityEngine.SceneManagement;
public class shezhi : MonoBehaviour {
    public void StartGame()
    {
        SceneManager.LoadScene("音量");
    }
}
```

Step16：将代码链接到 Button 设置按钮中的 OnClick 事件下,如图 4.42 所示。

Step17：单击菜单栏 File→Save Scence,保存场景名字为“登录界面”。

2. Loading 界面

Step1：单击菜单栏 File→New Sence 创建新场景,将其命名为“Loading”。

Step2：单击 GameObject→UI→Panel,创建一个 Panel,创建好后会自动生成 Canvas 画布。单击 Canvas,将 Render Mode 的属性改为 Word Space,如图 4.43 所示。

Step3：在 Hierarchy 面板中选择 Panel,修改其 Inspector 属性面板中的位置及其大小属性,以及 Source Image,如图 4.44 所示。

Step4：在 Hierarchy 面板中选择 Panel,单击其右侧属性面板中的 Color 属性,修改

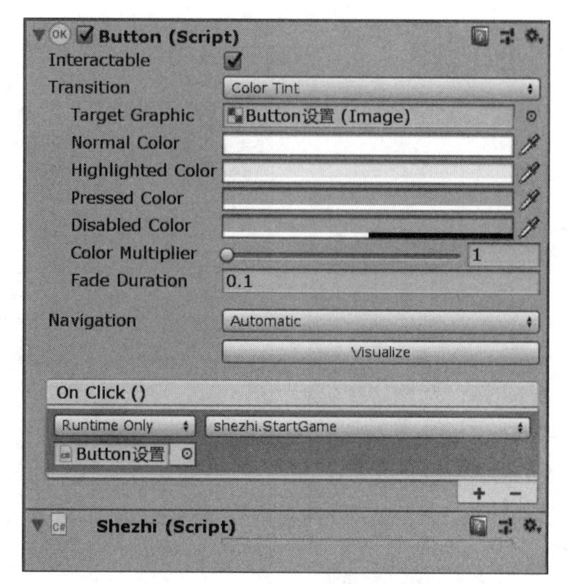

图 4.42 Button 属性参数

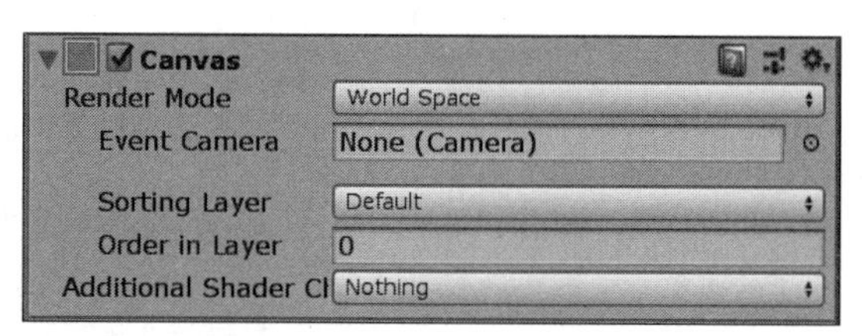

图 4.43 Canvas 属性设置

Panel 透明度，如图 4.45 所示。

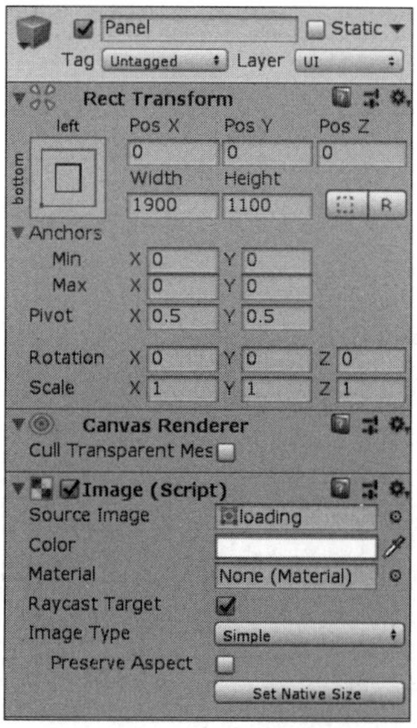

图 4.44 Panel 属性参数

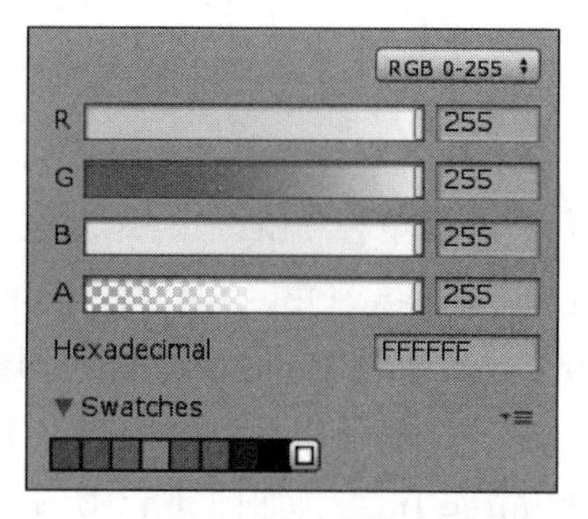

图 4.45 透明度设置

Step5：单击 Asset→Create→C＃，创建 C＃脚本，将其命名为“zidongtiaozhuan”，输入下列代码，实现场景自动跳转功能。

```
using System.Collections;
using System.Collections.Generic;
using UnityEngine;
using UnityEngine.SceneManagement;
public class zidongtiaozhuan : MonoBehaviour {
    // Use this for initialization
    void Start() {
        Invoke("Load", 5);
    }
    void Load()
    {
        SceneManager.LoadScene("简介");
    }
}
```

Step6：将脚本链接到摄像机上，运行测试，可以看到，界面停留 5 秒钟后实现自动跳转功能。

Step7：单击菜单栏 File→Save Scence，保存场景。

3. 设置界面

Step1：单击菜单栏 File→New Sence 创建新场景，保存场景名字为“音量”。

Step2：单击 GameObject→UI→Image，创建一个 Image，并单击调整位置按键，将 Image 放在中心位置。

Step3：修改 Canvas 的属性，将 Render Mode 改为 Word Space。调整 Image 属性面板中的位置及大小，如图 4.46 所示。

Step4：在 Hierarchy 面板中选中 Image，同时修改其属性面板中的 Source Image 属性，选择“音量 unity 界面”图片，如图 4.47 所示。

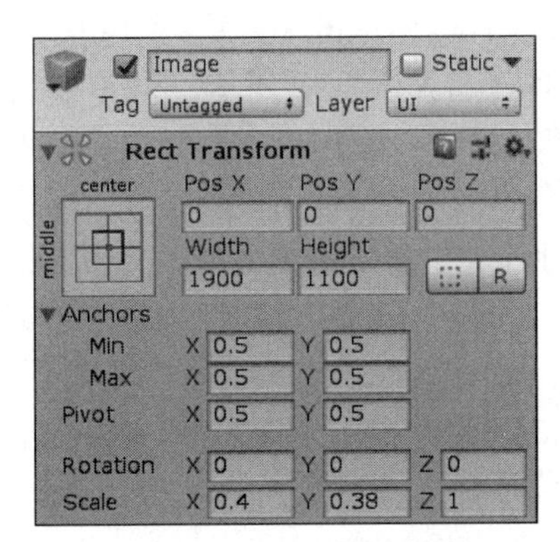

图 4.46　Image 属性参数

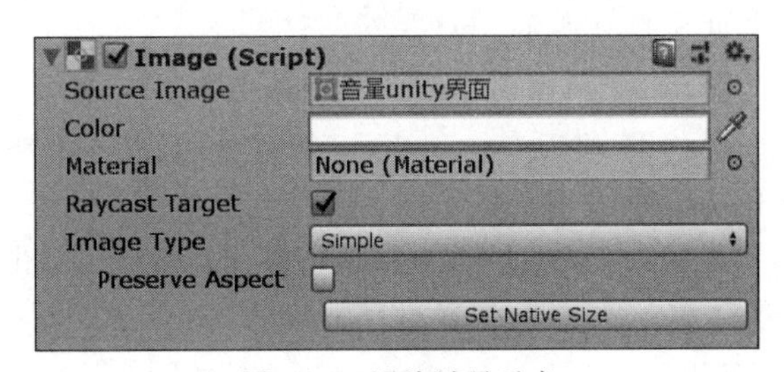

图 4.47　图片赋予示意

Step5：单击 GameObject→UI→Button，创建一个 Button。调整 Button 属性面板中的位置、大小以及 Source Image，如图 4.48 所示。

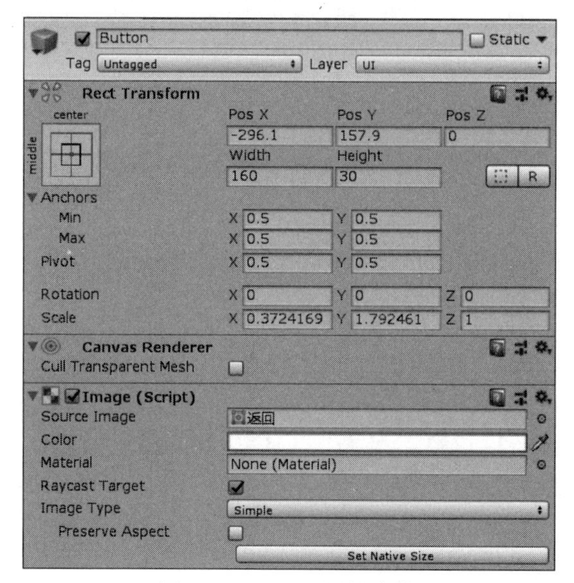

图 4.48 Button 属性参数

Step6：单击 Asset→Create→C#，创建 C#脚本，将其命名为“fanhui”，代码如下。

```
using System.Collections;
using System.Collections.Generic;
using UnityEngine;
public class fanhui : MonoBehaviour {
    public void StartGame()
    {
        Application.LoadLevel("首页");
    }
}
```

Step7：在 Hierarchy 面板中选中 Button，将写好的 fanhui 代码挂在 Button 按钮上。然后，在其右面的属性面板中，为 Button 按钮添加 Click 事件。即单击“+”号，将 Button 拖入，单击后方的下拉箭头后单击 fanhui，继续选择 Start Game，如图 4.49 所示。

Step8：单击 GameObject→UI→Slider，创建一个滚动滑条，调整其右边属性面板中的参数如图 4.50 所示。

Step9：在 Hierarchy 面板中选中 Slider，更改其属性面板中滑块颜色如图 4.51 所示。

Step10：单击 GameObject→UI→Toggle，创建一个 Toggle，调整其属性面板中的参数如图 4.52 所示。

Step11：选中场景中摄像机 Main Camera，单击 Component→Audio→Audio Source，为场景添加声音源，并将素材音乐赋予 Audio Source 组件，如图 4.53 所示。

Step12：单击 Asset→Create→C#，创建 C#脚本，将其命名为“Togglebutton”，输入代码。

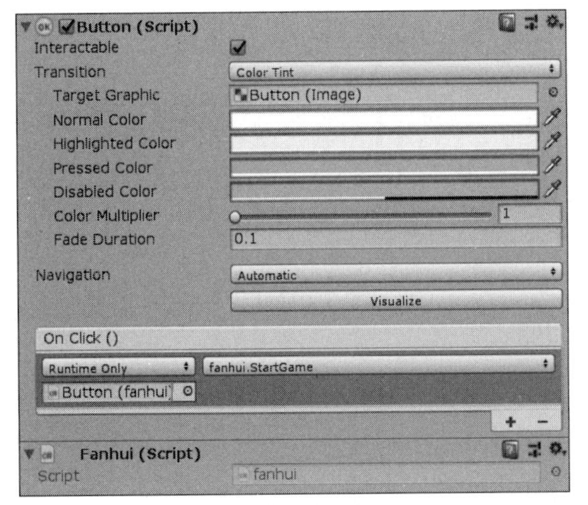

图 4.49 脚本链接

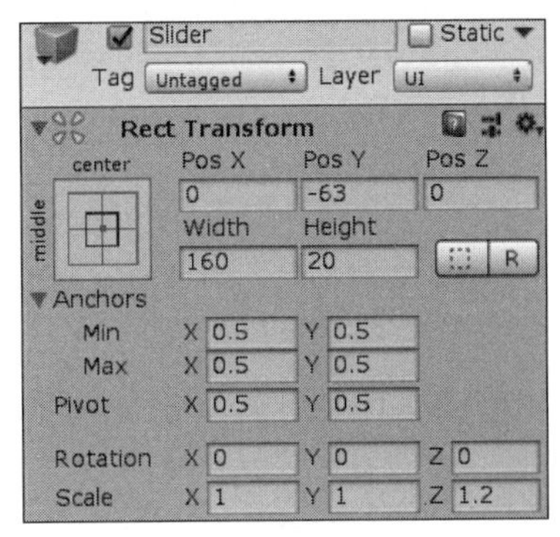

图 4.50 Slider 属性参数

图 4.51 滑块颜色信息

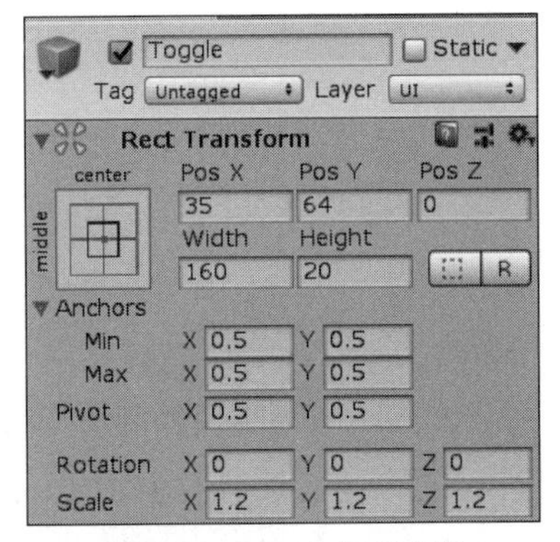

图 4.52 Toggle 属性参数

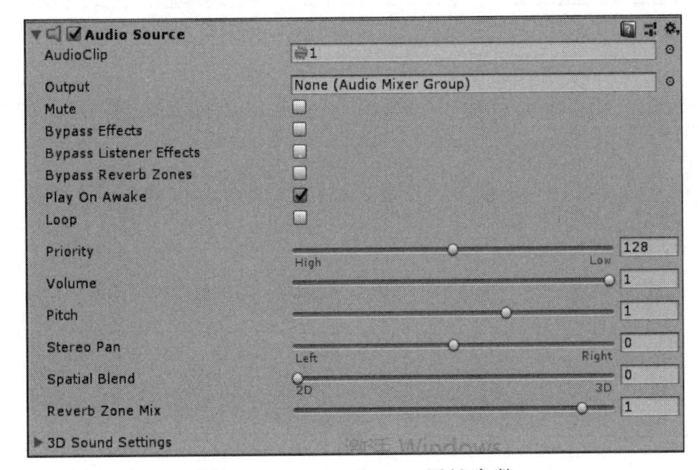

图 4.53 Audio Source 属性参数

```
using System.Collections;
using System.Collections.Generic;
```

```
using UnityEngine;
using UnityEngine.UI;
public class Togglebutton : MonoBehaviour {
    public Toggle Tog;
    private void Start()
    {
        GetComponent<AudioSource>().enabled=true;
        GetComponent<AudioSource>().Play();
    }
    public void Music()
    {
        if (Tog.isOn ==false)
        {
            GetComponent<AudioSource>().enabled=false;
            GetComponent<AudioSource>().Stop();
        }
        else
        {
            GetComponent<AudioSource>().enabled=true;
            GetComponent<AudioSource>().Play();
        }
    }
}
```

Step13：将脚本链接到摄像机 MainCamera 上并拖曳 Toggle 赋值，如图 4.54 所示。

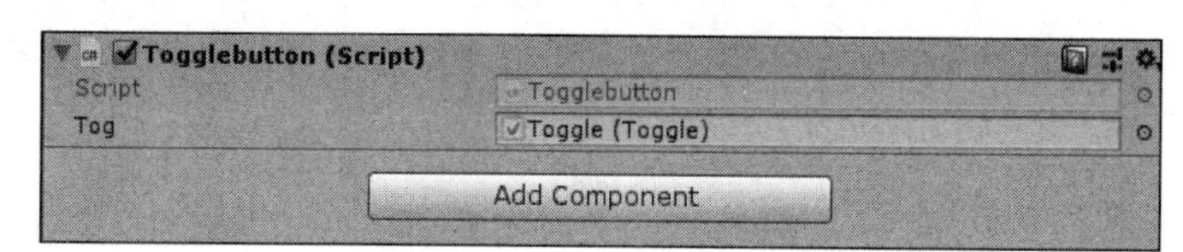

图 4.54 Toggle 属性赋值

Step14：在 Hierarchy 面板中选中 Toggle，在其 Inspector 属性面板中添加单击事件，如图 4.55 所示。

Step15：打开 Togglebutton 脚本，添加 Slider 控制声音滑块代码。

```
using System.Collections;
using System.Collections.Generic;
using UnityEngine;
using UnityEngine.UI;
public class Togglebutton : MonoBehaviour {
  public Toggle Tog;
  public Slider musicslider;
  private void Start()
   {
       GetComponent<AudioSource>().enabled=true;
```

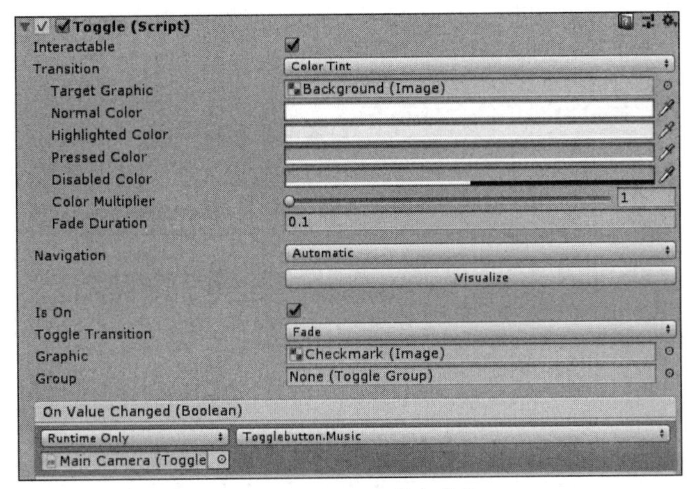

图 4.55 Toggle 单击事件

```
        GetComponent<AudioSource>().Play();
    }
    public void Music()
    {
        if (Tog.isOn ==false)
        {
            GetComponent<AudioSource>().enabled=false;
            GetComponent<AudioSource>().Stop();
        }
        else
        {
            GetComponent<AudioSource>().enabled=true;
            GetComponent<AudioSource>().Play();
        }
    }
    public void MusicVolume()
    {
        GetComponent<AudioSource>().volume=musicslider.value;
    }
}
```

Step16：选中摄像机 MainCamera，在其属性面板中拖曳 Slider 进行赋值，如图 4.56 所示。

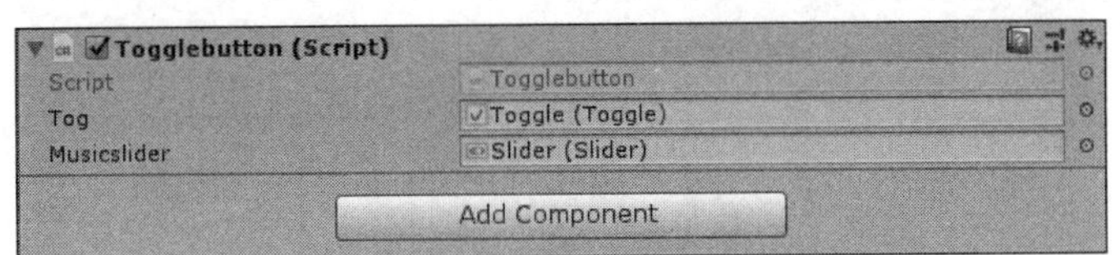

图 4.56 Slider 属性赋值

Step17：在 Hierarchy 面板中选中 Slider，在其属性面板中添加单击事件，如图 4.57 所示。

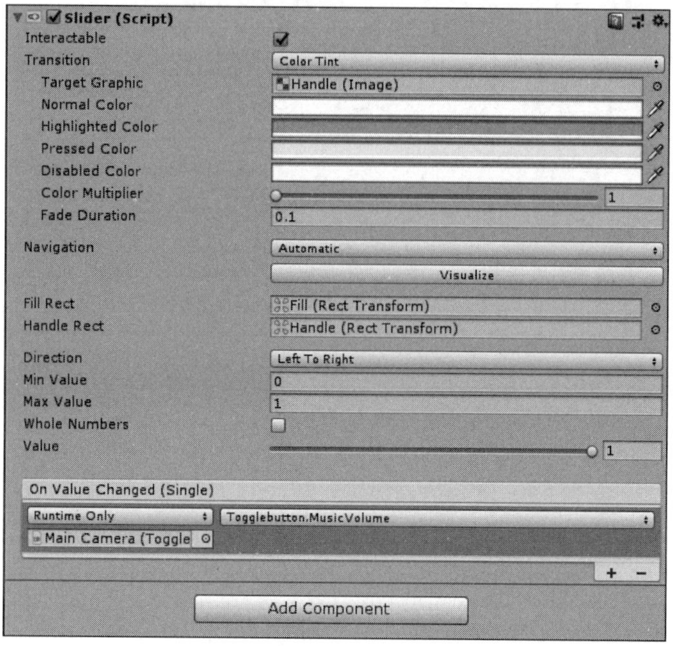

图 4.57 Slider 单击事件

Step18：单击菜单栏 File→Save Scence。

4. 简介界面

Step1：单击菜单栏 File→New Sence 创建新场景，将其命名为“简介”。

Step2：单击 GameObject→UI→Image，创建一个 Image，并单击调整位置按键，将 Image 放在屏幕中心。

Step3：修改 Canvas 的属性，将 Render Mode 的属性改为 Word Space，调整 Image 属性面板中的位置及大小，如图 4.58 所示。

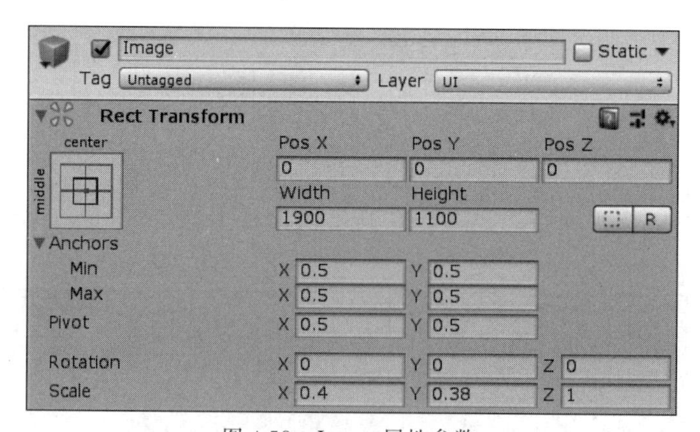

图 4.58 Image 属性参数

Step4：单击 Hierarchy 面板中的 Image 控件，修改其属性面板中的 Source Image 属性，选择“简介 unity”图片，如图 4.59 所示。

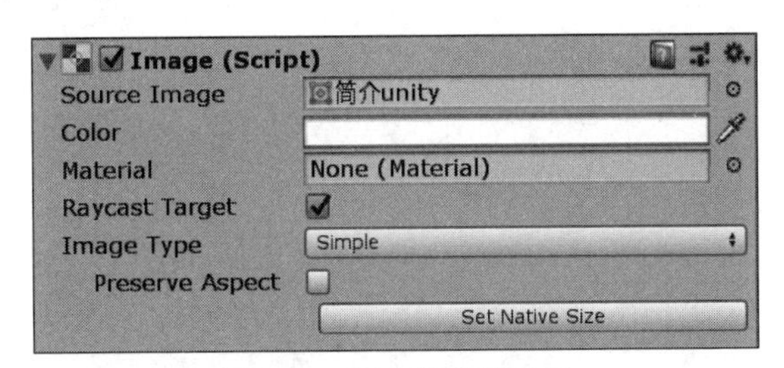

图 4.59 图片赋予示意图

Step5：单击 GameObject→UI→Button，创建一个 Button，调整 Button 属性面板中的位置、大小以及 Source Image，如图 4.60 所示。

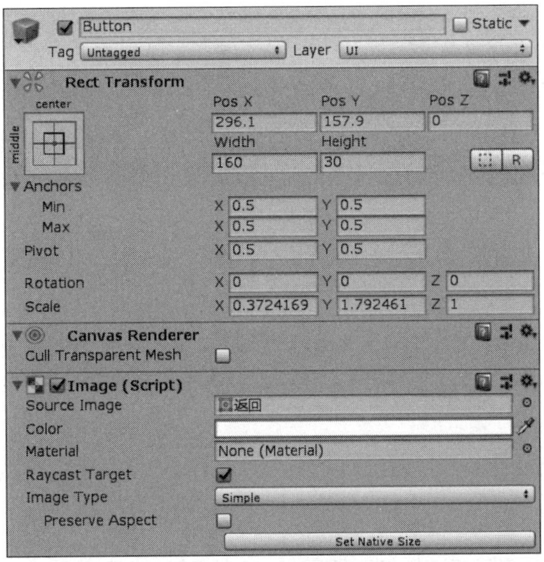

图 4.60 Button 属性参数

Step6：将写好的 fanhui 代码挂在 Button 上。然后，单击 Hierarchy 面板中的 Button，在其右面的属性面板中，为 button 添加 Click 事件。即单击“+”号，将空物体拖入，单击后方的下拉箭头后单击 fanhui，继续选择 Start Game，如图 4.61 所示。

Step7：单击菜单栏 File→Save Scene，保存场景。

5. AR 环境配置

Step1：登录 Vuforia 官方网站 https://developer.vuforia.com/，单击界面右上角 Log In 登录系统，如图 4.62 所示。

Step2：找到 AR 数据库，单击左上角 Add Target 按钮，上传识别图片，如图 4.63 所示。

Step3：上传声音识别图片信息，如图 4.64 所示。

Step4：单击右上角 Download Database(1)按钮，下载识别图资源，如图 4.65 所示。

Step5：在弹出的界面中选择 Unity Editor，然后单击 Download 按钮，如图 4.66 所示。

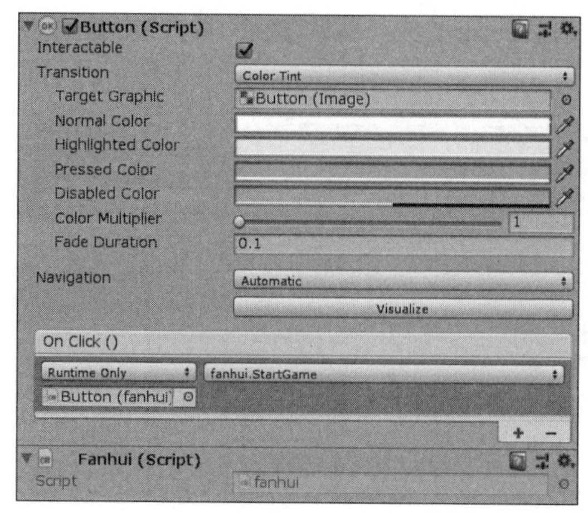

图 4.61　Button 属性参数

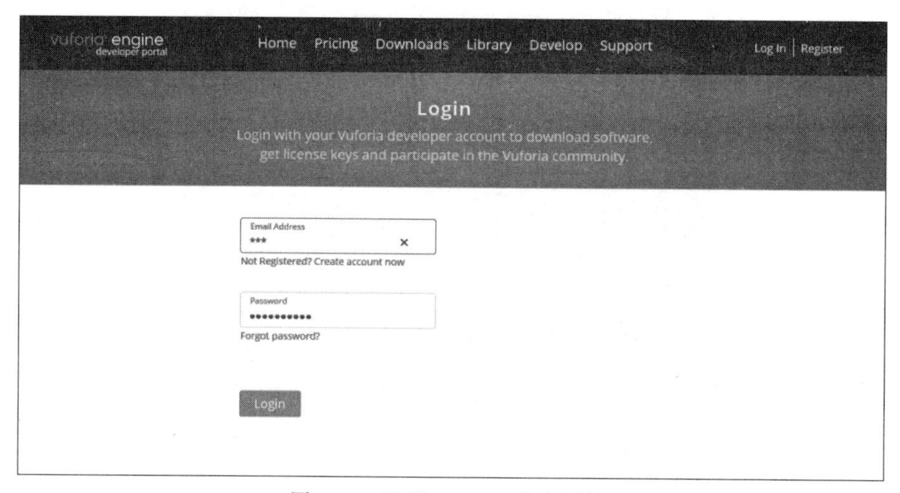

图 4.62　登录 Vuforia 官方网站

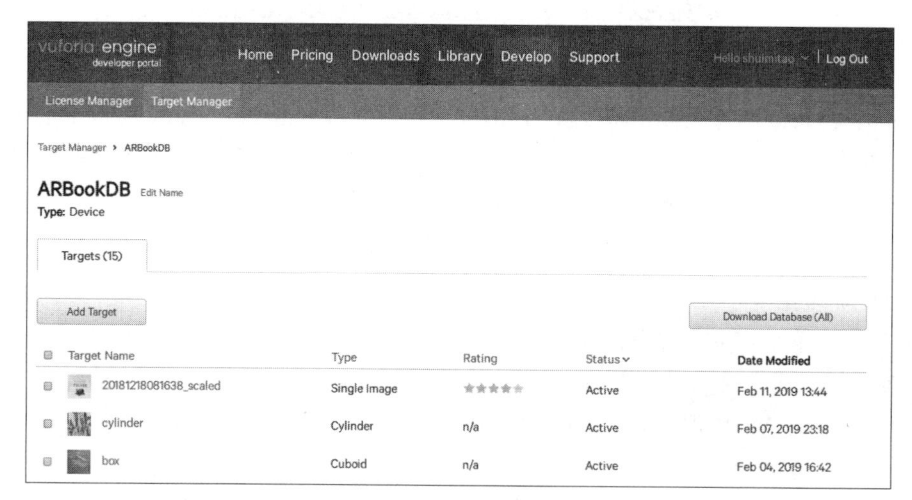

图 4.63　AR 数据库

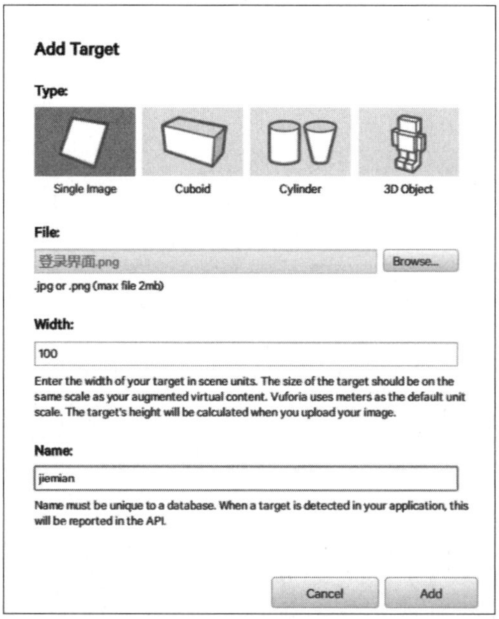

Add Target
Type:
Single Image
Cuboid
Cylinder
3D Object
File:
登录界面.png
Browse...
.jpg or .png (max file 2mb)
Width:
100
Enter the width of your target in scene units. The size of the target should be on the same scale as your augmented virtual content. Vuforia uses meters as the default unit scale. The target's height will be calculated when you upload your image.
Name:
jiemian
Name must be unique to a database. When a target is detected in your application, this will be reported in the API.
Cancel
Add

图 4.64 上传识别图

vuforia engine
developer portal
Home
Pricing
Downloads
Library
Develop
Support
Log Out
License Manager
Target Manager
Target Manager > ARBookDB
ARBookDB
Edit Name
Type: Device
Targets (16)
Add Target
Download Database (1)
Target Name
Type
Rating
Status
Date Modified
1 selected
Delete
jiemian
Single Image
Active
Jul 23, 2019 15:57

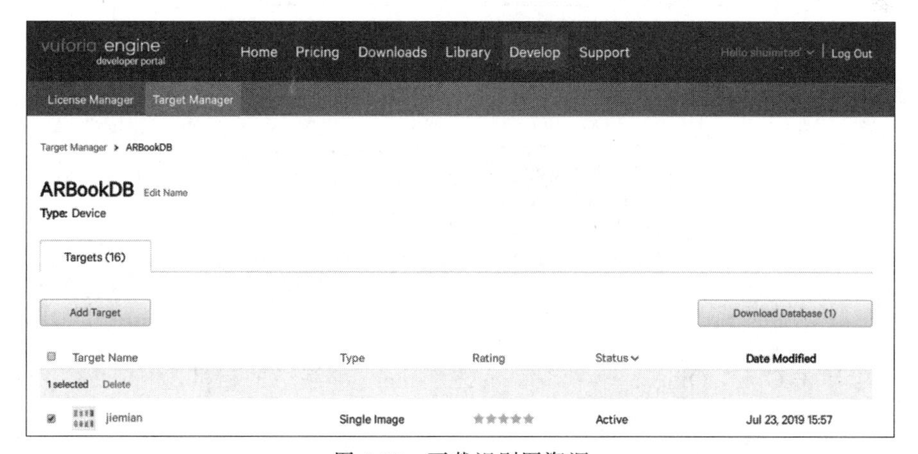

图 4.65 下载识别图资源

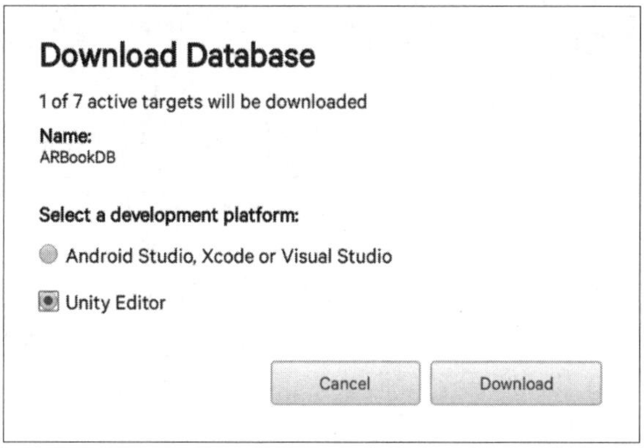

Download Database
1 of 7 active targets will be downloaded
Name:
ARBookDB
Select a development platform:
Android Studio, Xcode or Visual Studio
Unity Editor
Cancel
Download

图 4.66 Download 选择

Step6：在 Unity 中单击 Assets→Import package→Custom Package 导入 AR 识别图资源，如图 4.67 所示。

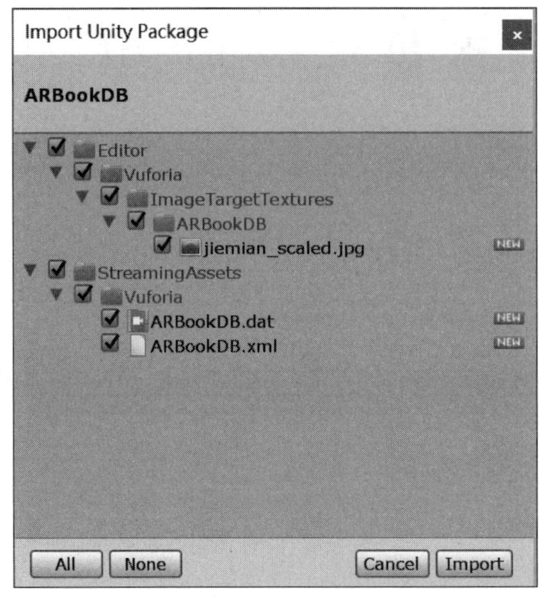

图 4.67　AR 资源导入

Step7：单击 File→Build Settings，在 Player Settings 中设置 Vuforia 开发，如图 4.68 所示。

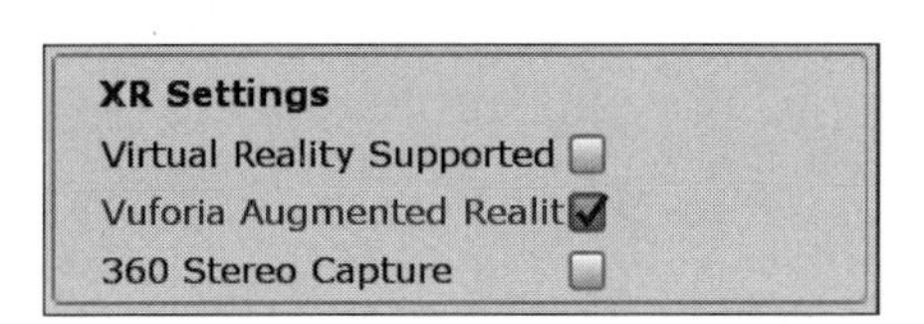

图 4.68　Vuforia 开发设定

Step8：单击 Game Object→Vuforia→ARCamera 加载 AR 相机，如图 4.69 所示，同时取消场景中 MainCamera 的使用。

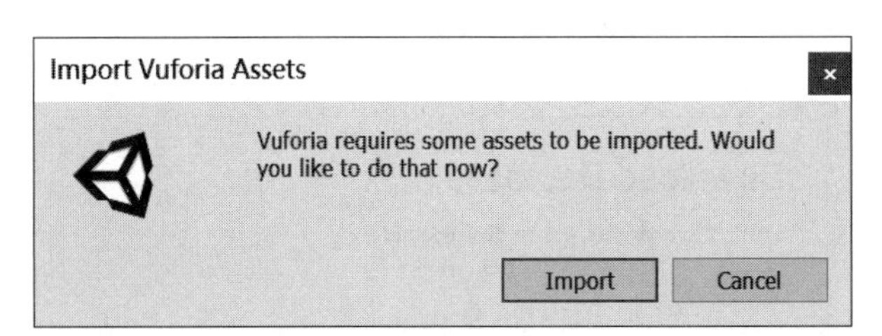

图 4.69　加载 AR 相机

Step9：单击 ARCamera，在其属性面板中输入开发密钥，如图 4.70 所示。

Step10：单击 Game Object→Vuforia→Image 加载识别图片，将制作好的 UI 控制面板作为 ImageTarget 的子节点，Hierarchy 面板中层次关系如图 4.71 所示。

Step11：选中 ImageTarget，在 Inspector 面板中将 Database 设为 ARBookDB，如图 4.72 所示。

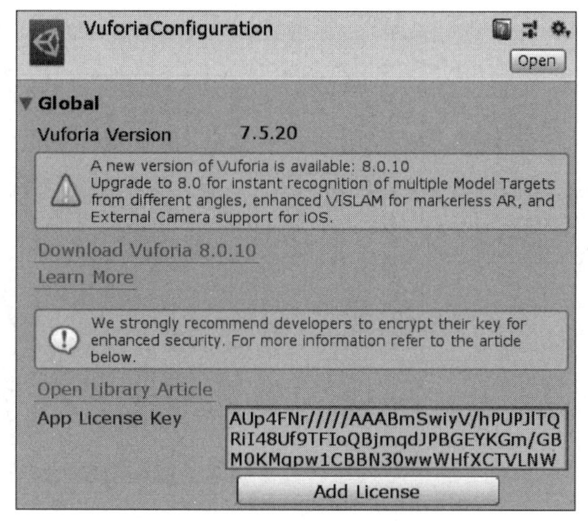

图 4.70 AR 开发密钥输入

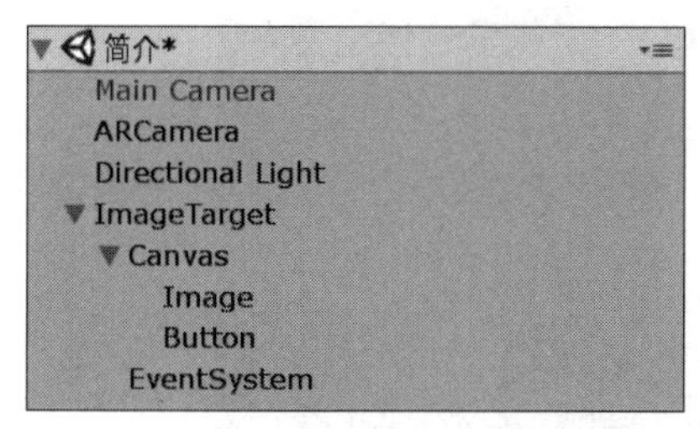

图 4.71 Hierarchy 面板层次关系

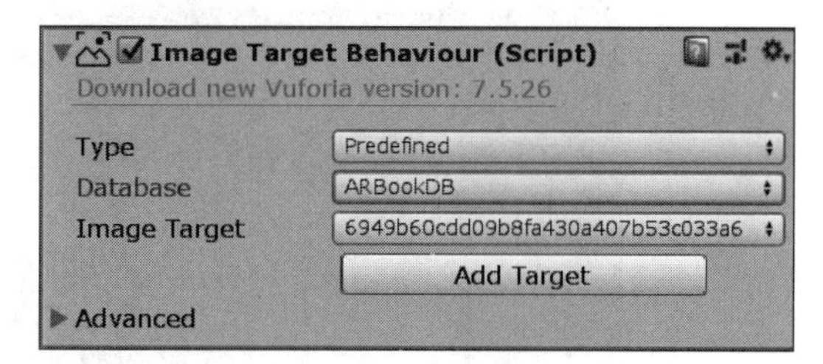

图 4.72 选择数据库

Step12：调整 ARCamera 位置，使其照射全景。同时取消 MainCamera 的使用。

4.3.4 项目测试

Step1：单击 File→Build Settings，单击 Add Open Scence 将所有场景按顺序加载进去，如图 4.73 所示。

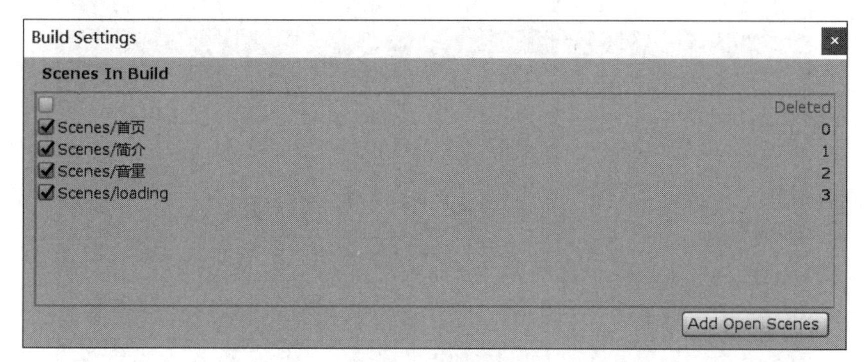

图 4.73 场景添加

Step2：单击 File→Save Project，保存当前项目。

Step3：单击 Play 按钮进行测试，如图 4.74～图 4.77 所示。

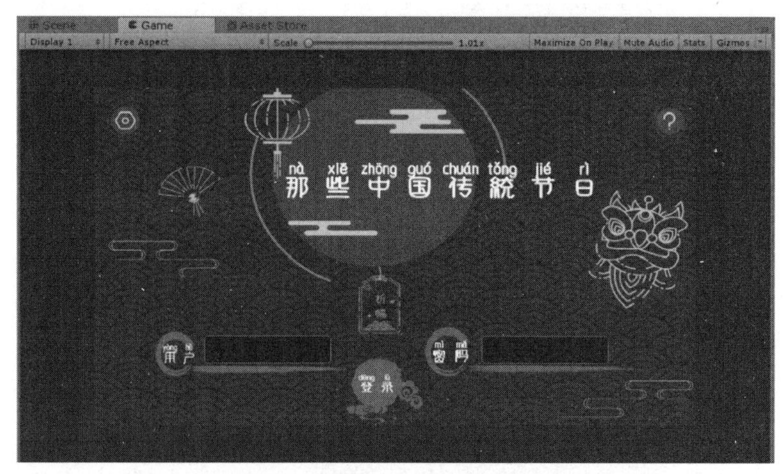

图 4.74　登录界面效果

图 4.75　Loading 界面效果

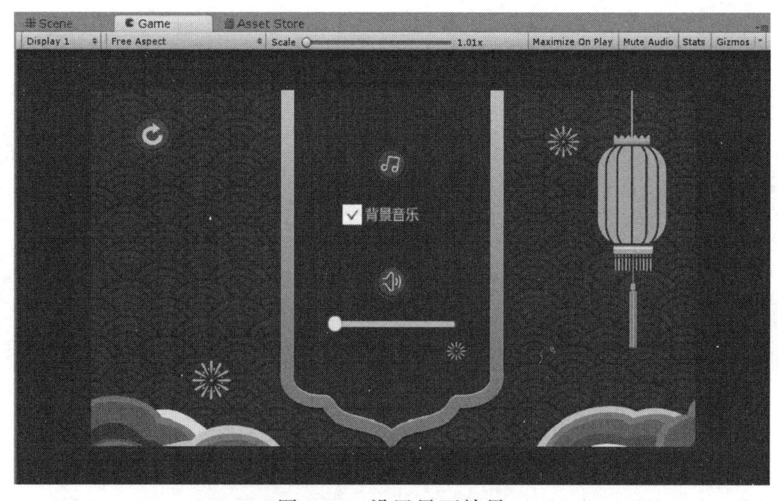

图 4.76　设置界面效果

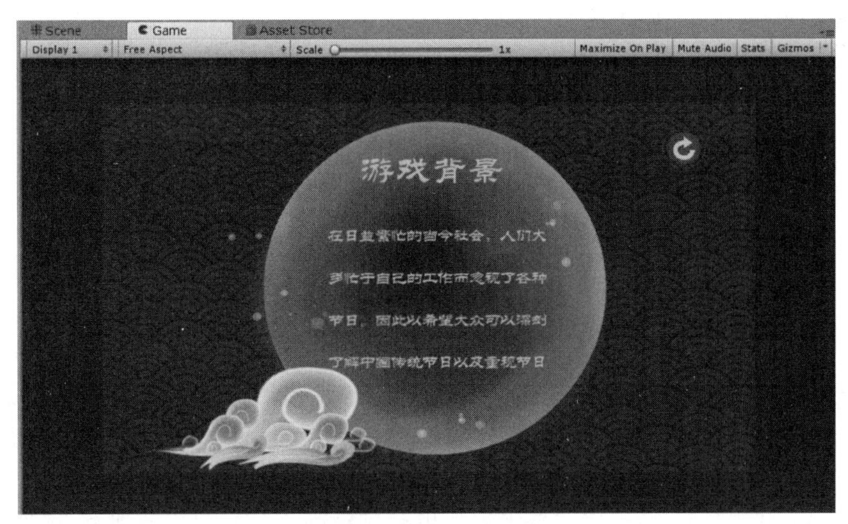

图 4.77　简介界面效果

小结

本章首先从整体上对图形用户界面组件下的各个控件进行详细讲解，读者可以熟练地使用图形用户界面的各个控件，然后对新版的图形用户界面 UGUI 进行详细讲解。新版的 UGUI 系统相比 OnGUI 系统有了很大提升，使用起来更方便，控件更加美观。最后通过一个综合实践将 UGUI 控件进行整合开发一个系统登录界面。

习题

1. 说明 Unity3D 游戏开发引擎中有哪几种图形用户界面系统，并说明它们各自的特点。

2. 使用 GUI 图形系统创建 Button 控件，并通过单击 Button 来切换屏幕上绘制的图片。

3. 使用 Toggle 控件来控制屏幕中 Button 控件的启用与禁用。

4. 在场景中创建一个 3D 物体并为其挂载脚本文件，在脚本文件中使用代码实现在一定时间后销毁该脚本。

5. 使用 GUI 图形系统，在屏幕上创建 Scrollbar 控件和 Textarea 控件，并通过 Scrollbar 控件来控制屏幕中 Textarea 控件中文字内容的滚动。

Chapter 5

AR 场景开发

要创建一个 3D 增强现实应用，首先要创建一个 3D 虚拟世界。对此，Unity3D 提供了丰富的选择，既可以使用内置基本游戏对象和编辑器来创建场景，也可以直接使用 Asset Store 商城中丰富的游戏资源来制作场景。场景模型的搭建就是将场景中的每一个模型元素组合到一起，并用灯光、烘焙等手段来表现出场景氛围，例如，起伏的地形、郁郁葱葱的树木、蔚蓝的天空、漂浮在天空中的朵朵祥云、凶恶的猛兽等。Unity3D 有一套功能强大的地形编辑器，支持以笔刷方式精细地雕刻出山脉、峡谷、平原、盆地等地形，同时还包含材质纹理、动植物等功能。本章通过 Unity3D 引擎讲解开发 AR 场景环境搭建方法。

5.1 AR 场景开发概述

增强现实场景开发需要能够实时地在现实世界中浏览 3D 模型，并与之做出各种交互，如图 5.1 所示。在构建增强现实场景时可以在 Unity 中利用 Environment 组件制作各种山川地形、绿树植被、水草河流等，也可以直接从外部导入场景模型资源，但要注意模型面数的多少以及数量大小。因为，增强现实应用中的运行画面每一帧都是靠显卡和 CPU 实时计算出来的，模型的优化对演示速度影响很大，如果面数太多，会导致运行速度急剧降低，甚至无法运行；模型面数过多，还会导致文件容量增大，在网络上发布也会导致下载时间增加。

图 5.1　增强现实场景

在增强现实场景搭建过程中使用的模型建模准则基本上可以归纳为以下几点。

(1) 做简模，尽量模仿游戏场景搭建方法，对场景模型进行很好的优化。

(2) 模型的数量不要太多，模型数量太多容易卡顿。

(3) 合理分布模型的密度，模型密度分配不均匀会导致运行速度时快时慢。

(4) 删除看不见的面，在建立模型时，看不见的地方不用建模，看不见的面也可以删除，提高贴图利用率，降低场景面数，以提高交互场景运行效率。

(5) 用面片表现复杂造型，对于复杂造型可以用贴图或是实景图片来实现，如植物、装饰物、浮雕效果等。

5.2 Unity3D 场景创建

5.2.1 创建地形

打开 Unity，创建一个新项目，并将其命名为 chapter5，单击菜单栏中的 File→SaveScene 保存默认场景。

单击 Asset→Import Package→Environment 命令，在弹出对话框中单击 Import 按钮，就可以将 Unity 提供的环境资源包导入到项目中，如图 5.2 所示。

图 5.2 导入环境资源包

单击菜单中 GameObject→3D Object→Terrain 命令，窗口内会自动产生一个平面，这个平面是地形系统默认使用的基本原型，如图 5.3 所示。

在 Hierarchy 视图中选择主摄像机，可以在 Scene 视图中观察到游戏地形。如果想调节地形的显示区域，可以通过调整摄像机或是地形的位置与角度来进行调整。

5.2.2 地形参数

地形一旦创建完成后，Unity 会默认地形的大小、宽度、厚度、图像分辨率、纹理分辨率等，这些数值是可以任意修改的。选择创建的地形，在 Inspector 面板中最下面找到 Resolution 属性面板，如图 5.4 所示。Resolution 属性面板参数与选项设置功能如表 5.1 所示。

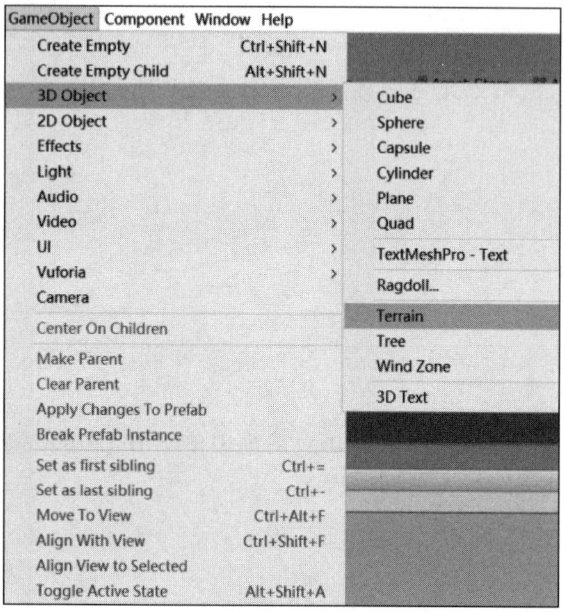

图 5.3　新建地形

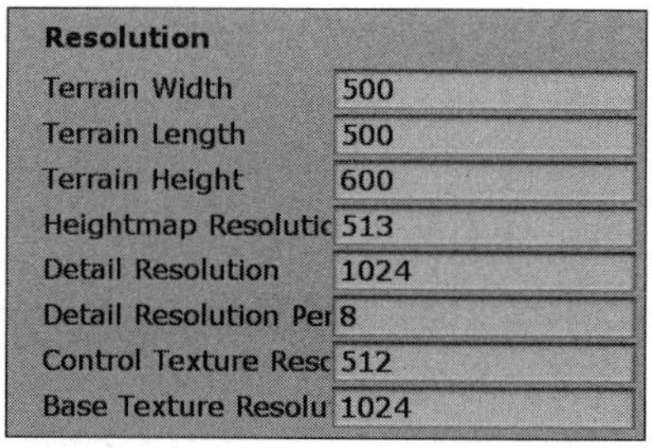

图 5.4　Resolution 属性面板

表 5.1　Resolution 属性面板参数介绍

英文名称	中文名称	解　　释
Terrain Width	地形宽度	全局地形总宽度
Terrain Length	地形长度	全局地形总长度
Terrain Height	地形高度	全局地形允许的最大高度
Heightmap Resolution	高度图分辨率	全局地形生成的高度图的分辨率
Detail Resolution	细节分辨率	全局地形所生成的细节贴图的分辨率
Detail Resolution Per Patch	网格分辨率	每个子地形块的网格分辨率
ControlTextureResolution	控制纹理的分辨率	全局把地形贴图绘制到地形上时所使用的贴图分辨率
BaseTextureResolution	基础纹理分辨率	全局用于远处地形贴图的分辨率

5.2.3　地形工具

在 Unity 中除了使用高度图来创建地形外，还可以使用笔刷在场景中绘制地形，因为 Unity 为游戏开发者提供了强大的地形编辑器，通过菜单中的 GameObject→3D Object→Terrain，可以为场景创建一个地形对象。然而，初始的地表只有一个巨大的平面。但 Unity 提供了一些工具，可以用来创建很多地表元素。开发者可以通过地形编辑器来轻松实现地形以及植被的添加。地形菜单栏一共有 7 个按钮，含义分别为编辑地形高度、编辑地形特定高度、平滑过渡地形、地形贴图、添加树模型、添加草与网格模型、其他设置，如图 5.5 所示，每个按钮都可以激活一个不同的子菜单对地形进行操作编辑。

图 5.5 地形编辑器

1. 地形高度绘制

在地形检视器工具栏上，前三个工具被用来绘制地形在高度上的变化。从左边开始，第一个按钮激活 Raise/Lower Height 工具，如图 5.6 所示。当使用这个工具时，高度将随着鼠标在地形上扫过而升高。如果在一处固定鼠标，高度将逐渐增加，这类似于在图像编辑器中的喷雾器工具。如果按下 Shift 键，高度将会降低。不同的刷子可以被用来创建不同的效果。例如，创建丘陵地形时，可以通过 soft-edged 刷子进行抬升，然后削减陡峭的山峰和山谷，通过使用 hard-edged 刷子进行降低。

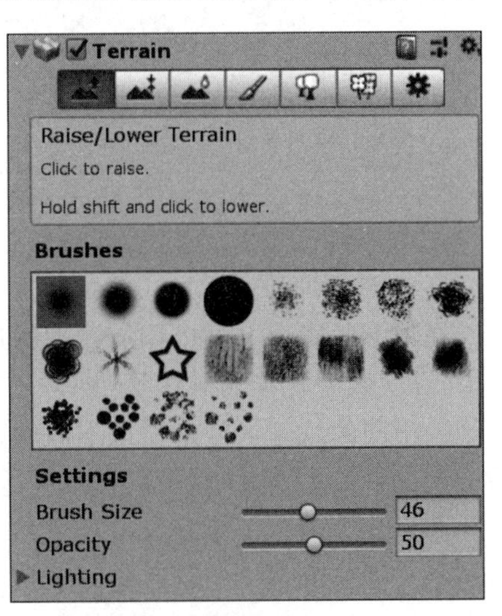

图 5.6 Raise/Lower Terrain 工具

左起第二个工具是 Paint Height，类似于 Raise/Lower 工具，可以用来设置地形的固定高度，如图 5.7 所示。当在地形对象上绘制时，此高度的上方区域会下降，下方的区域会上升。游戏开发者可以使用高度属性来手动设置高度，或者可以在地形上按住 Shift 键并单击来取样鼠标位置的高度。在高度属性旁边是一个 Flatten 按钮，它简单地拉平整个地形到选定的高度。这对设置一个凸起的地面水平线很有用，如果需要绘制地表包含在水平线上的山峰和水平线下的山谷，Paint Height 对于在场景中创建高原以及添加人工元素如道路、平台和台阶，都很方便。

左边第三个工具是 Smooth Height，并不会明显地抬升或降低地形高度，但会平均化附近的区域，如图 5.8 所示。这缓和了地表，降低了陡峭变化的出现，类似于图片处理中的模糊工具。例如，如果已经在可用集合中使用一个噪声更大的刷子绘制了细节，这些刷子图案将倾向于在地表上造成尖锐、粗糙的岩石，但可以通过使用 Smooth Height 来缓和。地形表面平滑工具选项设置及主要功能介绍如表 5.2 所示。

表 5.2 地形表面平滑工具选项设置及主要功能介绍

英文名称	中文名称	解 释
Brushes	笔刷	设置笔刷的样式
Settings	设置	设置笔刷的属性
Brush Size	笔刷尺寸	设置笔刷的大小
Opacity	不透明度	设置笔刷绘制时的不透明度
Height	高度	设置绘制高度的数值

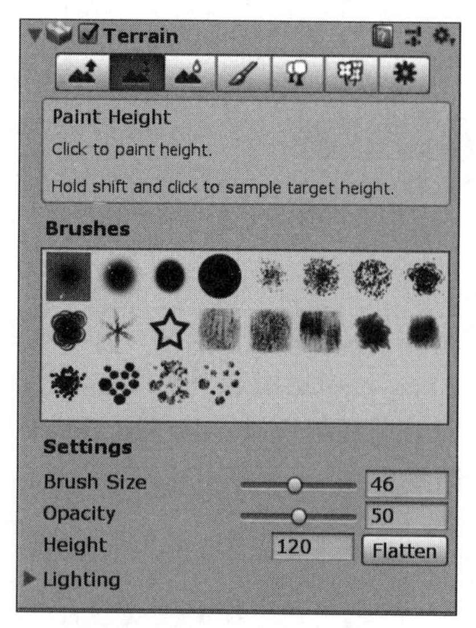

图 5.7 Paint Height 工具

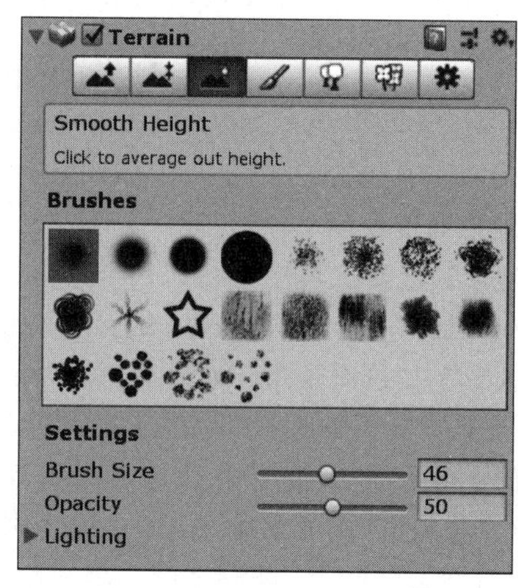

图 5.8 Smooth Height 工具

2. 地形纹理绘制

在地形的表面上可以添加纹理图片来创造着色和良好的细节。由于地形是如此巨大的对象，在实践中标准的做法是使用一个无空隙的重复的纹理，在表面上用它成片地覆盖，可以绘制不同的纹理区域来模拟不同的地面，如草地、沙漠和雪地。绘制出的纹理可以在不同的透明度下使用，这样就可以在不同地形纹理间有一个渐变，效果更自然。

左边数第四个按钮是纹理绘制按钮，单击 Edit Textures 按钮并且在菜单中选择 Add Texture，可以看到一个对话框，在其中可以设置一个纹理和它的属性。添加纹理图片后，添加的第一个纹理将被作为背景使用而覆盖地形。如果想添加更多的纹理可通过使用类似的刷子工具。在地形检视器纹理的下方，可以看到通常的刷子尺寸及透明度选项，另外一个选项称为目标强度(Target Strength)。这个选项设置了刷子将会达到的最大透明度值，即使它重复地通过了相同的点，也能实现不同纹理的贴图效果，如图 5.9 所示。地形纹理绘制工具选项设置及主要功能介绍如表 5.3 所示。

表 5.3 地形纹理绘制工具选项设置及主要功能介绍

英文名称	中文名称	解　　释
Brushes	笔刷	设置绘制地形纹理的笔刷样式
Textures	纹理	地形纹理
Settings	设置	设置纹理属性
Brush Size	笔刷尺寸	设置绘制纹理的笔刷的大小
Opacity	不透明度	设置笔刷绘制纹理时的强度
Target Strength	目标强度	设置所绘制的贴图纹理产生的影响

3. 树木绘制

Unity 地形可以用树木布置。可以像绘制高度图和纹理那样，将树木绘制到地形上，但

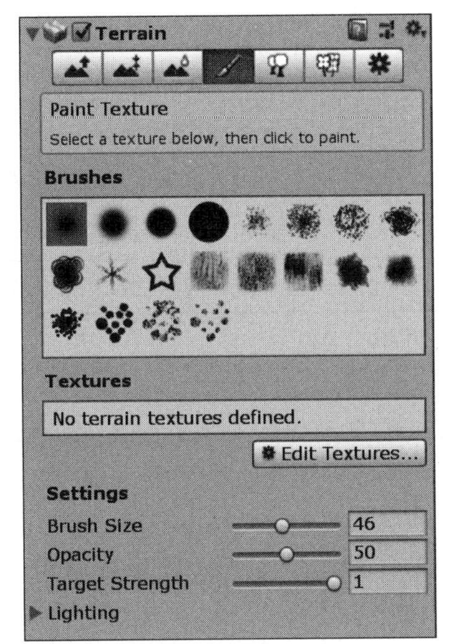

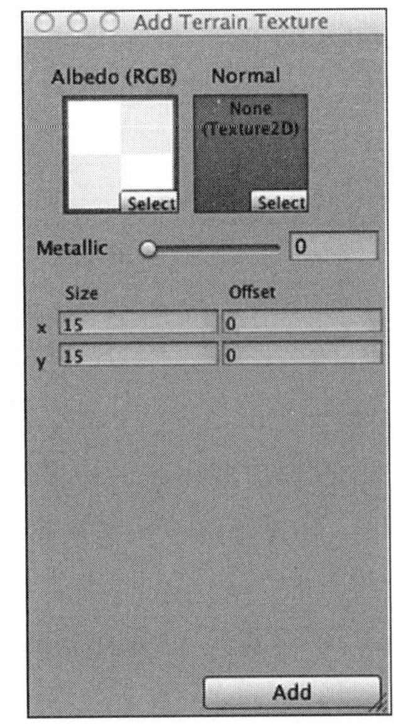

图 5.9 纹理贴图面板

树木是固定的、从表面生长出的三维对象。Unity 使用了优化(例如,对远距离树木的公告板化)来维持好的渲染效果,所以一个地形可以拥有上千棵树组成的密集森林,同时保持在可接受的帧率。单击 Edit Trees 按钮并且选择 Add Tree,将弹出一个对话框选择一种树木资源,如图 5.10 所示。当一棵树被选中时,可以在地表上用绘制纹理或高度图的相同方式来绘制,按住 Shift 键来从区域中移除树木,而通过按下 Ctrl 键,只绘制、移除当前选中的树木,如图 5.10 所示。地形树木绘制工具选项设置及主要功能介绍如表 5.4 所示。

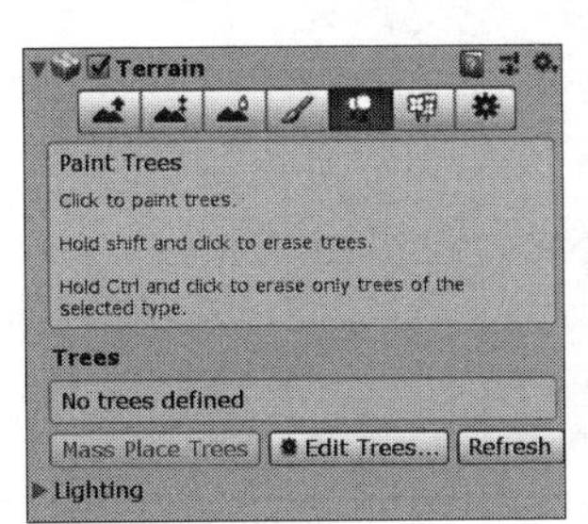

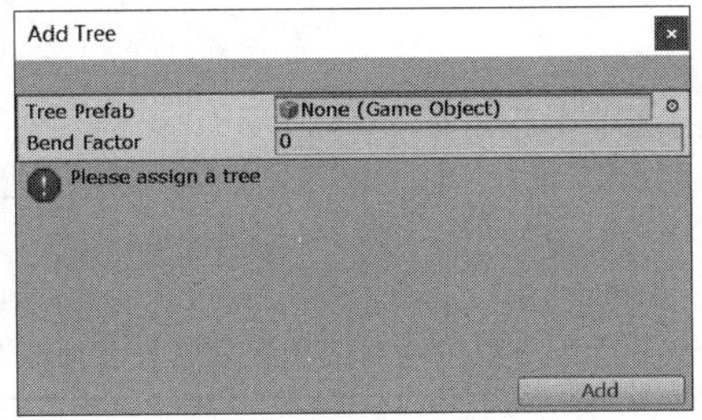

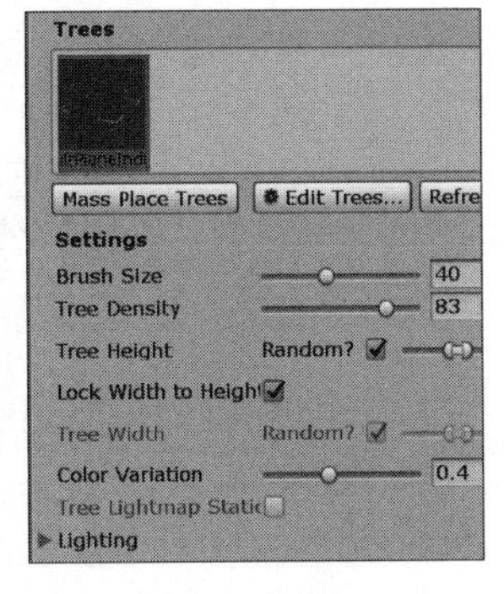

图 5.10 树木绘制面板

表 5.4 地形树木绘制工具选项设置及主要功能介绍

英文名称	中文名称	解　　释
Settings	设置	设置树木属性
Brush Size	笔刷尺寸	设置种植树时笔刷的大小
Tree Density	树木密度	设置树的间距

续表

英文名称	中文名称	解　　释
Tree Height	树的基准高度	值越大，树木越高
Lock Width to Height	锁定宽高比	控制树木宽度和高度比例
Tree Width	树的基准宽度	值越大，树木越宽
Color Variation	颜色多样化	每棵树的颜色随机变化量

4. 草和其他细节

一个地形可以有草丛和其他小物体，比如覆盖表面的石头。草地使用2D图像进行渲染来表现单个草丛，而其他细节从标准网格中生成。单击在检视器中的Edit Details按钮，在出现的菜单中将看到Add Grass Texture和Add Detail Mesh选项，然后在出现的对话框中选择合适的草资源，如图5.11所示。地形草纹理绘制工具选项设置及功能介绍如表5.5所示。

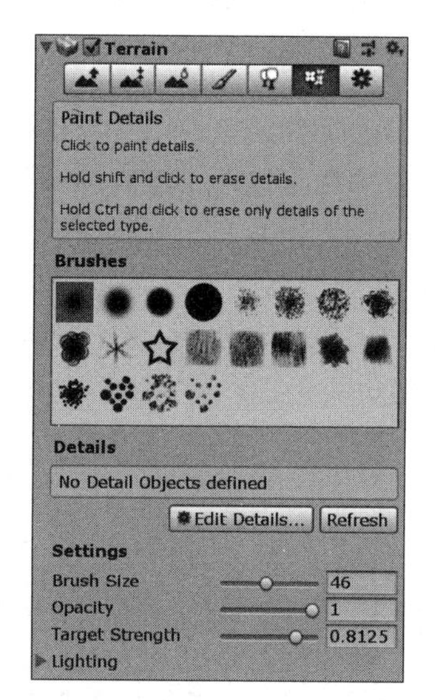

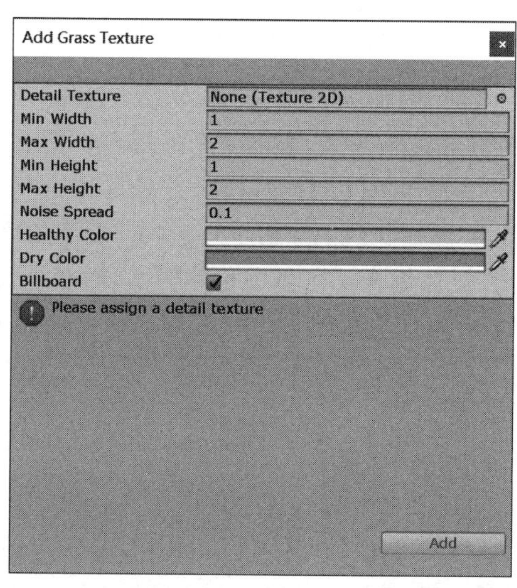

图5.11　草纹理绘制面板

表5.5　地形草纹理绘制工具选项设置及功能介绍

英文名称	中文名称	功能详解
Detail Texture	细节纹理	指定图片作为草的纹理
Min Width	最小宽度	设置草的最小宽度值
Max Width	最大宽度	设置草的最大宽度值
Min Height	最小高度	设置草的最小高度值
Max Height	最大高度	设置草的最大高度值
Noise Spread	噪波范围	控制草产生簇的大小

续表

英文名称	中文名称	功能详解
Healthy Color	健康颜色	此颜色在噪波中心处较为明显
Dry Color	干燥颜色	此颜色在噪波中心处较为明显
Billboard	广告牌	草将随着相机同步转动,永远面向摄像机

5. 地形设置

单击地形编辑器中最后一个按钮可以看见地形设置面板,如图 5.12 所示。该按钮用于设置地形属性参数。地形相关参数选项设置及主要功能介绍如表 5.6～表 5.8 所示。

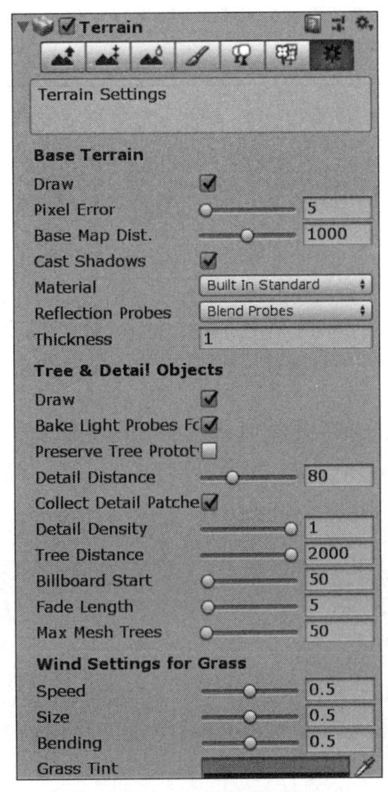

图 5.12 地形设置面板

表 5.6 基本地形设置及主要功能介绍

英文名称	中文名称	功能详解
Draw	绘制	绘制地形
Pixel Error	像素容差	显示地形网格时允许的像素容差
Base Map Dist	基本地图距离	设置地形高分辨率的距离
Cast Shadows	投影	设置地形是否有投影
Material	材质	为地形添加材质

表 5.7 树和细节设置及主要功能介绍

英文名称	中文名称	功能详解
Draw	绘制	是否渲染除地形以外的对象
Detail Distance	细节距离	相机停止对细节渲染的距离
Detail Denstiy	细节密度	细节密度
Tree Distance	树木距离	相机停止对树进行渲染的距离
Billboard Start	开始广告牌	相机将树渲染为广告牌的距离
Fade Length	渐变距离	控制所有树的总量上线
Max Mesh Trees	网格渲染树木最大数量	使用网格形式进行渲染的树木最大数量

表 5.8 风设置及主要功能介绍

英文名称	中文名称	功能详解
Speed	速度	风吹过草地的速度
Size	大小	同一时间受到风影响的草的数量
Bending	弯曲	草跟随风进行弯曲的强度
Grass Tint	草的色调	对于地形上使用的所有草和细节网格的总体渲染颜色

6. 风域

地形中的草丛在运行测试时可以随风摆动，如果需要实现树木的枝叶如同现实中一样随风摇摆，需要加入风域。单击 Game Object→3D Object→Wind Zone 菜单，创建一个风域，风域的属性参数如图 5.13 所示。风域相关参数选项设置及功能介绍如表 5.9 所示。

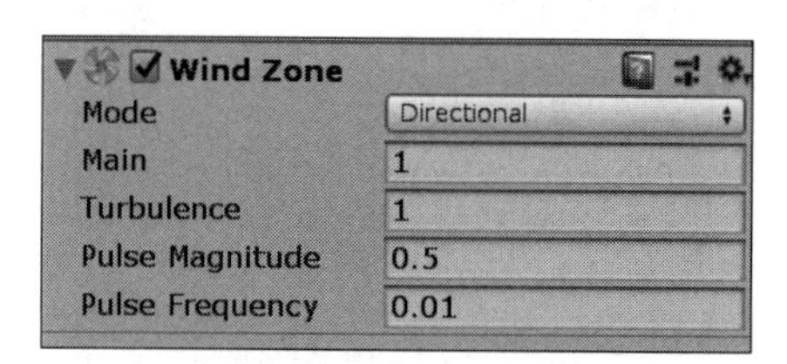

图 5.13 风域参数

表 5.9 风域具体参数

英文名称	中文名称	功能详解
Mode	风域模式	两种风域模式：Directional 模式下整个场景树木都受影响；Spherical 模式下只影响球体包裹范围内的树木
Main	主风	主要风力，产生风压柔和变化
Turbulence	紊流	湍流风的力量，产生一个瞬息万变的风压
Pulse Magnitude	脉冲幅度	定义有多大风随时间变化
Pulse Frequency	脉冲频率	定义风向改变的频率

风域不仅能实现风吹树木的效果，还能模拟爆炸时树木受到波及的效果。需要注意的是，风域只能作用于树木，对其他游戏对象没有效果。场景的风域设置参数如表5.10所示。

表 5.10 不同模式下的风域参数

实现具体效果	参数			
	Main	Turbulence	Pulse Magnitude	Pulse Frequency
轻风吹效果	1	0.1	1.0 或以上	0.25
强气流效果	3	5	0.1	1.0

5.3 环境特效

一般情况下，想要在场景中添加雾特效和水特效较为困难，因为需要开发人员懂得着色器语言且能够使用其熟练地进行编程。Unity3D 引擎为了能够简单地还原真实世界中的场景，其中内置了雾特效并在标准资源包中添加了多种水特效，开发人员可以轻松地将其添加到场景中。需要注意的是，由于 Unity5.0 以上版本在默认情况下都没有自带的天空盒，只有包，所以当需要使用天空盒资源时，需要人工导入天空盒资源包。

5.3.1 水特效

在 Project 面板中找到 Assets→Standard Assets→Environment→Water(Basic)文件下的 Prefabs 文件夹，如图 5.14 所示。其中包含两种水特效的预制件，可将其直接拖曳到场景中。这两种水特效功能较为丰富，能够实现反射和折射效果，并且可以对其波浪大小、反射扭曲等参数进行修改。Water(Basic)文件夹下也包含两种基本水的预制件。基本水功能较为单一，没有反射、折射等功能，仅可以对水波纹大小与颜色进行设置。由于其功能简单，所以这两种水所消耗的计算资源很小，更适合移动平台的开发。Water 文件夹下包含的 Water 和 Water4 文件夹中的水资源效果更好一些，但是系统资源开销也相应大一些，如图 5.15 所示。

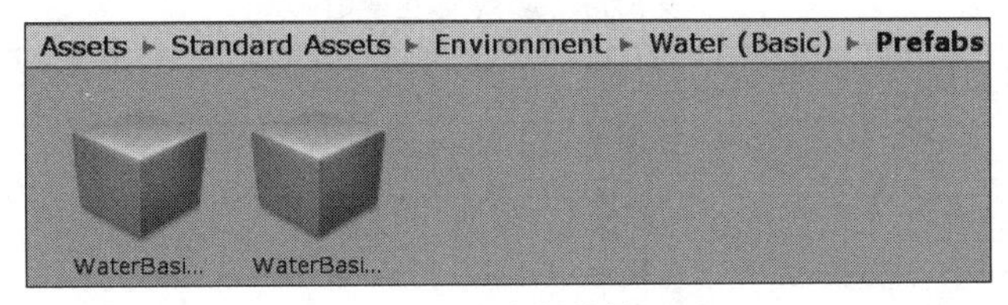

图 5.14 基本水结构目录

5.3.2 雾特效

Unity 集成开发环境中的雾有 3 种模式，分别为 Linear(线性模式)、Exponential(指数模式)和 Exponential Squared(指数平方模式)，如图 5.16 所示。这三种模式的不同之处在于雾效的衰减方式。场景中雾效开启的方式是，单击菜单栏 Window→Rendering→LightingSettings，打开 Lighting 对话框，将滚动条滑动到最下方的 Other Settings 处，在对话框中勾选 Fog 复选框，然后在其设置面板中设置雾的模式以及雾的颜色。开启雾效通常用于优化性能，开启雾效后选出的物体被遮挡，此时便可选择不渲染距离相机较远的物体。这种性能优化方案需要配合相机对象的远裁切面设置使用。通常先调整雾效得到正确的视觉效果，然后调小相机的远裁切面，使场景中距离相机较远的游戏对象在雾效变淡前被裁切掉。雾效属性参数含义如表 5.11 所示。

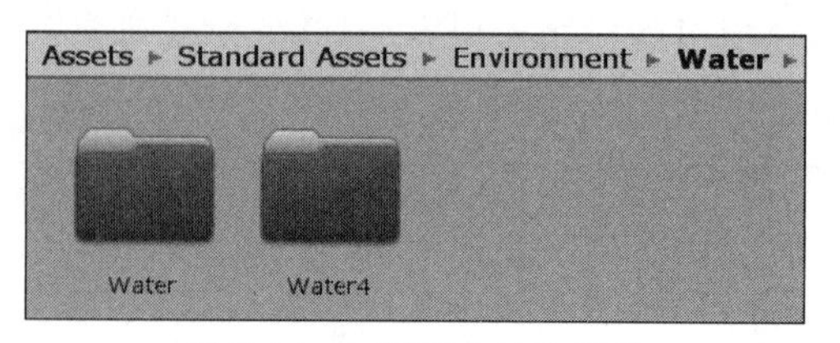

图 5.15 加强版水结构目录

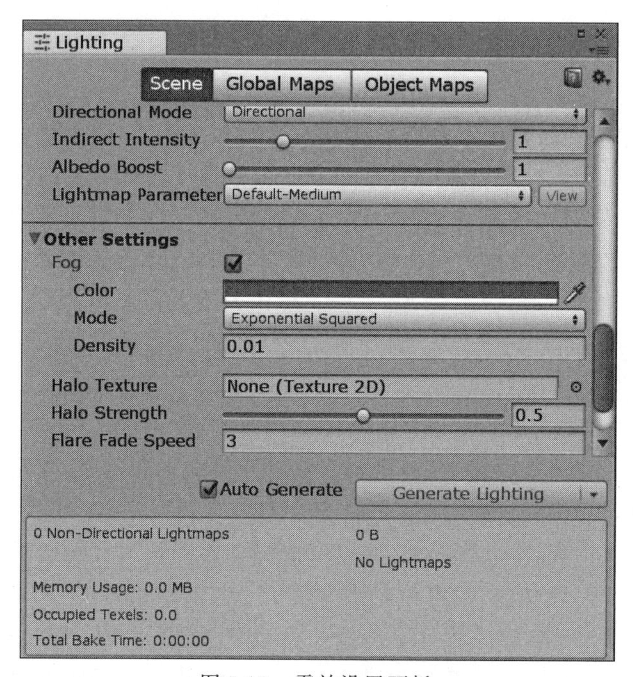

图 5.16 雾效设置面板

表 5.11 雾效属性参数

名 称	含 义
Color	雾的颜色
Mode	雾效模式
Density	雾效浓度，取值为 0～1

5.3.3 环境天空

在 Unity 新建项目场景中，都会默认提供一个基本的天空盒效果。Unity 中的天空盒实际上是一种使用了特殊类型 Shader 的材质，该种类型材质可以笼罩在整个场景之外，并根据材质中指定的纹理模拟出类似远景、天空等效果，使游戏场景看起来更加完整。目前 Unity 版本中提供了两种天空盒供开发人员使用，其中包括六面天空盒和系统天空盒。这两种天空盒都会将游戏场景包含在其中，用来显示远处的天空、山峦等。为了在场景中添加天空盒，在 Unity3D 软件界面中选择菜单 Window→Rendering→LightingSettings 打开 Lighting 对话框，如图 5.17 所示。在图 5.17 所示菜单上方，单击 Scene 页面下 Environment Lighting 模块中的 Skybox 后面的选项，可以选择不同的天空盒，从 Select Material 对话框中选择一个天空盒材质球，将它拖曳放入 Skybox 参数即可。

图 5.17 渲染菜单的选择

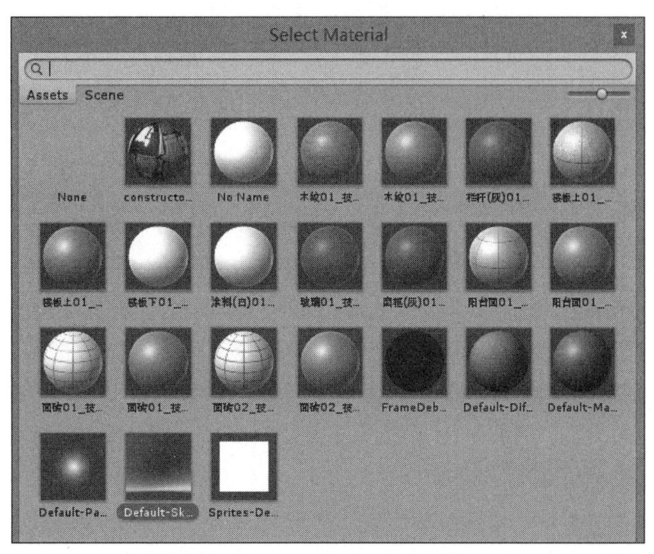

图 5.18 设置天空盒效果

另外，也可以在 Unity 商店中搜索天空盒资源，在 Unity 商店中输入“skybox”，然后回车，可以发现有大量的免费天空盒，如图 5.19 所示。单击 Download 下载完成之后导入场景中。再在菜单栏中依次选择 Window→Rendering→LightingSettings 命令，在 Environment

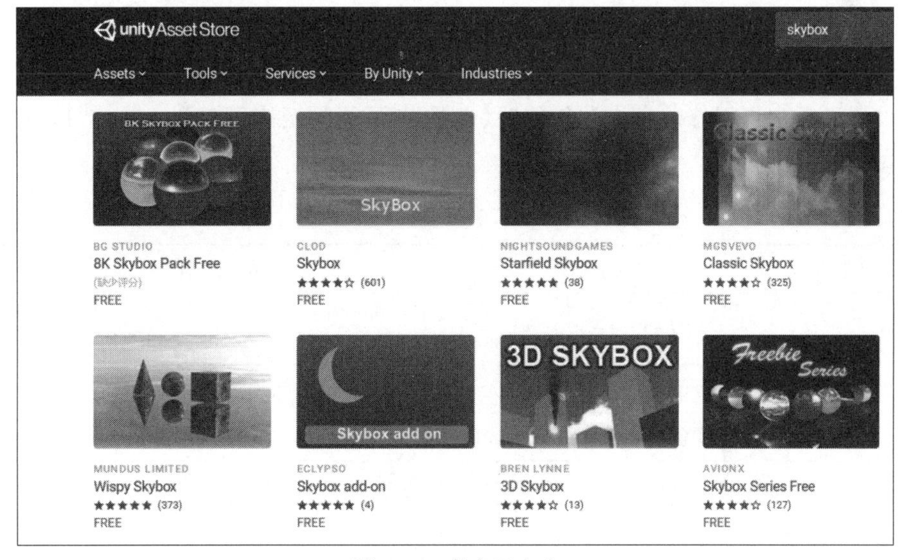

图 5.19 商店天空盒

下的 Skybox Material 部分单击右侧小圈，选择刚才导入的天空盒，就可以发现场景发生了变化。

5.4 光影系统

随着计算机硬件设备的逐渐升级，使得游戏开发过程中可以使用更加复杂的光影效果来增加场景的真实性与美感。本节主要介绍 Unity 游戏引擎中光照系统的使用，其中包括各种形式的光源、法线贴图以及光照烘焙等技术，能够提升场景环境效果。

5.4.1 光照

对于每一个场景灯光都是非常重要的部分。网格和纹理定义了场景的形状和外观，而灯光定义了场景的颜色和氛围。灯光将给游戏带来个性和味道，用灯光来照亮场景和对象可以创造完美的视觉气氛。另外，灯光可以用来模拟太阳、燃烧的火柴、手电筒、枪火光或爆炸等效果。

Unity3D 游戏开发引擎中内置了四种形式的光源，分别为点光源、平行光源、聚光灯和区域光源。单击菜单中的 GameObject→Light 即可查看到这四种不同形式的光源，单击即可添加。方向光源(平行光)被放置在无穷远的地方，影响场景的所有物体，就像太阳。点光源从一个位置向四面八方发出光线，就像一盏灯。聚光灯的灯光从一点发出，只在一个方向按照一个锥形物体的范围照射，就像一辆汽车的车头灯。

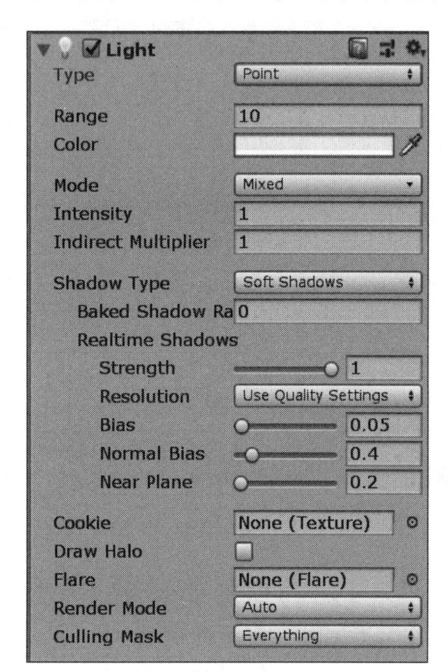

图 5.20 灯光检视面板

选中场景中的光源，在其 Inspector 面板中就会出现点光源的设置面板，如图 5.20 所示。在设置面板中可以修改点光源的位置、光照强度、光照范围等参数。具体灯光信息如表 5.12 所示。

表 5.12 光源属性表

英文名称	中文名称	解释
Type	类型	光照类型：Directional 方向光、Point 点光、Spot 聚光灯。当前为点光源
Range	范围	光从物体的中心发射能到达的距离
Color	颜色	光线的颜色
Mode	灯光照明模式	每种模式对应 Lighting 面板中的一组设定，取值为 Realtime、Mixed、Baked
Intensity	强度	光线的明亮程度
Indirect Multiplier	间接光照系数	在计算该灯光所产生的间接光照时的强度倍乘

续表

英文名称	中文名称	解　释
Shadow Type	阴影贴图的类型	包括三种,No Shadows：无阴影贴图;Hard Shadows：硬阴影贴图;Soft Shadows：光滑阴影边缘
Baked Shadow Range	烘焙阴影的范围	用于设定烘焙阴影的范围
Strength	实时阴影强度	用于设定实时阴影强度
Resolution	阴影贴图分辨率	用于设定阴影贴图分辨率
Bias	阴影偏移	通常适当增加这个值来修正一些阴影的 artifact
Normal Bias	法线偏移	通常适当减小这个值来修正一些阴影的 artifact(不同于 Bias 的使用场合)
Near Plane	阴影剪切平面	对于与摄影机距离小于这个距离的场景物体不产生阴影
Cookie	光罩纹理图	为灯光附加一个纹理。该纹理的 alpha 通道将被作为蒙版,使光线在不同的地方有不同的亮度
Draw Halo	绘制光晕	若选中此复选框,光线将带有一定半径范围的球形光晕被绘制
Flare	耀斑	在光的位置渲染出来
Render Mode	渲染模式	Auto 自动、Important 重要、Not Important 不重要
Culling Mask	消隐遮罩	有选择地使组对象不受光的效果影响

1. 点光源

点光源(Point Light)是一个可以向四周发射光线的点,类似于现实世界中的灯泡,通常用于爆炸、灯泡等,如图 5.21 所示。点光源的添加可以通过单击菜单栏中 GameObject→Light→Point Light 完成,添加完成后如图 5.22 所示。点光源可以移动,场景中围成的球体就是点光源的作用范围,光照强度从中心向外递减,球面处的光照强度基本为 0。

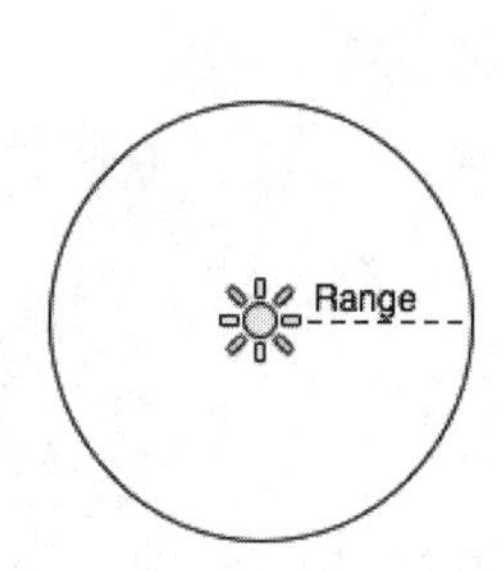

图 5.21　点光源示意图

图 5.22　点光源效果图

2. 平行光源

平行光(Directional Light)发出的光线是平行的,从无限远处投射光线到场景中,类似于太阳,适用于户外照明,如图 5.23 所示。定向光源的添加可以通过单击菜单栏中 GameObject→Light→Directional Light 菜单完成。定向光源在场景中如果发生位置变化,它的光照效果不会发生任何改变,可用于把它放到场景中的任意地方,如果旋转定向光源,那么它产生的光线照射方向就会随之发生变化。定向光会影响场景中对象的所有表面,它们在图形处理器中是最不耗费资源的,并且支持阴影效果,如图 5.24 所示。

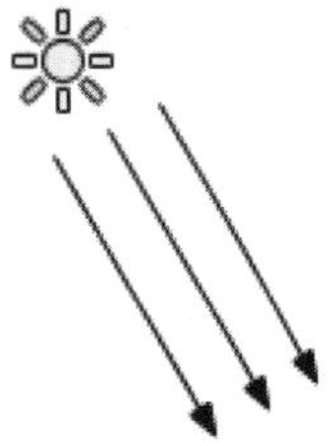

图 5.23 定向光源示意图

图 5.24 定向光源效果图

3. 聚光灯

聚光灯(Spot Light)只在一个方向上,在一个圆锥体范围发射光线。类似于手电筒或是汽车的车头灯的灯柱,如图 5.25 所示。聚光灯光源的添加可以通过菜单栏中 GameObject→

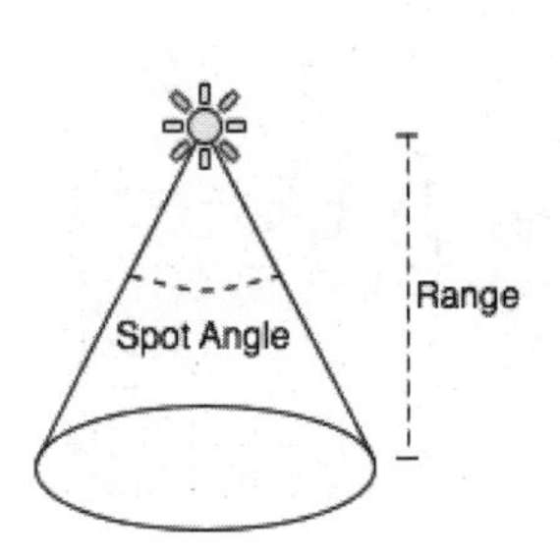

图 5.25 聚光灯示意图

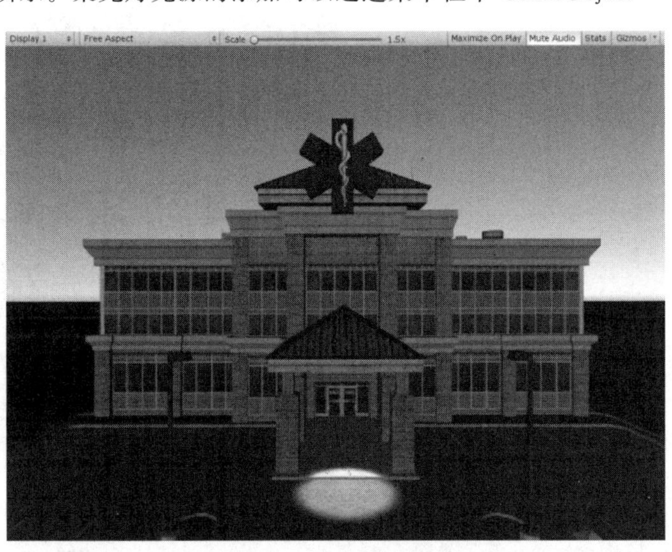

图 5.26 聚光灯效果图

Light→Spot Light 菜单完成，如图 5.26 所示。聚光灯可以移动，在场景中由细线围成的椎体就是聚光灯光源的作用范围，光照强度从椎体顶部向下递减，椎体底部的光照强度基本为 0。聚光灯同样也可以带有 cookies，这可以很好地创建光透过窗户的效果。

4. 区域光

区域光（Area Light）在空间中以一个矩形展现。光从矩形一侧照向另一侧会衰减，因为区域光非常占用 CPU，所以是唯一必须提前烘焙的光源类型。区域光适合用来模拟街灯，它可以从不同角度照射物体，所以明暗变化更柔和。

在场景中添加区域光光源很简单，单击 GameObject→Create Other→Area Light 菜单，即可在当前场景中创建一个区域光光源。在游戏组成对象列表中选中刚刚创建的 Area Light，在属性查看器中可以看到区域光光源的具体属性以及默认设置，如图 5.27 所示。具体属性参数如表 5.13 所示。

图 5.27 区域光参数

表 5.13 区域光光源的具体属性信息

英文名称	中文名称	解　　释
英文名	中文含义	解释
Type	类型	当前灯光对象的类型，Area 只在自定义的区域内发出光线
Width	宽度	设置区域光范围的宽度，默认值为 1
Height	高度	设置区域光范围的高度，默认值为 1
Color	颜色	光线的颜色
Intensity	强度	光线的明亮程度，默认值为 1
Indirect Multiplier	间接光照系数	在计算该灯光所产生的间接光照时的强度倍乘
Cast Shadows	投射阴影	是否开启阴影投射功能
Draw Halo	绘制光晕	如果勾选此项，光线带有一定半径范围的球形光晕被绘制
Flare	耀斑	在光的位置渲染出来
Render Mode	渲染模式	Auto 自动、Important 重要、Not Important 不重要
Culling Mask	消隐遮罩	有选择地使组对象不受光的效果影响

5.4.2 阴影

1. 光的阴影

Unity 中受到光源照射的物体会投射阴影（Shadow）到物体的其他部分或其他物体。选中 Light，在 Inspector 面板中可以通过 Shadow Type 一栏设置阴影，有三个选项：No Shadows（无阴影）、Hard Shadows（硬边缘阴影）和 Soft Shadows（软边缘阴影）。其中，No

Shadows 不造成阴影；Hard Shadows 产生边界明显的阴影，甚至是锯齿，没有 Soft Shadows 效果好，但是运行效率高，并且效果也是可以接受的。Strength 决定了阴影的明暗程度，Resolution 分辨率是用来设置阴影边缘的，如果想要比较清晰的边缘，需要设置高分辨率。

2. 阴影种类

Light Mapping 有 3 种选择：实时光照阴影（RealTimeOnly）、场景烘焙阴影（BakedOnly），以及两者结合的阴影（Auto）。

（1）RealTimeOnly：所有场景物体的光照都实时计算，实时光照对性能消耗比较大。

（2）BakedOnly：只显示被烘焙过的场景的光照效果，场景烘焙时可以选择一些静态物体进行烘焙，这里的静态物体是指在游戏过程中不会动的物体，因此可以在游戏运行前就先把光照效果做好，生成光照贴图，然后游戏运行的时候直接把光照贴图显示出来就可以了，不用实时计算光照效果，用空间（贴图的存储空间）换取了时间（实时光照的计算时间）。

（3）Auto：上述两者的结合，如果选择这个模式，那么被烘焙过的部分就用光照贴图直接显示，没有被烘焙过的地方就实时计算。

烘焙是一种离线计算，它采用光线追踪算法来模拟现实世界中光的物理特性，如反射、折射及衰减，光无法到达的地方皆为阴影。实时阴影是一种更加精简的模拟，它忽略掉了光的众多物理特性，利用数学方法人为地去制造阴影。烘焙阴影是光线追踪算法的自然产物，准确无误，真实过渡。但由于其计算量巨大，阻碍了它在游戏中的实时运用。不能实时运用并不代表光线追踪不能应用到游戏中，实际上游戏中存在大量静止的物体，如场景中的地形、房屋等，在灯光不变的情况下，这些物体产生的阴影也是固定不变的。

5.5 综合项目：AR 游戏场景搭建

5.5.1 项目构思

3D 游戏场景设计的主要内容包括游戏场景的规划、地形设计、山脉设计、河流山谷设计、森林设计等。针对不同的游戏采用不同的策略，根据游戏的每一个故事情节设计游戏的每个游戏场景以及场景内的各种物体造型，本项目旨在通过 3D 游戏场景设计将 Unity3D 引擎中地形资源整合利用，开发出完整的 AR 场景。

5.5.2 项目设计

本项目计划创建一个 3D AR 场景，场景内包括 Unity 提供的各种地形资源，包括山脉、植被以及水资源等，效果如图 5.28 所示。

5.5.3 项目实施

1. AR 环境配置

Step1：双击 Unity 软件快捷图标建立一个空项目，将其命名为 chapter5。

Step2：登录 Vuforia 官方网站 https://www.vuforia.com/找到 AR 数据库。

Step3：单击左上角 Add Target 按钮，上传地形识别图片，如图 5.29 所示。

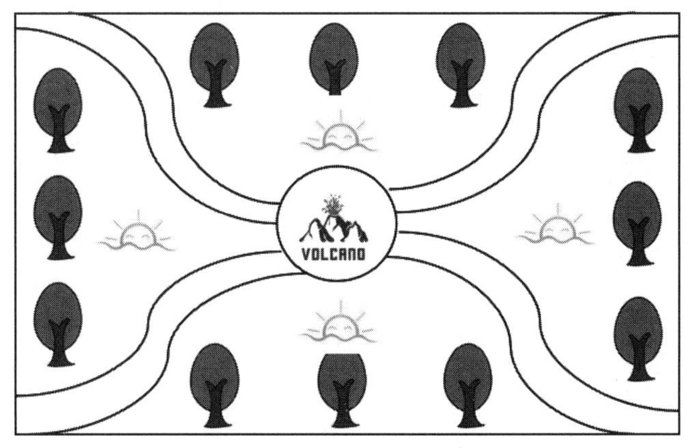

图 5.28 游戏场景设计图

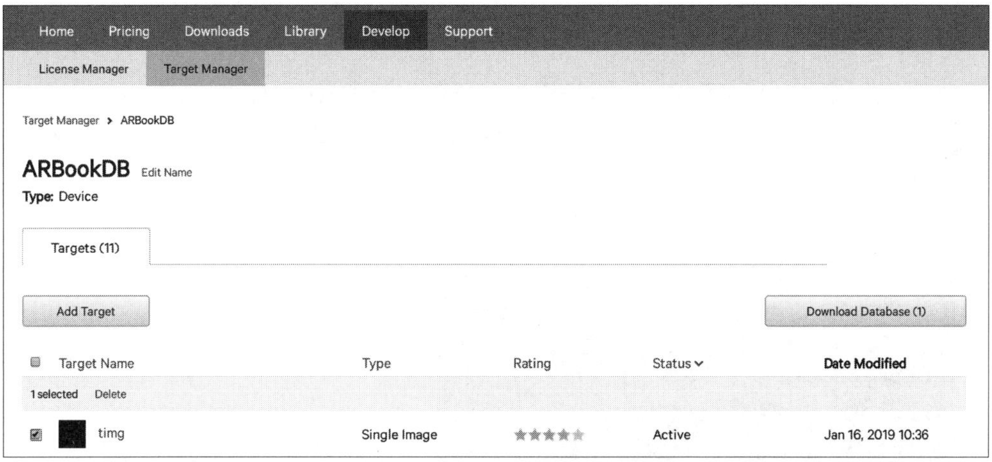

Home Pricing Downloads Library Develop Support
License Manager Target Manager
Target Manager > ARBookDB
ARBookDB Edit Name
Type: Device
Targets (11)
Add Target Download Database (1)
Target Name Type Rating Status Date Modified
1 selected Delete
timg Single Image Active Jan 16, 2019 10:36

图 5.29 AR 数据库

Step4：单击右上角 Download Database(1)按钮，下载地形识别图资源，如图 5.30 所示。

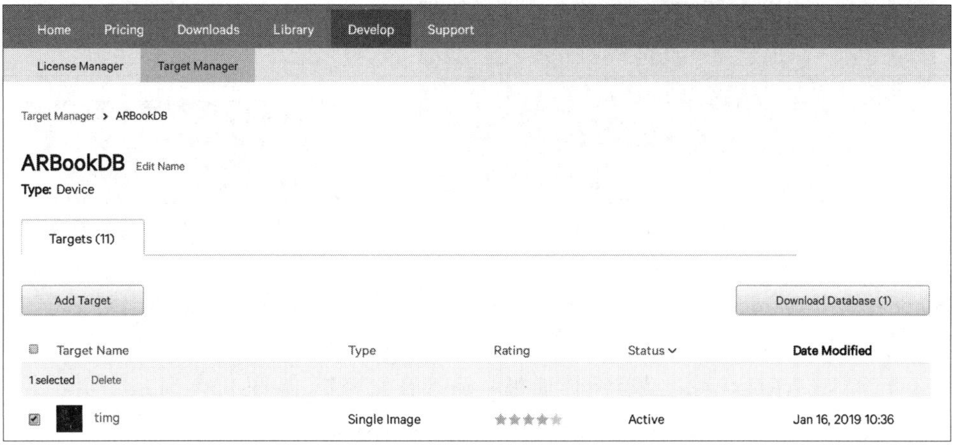

Home Pricing Downloads Library Develop Support
License Manager Target Manager
Target Manager > ARBookDB
ARBookDB Edit Name
Type: Device
Targets (11)
Add Target Download Database (1)
Target Name Type Rating Status Date Modified
1 selected Delete
timg Single Image Active Jan 16, 2019 10:36

图 5.30 下载识别图资源

Step5：在弹出的界面中选择 Unity Editor，然后单击 Download 按钮，如图 5.31 所示。

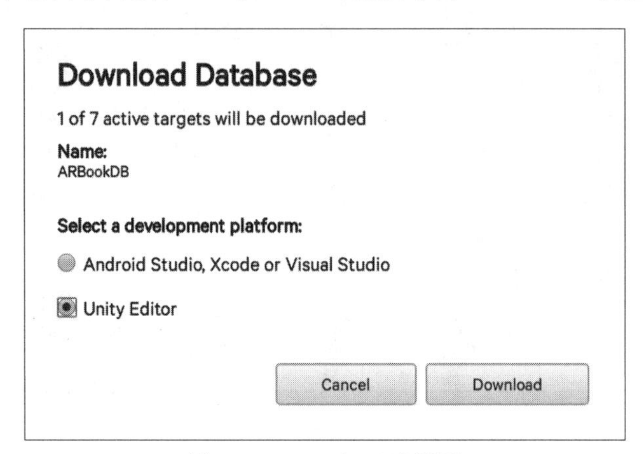

图 5.31　Download 选择图

Step6：在 Unity 中单击 Assets→Import Package→Custom Package 导入 AR 识别图资源，如图 5.32 所示，本章素材中有识别图以及下载的识别资源包。

Step7：单击 File→Build Setting，在 Player Setting 图中设置 Vuforia 开发，勾选 Vuforia Augmented Reality 选项，如图 5.33 所示。

图 5.32　AR 资源导入

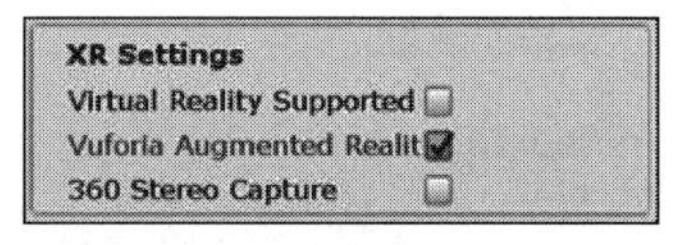

图 5.33　Vuforia 开发设置

Step8：单击 GameObject→Vuforia→ARCamera 加载 AR 相机，在弹出对话框中选择 Import 导入 AR 相机。

Step9：单击 ARCamera，在其属性面板中输入开发密钥，如图 5.34 所示。

Step10：单击 GameObject→Vuforia→Image 加载识别图片。

Step11：选中 ImageTarget，在其属性面板中选择导入的数据库 ARBookDB，如图 5.35 所示。

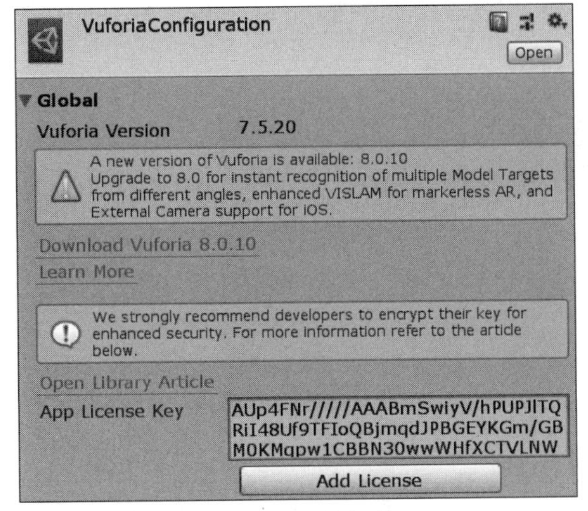

图 5.34 开发密钥输入

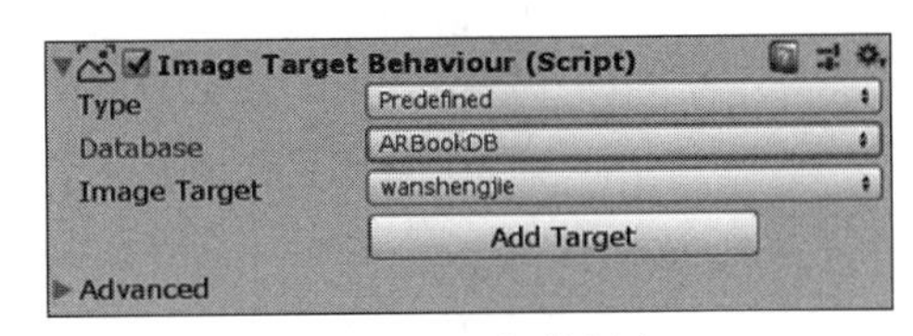

图 5.35 选择数据库

Step12：将原来挂载在 MainCamera 摄像机上的组件挂载在 ARCamera 上，同时取消 MainCamera 的使用。

2. AR 地形搭建

Step1：添加资源。项目创建好以后，单击 Asset→Import Package→Environment，如图 5.36 所示。此时 Unity 会开始加载资源，屏幕上显示加载进度条，需要耐心等待一会儿。资源加载后，可以看见在 Project(项目文件栏)中包含 Standard Asset 文件夹，这个文件夹里面包含导入的系统标准资源里的所有文件。

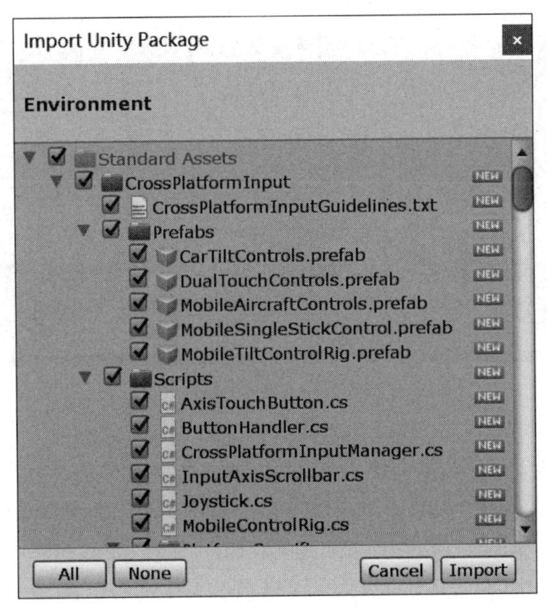

图 5.36 添加资源

Step2：创建地形。新建项目后，在主菜单中选择 GameObject 选项，然后单击子菜单中的3D→Terrain选项。此时就可以看到屏幕的正中央已经出现了一个平整的片状3D图形，如图5.37所示。

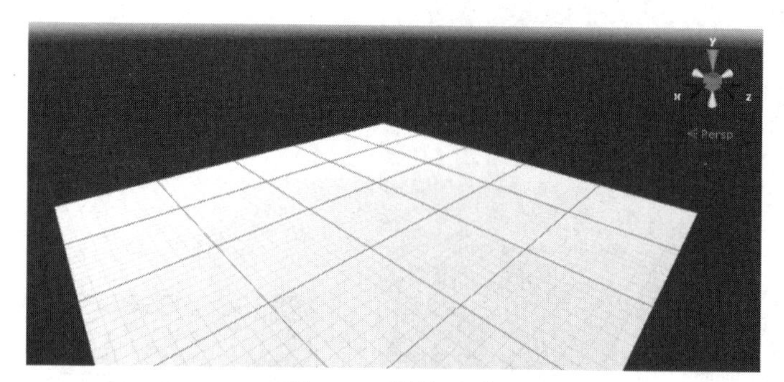

图5.37　默认地形

Step3：更改地形属性，使之与识别图大小及位置合适。在Hierarchy面板中单击Terrain中的Set Resolution属性，会在Inspector属性面板中出现与之对应的属性，包括Position(坐标)、Rotation(旋转量)、Scale(缩放尺寸)，以及地面对象固有的Terrain(Script)和Terrain Collider等。

Step4：绘制凸起地形。通过设置地形参数就可以对地形上的地貌进行编辑。单击平整的地形，之后在右侧的Inspector中的Terrain(Script)中就可以对地貌进行编辑。通过图5.38可以看到，前三个按钮Raise and Lower Height(提高和降低高度)，Paint Target Height(绘制目标高度)以及Smooth Height(平滑高度)可以用来修改地形的大体形状。AR地形开发中主要使用属性面板中的前三个按钮来设置起伏地形。

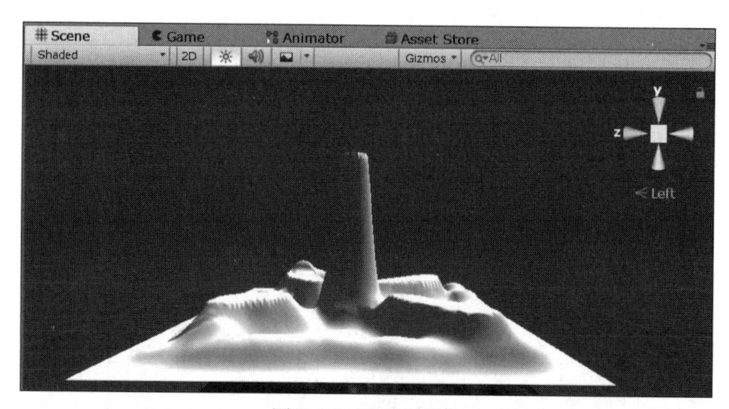

图5.38　地形菜单

Step5：绘制凹陷地形。想要制作凹陷地形，首先需要在Paint Height Tool中抬高地形，单击Paint Height Tool→Height(Flatten)，然后按住Shift键使用第一个地形工具(Raise and Lower Height)，即可刷出凹陷地形，如图5.39所示。

Step6：对地形进行相关材质的贴图。到目前为止，地形已经建好了，但是十分粗糙，默认的地形贴图是灰色的，接下来给地形添加贴图，让地形看起来更为美观，Unity提供了很多地形贴图，如果在之前创建项目时没有导入资源，此时可以在Project视图中单击鼠标右键，选择Import Package→Environment将环境资源导入到项目中。最后，为地形添加导入

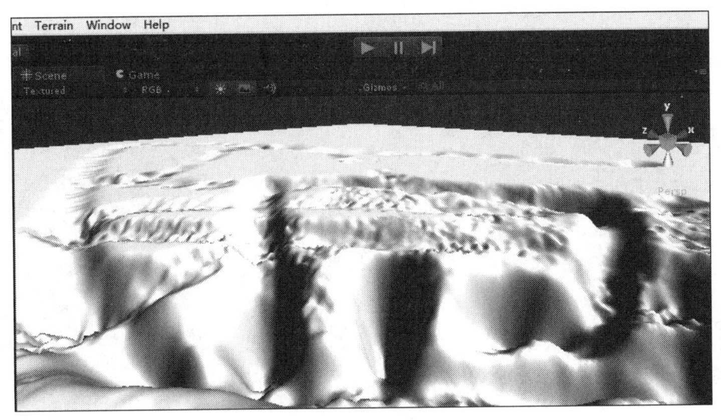

图 5.39 绘制低洼地形

的地形贴图，单击“地形贴图”按钮(从左数第四个按钮)，在界面右下角单击 Edit Textures 中的 Add Texture 选项。具体属性参数如表 5.14 所示。

表 5.14 地形贴图属性参数

英文名	含 义
Add Texture	添加地形贴图
Edit Texture	编辑地形贴图
Remove Texture	删除地形贴图

单击 Add Texture 按钮，此时弹出 Add Terrain Texture 界面，选择 Select 选项，将预先载入的纹理作为地形贴图纹理，之后单击 Add 按钮，右侧的 Inspector 选择就会出现材质的缩略图，如图 5.40 所示。贴图后地形就会进行纹理自动的全部覆盖。

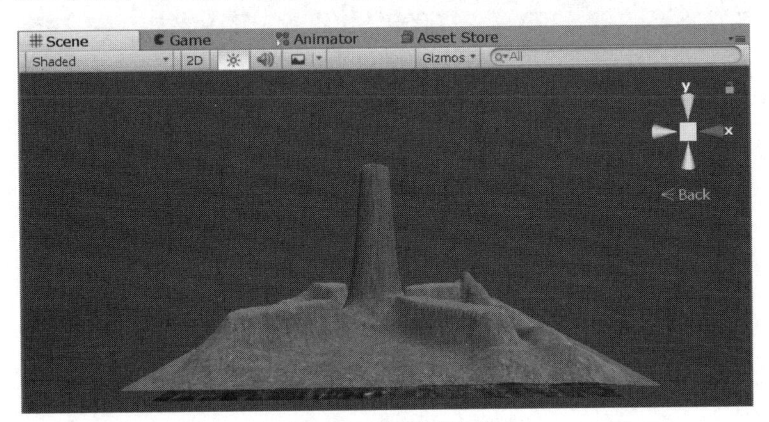

图 5.40 贴图后效果

为了模拟更加真实的效果，在场景中可以选择继续添加纹理图片，此时可以选择不同的笔刷对场景中不同的地点进行纹理变换，如图 5.41 所示。

Step7：添加树木。单击地形面板中第五个功能按钮，单击 Edit Trees→Add Trees，即可完成树木添加。具体属性参数如表 5.15 所示。

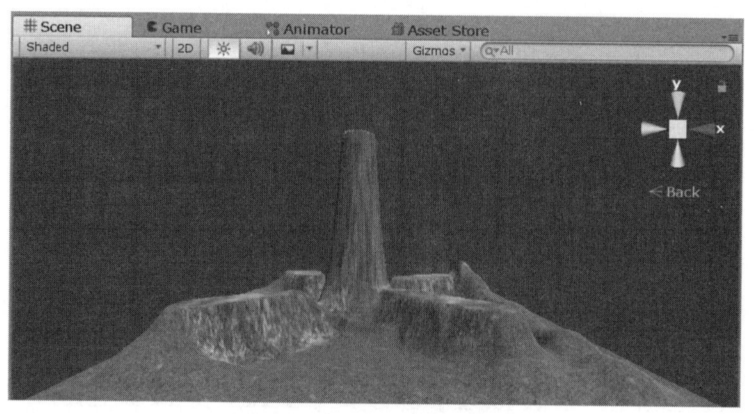

图 5.41 设置不同贴图效果

表 5.15 树木属性参数

英文名	含　义
Add Tree	添加树模型
Edit Tree	编辑树模型
Remove Tree	删除树模型

根据地形环境特点，选择合适的树木种类，单击 Add 按钮完成添加。右侧的 Inspector 面板中会出现所选树的图形，同时在下方的 Setting 中也会有关于树模型属性的设置，例如，笔刷大小、树的密度、树的高度、树的随机颜色变化等相关设置。在这里就可以把树以笔刷形式"画"在地形上，如图 5.42 所示。

图 5.42 放置树木后俯视图

Step8：加入一些花草以及岩石。草和岩石的添加方法与树木非常相似，如图 5.43 所示。首先在地形菜单中单击第六个按钮（添加草与网格模型），可以设置草的最大高度、草的最低高度、密度以及间隔颜色等。

单击 Edit→Remove Detail Meshes 中的 Add Grass Texture 选项，就可以在弹出菜单中看到添加草的选项，如图 5.44 所示。单击之后右侧 Inspector 面板中的 Details 中就会出现 Grass 选择，在 Brush 中选择合适的笔刷类型，在地形中就可以“画”出草地。

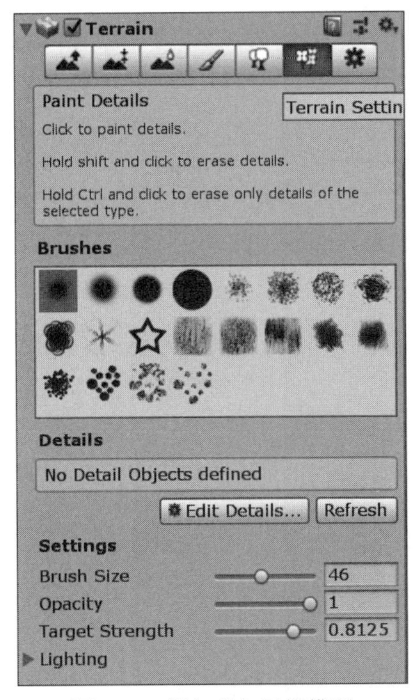

图 5.43 添加草与网格模型

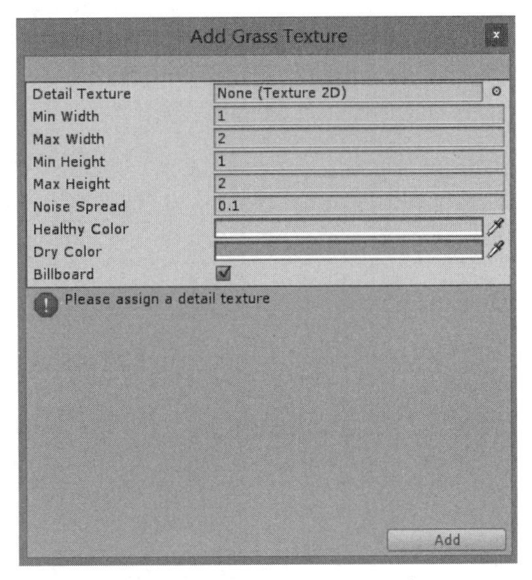

图 5.44 Add Grass Texture 页面

Step9：加入水资源，在 Project 面板中找到水资源，将其拖入场景中，如图 5.45 所示。

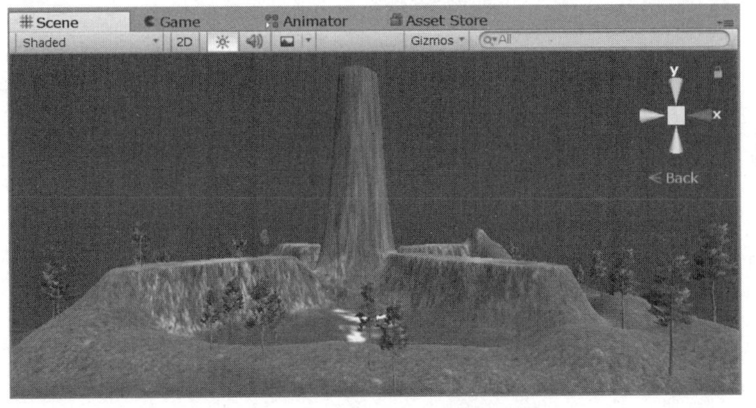

图 5.45 场景添加水资源效果

Step10：其他设置。在此可以设置草、树以及其他细节随风飘动的幅度，如图 5.46 所示。

5.5.4 项目测试

调整识别图片、地形的位置，使其合理地出现在界面中。单击 Play 按钮，运行测试，可以看到整个地形已经被包含在一个完整的天空盒子之中，到此整个场景已经完成，让我们对所建立的完成版的地形进行一个完整观看，如图 5.47 所示。

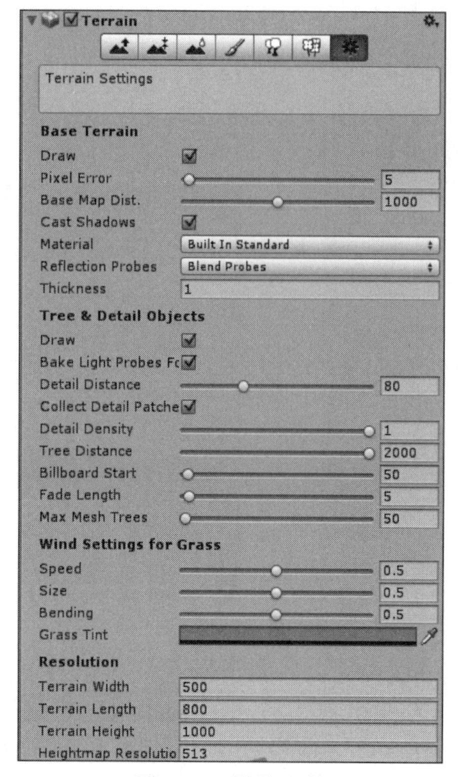

图 5.46 设置选项

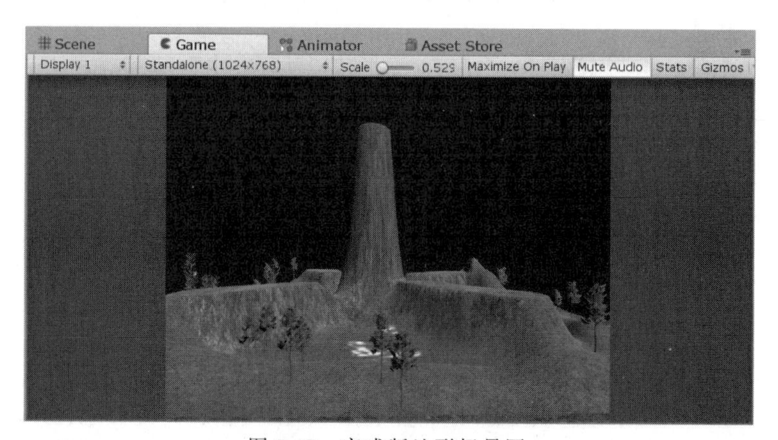

图 5.47 完成版地形场景图

小结

本章主要对 Unity3D 地形系统的创建方式与相关参数设定、绘制步骤做简单介绍，阐述了目前 Unity3D 在游戏开发方面常用的游戏地形制作元素，教会读者使用 Unity3D 引擎建立起游戏地形。最后通过一个实践案例将 Unity3D 地形元素融为一体，制作一个完整的 AR 3D 游戏场景，达到学以致用的目的。

习题

1. 在增强现实场景搭建过程中使用的模型建模准则可以归纳为哪几点?

2. 在 Unity 中搭建场景地形时怎样修改地形的大小、宽度、厚度信息?

3. 在 Unity 中搭建场景地形时 Raise/Lower Height Tool、Paint Height Tool 和 Smooth Height Tool 的区别是什么?

4. 在 Unity 中搭建场景地形时怎样制作低洼的地形?

5. 在 Unity 中如何搭建场景地形,并通过扫描识别图将其显示出来?

第 6 章 Chapter 6

AR 视频开发

相对于简单的3D模型，酷炫的视频展示无疑更能博人眼球，在商业运营中，这种展示方式带来的经济效益会更好。AR视频即识别某张图像并播放与所识别图像对应的视频文件，一般用于企业宣传册、广告、书籍等相关领域。例如，本来是普通的产品安装说明、菜单讲解、宣传单介绍，一旦应用增强现实技术，那么它就不再是一张平面的图片，而表现出立体形象了，表述也变得准确生动起来，有一种魔幻的感觉。在类似的场景应用中，增强现实技术都有巨大的市场空间可供挖掘拓展。在本章中，将会继续使用Unity3D结合Vuforia平台开发AR视频应用。

6.1 Unity 声音系统

在AR应用开发中，尽管图形作为其内容出现受到大多数人的关注，但是音频也很重要。大多数AR应用都播放背景音乐和音效，因此Unity也提供了音频功能以便可以在游戏中播放背景音乐和音效。音频的播放可以分为两种，一种为游戏音乐，另一种为游戏音效。前者适用于较长的音乐，如游戏背景音乐。音效用于比较短的游戏音乐，如开枪、打怪物时“砰砰”一瞬间播放的游戏音效。Unity可以导入和播放各种不同的音频文件格式，调整声音的音量甚至处理场景中特定位置的音效。

Unity3D默认支持的视频格式有MOV、MPG、MPEG、MP4、AVI和ASF。在项目应用中一般采用MP4文件进行视频的播放。在本章中，将介绍通过Button控制增强现实视频的播放，包括开始、暂停、停止等功能。

6.1.1 导入音效

在播放音效之前，很明显需要将音效文件导入到Unity项目中。Unity支持不同类型的音频格式，不同音频文件考虑的最主要因素是它们所应用的压缩技术。压缩减少了文件的大小，但是会导致丢失一些文件信息。音频压缩可以丢弃那些不重要的信息，以便压缩后的声音听起来还不错，然而还是会导致微小的质量损耗，因此选择音频文件时需要根据实际情况加以选择。通常Unity在导入音频后会压缩音频，所以通常选择WAV和AIF文件格式。Unity支持的主要音频文件格式如表6.1所示。

在收集好音频文件后，需要将其导入到Unity中。导入音频文件和导入其他美术资源的机制一样简单，从文件所在计算机中的位置将其拖曳到Unity中的Project面板中即可，如图6.1所示。

表 6.1 Unity 支持的音频文件格式

文件格式	适用情况
WAV	Windows 上默认音频格式,未压缩的声音文件。适用于较短的音乐文件,可用作游戏打斗音效
AIF	Mac 上默认的音频格式,未压缩的声音文件。适用于较短的音乐文件,可用作游戏打斗音效
MP3	压缩的声音文件,适用于较长的音乐文件,可用作游戏背景音乐
OGG	压缩的声音文件,适用于较长的音乐文件,可用作游戏背景音乐

6.1.2 播放音效

音效的播放一定包含两个组件:声音源(Audio Source)和音频侦听器(Audio Listener)。这两个元素都是某个具体游戏对象的 Component 组件属性,如 MainCamera 对象默认情况下具有 Audio Listener 属性。

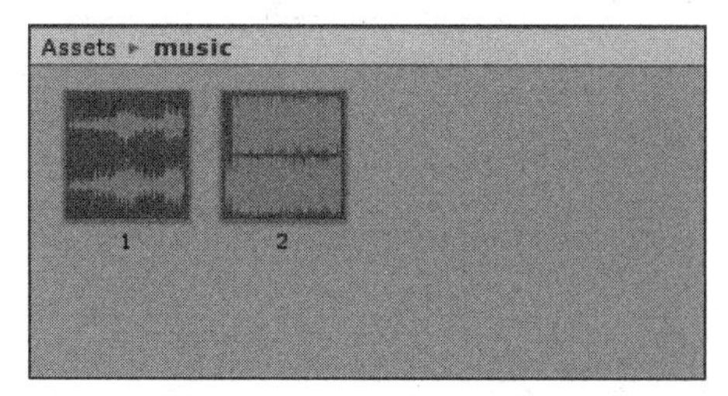

图 6.1 导入音频文件素材

1. 音频侦听器

音频侦听器(Audio Listener)在构建场景中是不可缺少的,它在场景中类似于麦克风设备,从场景中任何给定的音频源接受输入,并通过计算机的扬声器播放声音,一般情况下将其挂载到摄像机上。单击 Component→Audio→Audio Listener 菜单可添加音频侦听器,如图 6.2 所示。

2. 音频源

在游戏场景中播放音乐就需要用到音频源(Audio Source)。其播放的是音频剪辑(Audio Clip)。音频可以是 2D 的,也可以是 3D 的。若音频剪辑是 3D 的,声音会随着音频侦听器与音频源之间距离的增大而衰减。单击 Component→Audio→Audio Source 菜单添加音频源,如图 6.3 所示。主要参数详解如表 6.2 所示。

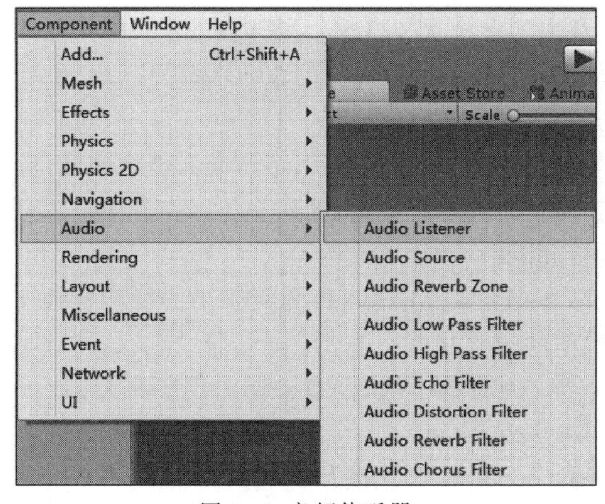

图 6.2 音频侦听器

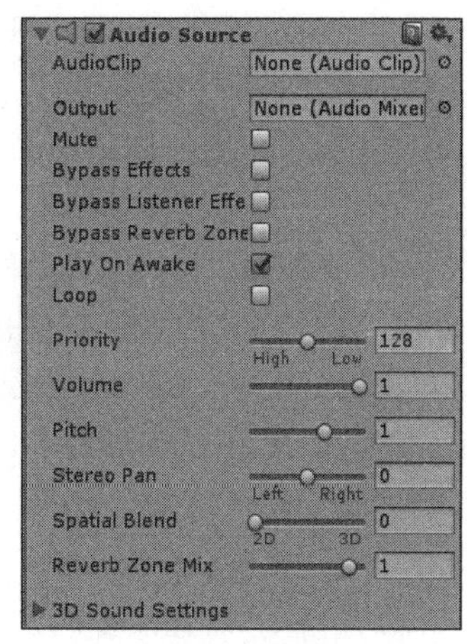

图 6.3 音频源

表 6.2 音频源主要参数

英文名	中文名	含　义
AudioClip	音频剪辑	将要播放的声音片段
Output	输出	音频剪辑通过音频混合器输出
Mute	静音	如果勾选此选项，那么音频在播放时会没有声音
Bypass Effects	忽视效果	用来快速打开或关闭所有特效
Bypass Listener Effect	忽视侦听器效果	用来快速打开或关闭侦听器特效
Bypass Reverb Zone	忽视混响区	用来快速打开或关闭混响区
Play On Awake	唤醒时播放	控制声音是否在场景启动时就会播放
Loop	循环	循环播放音频
Priority	优先权	确定场景中所有并存的音频源之间的优先权
Volume	音量	音频侦听器监听到的音量
Pitch	音调	改变音调值，可以加速或减速播放音频剪辑
Spatial Blend	空间混合	设置该音频剪辑能够被 3D 空间计算影响值

6.2 AR 视频概述

Unity 支持视频播放，也就是说可以导入影片并附加到游戏对象上。Unity 支持的影片格式有下列几种：MOV，MPG，MPEG，MP4，AVI，ASF。Unity 播放视频一般需要 QuickTime 的支持，各种视频播放格式特点如下所示。

(1) MOV 格式：MOV 即 QuickTime 影片格式，它是 Apple 公司开发的一种音频、视频文件格式，用于存储常用数字媒体类型。

(2) MPG、MPEG 格式：MPEG 也是 Motion Picture Experts Group 的缩写。这类格式包括 MPEG-1、MPEG-2 和 MPEG-4 在内的多种视频格式。MPEG-1 正在被广泛地应用在 VCD 的制作和一些视频片段下载的网络应用上面，大部分的 VCD 都是用 MPEG-1 格式压缩的。MPEG-2 则是应用于 DVD 的制作。

(3) MP4：MP4 是一种常见的多媒体容器格式，它是在 ISO 标准文件中定义的，属于 MPEG-4 的一部分。MP4 是一种描述较为全面的容器格式，被认为可以在其中嵌入任何形式的数据，MP4 格式的官方文件扩展名是 mp4。

(4) AVI：AVI(Audio Video Interleaved)由是 Microsoft 公司推出的视频音频交错格式，是一种桌面系统上的低成本、低分辨率的视频格式。它的一个重要特点是具有可伸缩性，性能依赖于硬件设备。它的优点是可以跨多个平台使用，缺点是占用空间大。

(5) ASF：ASF (Advanced Streaming Format)是 Microsoft 为了和 RealPlayer 竞争而发展出来的一种可以直接在网上观看视频节目的文件压缩格式。ASF 使用了 MPEG4 的压缩算法，压缩率和图像的质量都很不错。

6.3 AR 透明视频

AR应用中除了3D模型与真实场景结合外，透明视频也是经常用到的素材。比如在商场互动展览中放入透明视频。AR中常见的应用方式是，在摄像机前播放部分透明的视频，让视频和相机中的场景有所交互等。

初次看到的时候，感觉它更像是使用了超高清的3D人物模型，但严格地说，这是做了特殊处理的透明视频展示的效果。这种视频没有3D模型的高额成本，但却有逼真的演绎效果。如果在大型海报、宣传册、商场活动等场景中，设计好了，会有不错的效果。

制作AR透明视频，使用AE或Premiere完成带Alpha通道视频的制作，首先需要准备视频素材。素材尽量能够"黑白分明"，不需要的部分尽量都为黑色，这样做出来效果比较好。然后通过视频合成软件将素材加入Alpha通道，导出合成到MP4文件。最后再添加一个播放视频的脚本，具体操作方法如下。

Step1：在Unity3D中新建一个3D项目，取名为VideoAR，如图6.4所示。

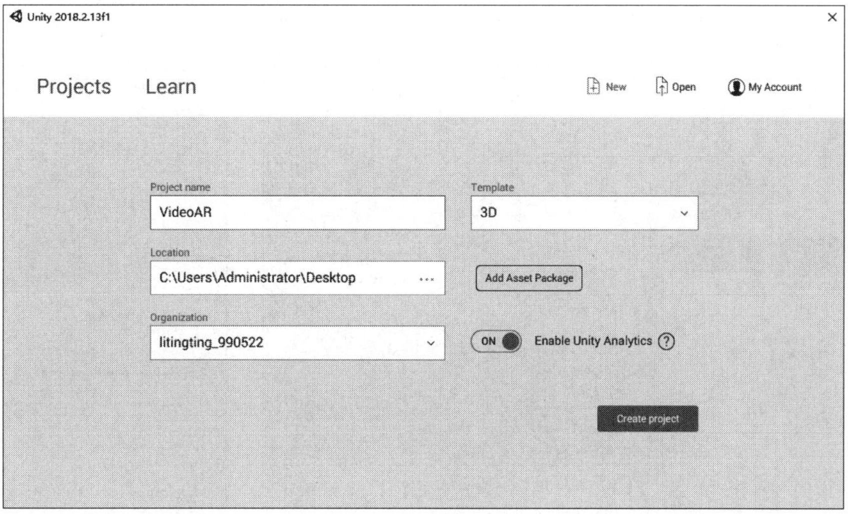

图6.4　创建新项目

Step2：导入从Vuforia官网下载的识别图SDK数据包。选择Asset→Import Package→Custom Package命令导入数据包paopao.unitypackage，单击Import按钮，如图6.5所示。

Step3：单击菜单栏File→Build Settings，在弹出的对话框中选择Android平台后单击Player Settings按钮，在右侧属性面板的XR Settings中勾选Vuforia Augmented Reality复选框，如图6.6所示。

Step4：单击菜单栏GameObject→Vuforia→ARCamera，在弹出的对话框中单击Import按钮，加载ARCamera和Image，如图6.7所示。

Step5：单击ARCamera属性面板中的Open Vuforia Configuration把密钥粘贴到App License Key输入框中，如图6.8所示。

图 6.5　加载 AR 识别图

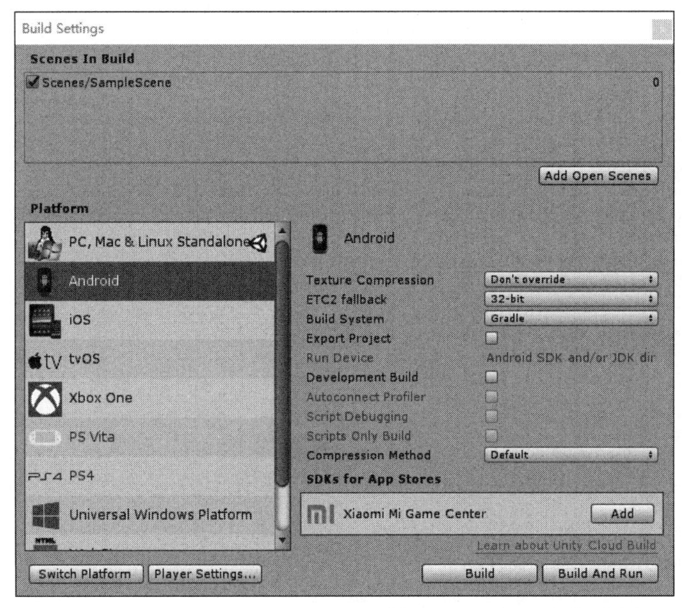

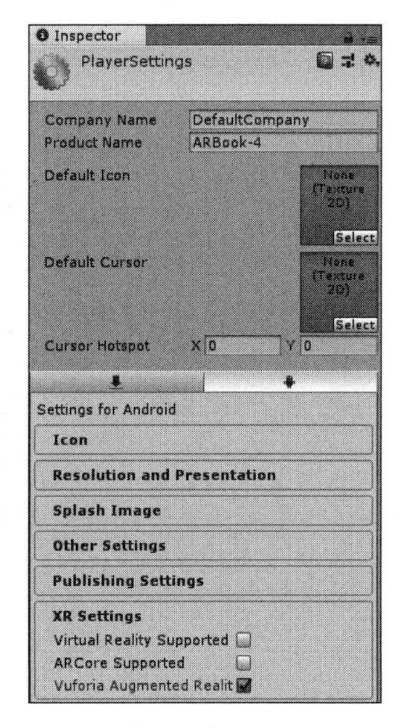

图 6.6　Vuforia 开发设置

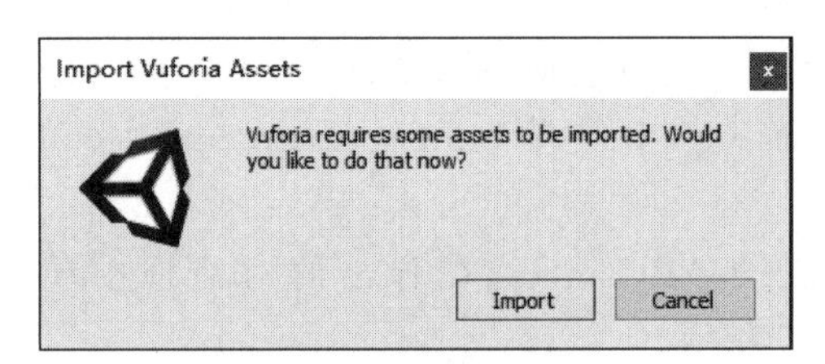

图 6.7　加载 AR 摄像机

图 6.8　输入 AR 开发密钥

Step6：单击 GameObject→Vuforia→Image 加载识别图片。

Step7：选中 ImageTarget，在其属性面板中选择导入的数据库 ARBookDB，如图 6.9

所示。

Step8：调整 ARCamera 位置，使其照射全景。同时取消 MainCamera 的使用。

Step9：导入透明视频资源 paopao.mp4。

Step10：单击菜单栏 GameObject→3DObject→Plane 创建平面，作为 ImageTarget 的子物体。

Step11：在“层次”面板中选中 Plane，然后单击菜单栏 Component→Video→Video Player，将视频资源挂载在 Video Player 上面。取消勾选 Play On Awake 复选框，改由程序控制，同时勾选 Loop 复选框设置视频循环播放，具体参数如图 6.10 所示。

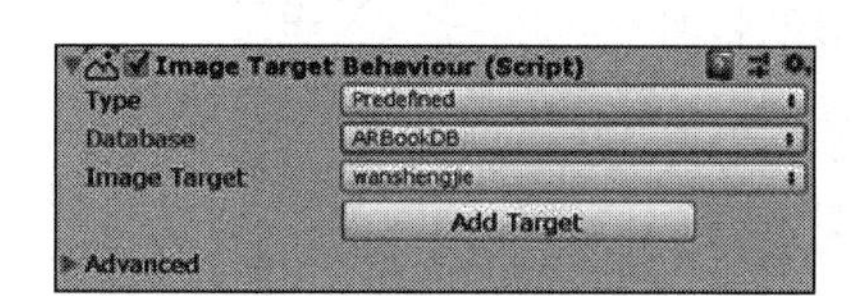

图 6.9 选择数据库

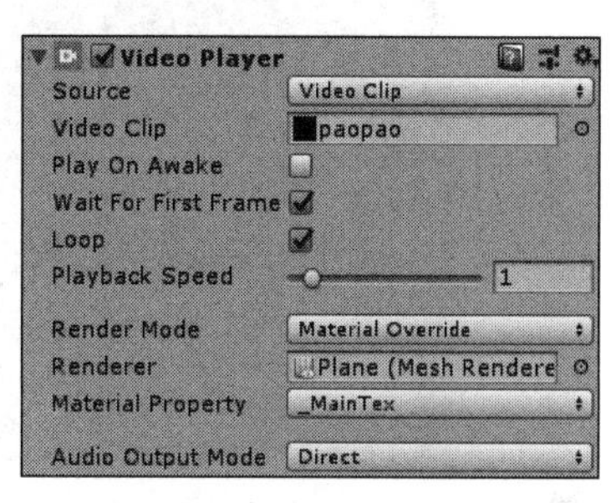

图 6.10 加载 Video Player

Step12：单击 GameObject→UI→Button 创建一个按钮。

Step13：创建脚本 AR_PLAY，输入下列代码，将脚本挂载在 Plane 上面，并在属性面板上进行变量赋值，如图 6.11 所示。

```
using System.Collections;
using System.Collections.Generic;
usingUnity3DEngine;
usingUnity3DEngine.Video;
usingUnity3DEngine.UI;
public class AR_PLAY : MonoBehaviour {
    public VideoPlayer v;
    public Image m;
    public void OnClick()
    {  if (v.isPlaying)
        {  v.Pause();
           m.color=new Color(255, 255, 255, 255);}
        else
        {  v.Play();
           m.color=new Color(255, 255, 255, 0);}
    }
}
```

Step14：为按钮添加 OnClick 响应事件，如图 6.12 所示。

Step15：项目运行。单击 Play 按钮进行运行测试，效果如图 6.13 和图 6.14 所示。

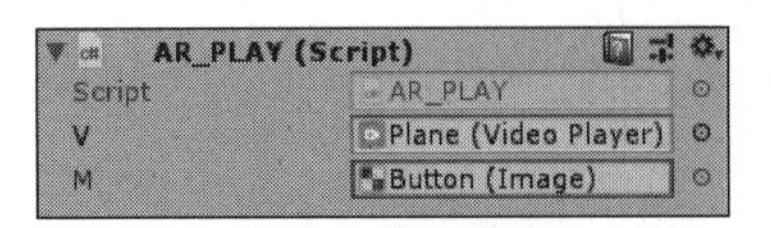

图 6.11 属性赋值

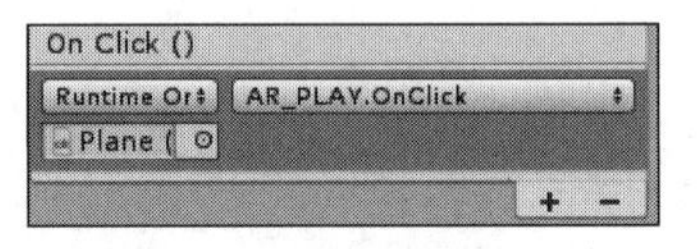

图 6.12 添加 OnClick 事件

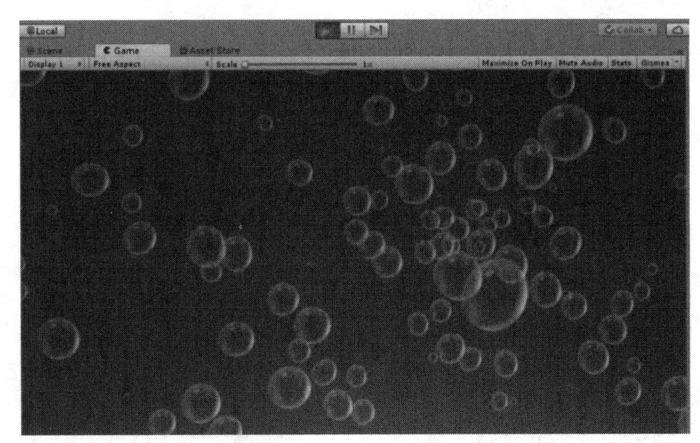

图 6.13 单击 Button 按钮播放视频效果

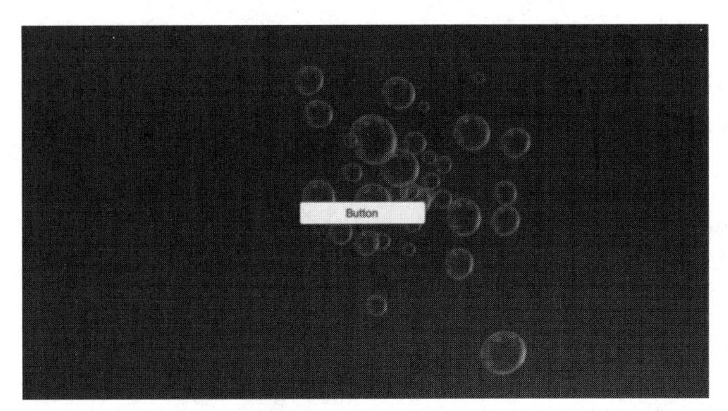

图 6.14 再次单击 Button 按钮暂停视频效果

6.4 综合项目：AR 展示视频播放

6.4.1 项目构思

本项目计划以蛋糕店橱窗展示为主题，制作一个以展示蛋糕店内销售商品相关的 AR 展示视频项目，购买者可以通过扫描蛋糕店内展示图片进一步了解每一种蛋糕的所用原料以及制作流程等信息。在视频播放过程中，购买者可以通过 Button 控制 AR 视频的播放，包括开始、暂停、停止等功能。

6.4.2 项目设计

本项目界面采用 UGUI 制作，包括三种糕点的介绍，分别是椰蓉奶冻、魔方慕斯和冰皮月饼。每一种糕点的背后都加载一个 Plane 面板，用于播放相应的介绍视频。甜品制作工坊界面效果设计如图 6.15 所示。

图 6.15 甜品制作工坊界面设计图

6.4.3 项目实施

Step1：双击 Unity 软件快捷图标建立一个空项目，将其命名为 CakeAR，如图 6.16 所示。

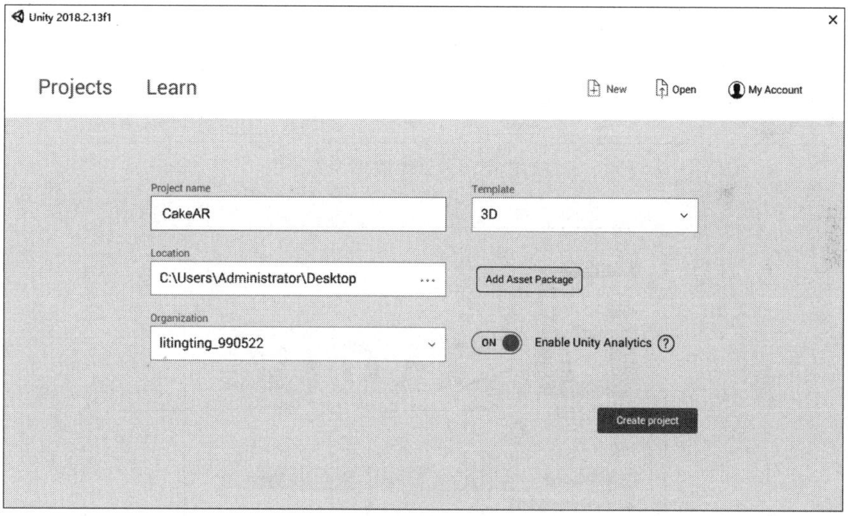

图 6.16 新建空白项目

Step2：登录 Vuforia 官方网站 https://developer.vuforia.com/，单击界面右上角的 Log In 登录系统，如图 6.17 所示。

Step3：找到 AR 数据库，单击左上角的 Add Target 按钮，上传识别图片，如图 6.18 所示。

Step4：上传识别图片信息，如图 6.19 所示。

Step5：单击右上角的 Download Database(1)按钮，下载识别图资源，如图 6.20 所示。

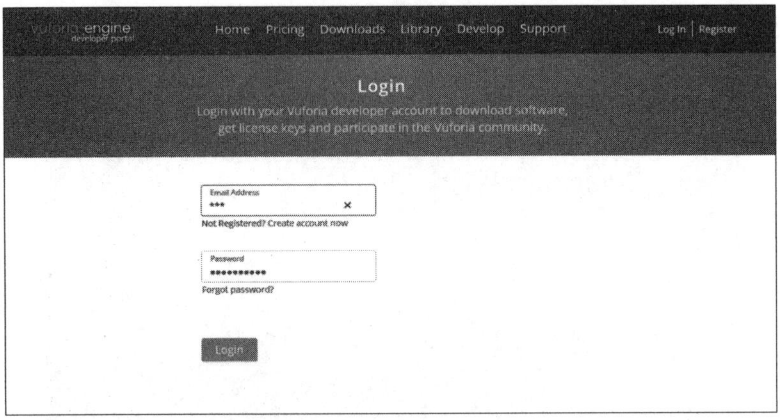

vuforia engine developer portal　Home　Pricing　Downloads　Library　Develop　Support　Log In | Register

Login

Login with your Vuforia developer account to download software, get license keys and participate in the Vuforia community.

Email Address
***
Not Registered? Create account now

Password
••••••••••
Forgot password?

Login

图 6.17　登录 Vuforia 官方网站

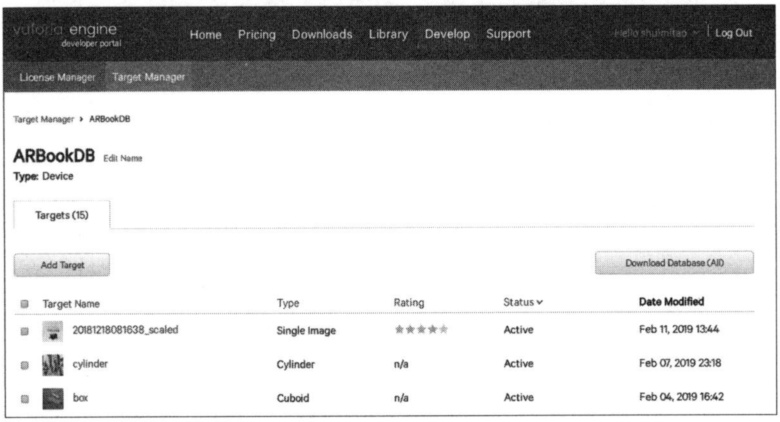

vuforia engine developer portal　Home　Pricing　Downloads　Library　Develop　Support　Hello shulmitao | Log Out

License Manager　Target Manager

Target Manager › ARBookDB

ARBookDB　Edit Name

Type: Device

Targets (15)

Add Target　Download Database (All)

	Target Name	Type	Rating	Status	Date Modified
	20181218081638_scaled	Single Image	★★★★★	Active	Feb 11, 2019 13:44
	cylinder	Cylinder	n/a	Active	Feb 07, 2019 23:18
	box	Cuboid	n/a	Active	Feb 04, 2019 16:42

图 6.18　AR 数据库

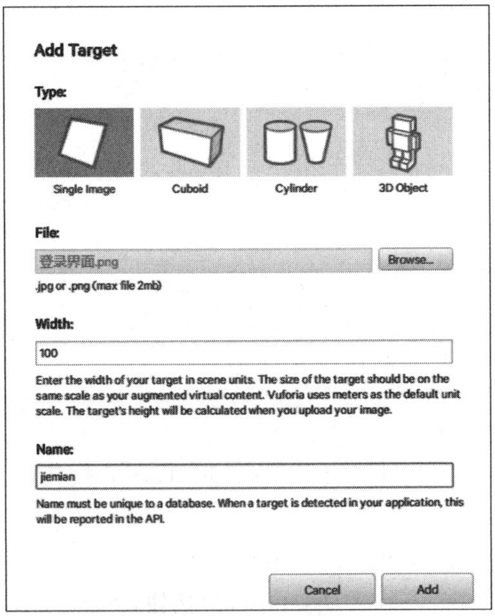

Add Target

Type:

Single Image　Cuboid　Cylinder　3D Object

File:

登录界面.png　Browse...

.jpg or .png (max file 2mb)

Width:

100

Enter the width of your target in scene units. The size of the target should be on the same scale as your augmented virtual content. Vuforia uses meters as the default unit scale. The target's height will be calculated when you upload your image.

Name:

jiemian

Name must be unique to a database. When a target is detected in your application, this will be reported in the API.

Cancel　Add

图 6.19　上传识别图

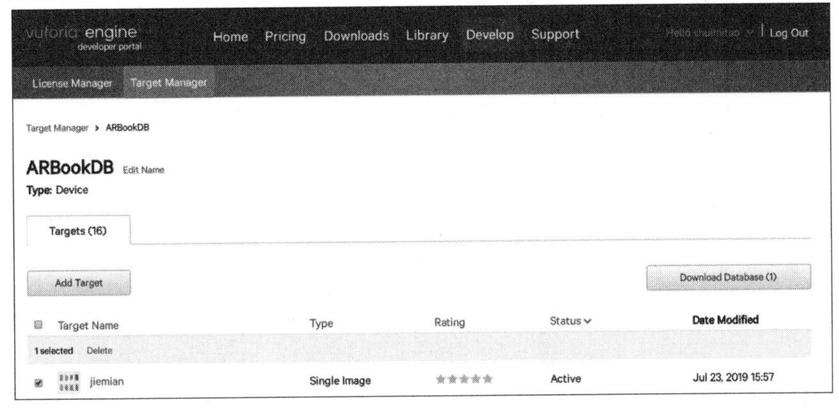

图 6.20　下载识别图资源

Step6：在弹出的界面中选择 Unity Editor，然后单击 Download 按钮，如图 6.21 所示。

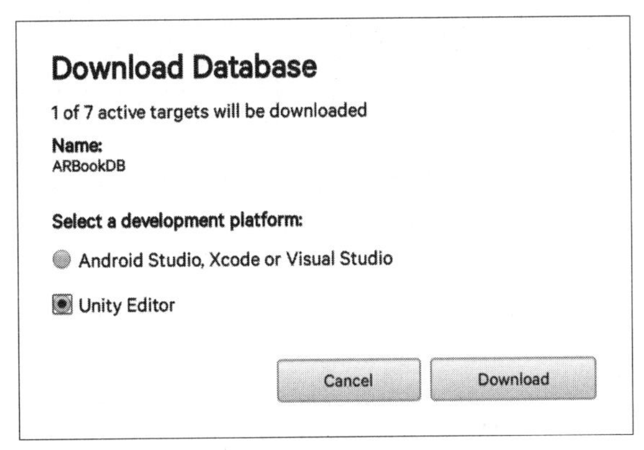

图 6.21　Download 选择

Step7：导入下载好的 Vuforia SDK 包。单击 Asset→Import Package→Custom Package 导入从高通下载的图片数据包 CakeAR.unitypackage，单击 Import 按钮，如图 6.22 所示。

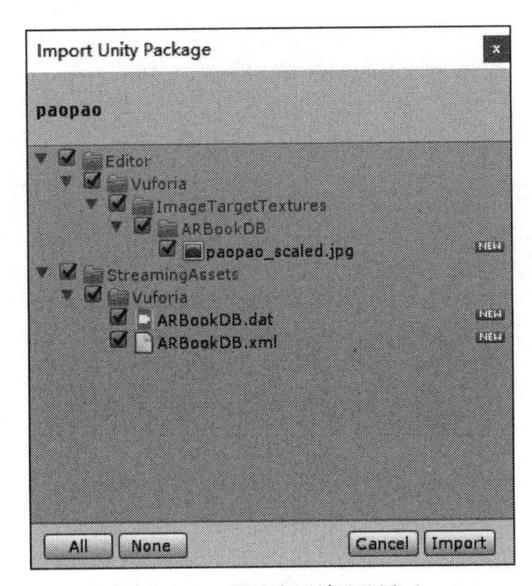

图 6.22　识别图资源导入

Step8：单击菜单栏 File→Build Settings，在弹出的对话框中选择 Android 平台后单击 Player Settings 按钮，在右侧属性面板的 XR Setting 中勾选 Vuforia Augmented Reality 复选框，如图 6.23 所示。

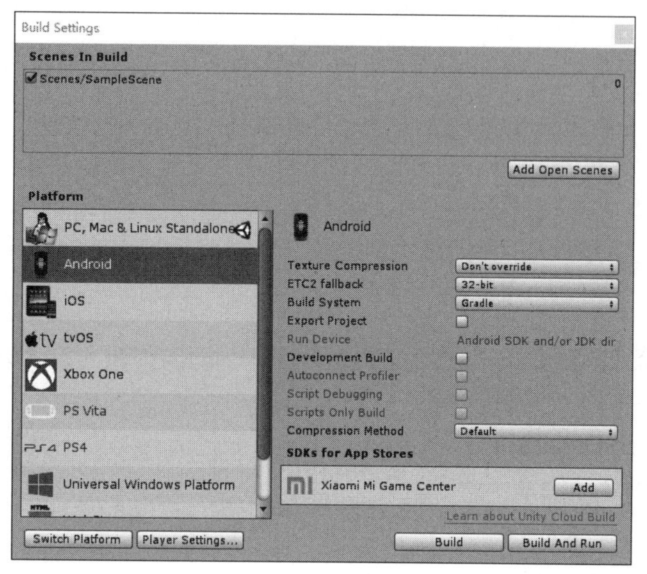

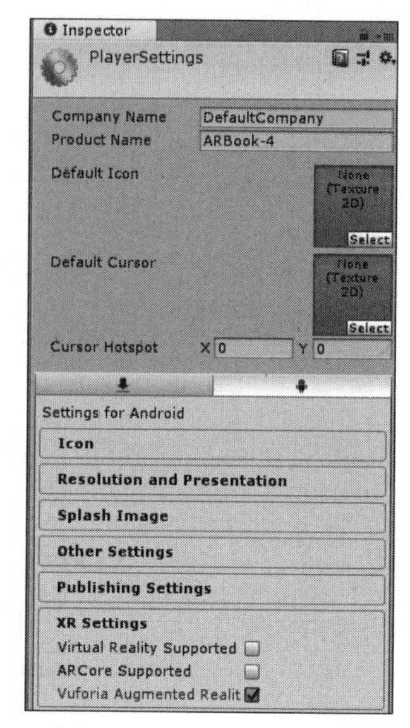

图 6.23　XR Settings 设置

Step9：单击菜单栏 GameObject→Vuforia→ARCamera，在弹出的对话框中单击 Import 按钮，加载 ARCamera，如图 6.24 所示。

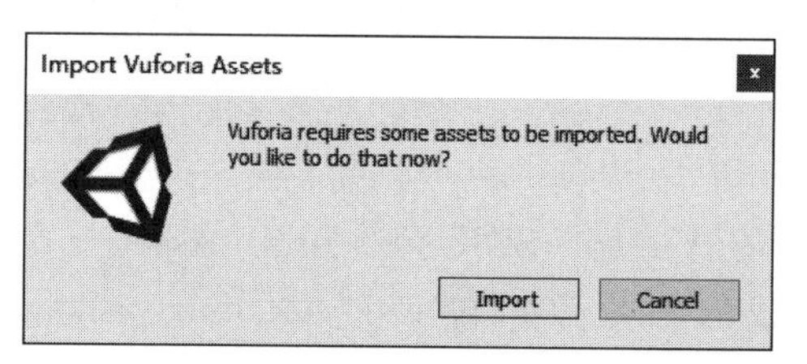

图 6.24　加载 ARCamera

Step10：单击 ARCamera 属性面板中的 Open Vuforia Configuration 把密钥粘贴到 App License Key 输入框中，如图 6.25 所示。

图 6.25　输入 AR 开发密钥

Step11：单击菜单栏 GameObject→Vuforia→Image 创建三个 ImageTarget，并在属性面板中对其赋值，将识别库设为 ARBookDB，如图 6.26 所示。

Step12：调整 ARCamera 位置，使其照射全景。同时取消 MainCamera 的使用。

Step13：创建一个文件夹命名为 sucai，将 musi.mp4、naidong.mp4、yuebing.mp 视频资

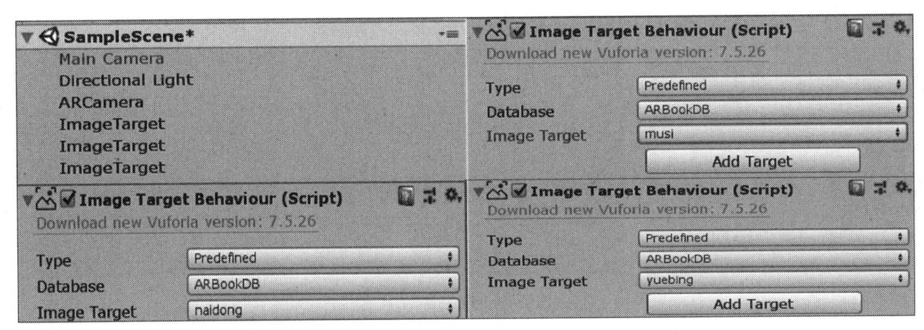

图 6.26 创建三个 ImageTarget

源和海报图片资源导入到 sucai 文件夹中，如图 6.27 所示。

Step14：单击菜单栏 GameObject→3DObject→Plane 创建 3 个平面，分别将其命名为 naidong、musi、yuebing，作为 ImageTarget 的子物体，如图 6.28 所示。

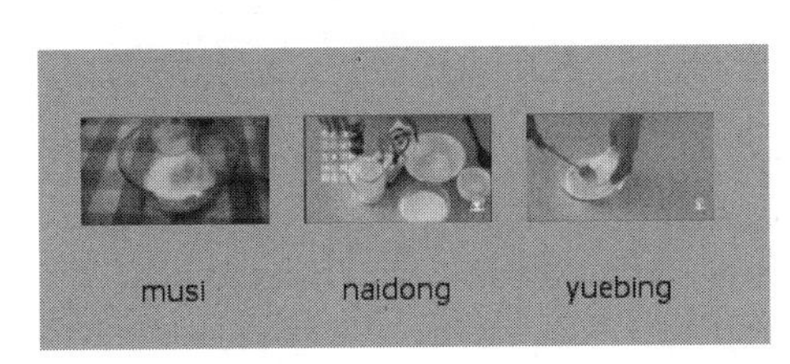

图 6.27 导入资源素材

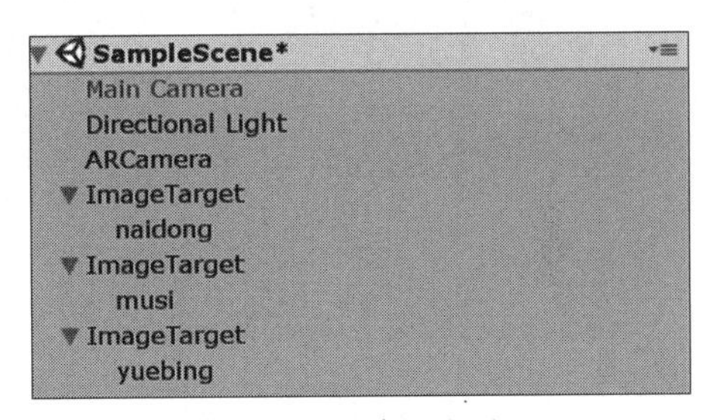

图 6.28 创建 3 个平面

Step15：调整摄像机以及三个平面的位置，使其在同一平面内，效果如图 6.29 所示。

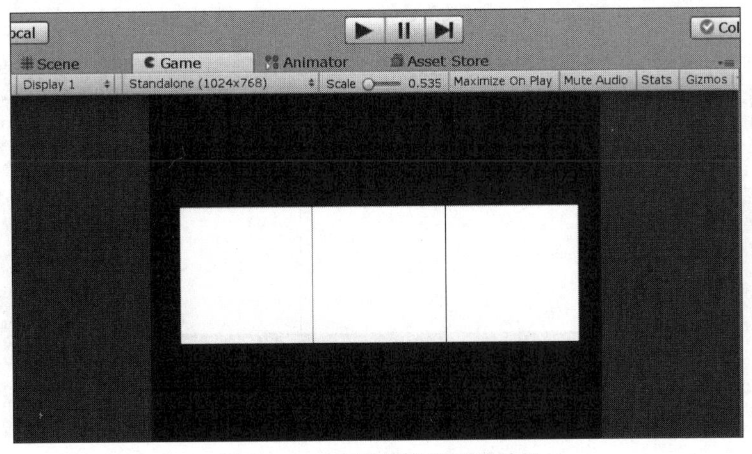

图 6.29 三个平面位置调整效果

Step16：在“层次”面板中依次选中 naidong、musi、yuebing，然后单击菜单栏 Component→Video→Video Plyer，分别为 naidong、musi、yuebing 添加 Video Player 组件。取消勾选 Play On Awake 复选框，改由程序控制，同时勾选 Loop 复选框设置视频循环播放，具体参数如图 6.30 所示。

Step17：单击 GameObject→UI→Button 创建三个按钮，将其命名为 yuebing、naidong、

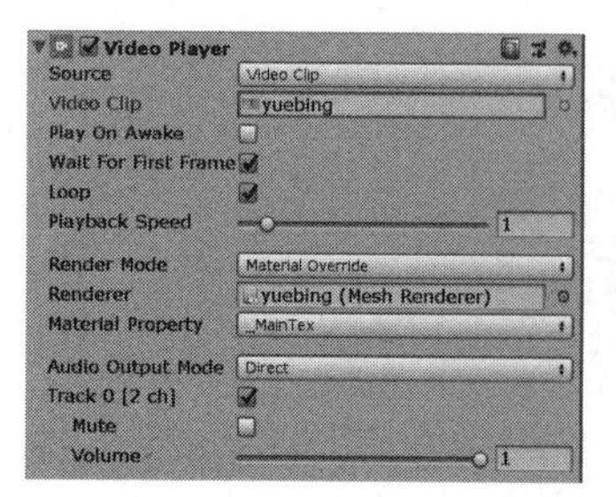

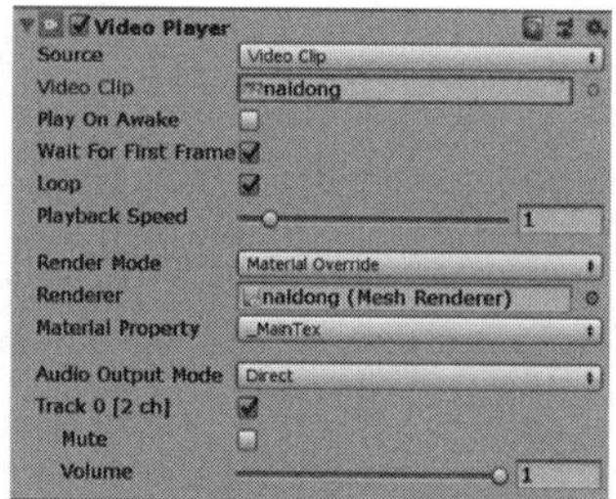

图 6.30　视频播放控制

musi,坐标位置分别为(-300,-300,0)、(0,-300,0)、(300,300,0),具体参数如图 6.31 所示。

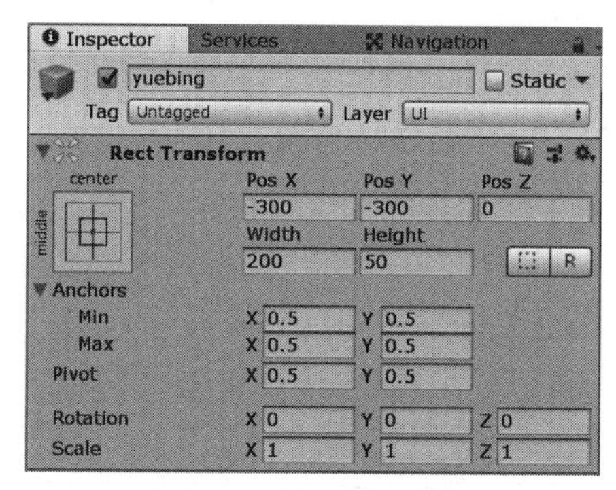

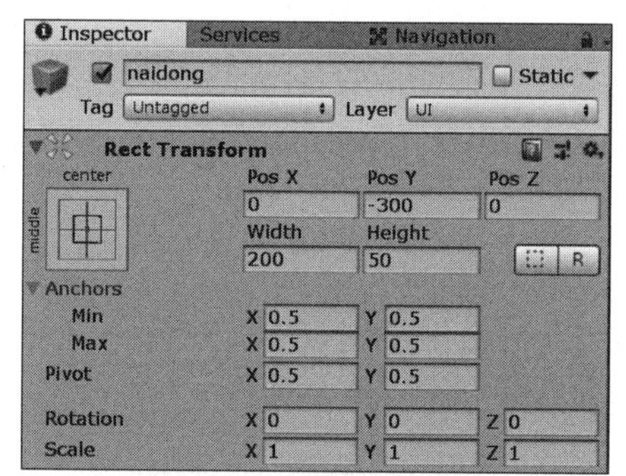

图 6.31　创建 UI Button 按钮

Step18：将 Button 分别命名为冰皮月饼、椰果奶冻、魔方慕斯,如图 6.32 所示。

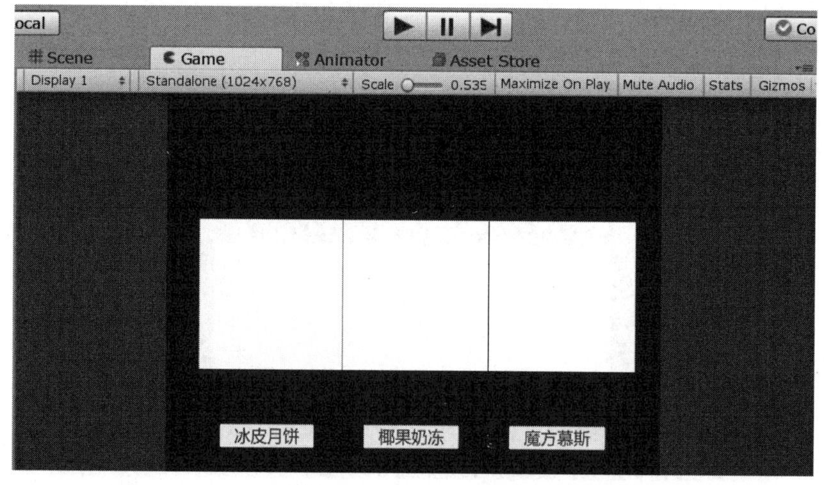

图 6.32　UI Button 命名

Step19：创建脚本 play,输入下列代码,将脚本挂载在空物体上面,并在属性面板上进行变量赋值,如图 6.33 所示。

```
using System.Collections;
using System.Collections.Generic;
using Unity3DEngine;
```

```
using Unity3DEngine.UI;
using Unity3DEngine.Video;
public class play : MonoBehaviour {
    public VideoPlayer mofang;
    public VideoPlayer yuebing;
    public VideoPlayer coconut;
    public void mofangplay()
    { if (mofang.isPlaying)
        {  mofang.Pause(); }
        else
        {  mofang.Play(); }
    }
      public void yuebingplay()
    {  if (yuebing.isPlaying)
        {  yuebing.Pause(); }
        else
        {  yuebing.Play(); }
    }
      public void coconutplay()
    { if (coconut.isPlaying)
        {  coconut.Pause();}
        else
        {  coconut.Play(); }
    }
}
```

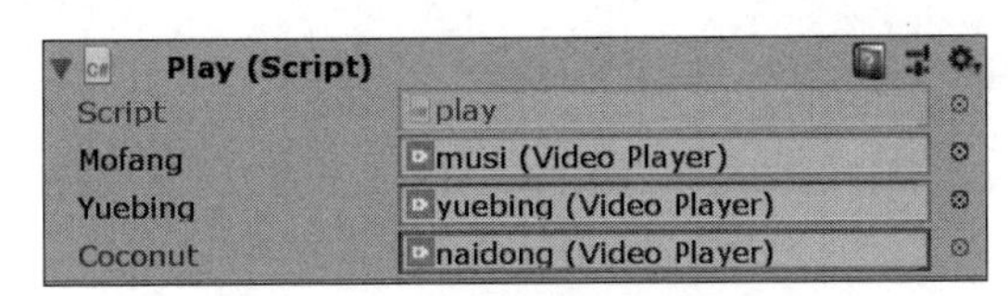

图 6.33 脚本属性赋值

Step20：为按钮添加 OnClick 响应事件，如图 6.34 所示。

图 6.34 添加按钮响应事件

6.4.4 项目测试

调整UI声音面板、AR相机的位置,使其合理地出现在界面中,运行测试,效果如图6.35和图6.36所示。

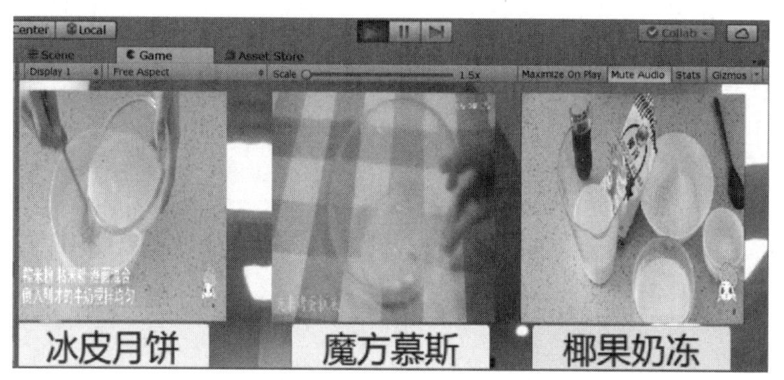

图6.35 项目测试效果图I

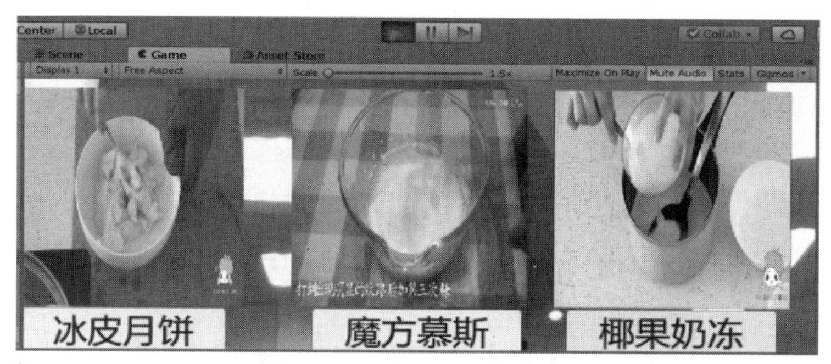

图6.36 项目测试效果图II

小结

本章重点讲解了Unity3D引擎中声音系统以及视频播放的具体方法,配合UGUI可以使系统开发更增添代入感。基于增强现实技术,通过AE软件合成的带Alpha通道的透明视频可以应用在大屏互动展示中。综合实践部分通过AR展示视频播放项目讲述了以及AR视频播放具体操作流程,帮助读者熟悉并掌握AR视频开发方法。

习题

1. Unity中支持的视频格式分别有哪几种?
2. Unity中音效的播放必不可少的两个组件是什么?
3. 概述AR透明视频制作方法。
4. 创建空项目,导入音频资源,实现音频自动播放效果。
5. 创建空项目,导入视频资源,实现单击播放视频效果。

第7章 AR动画开发

本章介绍增强现实开发中的Mecanim动画系统。通过本章的学习，读者可以掌握使用Unity3D中的Mecanim动画系统，制作出真实连贯的角色动画，为以后的增强现实应用开发打下基础。

7.1 AR动画概述

广义而言，把一些原先不活动的东西，经过影片的制作与放映，变成会活动的影像，这就是动画。医学已经证明，人类具有“视觉暂留”的特性，也就是说，人的眼睛看到一幅画或一个物体后，在1/24秒内不会消失，如雨点下落形成雨丝，风扇叶片快速旋转变成圆盘等，都是视觉暂留现象。利用这一原理，在一幅画还没有消失前播放下一幅画，就会给人营造一种流畅的视觉变化效果。电影、电视就是通过这个原理来实现画面流畅的视觉效果。

AR动画也是通过“视觉暂留”原理，在手机、平板电脑、智能眼镜等设备上来显示虚拟动画。AR动画具备三个突出的特点：真实世界和虚拟世界的信息集成，具有实时交互性，在三维尺度空间中增添定位虚拟物体，如图7.1所示。

图7.1 AR动画效果

Unity早期版本采用了Legacy动画系统，现已由全新的Mecanim动画系统所替代。Mecanim系统兼容Legacy系统，并且提供了Animation编辑器，游戏开发者经常使用它来制作一些模型的移动、旋转、缩放、材质球上的透明显示、UV动画等。但Unity目前版本还不能完成IK动画，所以像骨骼连带动画这类复杂效果还得在3d Max或Maya等三维软件中完成。

7.2 Mecanim 动画系统

Mecanim 动画系统是 Unity 推出的全新动画系统，具有非常强大的功能，使用起来也非常方便，可以轻松实现重定向、可融合等诸多功能，通过和美工人员的配合，可以帮助程序设计人员快速地设计出角色动画。接下来先从整体上了解 Mecanim 动画系统的特性以及核心概念。

7.2.1 Mecanim 系统特性

（1）简单易上手的工作流，可以轻松创建和设置各种游戏元素的动画，包括游戏对象、角色和属性等。

（2）支持 Unity 中所创建的 Animation Clips 和 Animation。

（3）支持人形角色动画的 Retargeting，简单来说就是将某个角色模型的动画赋予另外一个角色。

（4）可以方便地预览 Animation Clips 以及动画片段之间的切换和互动。通过这一特性动画师可以独立于程序员工作，并直观地预览动画效果。

（5）通过可视化的编程工具创建和管理动画之间的复杂互动。

（6）使用不同的逻辑来使得身体的不同部位产生动画。

（7）支持动画的分层和遮罩。

7.2.2 Mecanim 核心概念

1. Animation Clips

Mecanim 动画系统中的一个核心概念是 Animation Clips，它包含丰富的动画信息，如特定的对象将如何更改其位置、旋转及其他属性。Unity 支持使用第三方软件所创建的动画片段，如 3d Max 或 Maya，或使用动作捕捉设备记录。

有经验的开发者也可以直接使用 Unity 内置的 Animation 编辑器来从零创建和编辑所需的动画片段。具体来说，Unity 内置的 Animation 窗口可以用来设置游戏对象的位置旋转和缩放。此外，还可以动态调整材质的色彩、灯光的强度和音量的大小等。

2. Animator Controllers

Unity 中的 Animator Controlller(动画控制器)允许开发者设置角色和动画对象的动画。与 Animation Clips 不同，Animation Controller 必须在 Unity 内部创建。开发者可以通过菜单栏上的 Assets 或者从 Project 面板中的 Create 菜单来创建 Animator Controller。

Animator Controller 使用 State Machine 来管理游戏对象的不同动画状态及其之间的过渡。可以将 State Machine 看作某种类型的流程图，或是使用 Unity 内置的可视化编程语言所编写的小程序，也可以在 Animator 视图中创建、浏览和修改 Animator Controller 的结构，如图 7.2 所示。

7.2.3 Mecanim 工作流程

（1）将 Animation Clips 导入到项目之中，这些动画片段可能是在 Unity 内创建的，也

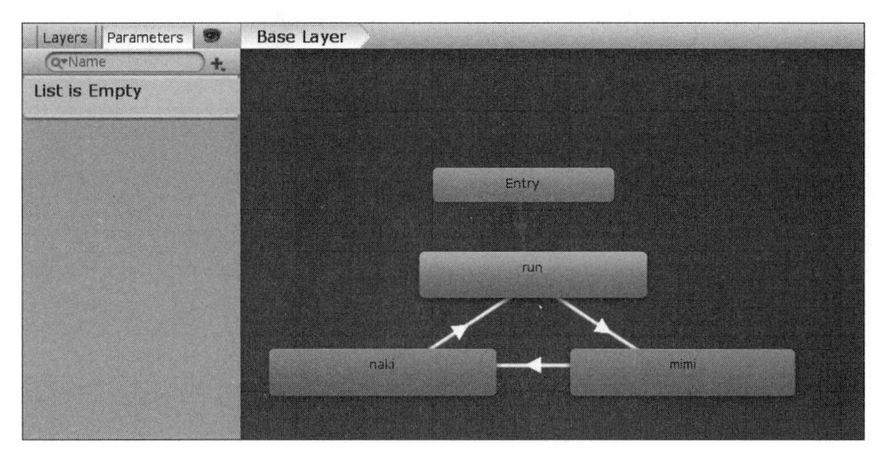

图 7.2　Animator Controller

可能是通过第三方的软件创建并导出的。

（2）创建 Animator Controller，并将刚才的 Animation Clips 放置其中。角色的不同状态之间使用直线相连，而每个状态里面还可能有嵌套的子状态机。该 Animator Controller 将在 Project 视图中以游戏资源的形式显示。

（3）设置 rigged 角色模型，使其映射到 Unity 常用的 Avatar。所映射的 Avatar 将作为角色模型的一部分保存在 Avatar 游戏资源中，并显示在 Project 面板中。

（4）在实际使用角色模型的动画之前，需要给游戏对象添加 Animator 组件，并指定所对应的 Animator Controller 和 Avatar。需要注意的是，仅当使用人形角色动画时才需要 Avatar 的引用。对于其他类型的动画，只需要一个 Animator Controller 即可。

7.3　综合项目：AR 角色动画开发

7.3.1　项目构思

在 AR 应用开发中，角色动画显示非常重要。角色大多是用 3D 建模软件建造的立体模型，也是构成 AR 应用开发的基础元素。Unity 支持几乎所有主流格式的 3D 模型，比如 FBX 文件和 OBJ 文件等。开发者可以将 3D 建模软件导出的角色文件添加到项目资源文件夹中。

7.3.2　项目设计

项目设计以动物为主题，通过角色动画的自动播放，实现动物各个部位的动画效果。识别图设计如图 7.3 所示。

图 7.3　识别图设计

7.3.3　项目实施

Step1：双击 Unity 软件快捷图标建立一个空项目，将其命名为 AR-animator。

Step2：登录 Vuforia 官方网站 https://developer.vuforia.com/，单击界面右上角 Log In 登录系统，如图 7.4 所示。

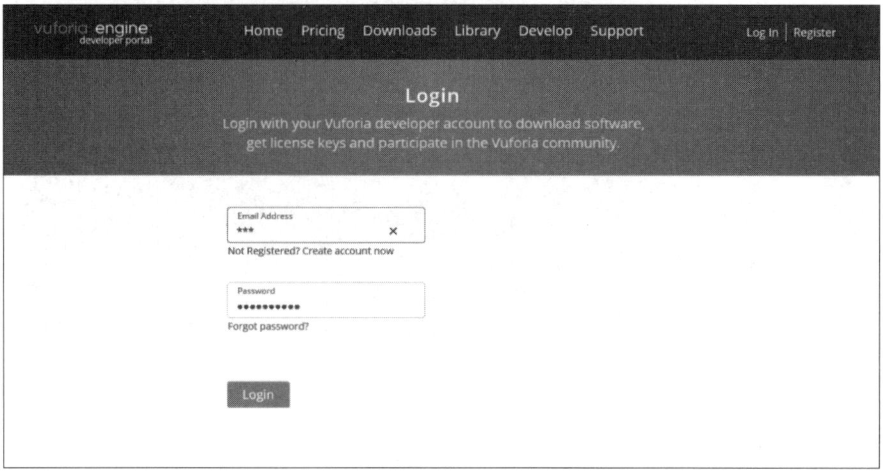

图 7.4　登录 Vuforia 官方网站

Step3：找到 AR 数据库，单击左上角 Add Target 按钮，上传识别图片，如图 7.5 所示。

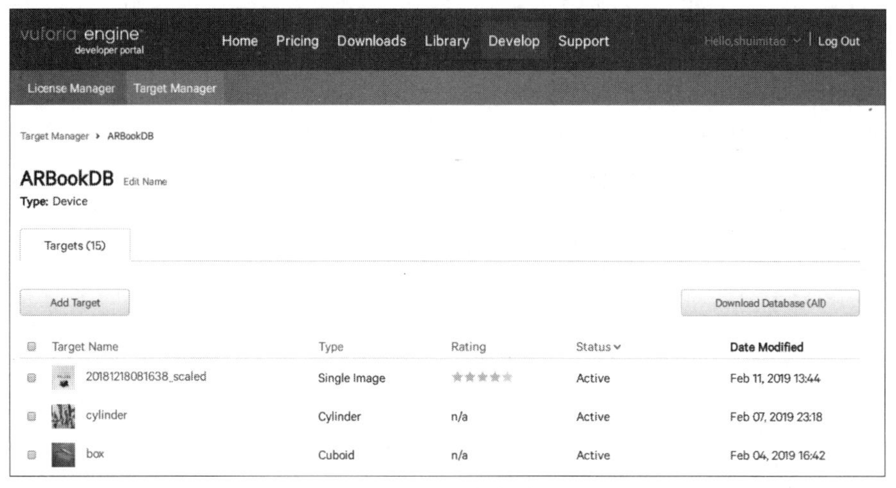

图 7.5　AR 数据库

Step4：上传识别图片信息，如图 7.6 所示，等待系统识别完成即可查看识别图星级评价，如图 7.7 所示。

Step5：单击右上角 Download Database(1)按钮，下载识别图资源，如图 7.8 所示。

Step6：在弹出的界面中选择 Unity Editor，然后单击 Download 按钮，如图 7.9 所示。

Step7：导入下载好的 Vuforia SDK 插件包。选择 Asset→Import Package→Custom Package 导入从高通下载的图片数据包 CakeAR.unitypackage，单击 Import 按钮，如图 7.10 所示。

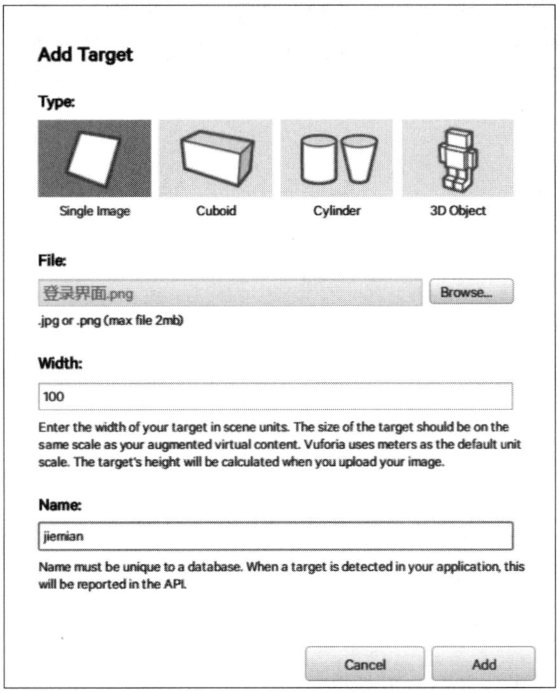

Add Target

Type:

Single Image | Cuboid | Cylinder | 3D Object

File:

登录界面.png [Browse...]

.jpg or .png (max file 2mb)

Width:

100

Enter the width of your target in scene units. The size of the target should be on the same scale as your augmented virtual content. Vuforia uses meters as the default unit scale. The target's height will be calculated when you upload your image.

Name:

jiemian

Name must be unique to a database. When a target is detected in your application, this will be reported in the API.

[Cancel] [Add]

图 7.6 上传识别图

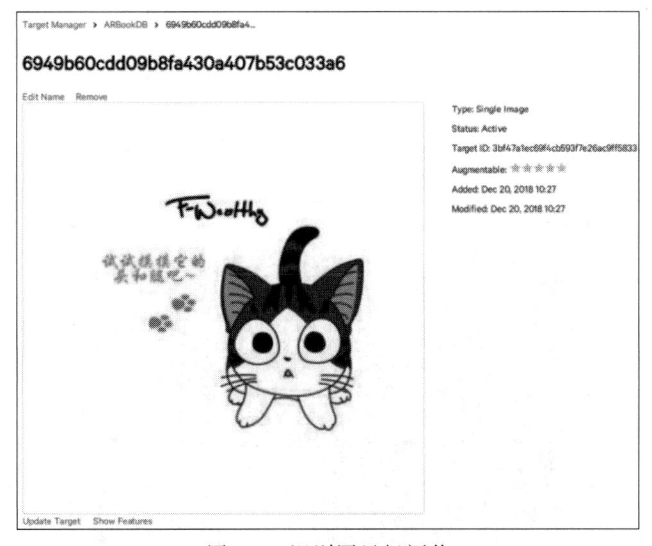

图 7.7 识别图星级评价

Step8：单击菜单栏 File→Build Settings，在弹出的对话框中选择 Android 平台后单击 Player Settings 按钮，在右侧属性面板中 XR Settings 中勾选 Vuforia Augmented Reality 复选框，如图 7.11 所示。

Step9：单击菜单栏 GameObject→Vuforia→ARCamera，在弹出的对话框中单击 Import 按钮，加载 ARCamera，如图 7.12 所示。

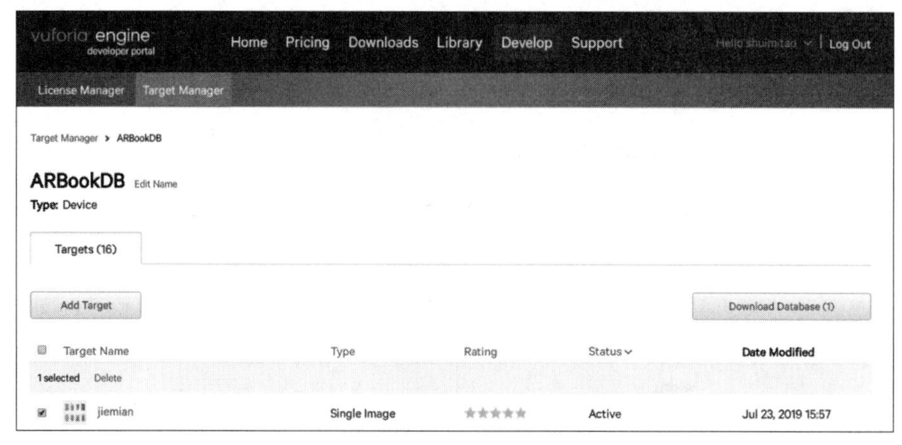

图 7.8 下载识别图资源

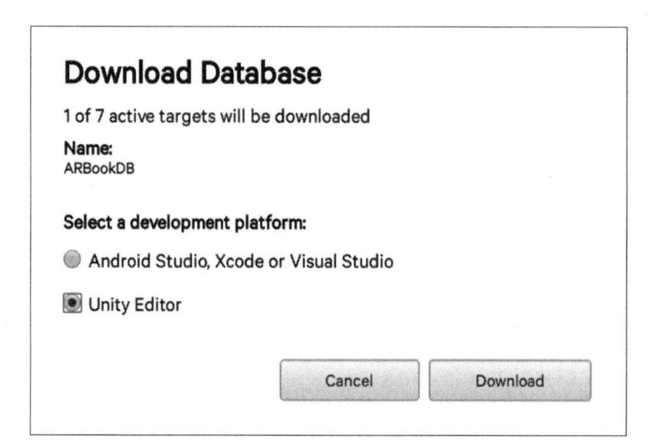

图 7.9 Download 选择图

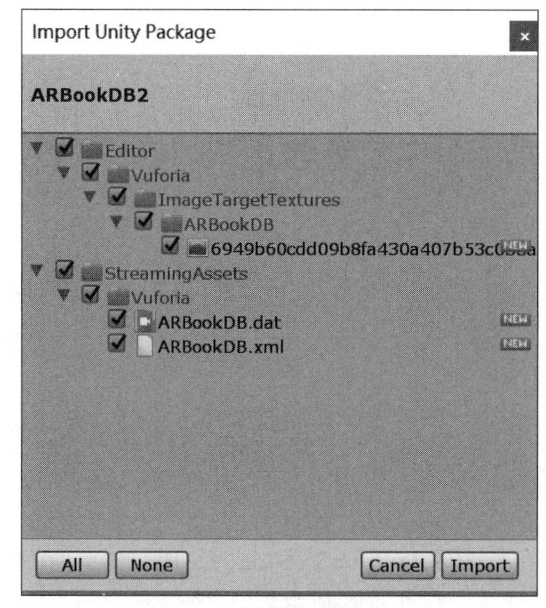

图 7.10 识别图资源导入

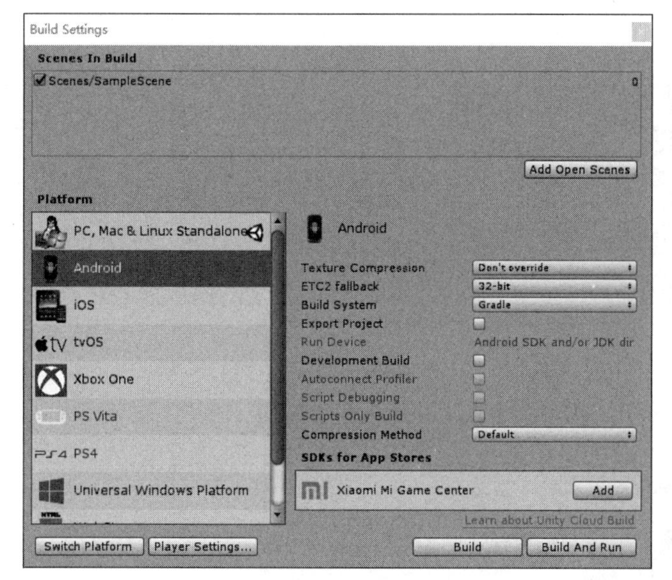

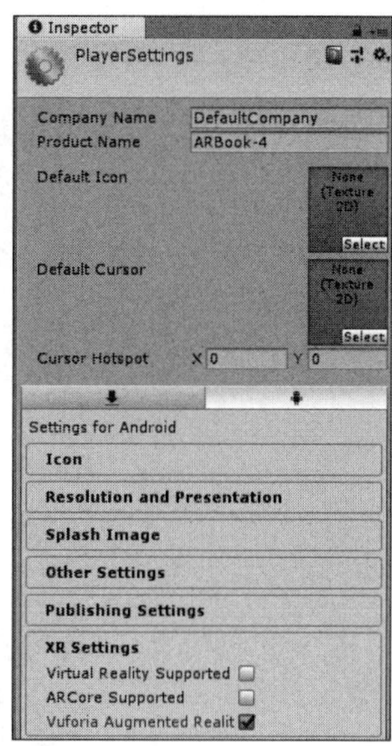

图 7.11 XR Settings 设置

Step10：单击 ARCamera 属性面板中的 Open Vuforia Configuration 把密钥粘贴到 App License Key 输入框中，如图 7.13 所示。

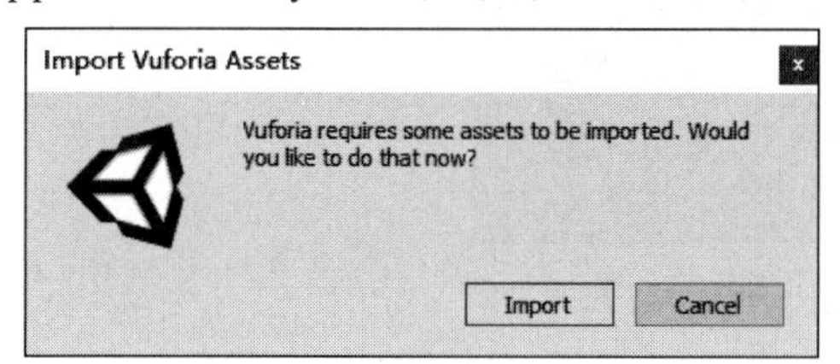

图 7.12 加载 ARCamera

图 7.13 输入 AR 开发密钥

Step11：单击菜单栏 GameObject→Vuforia→Image 创建 ImageTarget。

Step12：选中 ImageTarget，在其属性面板中选择导入的数据库，如图 7.14 所示。

图 7.14 选择数据库

Step13：调整 ARCamera 位置，使其照射全景。同时取消 MainCamera 的使用。

Step14：导入素材包中的模型资源，导入之后的资源文件出现在 Project 面板中，如图 7.15 所示。

Step15：将 AmeshoA 模型资源拖曳到 Hierarchy 面板中，放置在 ImageTarget 下，如图 7.16 所示。

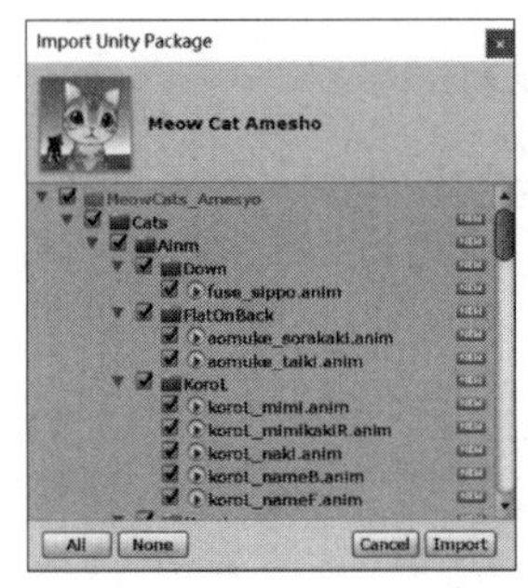

图 7.15　导入模型资源

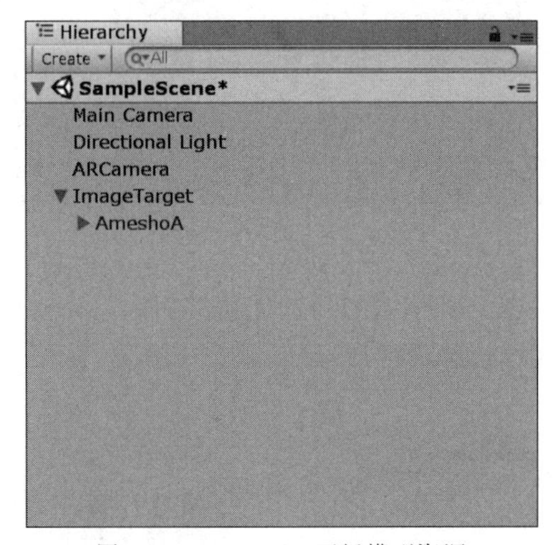

图 7.16　Hierarchy 面板模型资源

Step16：在 Hierarchy“层次”面板中选中 AmeshoA 模型后，在 Inspector 属性面板中调整其属性中的位置以及大小信息，使之出现在识别图中央合适位置，如图 7.17 所示。

图 7.17　调整模型位置

Step17：在 Project 面板中单击 Create 旁边的倒三角创建 Animator Controller，如图 7.18 所示。

Step18：打开创建好的动画状态机，在状态机空白处单击鼠标右键，选择 Create State

→Empty创建一个空白状态，将空白状态重命名为“run”，并在其属性面板中设置run动画，如图7.19所示。

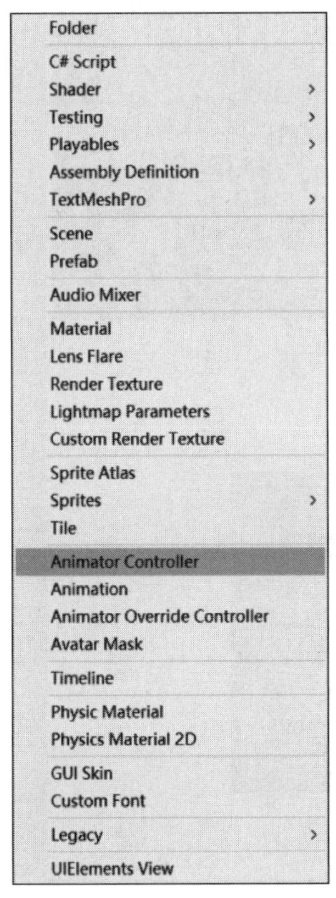

图7.18 创建Animator Controller

图7.19 状态机动画赋值

Step19：用同样的方法依次设置run、naki、mimi三个动画，如图7.20所示。

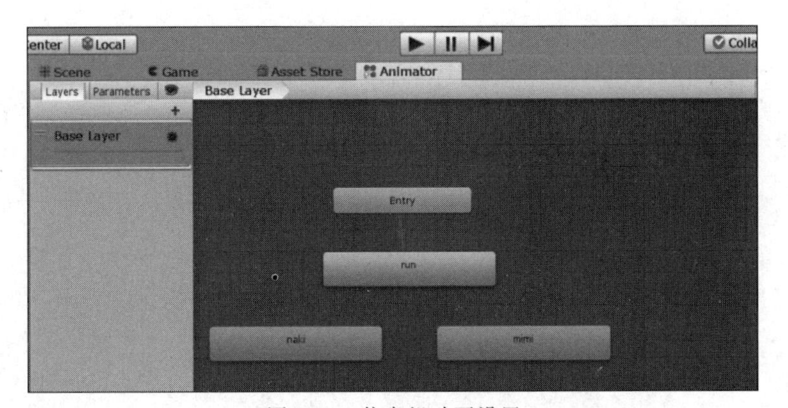

图7.20 状态机动画设置

Step20：分别选中每一个动画，单击鼠标右键，选择Make Transition为状态机设置动作连线，如图7.21所示。

Step21：在Hierarchy“层次”面板中，选中小猫模型AmeshoA，在其属性面板中进行动

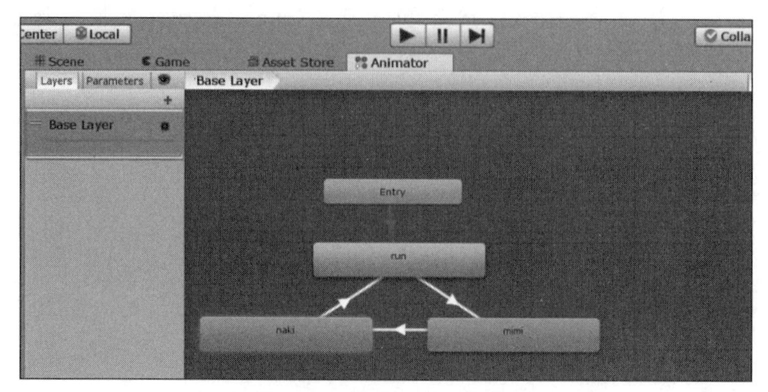

图 7.21 状态机动画连线

画状态赋值，如图 7.22 所示。

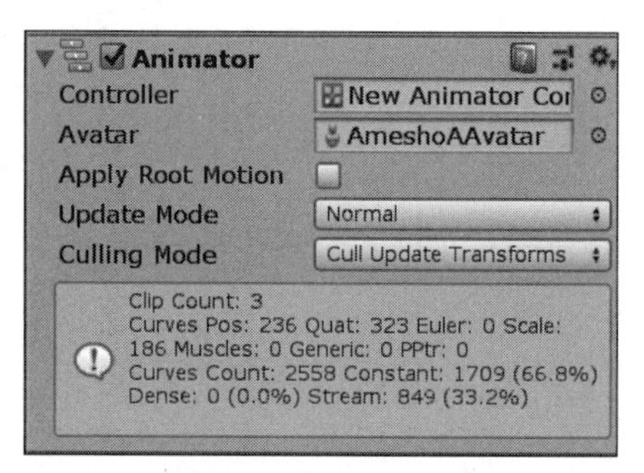

图 7.22 模型动画赋值

7.3.4 项目测试

运行测试，可以看到小猫按照动画系列在执行状态机中的动画，如图 7.23～图 7.25 所示。

图 7.23 mimi 动画效果图

图 7.24 run 动画效果图

图 7.25 naki 动画效果图

7.4 综合项目：AR 交互动画开发

7.4.1 项目构思

在 AR 的世界中，我们希望看到的角色如同在真实世界中一样活灵活现，为了能让游戏角色活起来，需要用到动画系统，本项目构思将继续 7.3 节制作的 AR 小猫，在其中加入单击交互功能，实现 AR 角色互动效果。

7.4.2 项目设计

在 AR 应用中，一个非常重要的体验点就是角色的各种交互动作，如下蹲、奔跑、走路等。本项目实现小猫单击交互效果。在正常状态下，小猫播放默认动画，当鼠标单击小猫时，小猫实现翻身动作效果。小猫识别图采用 7.3 节中在 PS 中制作好的资源图片，如图 7.26 所示。

7.4.3 项目实施

Step1：打开 7.3 节中的 Mecanim 动画播放项目 SampleScene。具体路径在源代码\chapter7\小猫动画\source code\AR-animator\Assets\Scenes 下，也可以将素材导入空白项目中依照 7.3 节操作步骤完成。

Step2：将项目中 AmeshoA 模型资源从 Project 面板拖曳到 Hierarchy 面板中，放置在 ImageTarget 下，如图 7.27 所示。

图 7.26 AR 识别图

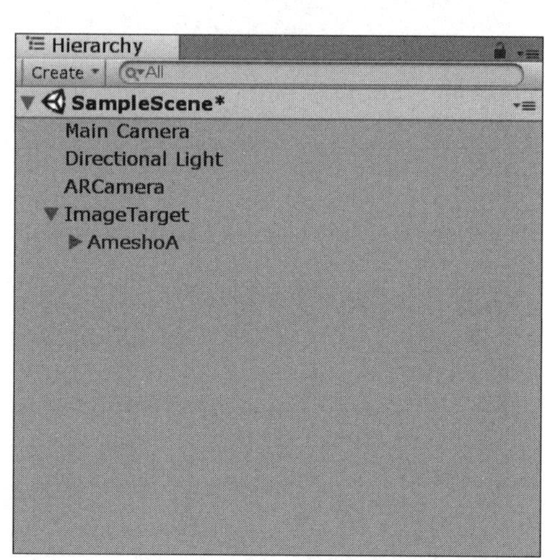

图 7.27 ImageTarget 下加载模型资源

Step3：在 Hierarchy“层次”面板中选中 AmeshoA 模型后，在 Inspector 属性面板中调整其属性中的位置以及大小，使之出现在识别图中央合适位置，如图 7.28 所示。

图 7.28 模型资源位置调整

Step4：在 Project 面板中单击 Create 旁边的倒三角创建 Animator Controller，将其命名为“anim_demo”，如图 7.29 所示。

Step5：在状态机空白处单击鼠标右键，选择 Create State→Empty 创建一个空白状态，将空白状态重命名为 down，并在其属性面板中设置 fuse_sippo 动画，如图 7.30 所示。

Step6：用同样的方法依次设置 stand、run 等动画，如图 7.31 所示。

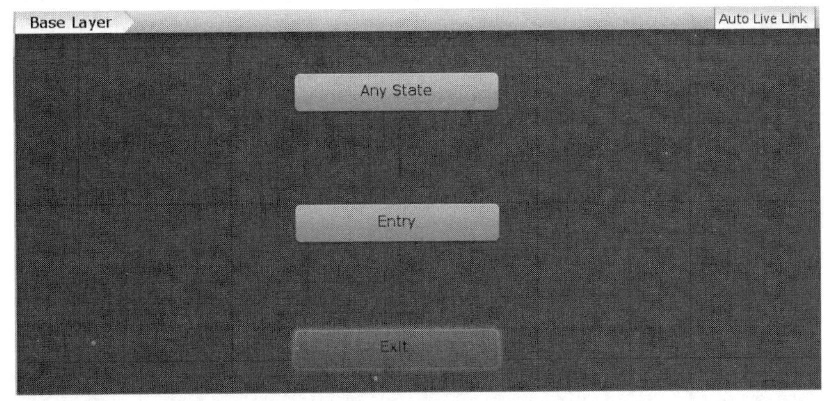

图 7.29　创建 Animator Controller

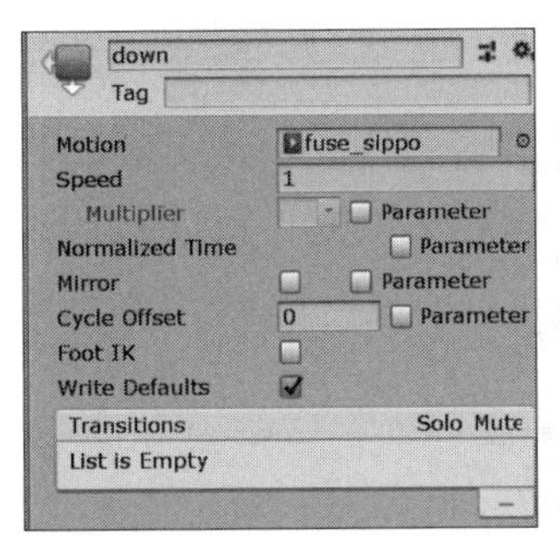

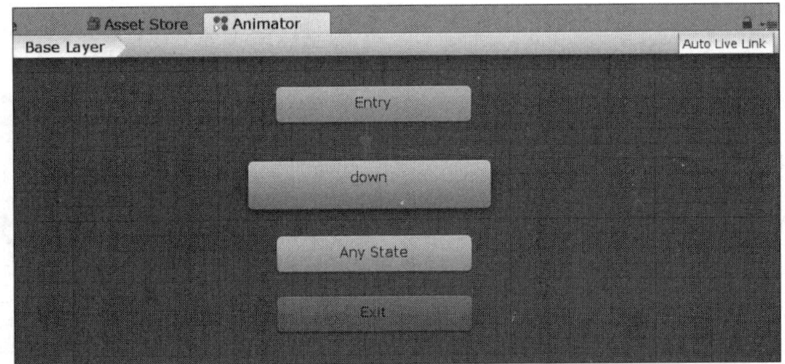

图 7.30　添加 fuse_sippo 动画

图 7.31　添加 stand、run 动画

Step7：分别选中每一个动画，单击鼠标右键，选择 Make Transition 为状态机设置动作连线，如图 7.32 所示。

Step8：用同样的方法设置 Back 动画，如图 7.33 所示。

Step9：分别选中每一个动画，单击鼠标右键，选择 Make Transition 为状态机设置动作连线，最终动画状态连线如图 7.34 所示。

Step10：创建 trigger 类型转换条件为 IsBack，设置转换条件（AnyState→Back），如

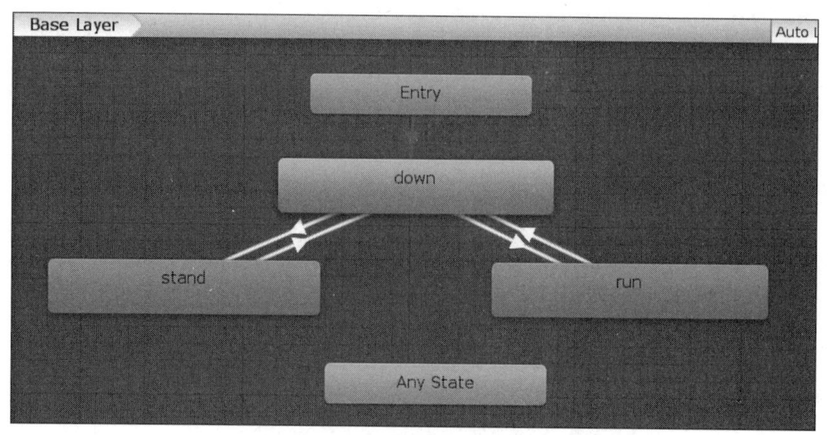

图 7.32 设置动画连线

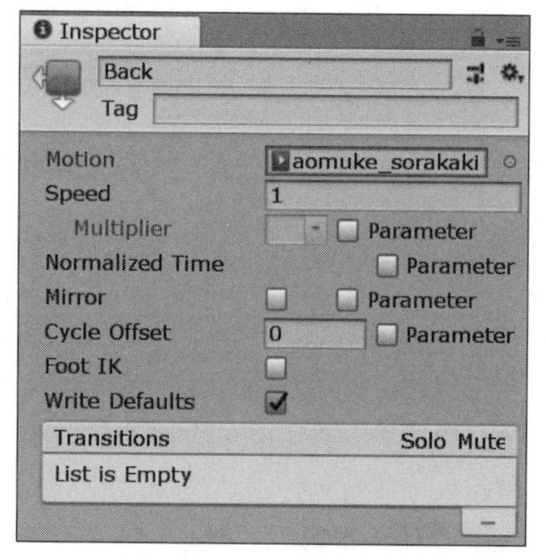

图 7.33 Back 动画设置

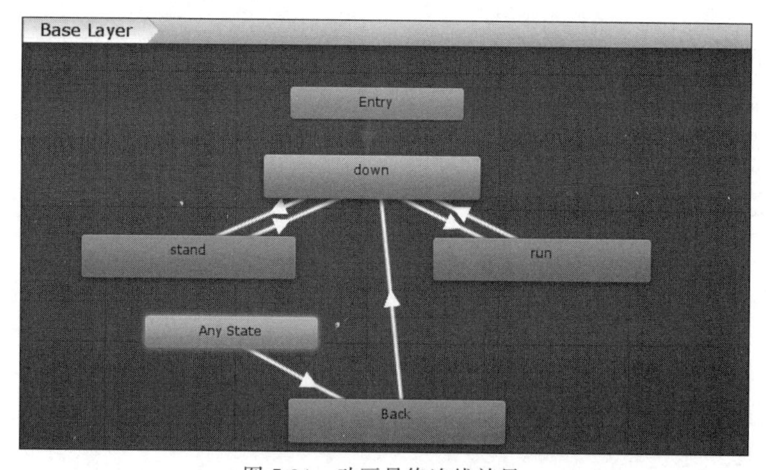

图 7.34 动画最终连线效果

图 7.35 所示。

Step11：选中 AnyState→Back 的连线，在属性面板中为 Back 状态设置 Trigger 属性，

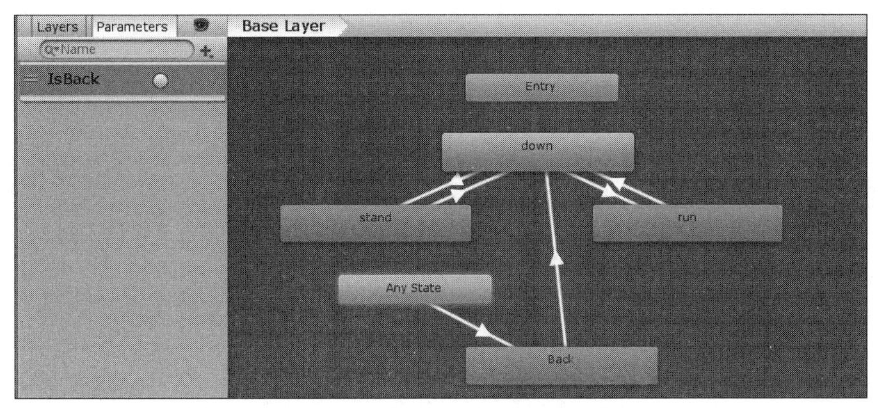

图 7.35 创建 trigger 类型转换条件

如图 7.36 所示。

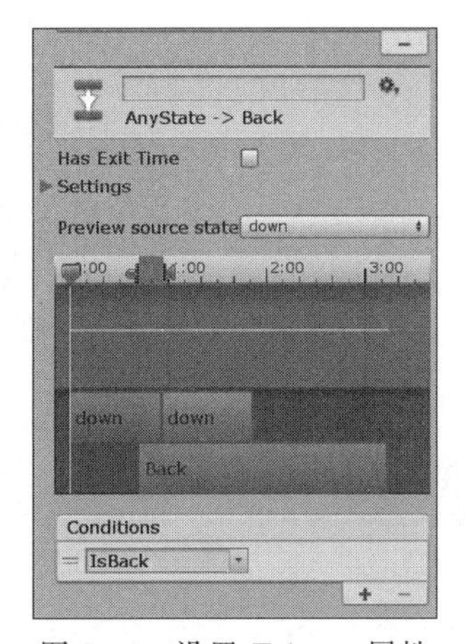

图 7.36 设置 Trigger 属性

Step12：单击 Component→Physics→BoxCollider，在小猫的身子添加碰撞体，如图 7.37 所示。

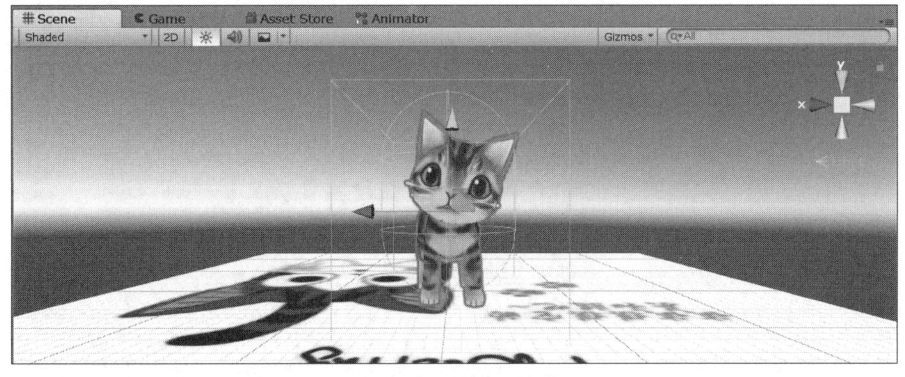

图 7.37 添加碰撞体

Step13：创建 C#脚本，将其命名为 TriggerBack，编写脚本。

```
using System.Collections;
using System.Collections.Generic;
using UnityEngine;
public class TriggerBack : MonoBehaviour {
    public Animator _AniUnityCat;                              //角色动画控制器
  private string _AniNameByDance="IsBack";
    void OnMouseDown()                                         //按下鼠标按键
    {
        _AniUnityCat.SetTrigger(_AniNameByDance);              //播放 Back 动画
    }
}
```

Step14：将脚本链接到小猫上，单击 Ani Unity Cat 右侧的小圈，对 Ani Unity Cat 进行赋值，如图 7.38 所示。

Step15：在 Hierarchy"层次"面板中，选中小猫模型 AmeshoA，在其属性面板中进行动画状态赋值，如图 7.39 所示。

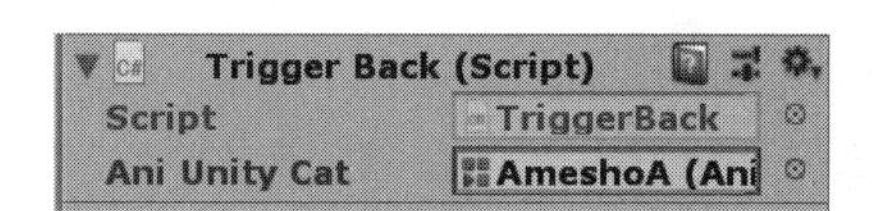

图 7.38 脚本属性赋值

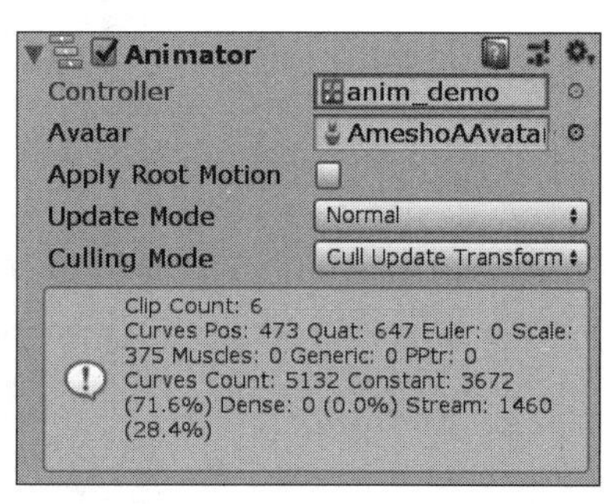

图 7.39 动画状态赋值

7.4.4 项目测试

单击 Play 按钮，运行测试。当摄像头开启时，扫描图片即可播放为小猫设置的默认动画。然后，单击小猫身体即可执行 Back 动画。注意：碰撞器和脚本要在同一物体上。测试效果如图 7.40 和图 7.41 所示。

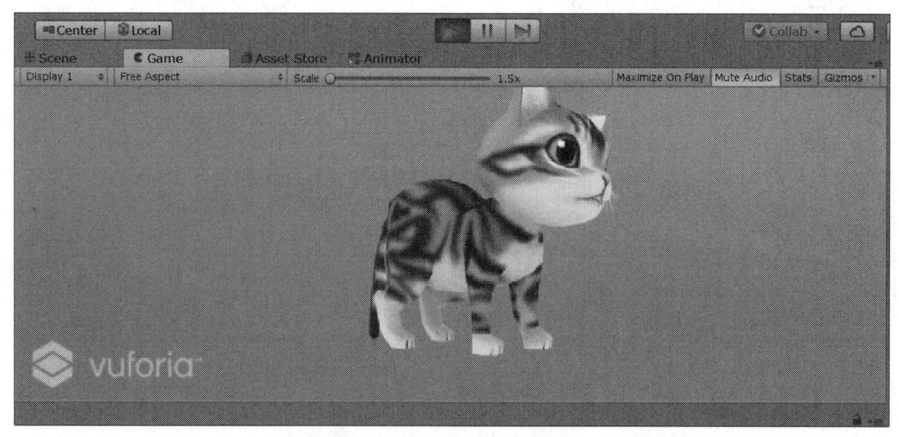

图 7.40 stand 动画播放效果

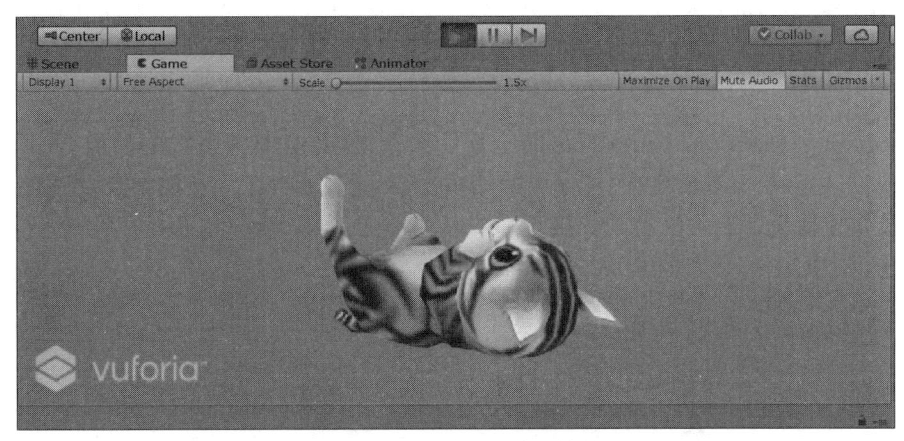

图 7.41　Back 交互动画效果

小结

本章主要对 AR 动画开发进行了介绍，包括 AR 动画概述、Mecanim 动画系统的特性、Mecanim 动画系统的核心概念、Mecanim 动画系统的工作流程以及 Mecanim 动画系统的使用。在实战部分，从导入角色资源开始，一步一步讲述如何添加 Animator、设置状态机、添加状态机之间的切换，以及编写控制角色的动画脚本。

习题

1. 概述 Unity 中 Mecanim 动画系统的特性有哪些。

2. 在官网下载 Unity-chan 模型资源，基于 Mecanim 动画状态机构建角色动画顺序播放效果，如图 7.42 所示。

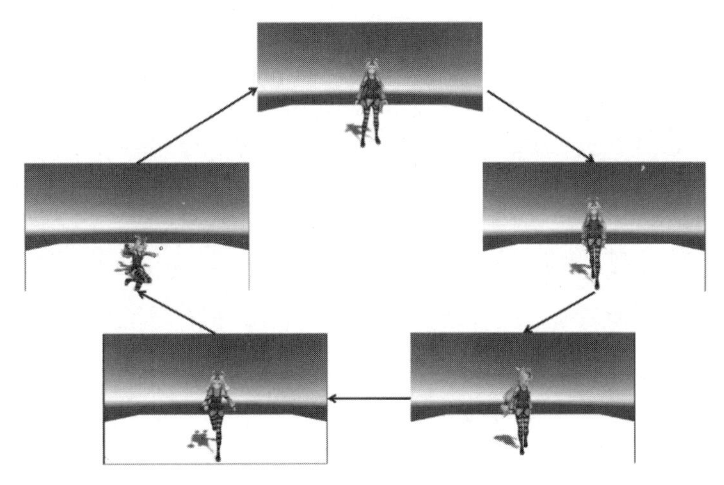

图 7.42　角色动画顺序播放

3. 基于 Mecanim 动画状态机构建角色交互动画，实现 UnityChan 不同部位的交互动画效果，如图 7.43～图 7.46 所示。

图 7.43　角色默认站立效果

图 7.44　角色单击交互踢腿效果

图 7.45　角色单击交互跳跃效果

图 7.46　角色单击交互摔倒效果

第 8 章

Chapter 8

AR 交互开发

交互技术是增强现实系统中与显示技术和注册技术密切相关的技术，满足了人们在虚拟和现实世界自然交互的愿望。随着人机交互技术的发展，用户可以摆脱传统的交互方式，如键盘和鼠标，实现更加自然和人性化的交互方式。例如 iPhone 多点触摸交互技术，可以精确识别多种手指运动方式并获取手指触摸位置坐标，达到人手动作手势的自然交互。增强现实技术本身作为一种新型的人机交互接口，基于动态手势识别的人机交互可为增强现实系统带来更广泛的应用。因此，交互技术具有很高的科学研究价值。

8.1 AR 交互概述

在早期的 AR 研究中，研究重点主要集中于跟踪、注册和显示，只是简单地将虚拟物体叠加在真实场景内，并通过显示设备观看虚实效果，没有太多与外界的交互。但是随着计算机性能的提高，显示设备的微型化、便携化，仅“显示”增强场景不再能满足用户的需求，从而促使多种交互技术在 AR 系统中应用，如利用语音识别技术、手势和人体姿态识别技术等。

交互技术是一些有共同特征的交互任务的抽象表达方式，研究人机交互过程中的共性，实现在不同环境下的交互。其研究目的是达到人与机器交互的自然和高效。例如，传统的鼠标采用单击方式对该交互进行抽象，新型的手势识别技术可以用特定的手势来实现单击功能。例如，医生只需挥动手就可以翻看患者的 X 射线照片，而不需要用传统的遥控器上下翻阅，这为医生在手术过程中对病情资料的查看带来巨大方便。又如用户只需舞动手，就可以利用微软公司研发的 Kinect 控制虚拟场景中的人物打乒乓球。

8.2 AR 交互分类

1. 基本命令式交互

通过交互完成选择、漫游、旋转、操控等功能。该技术通过指定动作状态对应指定操作，如选择、移动等。可以通过获取人手的空间位置特征信息，触发相应命令。

2. 双手交互

该技术在认知心理学上逐渐受到关注，该交互方式能够给人带来直接、高效的交互体验。双手交互的研究主要集中于双手操作的行为心理学基础和双手交互在人机交互中的应用。如基于增强现实的汽车维修，用户可以通过观看虚拟动画提示正确的操作维修和学习。

3. 多通道交互

人自身具有多种感官感知功能，虚拟环境可以为用户提供真实的高沉浸感的感官体验。通过手势、身体姿态、语音甚至对眼睛视点的捕捉都可以作为增强现实系统中的交互方式。此外，还可以将触觉、嗅觉、听觉、力反馈等作为输出，从而实现多通道的增强现实交互与用户意图的结合。Tempest 在 TED 大会上分享了基于增强现实技术的投影追踪和绘画系统，该系统包括手势跟踪、脸部追踪以及基于 Kinect 深度图像控制的“global magic dust”。特殊工具的交互方式如可以使用简单的、易于识别的工具或标识点作为交互设备，通过识别不同工具或动作的命令，实现不一样的增强现实交互体验。例如，使用简单自制的红外笔，外加投影跟踪系统就可以实现简单的电子白板，其实现只要花费 40 美元，就可以等同拥有上千美元的数位白板、多点触控大屏幕和头戴式 3D 浏览器。

8.3 模型旋转交互实现

目前，市场上留下的 AR 产品以儿童教育类产品居多，这些产品大多会有手势交互的功能，本节将讲解如何在 AR 产品中加入手势交互功能中的角色旋转交互效果，具体操作方法如下所示。

Step1：双击 Unity 软件快捷图标建立一个空项目，将其命名为 AR-rotate。

Step2：登录 Vuforia 官方网站 https://developer.vuforia.com/，单击界面右上角 Log In 登录系统，如图 8.1 所示。

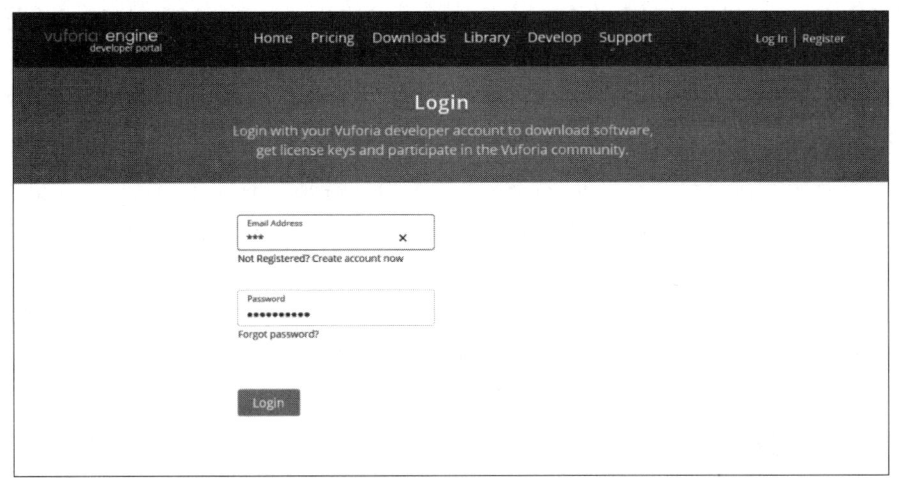

图 8.1　登录 Vuforia 官方网站

Step3：找到 AR 数据库，单击左上角 Add Target 按钮，上传识别图片，如图 8.2 所示。

Step4：上传识别图片信息，如图 8.3 所示。

Step5：单击右上角 Download Database(1)按钮，下载识别图资源，如图 8.4 所示。

Step6：在弹出的界面中选择 Unity Editor 复选框，然后单击 Download 按钮，如图 8.5 所示。

Step7：单击 Asset→Import Package→Custom Package，将识别图资源导入 Unity3D

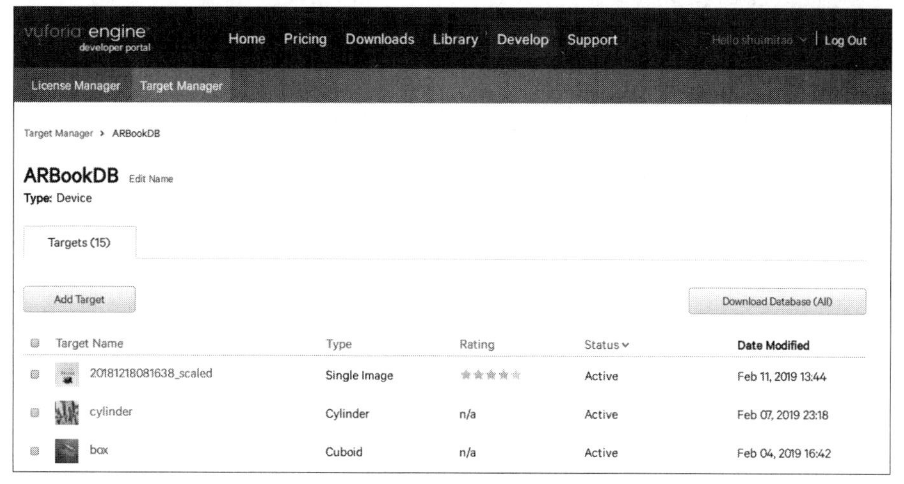

图 8.2　AR 数据库

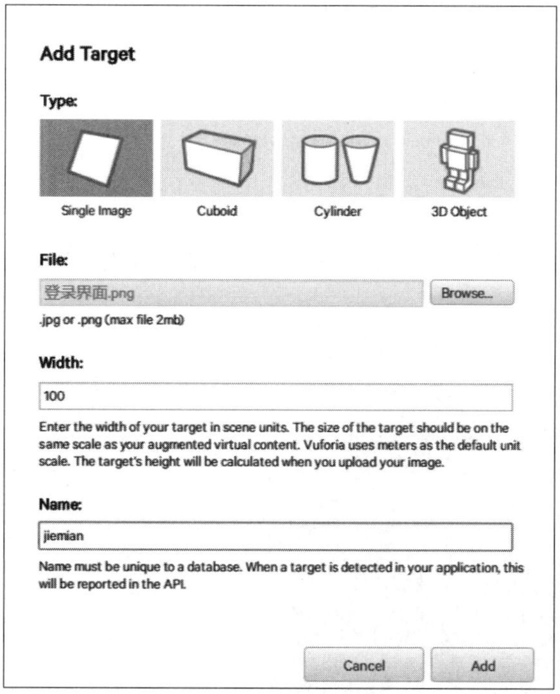

图 8.3　上传识别图

项目中，如图 8.6 所示。

Step8：单击 File→Build Settings，在 Player Settings 中进行 Vuforia 开发设置，如图 8.7 所示。

Step9：单击 Game Object→Vuforia→ARCamera 加载 AR 相机。

Step10：单击 ARCamera，在其属性面板中输入开发密钥，如图 8.8 所示。

Step11：单击 GameObject→Vuforia→Image 加载识别图片。

Step12：选中 ImageTarget，在其属性面板中选择导入的数据库，如图 8.9 所示。

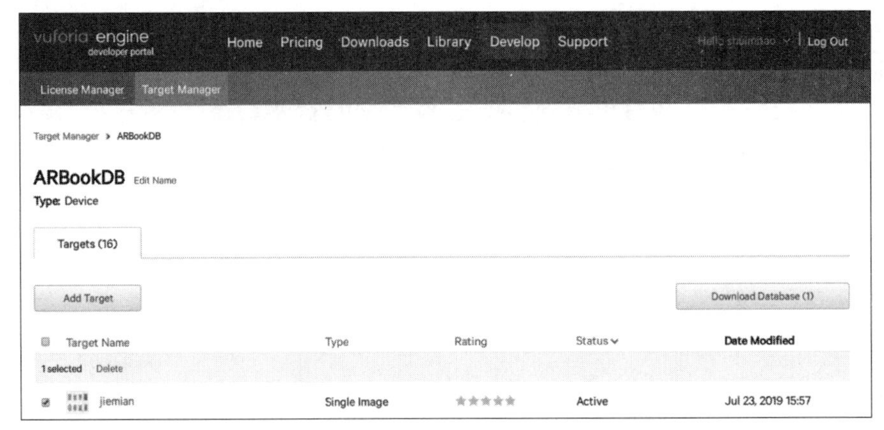

图 8.4　下载识别图资源

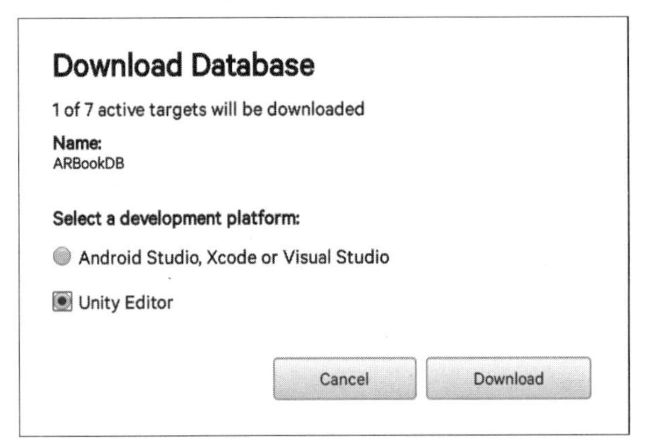

图 8.5　Download 选择图

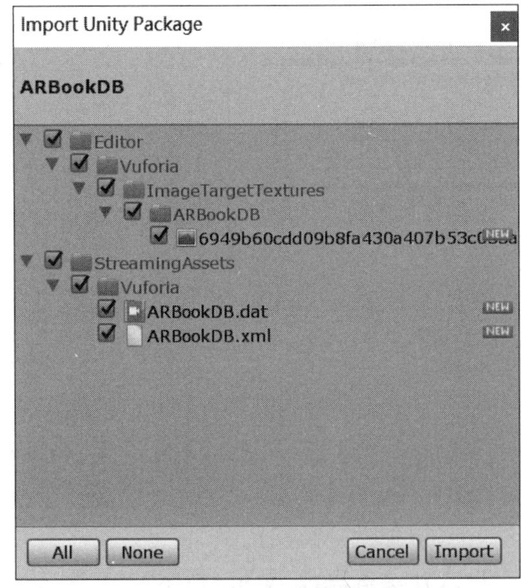

图 8.6　导入识别图资源

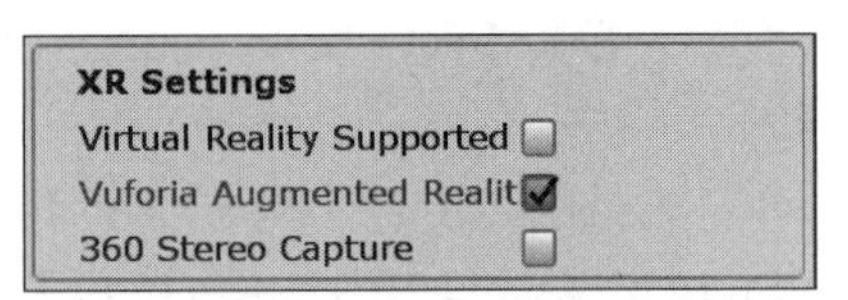

图 8.7　Vuforia 开发设置

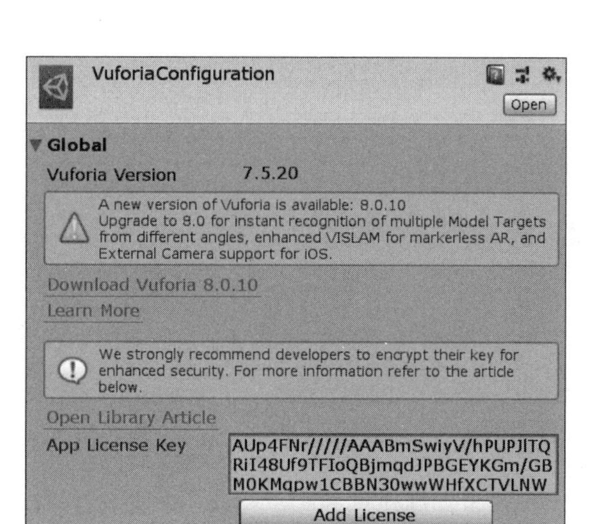

图 8.8 开发密钥输入

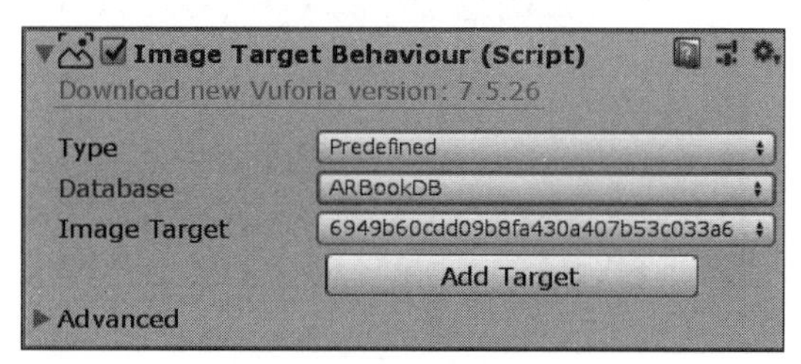

图 8.9 选择数据库

Step13：调整 ARCamera 位置，使其照射全景。同时取消 MainCamera 的使用。

Step14：单击 Asset→Import Package→Customer Package 将模型资源 Meow Cat Amesho 以及识别图资源 ARBookDB 导入 Unity3D 项目中，如图 8.10 所示。

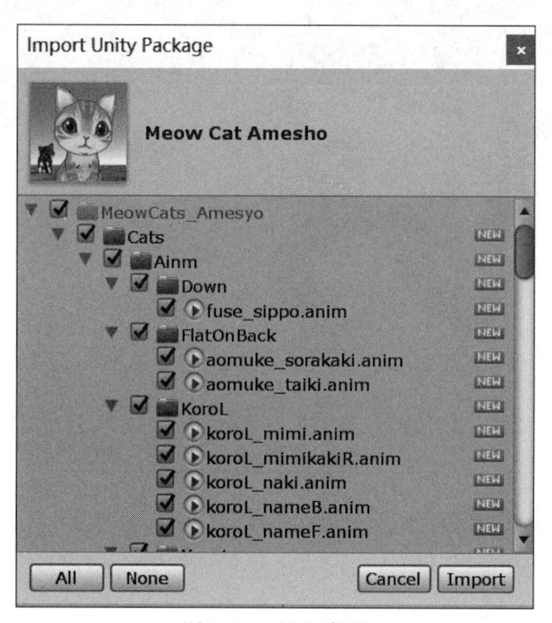

图 8.10 导入素材

Step15：导入模型资源，导入之后的资源文件出现在 Project 面板中，如图 8.11 所示。

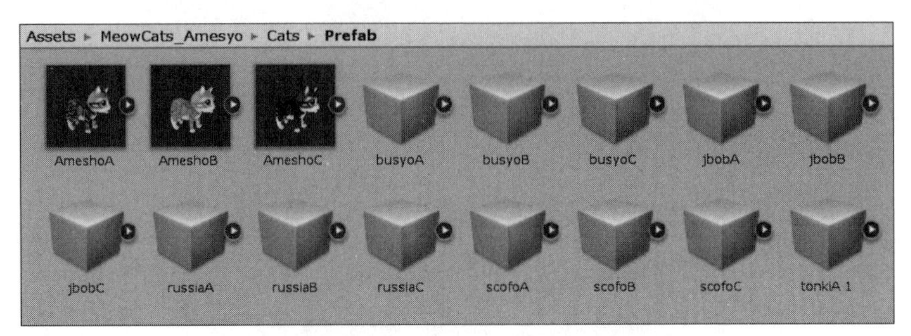

图 8.11　资源文件显示在 Project 面板

Step16：将 AmeshoA 模型资源拖曳到 Hierarchy 面板中，放置在 ImageTarget 下，如图 8.12 所示。

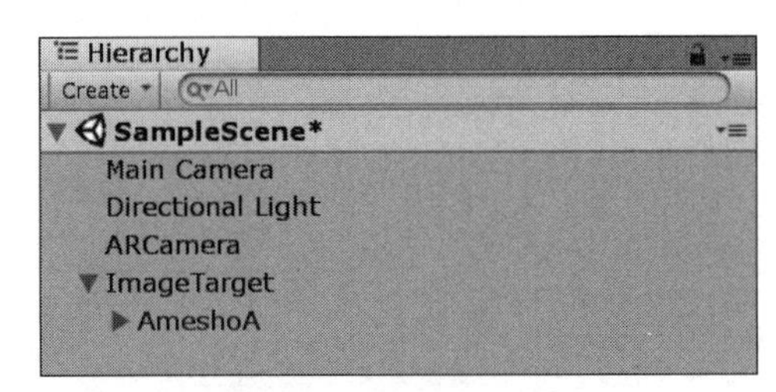

图 8.12　AmeshoA 模型资源放置位置

Step17：在层次面板中选中 AmeshoA 模型后，调整其属性中的位置以及大小，使之出现在识别图中央合适位置，如图 8.13 所示。

图 8.13　调整 AmeshoA 模型合适位置

Step18：创建 C# 脚本，将其命名为 playerRotate，输入代码如下。

```
using System.Collections;
using System.Collections.Generic;
using UnityEngine;

public class playerRotate : MonoBehaviour {
```

```
    float xSpeed=150.0f;
void Update () {
      if (Input.GetMouseButton(0))//是否触摸屏幕?
        {
       if (Input.touchCount ==1)//是否单指触摸?
            {
        if (Input.GetTouch(0).phase ==TouchPhase.Moved)//第一个触摸的手指状态是滑动?
                {
                    transform.Rotate(Vector3.up *  Input.GetAxis("Mouse X") *
                    xSpeed *  Time.deltaTime, Space.World);
                }
            }


        }
    }
}
```

Step19：脚本挂在角色的 prefab 身上，输出手机端测试，可以发现随着手指的滑动，角色可以左右旋转。

8.4 模型缩放交互实现

在手机 App 中，一般是通过两个手指在触摸屏幕上的距离远近变化来控制模型的大小，因此采用 isInLarge()函数来判断原始两个手指之间的距离和缩放后两个手指间的距离，并进行判断，如果缩放后手指间距离大于原始手指间距离则执行放大操作，否则执行缩小操作，具体操作如下所示。

Step1：重复 8.3 节中 Step1～Step12，完成 AR 识别基本设置。

Step2：创建 C＃脚本，将其命名为 InLarge，输入代码如下。

```
using System.Collections;
using System.Collections.Generic;
using UnityEngine;
public class InLarge : MonoBehaviour {
    Vector2 oldPos1;
    Vector2 oldPos2;
void Update () {
    if (Input.touchCount ==2)//双指触屏
    {
      if (Input.GetTouch(0).phase ==TouchPhase.Moved || Input.GetTouch(1).phase
         ==TouchPhase.Moved)
            {
                Vector2 temPos1=Input.GetTouch(0).position;
                Vector2 temPos2=Input.GetTouch(1).position;
                if (isInLarge(oldPos1, oldPos2, temPos1, temPos2))
```

```
                {
                    float oldScale=transform.localScale.x;
                    float newScale=oldScale * 1.025f;
                    transform.localScale=new Vector3(newScale, newScale, newScale);
                }
                else
                {
                    float oldScale=transform.localScale.x;
                    float newScale=oldScale / 1.025f;
                    transform.localScale=new Vector3(newScale, newScale, newScale);
                }
                oldPos1=temPos1;
                oldPos2=temPos2;
            } }  }
bool isInLarge(Vector2 oP1, Vector2 oP2, Vector2 nP1, Vector2 nP2)
    {
        float length1=Mathf.Sqrt((oP1.x -oP2.x) * (oP1.x -oP2.x) +(oP1.y -oP2.y)
        * (oP1.y -oP2.y));
        float length2=Mathf.Sqrt((nP1.x -nP2.x) * (nP1.x -nP2.x) +(nP1.y -nP2.y)
        * (nP1.y -nP2.y));
        if (length1 <length2)
        {
            return true;
        }
        else
        {
            return false;
        }
    }
}
```

Step3：脚本挂在角色的 prefab 身上，输出手机端测试，可以发现随着手指的滑动，角色可以左右旋转。

8.5 动态加载 AR 模型

在之前章节中一直采用 Vufoira 默认方式识别并显示三维模型。默认的加载模型是通过将 3D 物体直接放置在场景中并作为识别目标的子物体来实现的。这种实现方式的问题是，当场景中有很多识别目标后，需要一次性加载的模型内容会占用很大的内存。因此，在实际项目案例中需要动态加载识别目标对应的模型，在识别丢失之后删除模型，这样可以保证同一时刻内存的占用是手机可以承受的。本节将通过预制件实例化的方式实现 AR 模型的动态加载和显示，具体操作方式如下所示。

Step1：重复 8.3 节中 Step1～Step12，完成 AR 识别基本设置，如图 8.14 所示。

Step2：选择 ImageTarget，将其自身的 DefaultTrackableEventHandler 脚本移除，并将

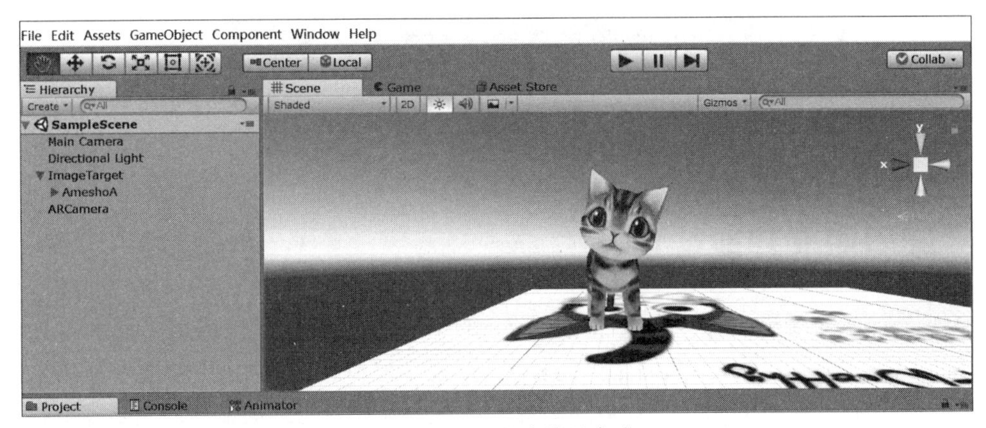

图 8.14 AR 基本设置完成

脚本复制一份命名为 MyDefaultTrackableEventHandler，然后附加到 ImageTarget 上面，如图 8.15 所示。

图 8.15 MyDefaultTrackableEventHandler 脚本添加

Step3：修改脚本 MyDefaultTrackableEventHandler，具体代码如下。

```
public GameObject AmeshoAprefab;
    protected virtual void OnTrackingFound()
    {
        GameObject AmeshoA=GameObject.Instantiate(AmeshoAprefab);
        AmeshoA.transform.position=this.transform.position;
        AmeshoA.transform.parent=this.transform;
    }
    protected virtual void OnTrackingLost()
    {
        Destroy(GameObject.Find("AmeshoA(Clone)"));
    }
```

Step4：选择 ImageTarget，在属性面板中对 MyDefaultTrackableEventHandler 脚本进行属性赋值，如图 8.16 所示。

Step5：运行测试，可以发现当识别图放置于摄像头前时，小猫从第一个动画开始执行。

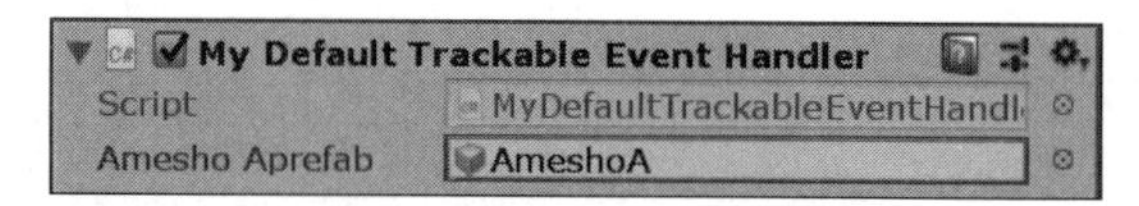

图 8.16 MyDefaultTrackableEventHandler 脚本属性赋值

8.6 模型脱卡功能实现

在常见的 AR 项目中,识别到图像后会将 3D 物体叠加到识别目标之上并具有追踪效果。但是当识别目标丢失后,我们希望能够将 3D 模型停留在屏幕中心,并能够和用户进行交互,比如单击模型伴随动画切换、播放语音讲解等一系列功能。这个功能就是本节将要介绍的脱卡功能。脱卡实现的原理是,将 3D 物体从识别目标下移出,不再将识别图作为 3D 物体的父对象,这样就能够实现模型不跟随识别物体的效果。具体操作方式如下所示。

Step1:打开 7.4 节角色交互动画源代码 source code 文件夹中的 Sample scene,如图 8.17 所示。

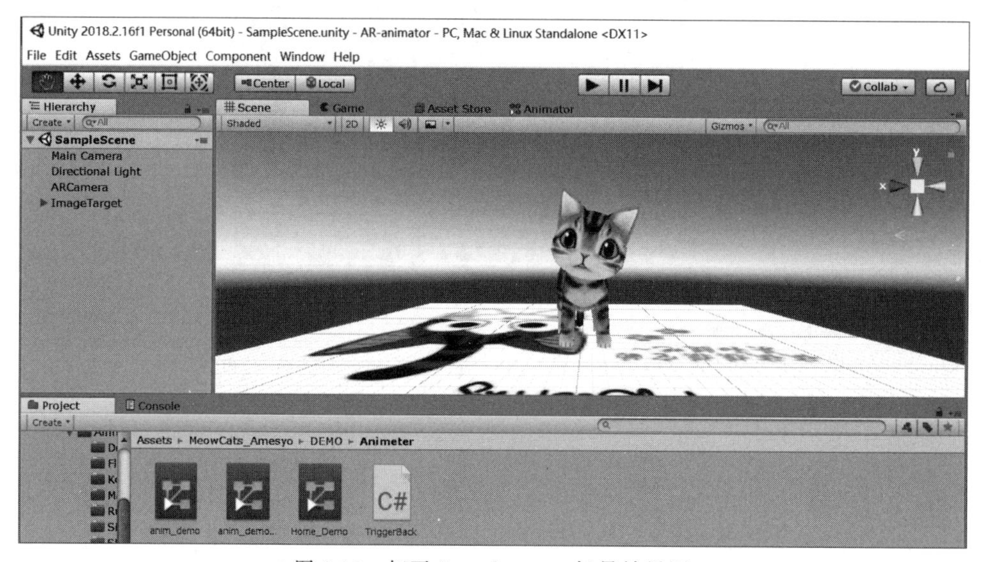

图 8.17 打开 Sample scene 场景效果图

Step2:打开 TriggerBack 脚本,修改代码如下。

```
using System.Collections;
using System.Collections.Generic;
using UnityEngine;
public class TriggerBack : MonoBehaviour {
    public GameObject goImageTarget;                //识别图对象
    public Animator _AniUnityCat;                   //角色动画控制器
  private string _AniNameByDance="IsBack";
    void OnMouseDown()
    { //播放 Back 动画
```

```
    _AniUnityCat.SetTrigger(_AniNameByDance);
    this.gameObject.transform.parent=goImageTarget.transform.parent;
    }
}
```

Step3：选中 ImageTarget 下识别物体，在其属性面板中进行属性赋值，如图 8.18 所示。

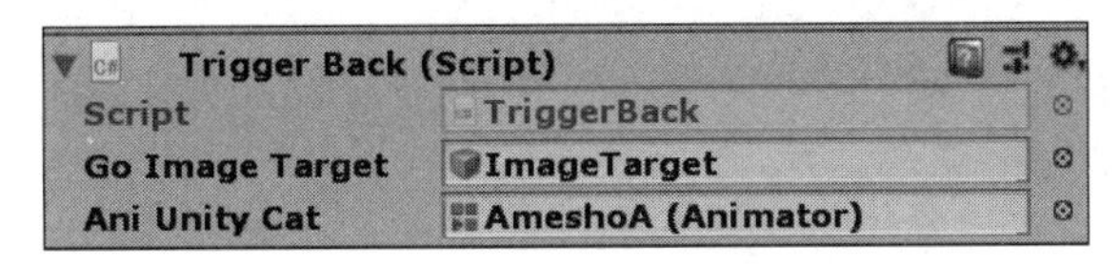

图 8.18 TriggerBack 脚本属性赋值

Step4：单击 Play 按钮，运行测试。当摄像头开启时，扫描图片即可播放为小猫设置的默认动画。然后，单击小猫身体即可执行 Back 动画。当把识别图拿走后，小猫仍然停留在屏幕上可以继续与之进行交互。

8.7 综合项目：AR 海洋生物交互

8.7.1 项目构思

目前人们对海洋的了解越来越少，海洋中的污染也越来越严重，AR 使图片和视频具有趣味性，而 3D 模型则可以增强故事叙述能力，使人印象深刻。本项目是基于 AR 技术的有关于海洋生物知识科普和环境保护的应用，实现物体拖曳、视频和音频的播放、虚拟按钮控制模型、角色动画、粒子特效功能，在教育和环境保护领域起到知识科普提高环保意识的作用。

8.7.2 项目设计

项目设计方面，本项目主要使用 Unity3D 游戏引擎搭配 C# 脚本语言进行编写。UI 设计上采用 Photoshop 进行图片编辑，再导入到 Unity3D 中作为界面美化的素材。模型采用海豚、海龟、水母、小丑鱼、热带鱼等海洋生物的模型，如图 8.19 所示。在交互时，可以将屏幕两侧的海洋生物拖曳到场景中，它们就可以在海洋中游动起来。

图 8.19 海洋世界设计图

8.7.3 项目实施

Step1：双击 Unity 软件快捷图标建立一个空项目，将其命名为 chapter8。

Step2：上传识别图资源，如图 8.20 所示。

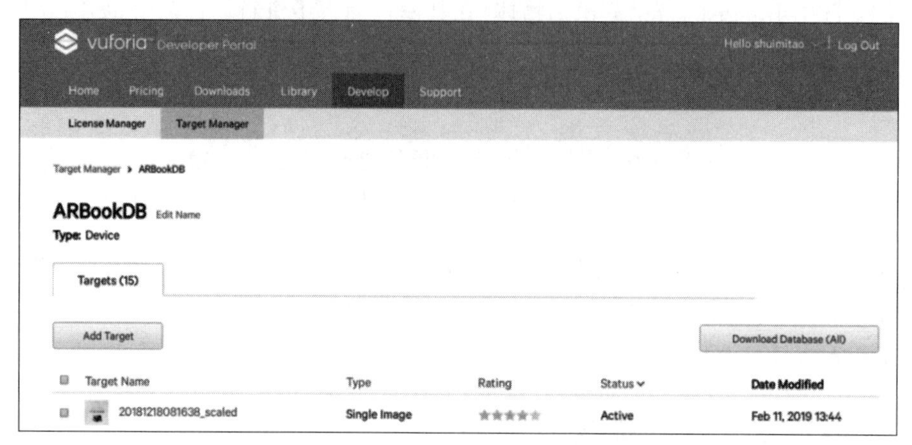

图 8.20　上传识别图资源

Step3：下载已经识别完成的图片，勾选 Unity Editor 选项，单击 Download 按钮，如图 8.21 所示。

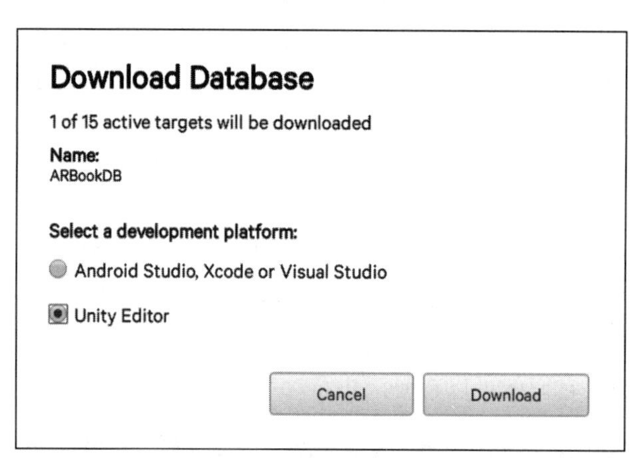

图 8.21　下载识别图资源

Step4：单击 Asset→Import Package→Custom Package，将识别图资源导入 Unity3D 项目中，如图 8.22 所示。

Step5：单击 File→Build Settings，在 Player Settings 中设置 Vuforia 开发，如图 8.23 所示。

Step6：单击 GameObject→Vuforia→ARCamera 加载 AR 相机。

Step7：单击 ARCamera，在其属性面板中输入开发密钥，如图 8.24 所示。

Step8：单击 GameObject→Vuforia→Image 加载识别图片。

Step9：选中 Image Target，在其属性面板中选择导入的数据库，如图 8.25 所示。

Step10：调整 ARCamera 位置，使其照射全景。同时取消 MainCamera 的使用。

图 8.22　导入识别图资源

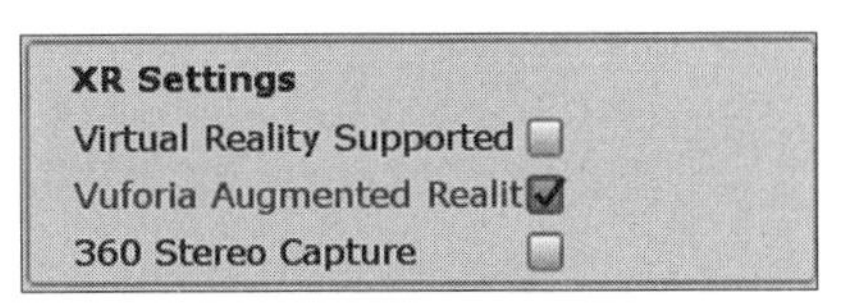

图 8.23　Vuforia 开发设置

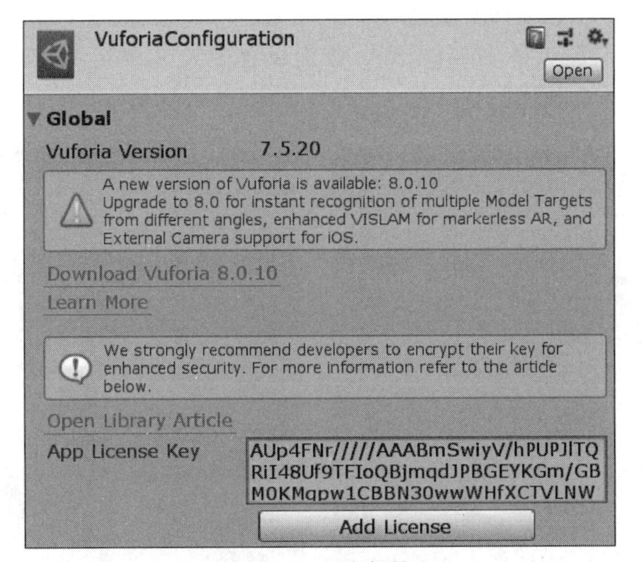

图 8.24　开发密钥输入

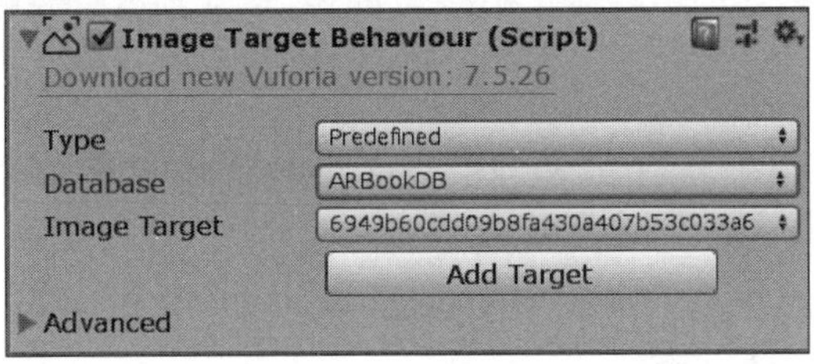

Image Target Behaviour (Script)
Download new Vuforia version: 7.5.26
Type　Predefined
Database　ARBookDB
Image Target　6949b60cdd09b8fa430a407b53c033a6
Add Target
Advanced

图 8.25　选择数据库

Step11：单击 Asset→Import Package→Customer Package 导入 fish.package 模型资源以及 Ocean 环境资源，导入之后的资源文件出现在 Project 面板中，如图 8.26 所示。

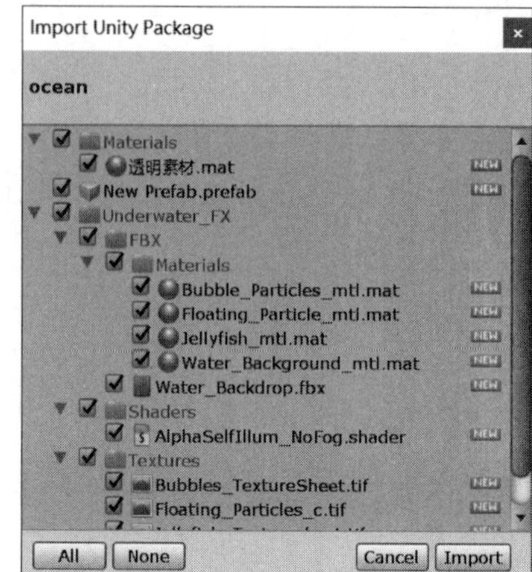

图 8.26　导入资源素材

Step12：单击 GameObject→UI→Canvas，创建一个 Canvas 画布。

Step13：为 Canvas 创建两个空物体子节点 leftcolumn 和 rightcolumn，并为两个子节点添加组件 Vertical Layout Group，然后分别设置 Pos X、Pos Y、Pos Z 以及 Width 和 Bottom 参数，如图 8.27 所示。

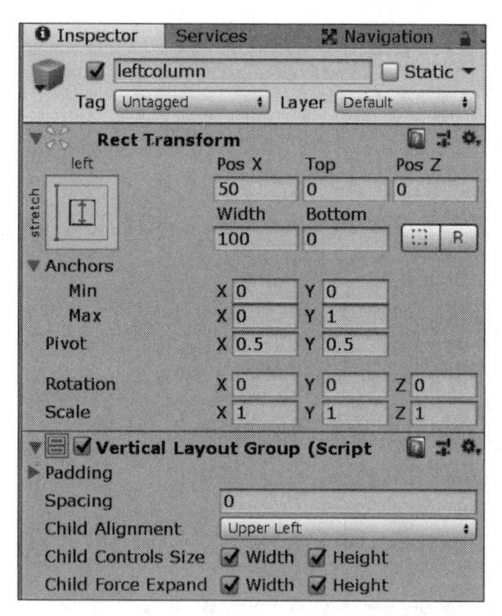

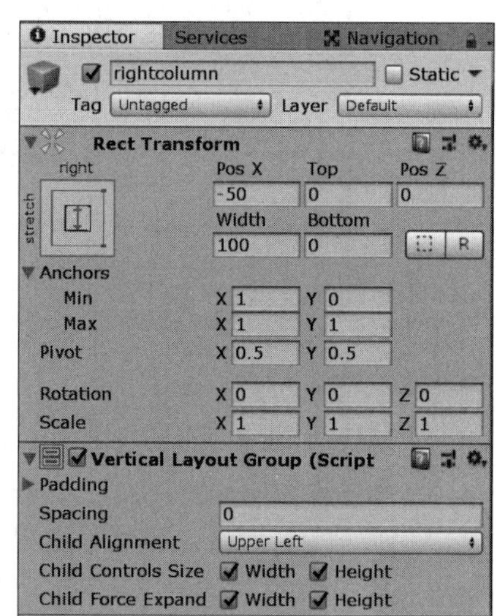

图 8.27　Canvas 创建两个空物体子节点参数

其中，Spacing 表示每个 Item 之间的距离；Child Alignment 表示对齐方式；Child Force Expand 表示自适应宽和高。

Step14：单击 GameObject→UI→Image，在 leftcolumn 和 rightcolumn 子节点后添加 4 个 image 子节点，如图 8.28 所示。

Step15：单击 GameObject→3D→Plane 创建一个平面，将平面作为 ImageTarget 的子

节点，如图 8.29 所示。

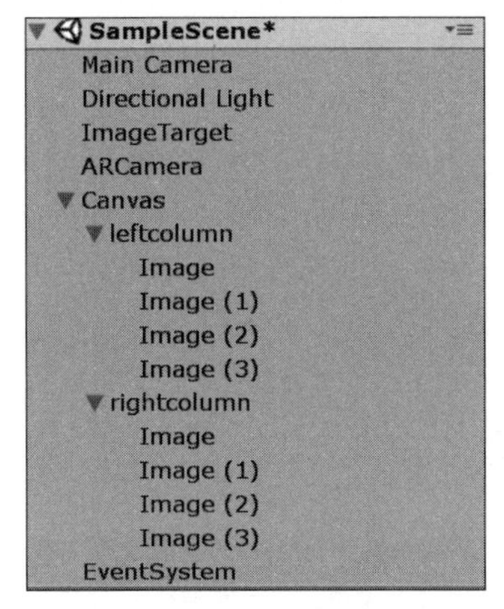

图 8.28 子节点添加效果

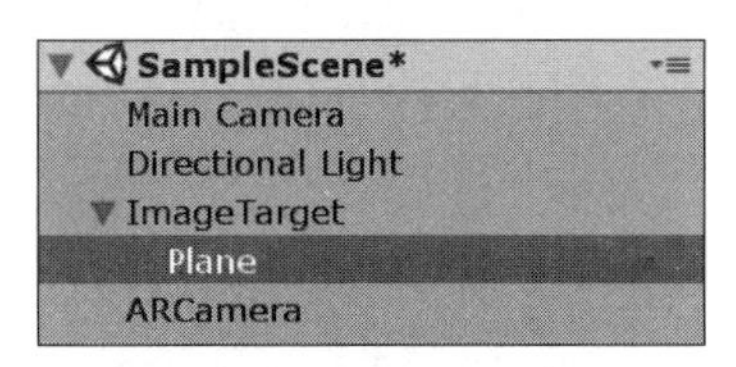

图 8.29 添加 Plane 效果

Step16：单击屏幕右上角 Layer→Add Layer，创建一个层次命名为“ground”，并将 Plane 的层修改为 ground，如图 8.30 所示。

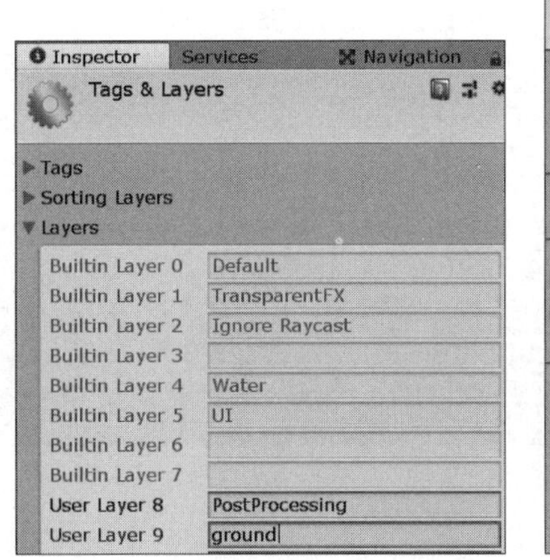

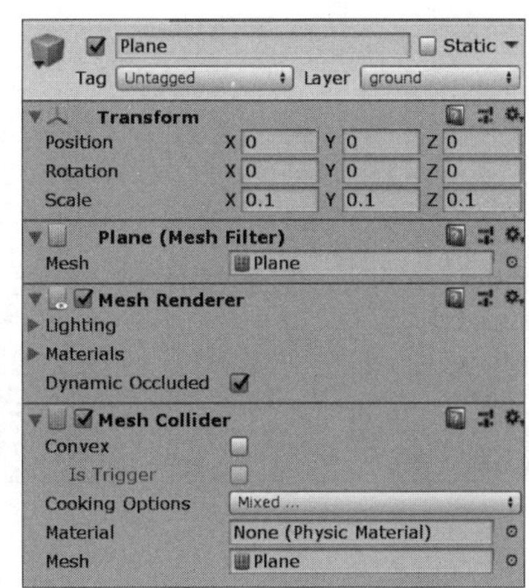

图 8.30 创建 ground 层

Step17：在 Hierarchy 面板中依次选择 image 对象，在其属性面板中的 Source Image 处为 image 子节点进行赋值，如图 8.31 所示。赋值后的场景界面如图 8.32 所示。

Step18：编写 C＃脚本，将其命名为“drag”，(素材中包含完整脚本)，具体代码如下。

```
using System.Collections;
using System.Collections.Generic;
using UnityEngine;
public class drag : MonoBehaviour {
    public GameObject obj;
    private bool isdragging;
    private Ray ray;
```

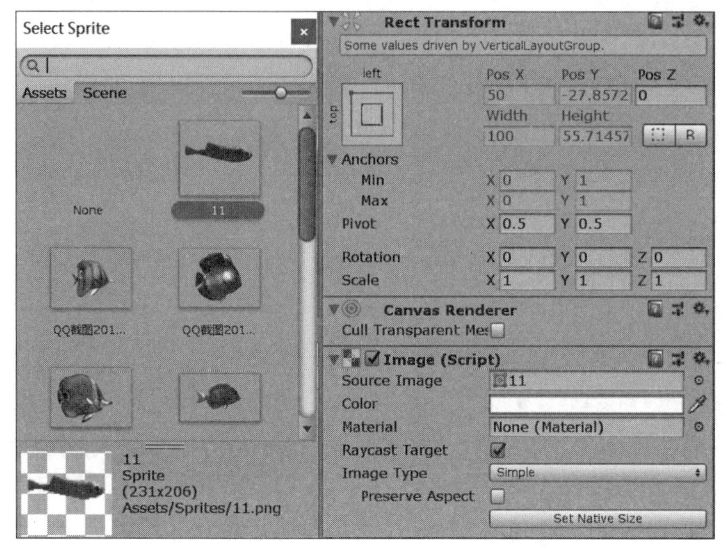

图 8.31 image 对象赋值

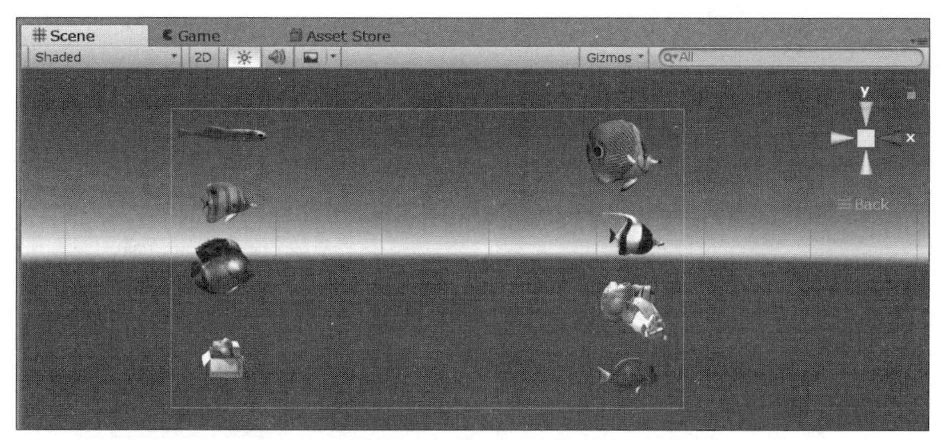

图 8.32 场景效果图

```
public Camera maincamera;
public LayerMask mask;
private bool isPlacementValid;
public Transform plane;
void Update()
{
    if (! obj)
    { return; }
    if (Input.GetMouseButton(0))
    { Move(); }
    else
    {
        if (isdragging)
        { placeobj(); }
```

```
        }
    }
    void Move()
    {
        isdragging=true;
        Vector3 point;
        Vector3 screenPosition;
        screenPosition=Input.mousePosition;
        RaycastHit hit;
        ray=maincamera.ScreenPointToRay(screenPosition);
        if (Physics.Raycast(ray, out hit, 5000, mask))
        {
            point=hit.point;
            isPlacementValid=true;
        }
        else
        {
            point=ray.GetPoint(5);
            isPlacementValid=false;
        }
        obj.transform.position=point;
    }
    void placeobj()
    {
        isdragging=false;
        if (isPlacementValid)
        {
            GameObject obj2=Instantiate(obj) as GameObject;
            obj2.transform.position=obj.transform.position;
            obj2.transform.rotation=obj.transform.rotation;
            obj2.transform.localScale * =1f;
            obj2.transform.parent=plane;
        }
        obj.SetActive(false);
        obj=null;
    }
    public void AttachNewObject(GameObject newObject)
    {
        if (obj)
            obj.SetActive(false);
        obj=newObject;
    }
}
```

Step19：单击 GameObject→Empty 创建一个空对象作为 ImageTarget 的子物体，并挂载 drag 脚本，如图 8.33 所示。

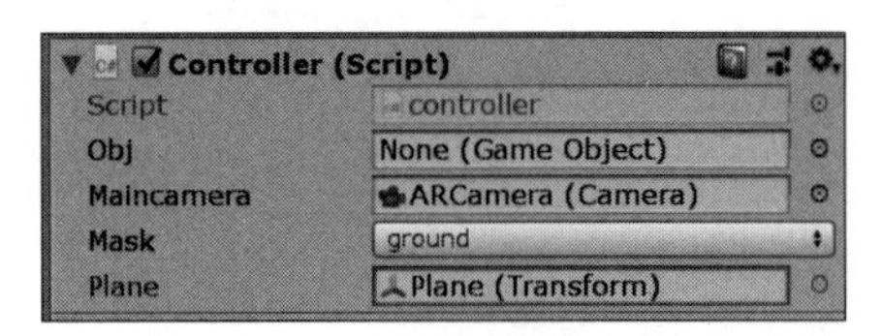

图 8.33 drag 脚本链接

Step20：编写 C# 脚本，将其命名为“image button”(素材中包含完整脚本)，具体代码如下。

```
using System.Collections;
using System.Collections.Generic;
using UnityEngine.EventSystems;
using UnityEngine;

public class imagebutton : MonoBehaviour, IPointerDownHandler
{
    public GameObject selectablePrefab;
    public  drag c;
    private GameObject placeholder;
    void Awake()
    {
        placeholder=(GameObject)Instantiate(selectablePrefab);
        placeholder.transform.parent=c.transform;
        placeholder.SetActive(false);

    }
    public void OnPointerDown(PointerEventData data)
    {
        placeholder.SetActive(true);
        c.AttachNewObject(placeholder);
    }
}
```

Step21：在 Hierarchy 面板中依次选择 8 张图片，为每个 UI 图片挂载脚本 image button，并进行属性赋值，如图 8.34 所示。注意图片素材要和模型素材一一对应。

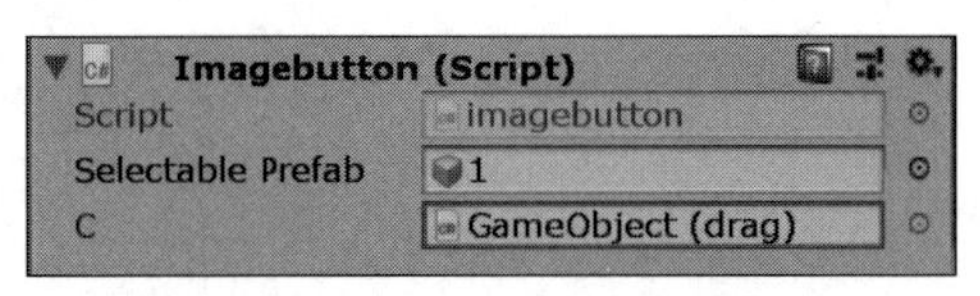

图 8.34 image button 脚本链接

Step22：将导进来的资源素材 New Prefab 海洋环境作为 ImageTarget 的子节点，构建海洋世界效果，如图 8.35 所示。

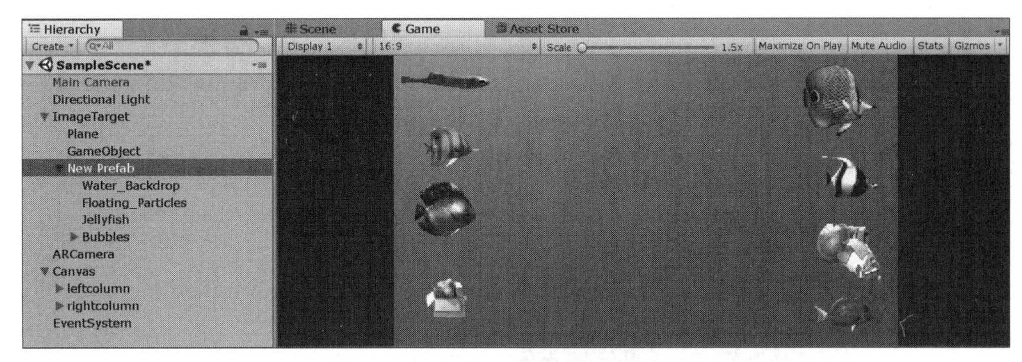

图 8.35　海洋世界效果

8.7.4　项目测试

单击 Play 按钮进行测试，当用鼠标拖动屏幕两侧的鱼类时，可以在海中放置相应海洋生物，后续可以继续加入语音交互功能，这样当拖动垃圾进海洋时，会发出“oh，no”的语音提示。测试效果如图 8.36 所示。

图 8.36　项目测试效果

小结

本章主要对 AR 交互开发进行了介绍，包括 AR 交互概述、AR 交互分类、模型旋转缩放交互实现、动态加载模型实现以及模型脱卡功能实现等。在实战部分，带领读者从导入角色资源开始，综合利用 UGUI、音效、模型交互，以及编写控制手势拖曳的脚本。

习题

1. 概述 AR 交互可以分为哪几种。
2. Unity 官网下载 Unity-chan 模型，如图 8.37 所示，实现模型旋转交互效果。

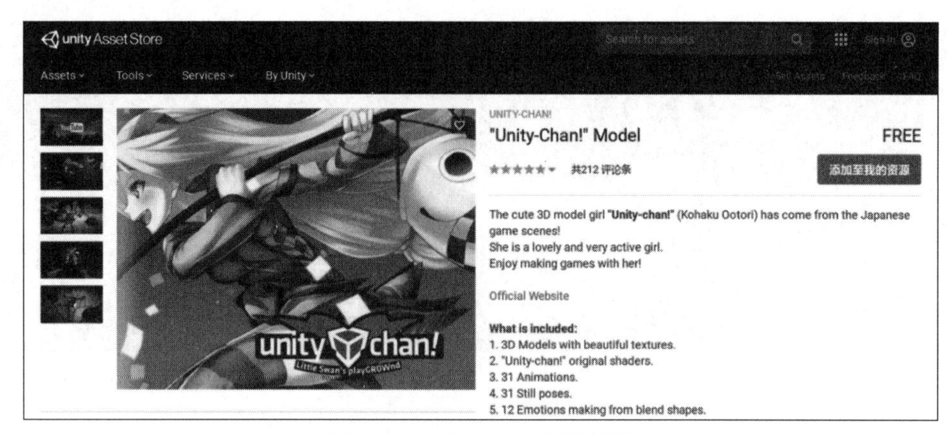

图 8.37 Unity-chan 模型资源

3. Unity 官网下载 Unity-chan 模型，并实现模型缩放交互效果。
4. Unity 官网下载 Unity-chan 模型，并实现模型动态加载效果。
5. Unity 官网下载 Unity-chan 模型，并实现模型脱卡交互效果。

第 9 章 AR 特效开发

在增强现实应用项目开发中需要一些很绚丽的效果来提升和增加场景丰满度、层次感以及真实感。Unity3D 粒子系统(Particle System)可以创建游戏场景中的火焰、气流、烟雾和大气效果等。粒子系统的原理是将若干粒子组合在一起，通过改变粒子的属性来模拟火焰、爆炸、水滴、雾等自然效果。Unity 引擎提供了一套完整的粒子系统，包括粒子发射器、粒子渲染器等。本章通过项目实例讲解粒子系统在增强现实开发中 Unity 粒子系统的实践应用。

9.1 粒子特效系统

9.1.1 粒子系统概述

粒子系统是 Reeves 在 1983 年提出的迄今为止被认为模拟不规则模糊物体最为成功的一种图形生成算法，近年来人们不断应用粒子系统绘制各种自然景物。粒子系统由大量不规则粒子构成，可以逼真地模拟真实世界中烟雾、流水、火焰等自然现象，因此成为模拟自然特效的常见方法。粒子基本上是在三维空间中渲染的二维图像，它的基本思想是将许多简单形状的粒子作为基本元素聚集起来，形成一个不规则的模糊物体，从而构成一个封闭的系统——粒子系统。

一个粒子系统是由三个独立部分组成：粒子发射器、粒子动画器和粒子渲染器。通常情况下通过菜单 GameObject→Effects→Particle System 添加粒子系统，如图 9.1 所示。

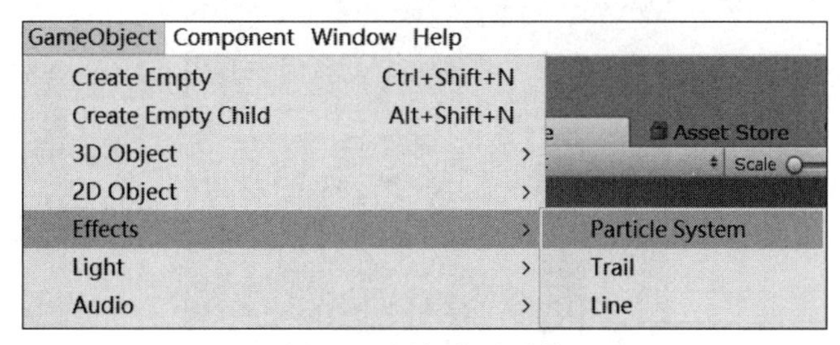

图 9.1　添加粒子系统

9.1.2 粒子系统属性

Shuriken 粒子系统是继 Unity3.5 版本之后推出的新版粒子系统，它采用了模块化管理，个性化的粒子模块配合粒子曲线编辑器，使用户更容易创作出各种缤纷复杂的粒子效果。粒子系统的属性面板上有很多参数，游戏开发过程中可以根据粒子系统的设计要求进行相应的参数调整，如图9.2所示。

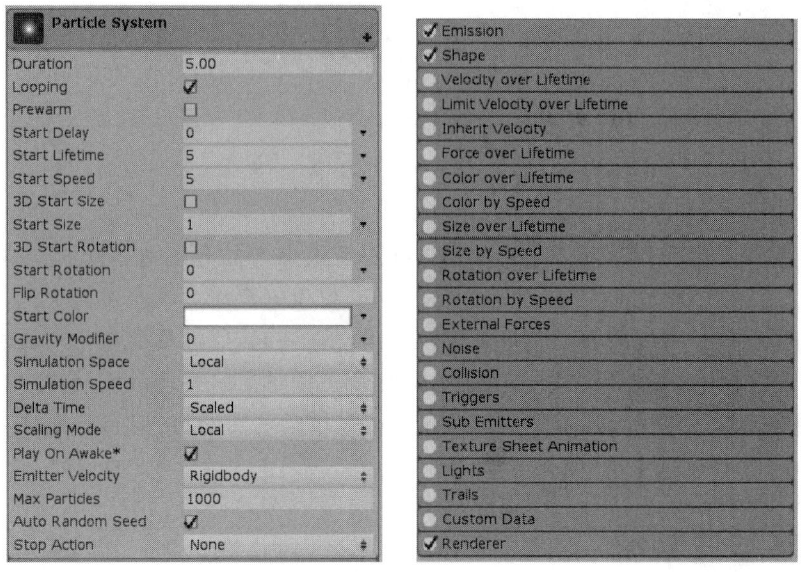

图9.2 粒子系统属性

1. Particle System 通用属性

此模块为固有模块，不可删除或者禁用。该模块定义了粒子初始化时的持续时间、循环方式、发射速度、大小等一系列基本的参数，如图9.3所示，具体参数含义如表9.1所示。

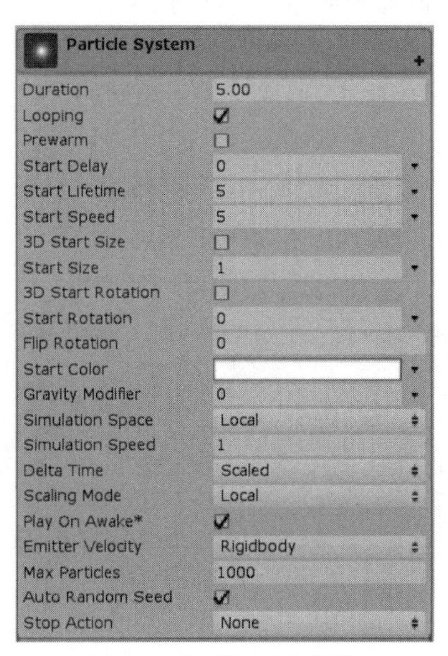

图9.3 粒子初始化模块

表 9.1 通用属性参数

属性参数	参数含义
Duration	粒子系统发射粒子的持续时间
Looping	粒子系统是否循环
Prewarm	预热系统，当 looping 系统开启时，粒子系统在游戏开始时已经发射粒子
Start Delay	初始延迟，粒子系统发射粒子之前的延迟（在 Prewarm 启用下不能使用）
Start Lifetime	初始生命，以秒为单位
Start Speed	粒子发射时的速度
3D Start Size	3D 初始尺寸，可以让粒子在 X、Y、Z 三个轴上有不同的尺寸。当粒子是 billboard 模式时，Z 轴调节无意义
Start Size	粒子发射时的大小
3D Start Rotation	3D 初始旋转，粒子可以绕着 XYZ 三个轴设定不同的角度
Start Rotation	粒子发射时的旋转值
Flip Rotation	反跳旋转，主要针对设定的 Start Rotation 值进行反方向的变化
Start Color	粒子发射时的颜色
Gravity Modifier	重力修改器，粒子在发射时受到的重力影响
Simulation Space	模拟空间，粒子的运动所使用的空间坐标
Simulation Speed	模拟速度，整体改变粒子的运动快慢
Delta Time	默认应该是 Scaled，这个 Scaled 是调节使用时间变化而非帧的变化
Scaling Mode	缩放粒子系统时的状况
Play On Awake	唤醒时播放，如果启用粒子系统被创建时，自动开始播放
Emitter Velocity	发射器速率
Max Particles	粒子发射的最大数量
Auto Random Seed	随机种子，如果勾选会生成完全不同不重复的粒子效果
Stop Action	停止活动

2. Particle System 其他属性

1）Emission（粒子系统发射模块）

该模块用于控制粒子发射时的速率，可以在某个时间生成大量粒子，在模拟爆炸时非常有效，如图 9.4 所示。具体参数如表 9.2 所示。

表 9.2 粒子系统发射模块属性

属性参数	参数含义
Rate Over Time	随单位时间生成粒子的数量
Rate Over Distance	随着移动距离产生的粒子数量。只有当粒子系统移动时，才发射粒子
Bursts	突发，在粒子系统生存期间增加爆发，用"＋"或"-"调节爆发数量

2）Shape（粒子系统形状模块）

该模块用于定义发射器的形状，包括球形、半球体、圆锥、盒子等模型，并且可以提供沿形状表面法线或随机方向的初始力，并控制粒子的发射位置以及方向，如图 9.5 所示。具体属性参数如表 9.3 所示。

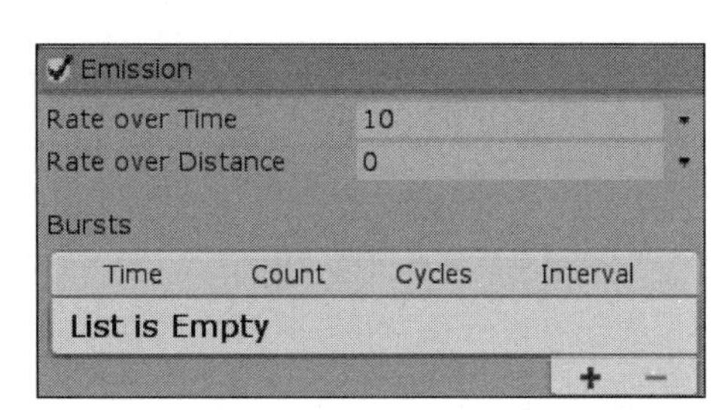

图 9.4 粒子系统发射模块

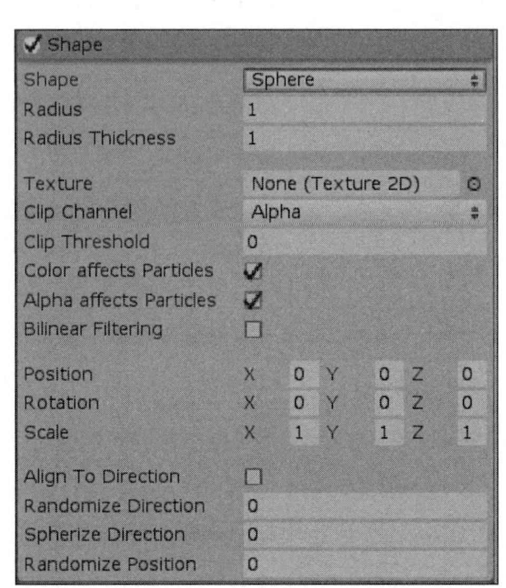

图 9.5 粒子系统形状模块

表 9.3 粒子系统形状模块主要属性

属性参数	参 数 含 义
Shape	形状，可以是球形、半球体、圆锥、盒子等
Radius	发射形状的半径大小
Radius Thickness	半径厚度，值为 0 将从形状的外表面发出，值为 1 将使用整个卷，0～1 的值将使用一定比例的体积
Align to Direction	方向对齐，使用这个复选框来确定粒子的初始方向
Randomize Direction	随机方向，将粒子方向与随机方向混合
Spherize Direction	球面化方向，将粒子方向朝向球形方向，从它们的变换中心向外传播
Randomize Position	随机位置，设置一个值，随机移动粒子至此值的位置，值为 0 时无效，大于 1 的值都是有效值

3）Velocity Over Lifetime（粒子生命周期速度模块）

控制着生命周期内每一个粒子的速度，对有着物理行为的粒子效果更明显，但对于那些简单视觉行为效果的粒子，如烟雾飘散效果以及与物理世界几乎没有互动行为的粒子，此模块的作用并不明显，如图 9.6 所示。具体属性参数如表 9.4 所示。

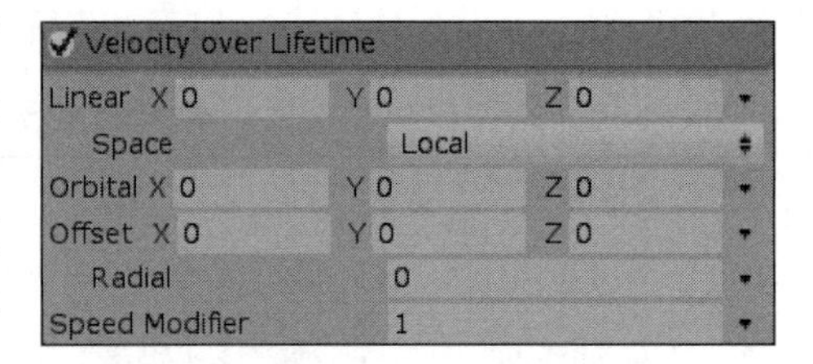

图 9.6 粒子生命周期速度模块

表 9.4 粒子生命周期速度模块属性

属性参数	参数含义
Linear	使用常量曲线或在曲线中随机去控制粒子的运动
Space	局部/世界：速度值在局部还是世界坐标系
Orbital	轨道
Offset	偏移
Radial	径向
Speed Modifier	速度修正

4) Limit Velocity Over Lifetime(粒子系统生命周期速度限制模块)

控制粒子在生命周期内的速度限制以及速度衰减，可以模拟类似拖动的效果。若粒子的速度超过设定的限定值，则粒子速度会被锁定到该限定值，如图 9.7 所示。具体属性参数如表 9.5 所示。

表 9.5 粒子系统生命周期速度限制模块属性

属性参数	参数含义
Separate Axes	分离轴，用于每个坐标轴控制
Speed	速度，用常量或曲线指定来限制所有方向轴的速度
Drag	阻尼，取值范围(0～1)，值的大小将确定多少过度的速度将被减弱

5) Inherit Velocity(继承速率模块)

控制粒子速度随着时间的推移如何对父对象移动，如图 9.8 所示。具体属性参数如表 9.6 所示。

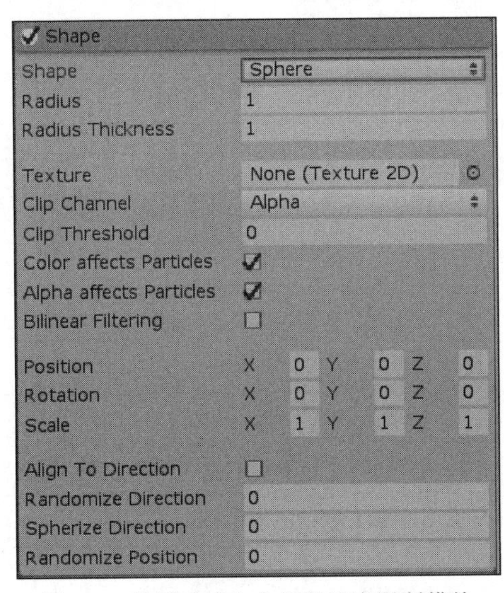

图 9.7 粒子系统生命周期速度限制模块

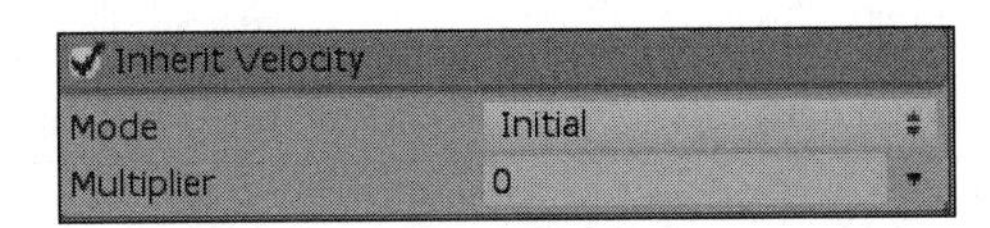

图 9.8 粒子继承速率模块

表 9.6 粒子继承速率模块属性

属性参数	参数含义
Mode	指定发射器速度如何应用于粒子，Initial 当每个粒子诞生时，发射器的速度将被施加一次。Current 发射器的当前速度将被应用于每一帧的所有粒子
Multiplier	粒子应该继承的发射器速度的比例

6) Force Over Lifetime (粒子系统受力模块)

粒子系统受力模块主要用于控制粒子在生命周期内的受力情况，如图 9.9 所示。具体属性参数如表 9.7 所示。

表 9.7 粒子系统受力模块属性

属性参数	参数含义
X,Y,Z	作用于粒子上面的力
Space	局部/世界
Randomize	随机每帧作用在粒子上面的力

7) Color Over Lifetime(粒子系统生命周期颜色控制模块)

粒子系统颜色控制模块主要用于控制粒子在生命周期内的颜色变化，如图 9.10 所示。具体属性参数如表 9.8 所示。

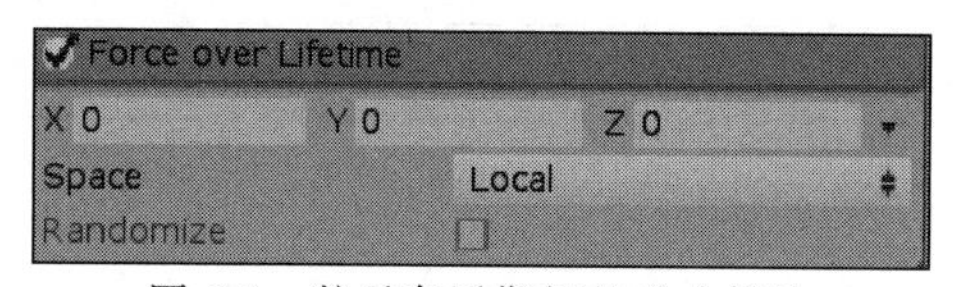

图 9.9 粒子存活期间的受力模块

图 9.10 粒子系统生命周期颜色模块

表 9.8 粒子系统生命周期颜色控制模块属性

属性参数	参数含义
Color	颜色，控制每个粒子在其存活期间的颜色

8) Color By Speed (粒子系统颜色的速度控制模块)

粒子系统颜色的速度控制模块可让每个粒子的颜色根据自身的速度变化而变化，如图 9.11 所示。具体属性参数如表 9.9 所示。

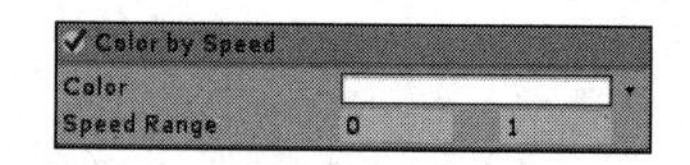

图 9.11 粒子颜色随速度变化模块

表 9.9 粒子系统颜色的速度控制模块属性

属性参数	参数含义
Color	颜色，控制每个粒子在其存活期间受速度影响颜色的变化
Speed Range	速度范围，min 和 max 值用来定义颜色速度范围

9) Size Over Lifetime(粒子系统生命周期粒子大小模块)

粒子系统生命周期粒子大小模块控制每一颗粒子在其生命周期内的大小变化，如

图 9.12 所示。具体属性参数如表 9.10 所示。

表 9.10 粒子系统生命周期粒子大小模块属性

属性参数	参数含义
Separate Axes	分离轴
Size	大小控制每个粒子在其存活期间内的大小

10) Size By Speed(粒子系统粒子大小的速度控制模块)

粒子系统粒子大小速度控制模块可让每颗粒子的大小根据自身的速度变化而变化，如图 9.13 所示。具体属性参数如表 9.11 所示。

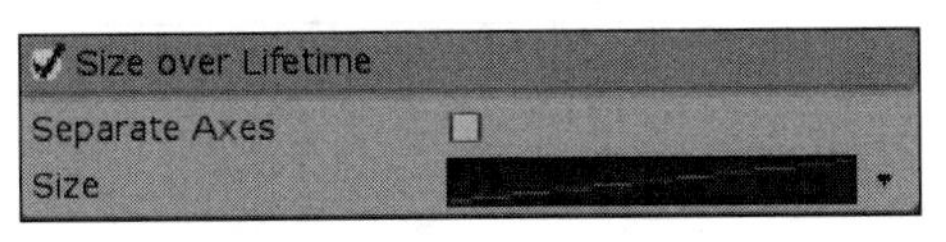

图 9.12 粒子系统生命周期粒子大小模块

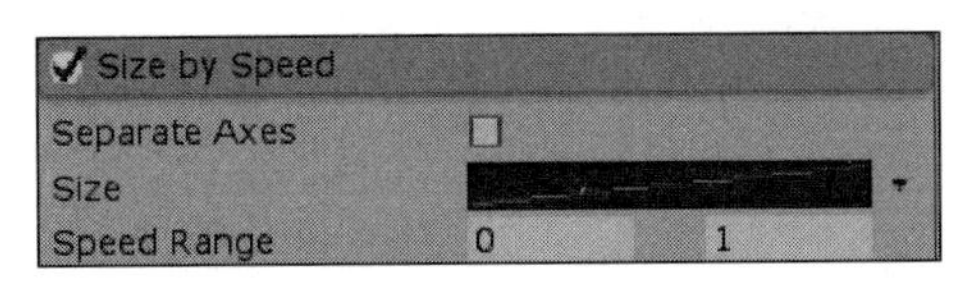

图 9.13 粒子系统粒子大小的速度控制模块

表 9.11 粒子系统粒子大小的速度控制模块属性

属性参数	参数含义
Separate Axes	分离轴
Size	大小用于指定速度
Speed Range	随机速度

11) Rotation Over Lifetime(生命周期旋转模块)

生命周期旋转模块以度为单位指定值，控制每颗粒子在生命周期内的旋转速度变化，如图 9.14 所示。具体参数如表 9.12 所示。

表 9.12 生命周期旋转模块属性

属性参数	参数含义
Separate Axes	分离轴
Angular Velocity	用来控制每个粒子在其存活期间内的旋转速度，可以使用常量、曲线或曲线随机

12) Rotation by Speed(旋转速度控制模块)

旋转速度控制模块可让每颗粒子的旋转速度根据自身速度的变化而变化，如图 9.15 所示。具体属性参数如表 9.13 所示。

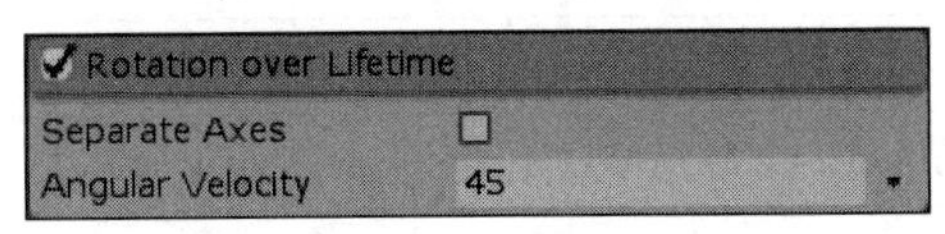

图 9.14 生命周期旋转模块

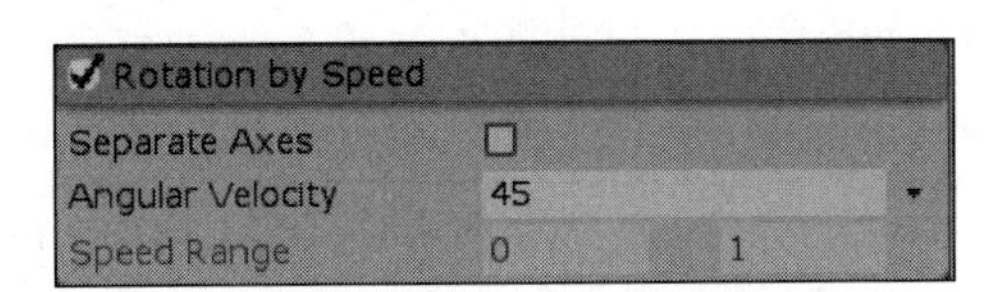

图 9.15 旋转速度控制模块

表 9.13　粒子旋转速度控制模块属性

属性参数	参数含义
Separate Axes	分离轴
Angular Velocity	用来重新测量粒子的速度，使用曲线表示各种速度
Speed Range	采用 min 和 max 值用来定义旋转速度范围

13) External Force(外部作用力模块)

外部作用力模块可控制风域的倍增系数，如图 9.16 所示。具体属性参数如表 9.14 所示。

图 9.16　外部作用力模块

表 9.14　外部作用力模块属性

属性参数	参数含义
Multiplier	倍增系数

14) Noise (噪声模块)

采用噪声的算法来改变粒子的运动轨迹，使用此模块设置粒子类似跳动的效果，可以制作像火的余烬这种运动不规则的粒子，如图 9.17 所示。具体属性参数如表 9.15 所示。

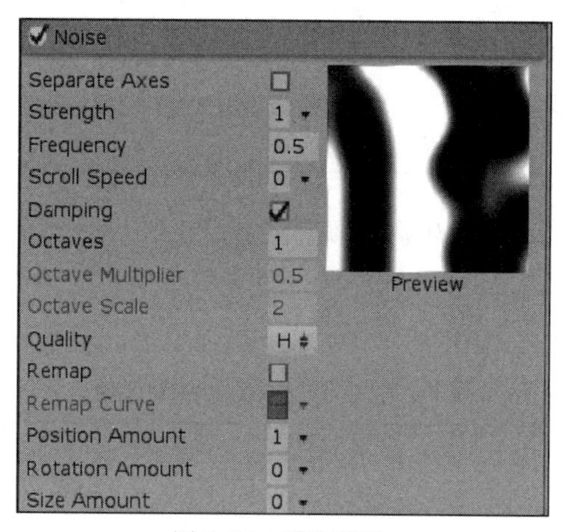

图 9.17　噪声模块

表 9.15　噪声模块属性

属性参数	参数含义
Separate Axes	分离轴
Strength	强度，定义了 Noise 效应对粒子一生的影响，数值越高粒子移动得越快
Frequency	频率，低值会产生柔和平滑的 Noise，高值会产生快速变化的 Noise
Scroll Speed	滚动速度，随着时间的推移，移动 Noise，导致更难以预测和不稳定的粒子运动
Damping	减震，启用时，强度与频率成正比
Octaves	倍频，指定有多少层重叠的噪声被组合在一起产生最终的噪声值

续表

属性参数	参数含义
Octave Multiplier	按此比例增大强度
Octave Scale	按此比例降低强度
Quality	质量,质量越低性能消耗越低,Noise 外观质量也越低,反之性能消耗高,外观质量也越高
Remap	重映射,将最终的噪声值重新映射到不同的范围
Remap Curve	重新映射曲线,描述最终噪声值如何转换的曲线
Position Amount	职位数量,控制噪声影响粒子位置的乘法器
Rotation Amount	旋转量,控制噪声影响粒子旋转量的乘法器,以度/秒为单位
Size Amount	数量大小,控制噪声影响粒子大小的乘法器

15) Collision(碰撞模块)

碰撞模块可为每颗粒子建立碰撞效果,目前只支持平面碰撞。该碰撞对于简单的碰撞检测效率非常高,如图 9.18 所示。具体属性参数如表 9.16 所示。

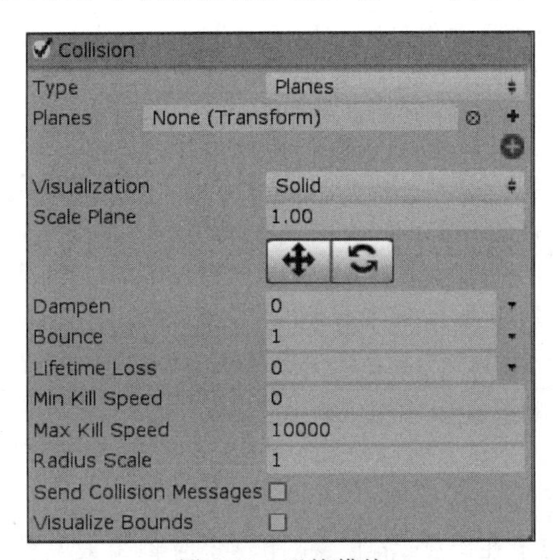

图 9.18 碰撞模块

表 9.16 粒子系统碰撞模块属性

属性参数	参数含义
Type	碰撞种类,可以是 Planes 等
Visualization	可视化平面,可以是网格或是实体
Scale Plane	缩放平面
Dampen	阻尼 0～1,当粒子碰撞时,将保持速度的一小部分。除非设置为 1.0,任何粒子都会在碰撞后变慢
Bounce	反弹,取值 0～1,当粒子碰撞时,将保持速度的比例
Lifetime Loss	生命减弱,取值 0～1, 初始生命每次碰撞减弱的比例

续表

属性参数	参数含义
Min Kill Speed	最小消亡速度，速度过低则删除
Max Kill Speed	最大消亡速度，速度过高则删除
Radius Scale	半径比例，允许调整粒子碰撞球体的半径，使其更贴近粒子图形的视觉边缘
Send Collision Messages	发送碰撞消息，如果启用，则可以通过 OnParticleCollision 函数从脚本中检测粒子碰撞
Visualize Bounds	可视化边界，在 Scene 视图中将每个粒子的碰撞范围渲染为线框形状

16）Triggers（触发器模块）

粒子能在场景中与一个或多个碰撞器交互时触发回调。当一个粒子进入或离开一个对撞机，或者在粒子处于内部或外部的时候，这个 Callback 可以被触发，如图 9.19 所示。具体属性参数如表 9.17 所示。

表 9.17　粒子触发器模块属性

属性参数	参数含义
Inside	Callback 粒子事件在对撞机内时触发，Ignore 表示当粒子在对撞机内部时，不会触发事件；Kill 表示杀死对撞机内的粒子
Outside	Callback 粒子事件在对撞机外时触发。Ignore 表示当粒子在对撞机外部时，不会触发事件；Kill 表示杀死对撞机外的粒子
Enter	Callback 粒子事件在进入对撞机时触发。Ignore 表示当粒子在进入对撞机时，不会触发事件；Kill 表示杀死对撞机进入的粒子
Exit	Callback 粒子事件在离开对撞机时触发。Ignore 表示当粒子在离开对撞机时，不会触发事件；Kill 表示杀死对撞机离开的粒子
Radius Scale	设置粒子的碰撞边界，允许在碰撞碰撞物之前或之后发生事件
Visualize Bounds	是否在编辑器窗口中显示粒子的碰撞边界

17）Sub Emitters（子发射器模块）

子发射器模块可使粒子在出生、消亡、碰撞三个时刻生成其他的粒子，如图 9.20 所示。具体属性参数如表 9.18 所示。

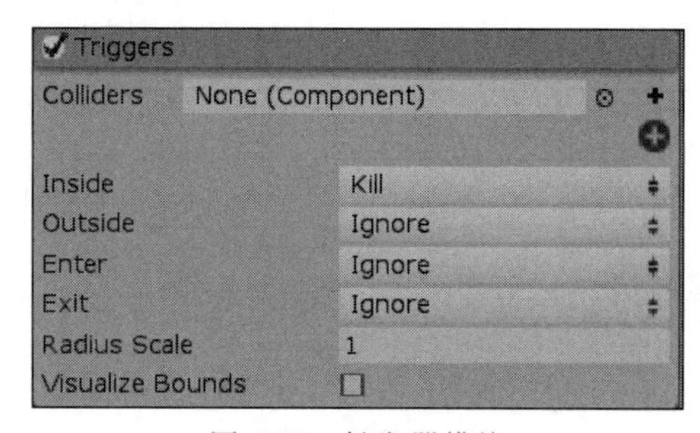

图 9.19　触发器模块

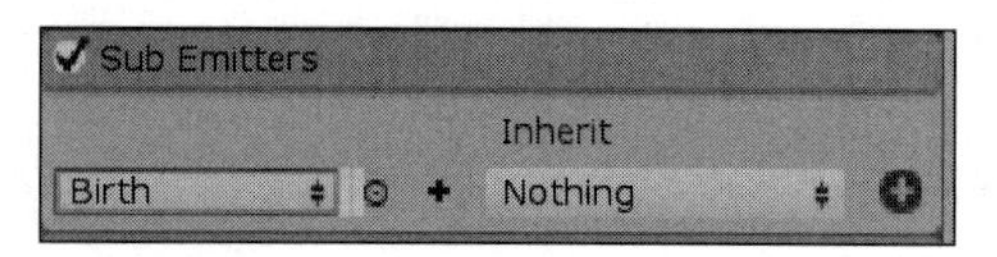

图 9.20　子发射器模块

表 9.18　子发射器模块属性

属性参数	参数含义
Birth	出生，在每个粒子出生的时候生成其他粒子系统
Collision	碰撞，在每个粒子碰撞的时候生成其他粒子系统。重要的碰撞需要建立碰撞模块。见碰撞模块
Death	死亡，在每个粒子死亡的时候生成其他粒子系统

18）Texture Sheet Animation（纹理层动画模块）

对粒子在其生命周期内的 UV 坐标产生变化，生成粒子的 UV 动画。可以将纹理划分成网格，在每一格存放动画的一帧。同时也可以将纹理划分为几行，每一行是一个独立的动画。需要注意的是，动画所使用的纹理在 Renderer 模块下的 Material 属性中指定，如图 9.21 所示。具体属性参数如表 9.19 所示。

表 9.19　粒子纹理层动画模块属性

属性参数	参数含义
Mode	种类
Tiles	平铺，定义纹理的平铺
Animation	动画，指定动画类型：整个表格或是单行
Frame over Time	时间帧，在整个表格上控制 UV 动画
Start Frame	开始帧
Cycles	周期，指定动画速度
Flip U	在一定比例的粒子上水平镜像纹理。较高的值翻转更多的粒子
Flip V	在一定比例的粒子上垂直镜像纹理。较高的值翻转更多的粒子
Affected UV Channels	精确指定哪些 UV 流受到粒子系统的影响

19）Lights（灯光模式）

使用此模块将实时灯光添加到粒子中，是一种快速添加实时灯光效果的方法，如图 9.22 所示。具体属性参数如表 9.20 所示。

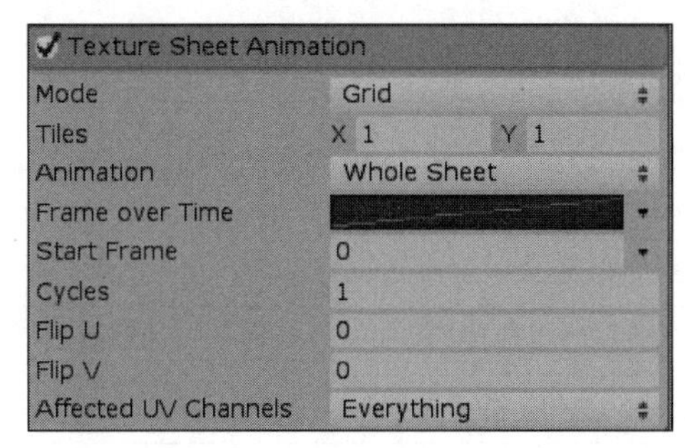

图 9.21　粒子纹理层动画模块

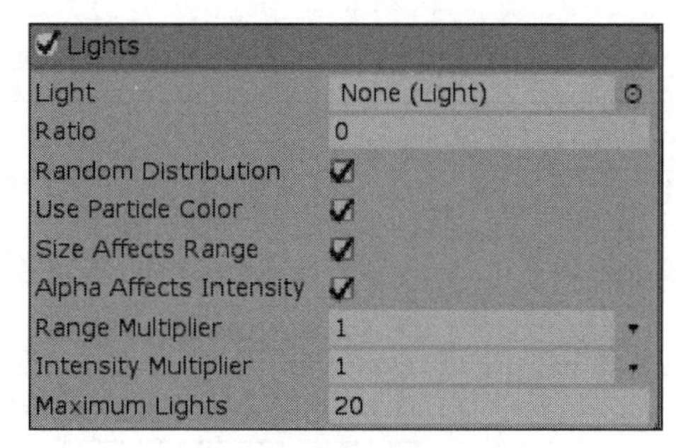

图 9.22　粒子灯光模块

表 9.20 粒子灯光模块属性

属性参数	参数含义
Light	指定一个 Light Prefab 来描述粒子灯应该如何显示
Ratio	介于 0～1 的值，描述将接收光的粒子的比例
Random Distribution	选择灯光是否随机或定期分配
Use Particle Color	勾选此设置，光线的最终颜色将被其附着的粒子的颜色调制。取消勾选，则使用 Light 颜色而不进行任何修改
Size Affects Range	启用时，Light 中指定的 Range(范围)将乘以粒子的大小
Alpha Affects Intensity	启用时，光的 Intensity(强度)乘以粒了阿尔法值
Range Multiplier	使用此曲线将自定义乘数应用于粒子生命周期中的范围
Intensity Multiplier	使用此曲线将自定义乘数应用于粒子生命周期中的光强度
Maximum Lights	使用此设置可避免意外创建大量灯光

20）Trails(足迹模块)

使用此模块为粒子添加轨迹(Particles(粒子)模式、Ribbon(飘带)模式)，如图 9.23 所示。具体属性参数如表 9.21 所示。

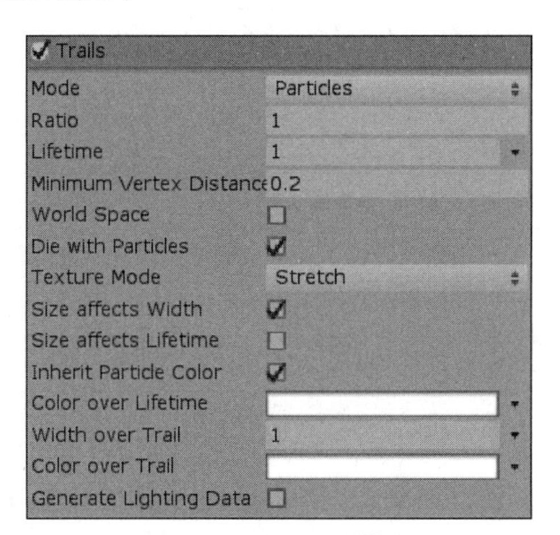

图 9.23 粒子足迹模块

表 9.21 粒子足迹模块属性

属性参数	参数含义
Mode	模式：Particle（粒子)模式，Ribbon（飘带)模式
Ratio	描述具体分配给它们的 Trail 的粒子的比例
Lifetime	取值介于 0～1。轨迹中每个顶点的生命周期
Minimum Vertex Distance	定义粒子在其 Trail 接收新顶点之前必须行进的距离
World Space	启用时，即使使用 Local Simulation Space(本地模拟空间)，轨迹顶点也不会相对于粒子系统的游戏对象移动

续表

属性参数	参数含义
Die with Particles	如果选中此复选框,则当它们的粒子死亡时,迹线立即消失
Texture Mode	选择应用于轨迹的纹理是沿着其整个长度延伸,还是进行重复
Size affects Width	如果启用(该框被选中),Trail 宽度乘以粒度
Size affects Lifetime	如果启用(该框被选中),轨迹寿命乘以粒度
Inherit Particle Color	如果启用(该框被选中),Trail 颜色将被粒子颜色调制
Color over Lifetime	控制粒子在生命周期内的颜色变化
Width over Trail	控制 Trail 在其长度上的宽度的曲线
Color over Trail	一条曲线来控制路径在其长度上的颜色
Generate Lighting Data	建立包含法线和切线的 Trail,这允许它们使用场景照明的材质,例如通过标准着色器,或使用自定义着色器

21) Custom Data(自定义数据模块)

自定义数据模块允许在编辑器中自定义数据格式以附加到粒子。也可以在脚本中设置,如图 9.24 所示,具体属性参数如表 9.22 所示。

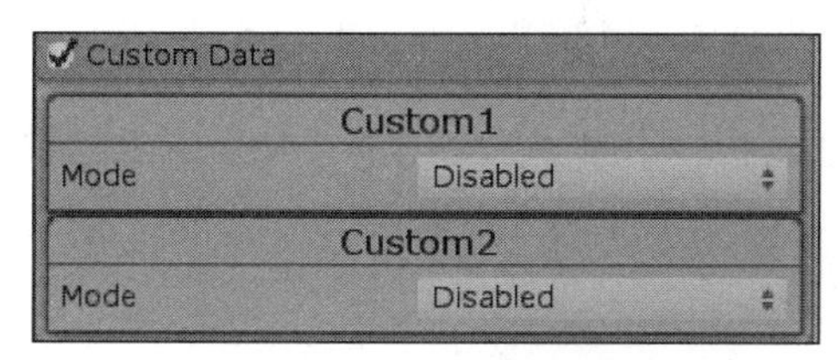

图 9.24 粒子自定义数据模块

表 9.22 粒子自定义数据模块属性

属性参数	参数含义
Vector	数据采用 Vector 模式
Color	数据采用 Color 模式

22) Renderer(渲染器模块)

渲染器模块显示了粒子系统渲染相关的属性,如图 9.25 所示。具体属性参数如表 9.23 所示。

表 9.23 粒子渲染器模块属性

属性参数	参数含义
Render Mode	渲染模式
Normal Direction	法线方向
Material	材质选择
Trail Material	用于渲染粒子轨迹的材质。该选项仅在 Trails 模块启用时可用
Sort Mode	粒子排序模式,可以根据粒子距离摄像机的远近排序或者按出生时间排序
Sorting Fudge	排序校正,使用这个参数将影响绘画顺序
Min Particle Size	设置最小粒子大小

续表

属性参数	参数含义
Max Particle Size	设置最大粒子大小
Render Alignment	渲染模式
Pivot	修改粒子渲染的轴点
Visualize Pivot	可视化轴点
Masking	遮罩
Apply Active Color Space	活动色彩空间
Custom Vertex Streams	在材质的顶点着色器中配置哪些粒子属性可用
Cast Shadows	投射阴影,粒子系统可以投影
Receive Shadows	接受阴影,粒子能不能接受阴影
Motion Vectors	运动向量
Sorting Layer	渲染器的排序图层的名称
Order in Layer	此渲染器在排序图层中的顺序
Light Probes	基于 interpolation (探头)的照明插值模式
Reflection Probes	如果启用并且场景中存在反射探针,则会为此 GameObject 选取反射纹理,并将其设置为内置 Shader 统一变量

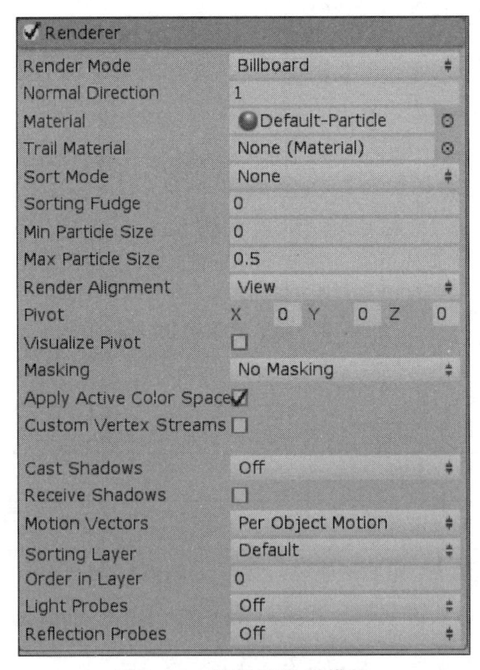

图 9.25 粒子渲染器模块

9.2 粒子特效开发

9.2.1 燃烧的火焰

1. 案例构思

日常生活中，人们经常会从电视中看见火焰燃烧散发出巨大火苗配合滚滚浓烟的效果，科幻电影中也常常加入一些火焰特效或爆炸效果以提高观看者的视听感受。本案例基于Unity3D粒子系统开发增强现实火焰效果。

2. 案例设计

仔细观察燃烧火焰的形状类似蜡烛燃烧时的形状，但是更粗壮，喷射效果更加剧烈些，为此我们在设计燃烧火焰的形状时把它想象成一个巨大的蜡烛火焰，颜色则采用黄和红掺杂的形式。我们将火焰分为外焰、内焰和焰分别制作，以达到逼真的火焰效果。火焰设计效果如图9.26所示。

图9.26 火焰粒子燃烧效果

3. 案例实施

1）AR环境配置

Step1：双击Unity软件快捷图标建立一个空项目，将其命名为fire。

Step2：登录Vuforia官方网站https://www.vuforia.com找到AR数据库。

Step3：单击左上角Add Target按钮，上传识别图片，如图9.27所示。

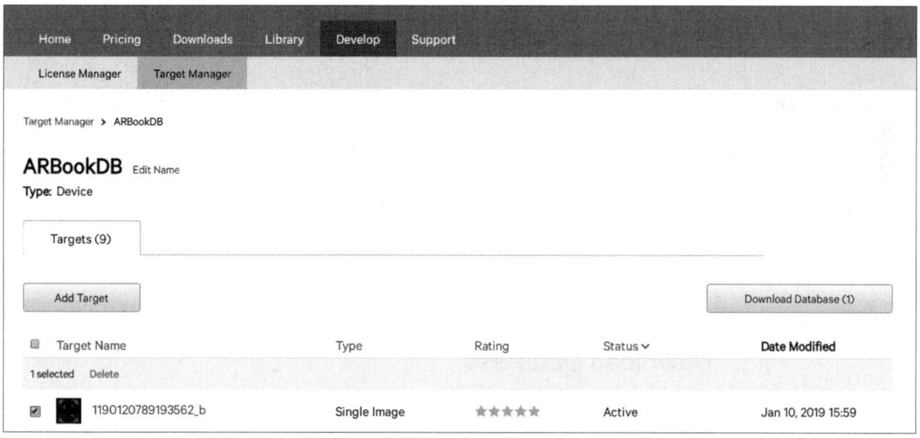

图9.27 AR数据库

Step4：上传火焰识别图片信息，如图9.28所示。

Step5：单击右上角Download Database(1)按钮，下载火焰识别资源，如图9.29所示。

Step6：在弹出的界面中选择Unity Editor复选框，然后单击Download按钮，如图9.30所示。

Step7：在Unity中单击Assets→Import package→Custom Package导入AR识别图资源，如图9.31所示。

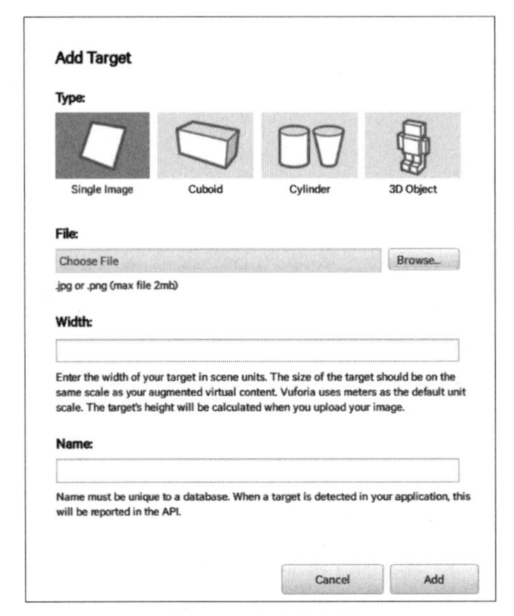

图 9.28　上传识别图

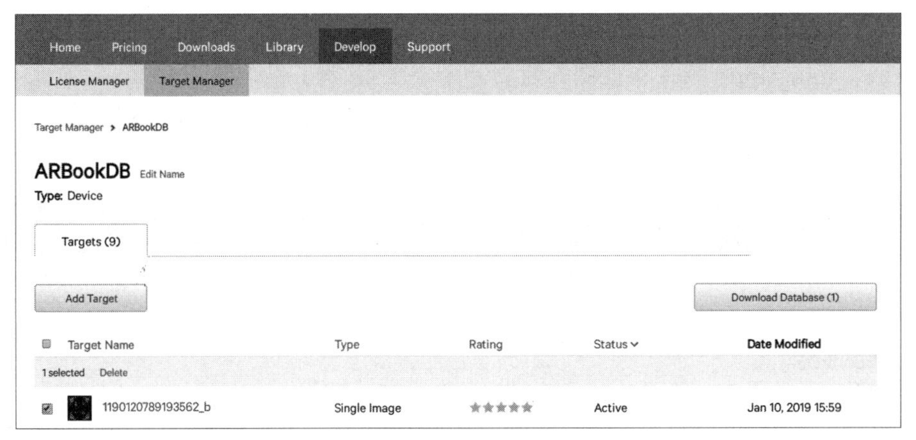

图 9.29　下载识别图资源

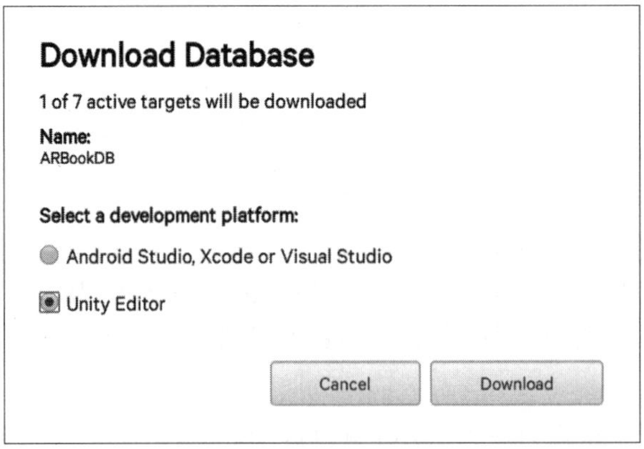

Download Database

1 of 7 active targets will be downloaded

Name:
ARBookDB

Select a development platform:

Android Studio, Xcode or Visual Studio

Unity Editor

Cancel　Download

图 9.30　Download 选择图

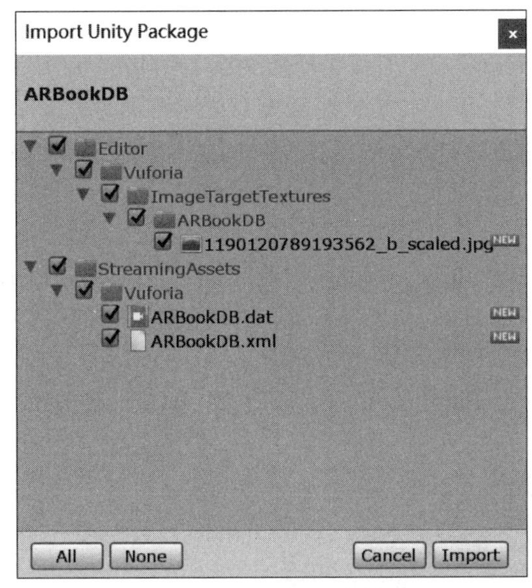

图 9.31 AR 资源导入图

Step8：单击 File→Build Settings，在 Player Settings 中设置 Vuforia 开发，如图 9.32 所示。

Step9：单击 GameObject→Vuforia→ARCamera，加载 AR 相机，如图 9.33 所示。

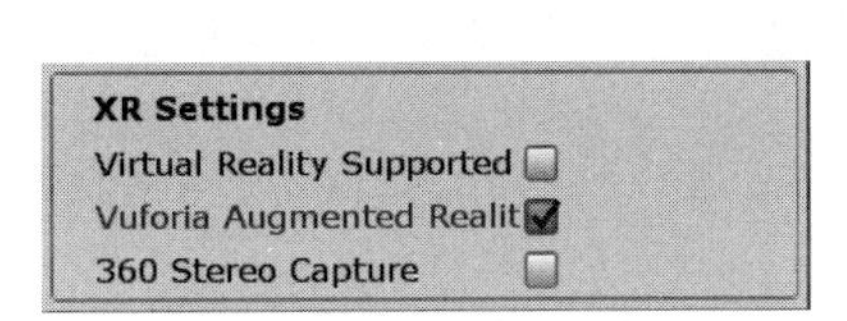

图 9.32 Vuforia 开发设定

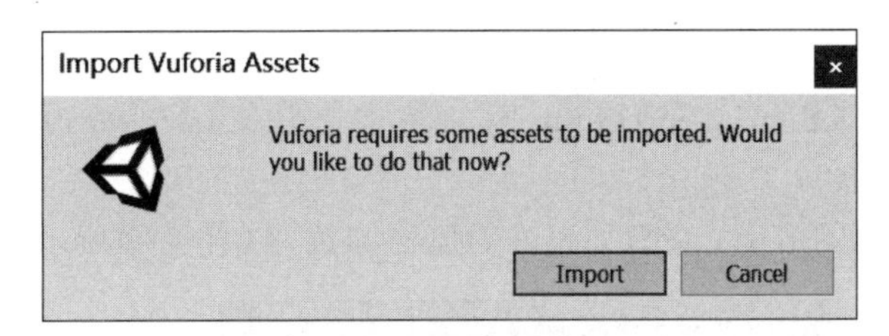

图 9.33 加载 AR 相机

Step10：单击 ARCamera，在其属性面板中输入开发密钥，如图 9.34 所示。

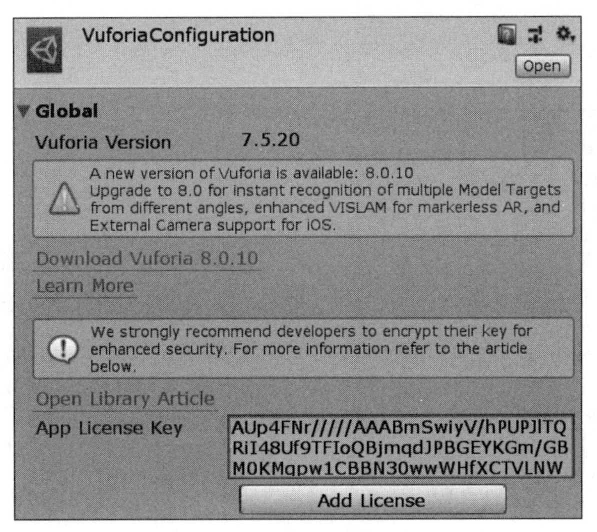

图 9.34 AR 开发密钥输入

Step11：单击 GameObject→Vuforia→Image 加载识别图片，将整个 fire 文件夹作为 ImageTarget 的子节点，Hierarchy 面板中层次关系如图 9.35 所示。

Step12：选中 ImageTarget，在其属性面板中选择导入的数据库 ARBookDB。

Step13：将原来挂载在 MainCamera 摄像机上的组件挂载在 ARCamera 上，同时取消 MainCamera 的使用。

2）外焰配置

Step1：加载火焰资源 Sources，将其直接拖曳到 Unity 中的 Project 面板上。

Step2：单击 GameObject→Create Empty 创建空对象，将其命名为 fire。火焰由三部分组成，分别是：外焰、内焰和烟雾。单击 GameObject→Effects→Particle System，创建三个粒子系统，分别命名为 outside、inside 和 smoke，作为 fire 的孩子节点。火焰层次关系如图 9.36 所示。

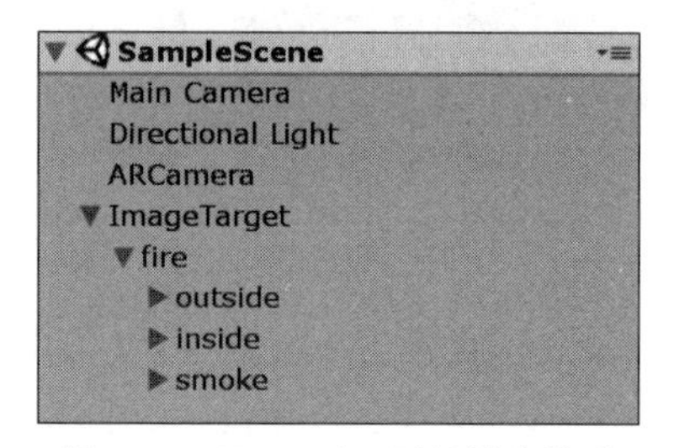

图 9.35　Hierarchy 面板层次关系

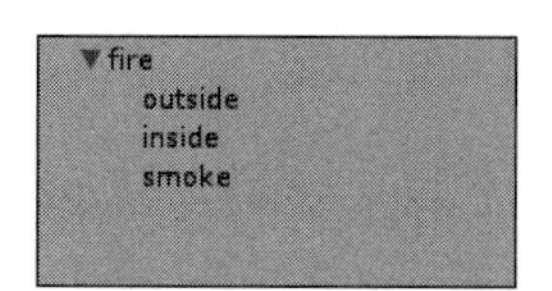

图 9.36　火焰层次关系

Step3：在 Hierarchy 面板中选中 outside，修改其属性参数。设置外焰基本属性参数，如图 9.37 所示。

Step4：设置外焰发射属性参数，如图 9.38 所示。

Outer	
Duration	5.00
Looping	✓
Prewarm	☐
Start Delay	0
Start Lifetime	1
Start Speed	5
3D Start Size	☐
Start Size	1
3D Start Rotation	☐
Start Rotation	-360　360
Flip Rotation	0
Start Color	
Gravity Modifier	0.2
Simulation Space	World
Simulation Speed	1
Delta Time	Scaled
Scaling Mode	**Local**
Play On Awake*	✓
Emitter Velocity	Rigidbody
Max Particles	1000
Auto Random Seed	✓
Stop Action	None

图 9.37　外焰基本属性参数

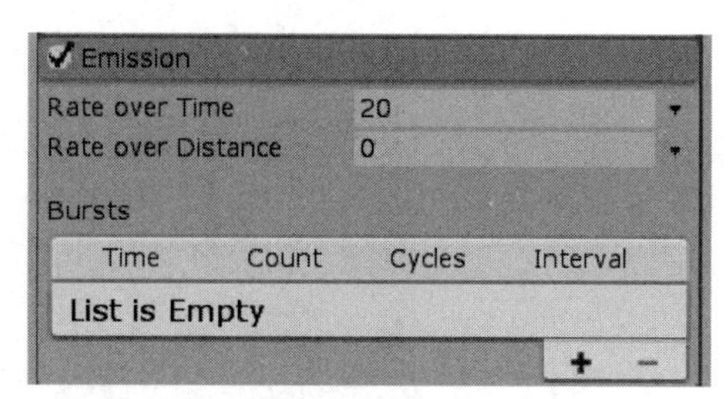

图 9.38　外焰发射属性参数

Step5：设置外焰形状属性参数，如图 9.39 所示。

Step6：设置外焰速度属性参数，让火焰摇摆不定，如图 9.40 所示。

Step7：设置外焰大小属性参数，如图 9.41 所示。

Shape	
Shape	Cone
Angle	0
Radius	0.01
Radius Thickness	1
Arc	0.01
Mode	Random
Spread	0
Length	5
Emit from:	Base
Texture	None (Texture 2D)
Clip Channel	Alpha
Clip Threshold	0
Color affects Particles	✓
Alpha affects Particles	✓
Bilinear Filtering	☐
Position	X 0 Y 0 Z 0
Rotation	X 0 Y 0 Z 0
Scale	X 1 Y 1 Z 1
Align To Direction	☐
Randomize Direction	0
Spherize Direction	0
Randomize Position	0

图 9.39　外焰形状属性参数

Velocity over Lifetime			
Linear	X -0.5 / 0.5	Y -0.5 / 0.5	Z 0 / 0
Space	Local		
Orbital	X 0	Y 0	Z 0
Offset	X 0	Y 0	Z 0
Radial	0		
Speed Modifier	1		

图 9.40　外焰速度属性参数

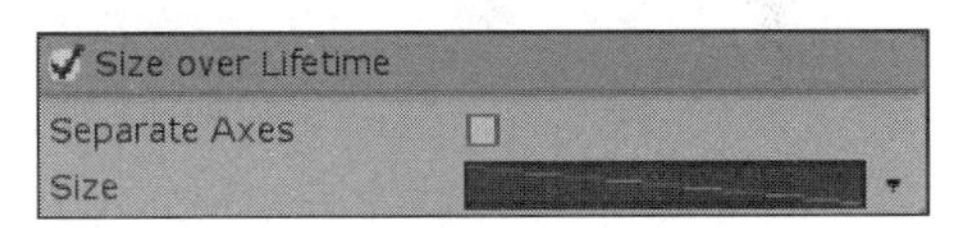

图 9.41　外焰大小属性参数

Step8：设置外焰渲染属性参数，如图 9.42 所示。

Step9：运行测试，外焰效果如图 9.43 所示。

Renderer	
Render Mode	Billboard
Normal Direction	1
Material	FlameD
Trail Material	None (Material)
Sort Mode	None
Sorting Fudge	0
Min Particle Size	0
Max Particle Size	0.5
Render Alignment	View
Pivot	X 0 Y 0 Z 0
Visualize Pivot	☐
Masking	No Masking
Apply Active Color Space	☐
Custom Vertex Streams	☐
Cast Shadows	On
Receive Shadows	✓
Motion Vectors	Per Object Motion
Sorting Layer	Default
Order in Layer	0
Light Probes	Off
Reflection Probes	Off

图 9.42　外焰材质属性参数

图 9.43　外焰测试效果图

3）内焰配置

Step1：设置内焰基本属性参数，如图 9.44 所示。

Step2：设置内焰发射属性参数，如图 9.45 所示。

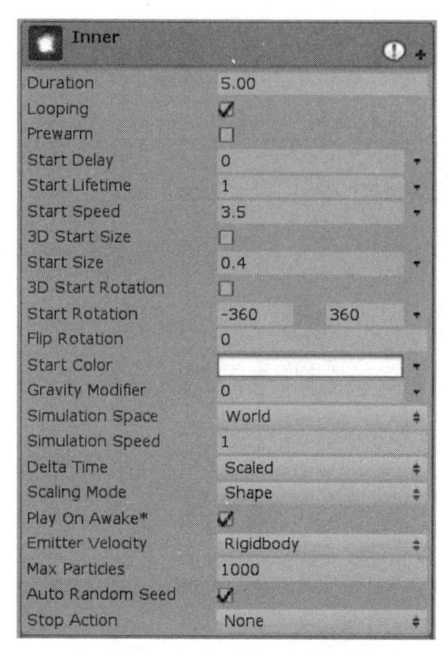

图 9.44　内焰基本属性参数

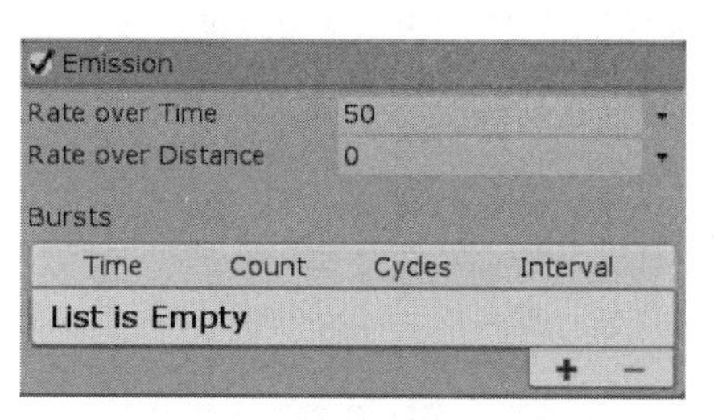

图 9.45　内焰发射属性参数

Step3：设置内焰形状属性参数，如图 9.46 所示。

Step4：设置内焰速度属性参数，如图 9.47 所示。

Step5：设置内焰大小属性参数，如图 9.48 所示。

Shape
Shape Cone
Angle 0
Radius 0.01
Radius Thickness 1
Arc 0.01
Mode Random
Spread 0
Length 5
Emit from: Base
Texture None (Texture 2D)
Clip Channel Alpha
Clip Threshold 0
Color affects Particles
Alpha affects Particles
Bilinear Filtering
Position X 0 Y 0 Z 0
Rotation X 0 Y 0 Z 0
Scale X 1 Y 1 Z 1
Align To Direction
Randomize Direction 0
Spherize Direction 0
Randomize Position 0

图 9.46　内焰形状属性参数

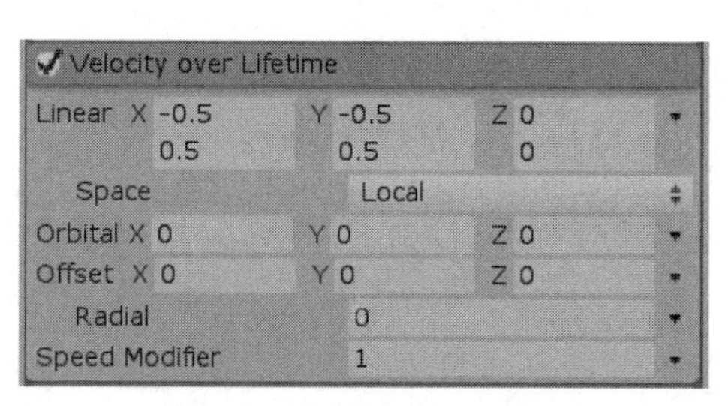

图 9.47　外焰速度属性参数

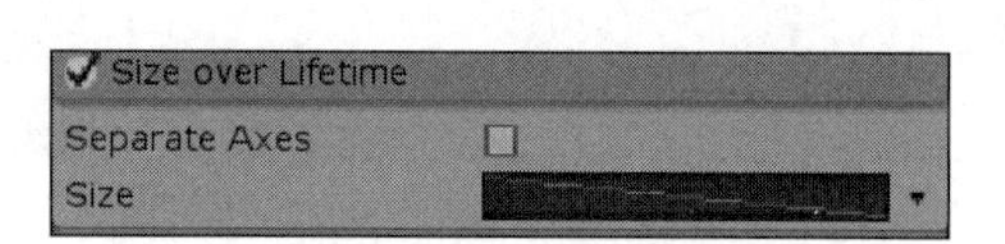

图 9.48　内焰大小属性参数

Step6：设置内焰渲染属性参数，如图 9.49 所示。

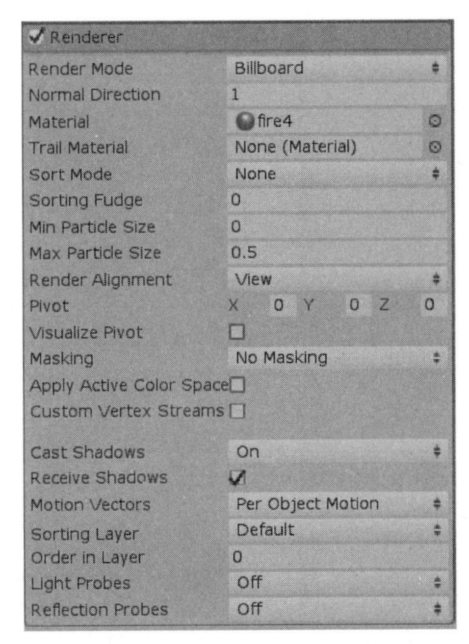

图 9.49 内焰渲染属性参数

Step7：运行测试，内焰效果如图 9.50 所示。

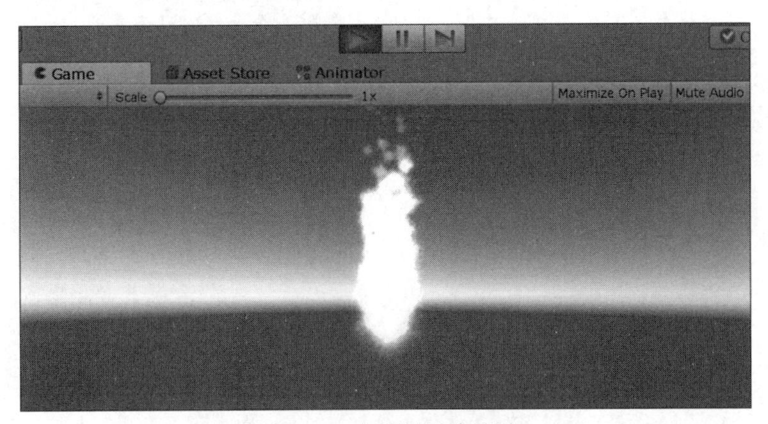

图 9.50 内焰测试效果图

4）烟的配置

Step1：设置浓烟基本属性参数，如图 9.51 所示。

Step2：设置浓烟发射属性参数，如图 9.52 所示。

Step3：设置浓烟形状属性参数，如图 9.53 所示。

Step4：设置浓烟速度属性参数，如图 9.54 所示。

Step5：设置浓烟大小属性参数，如图 9.55 所示。

Step6：设置浓烟旋转属性参数，防止烟雾遮盖前面的火苗，调节渲染的顺序如图 9.56 所示。

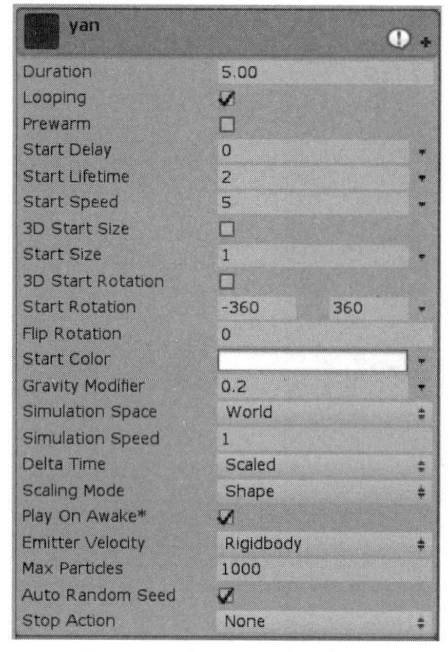

图 9.51　浓烟基本属性参数

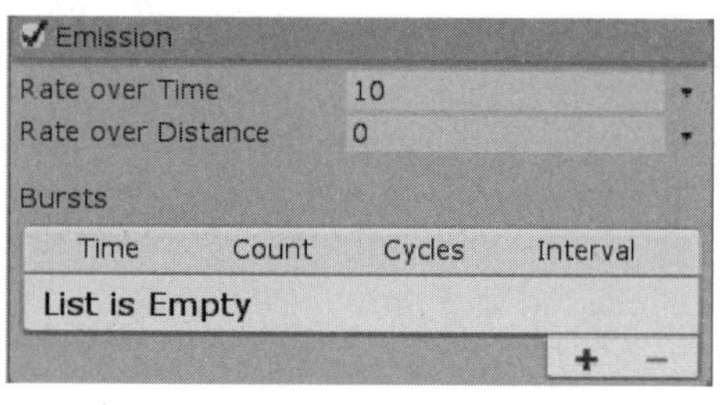

图 9.52　浓烟发射属性参数

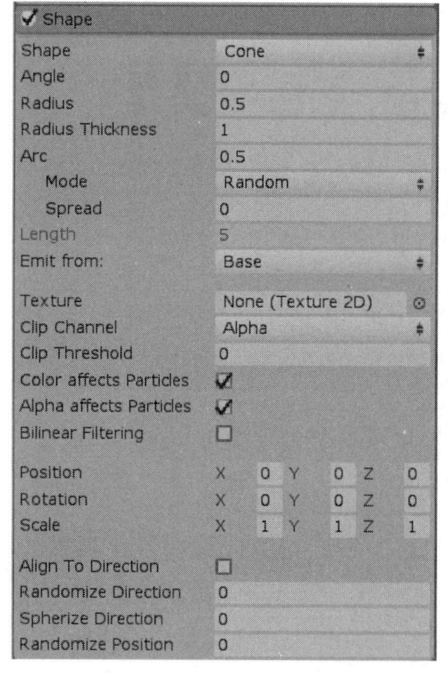

图 9.53　浓烟形状属性参数

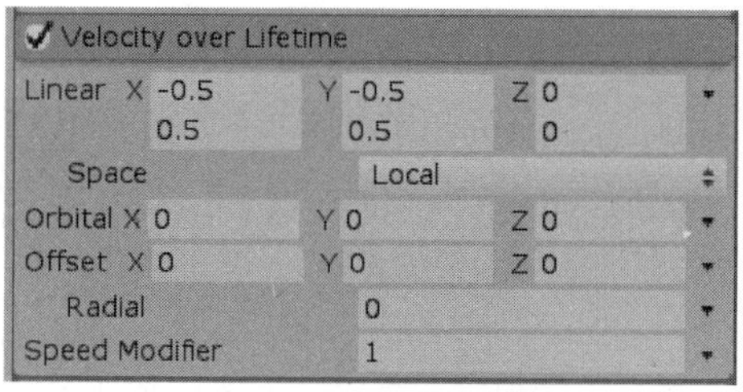

图 9.54　浓烟速度属性参数

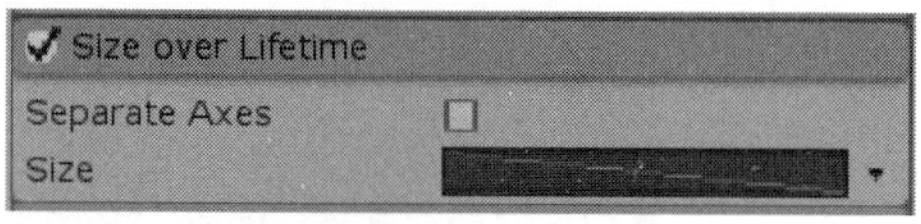

图 9.55　浓烟大小属性参数

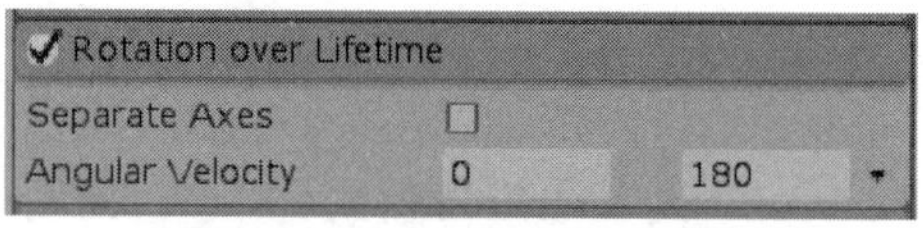

图 9.56　浓烟旋转属性参数

Step7：设置浓烟渲染属性参数，如图 9.57 所示。

Step8：运行测试，浓烟效果如图 9.58 所示。

Step9：结合外焰和内焰以及烟的效果进行测试，效果如图 9.59 所示。

Step10：在 Hierarchy 面板中，将外焰 outside、内焰 inside 和烟 smoke 调整位置到

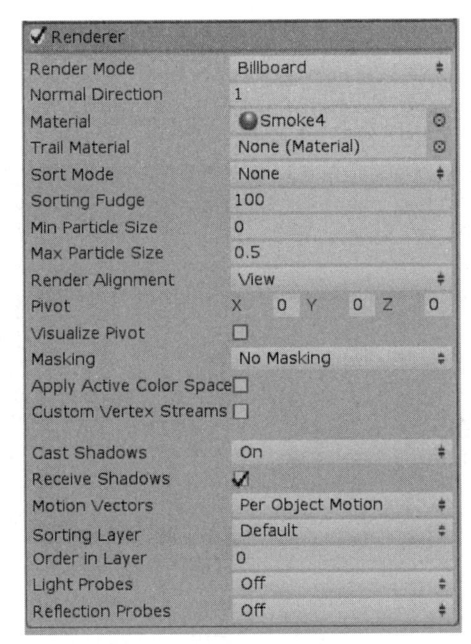

图 9.57　浓烟渲染属性参数

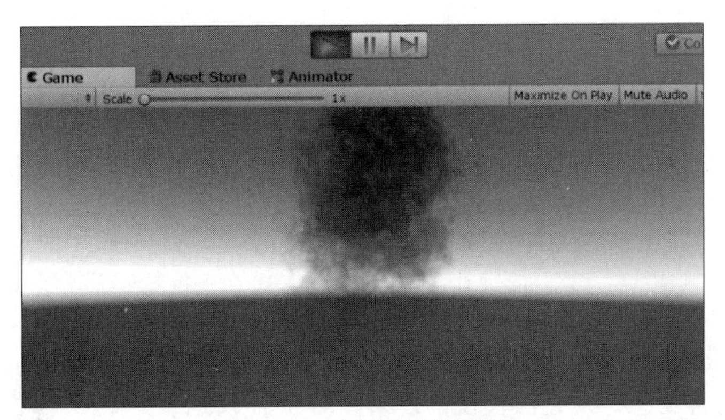

图 9.58　浓烟测试效果图

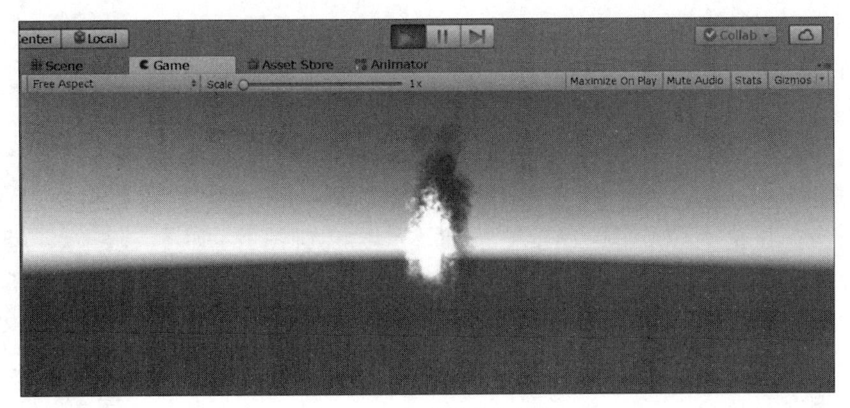

图 9.59　火焰测试效果图

ImageTarget下，使fire文件夹成为ImageTarget的子物体并调整火焰外焰、内焰和烟雾的位置，使其合理地出现在界面中。开启摄像头运行测试，效果如图9.60所示。

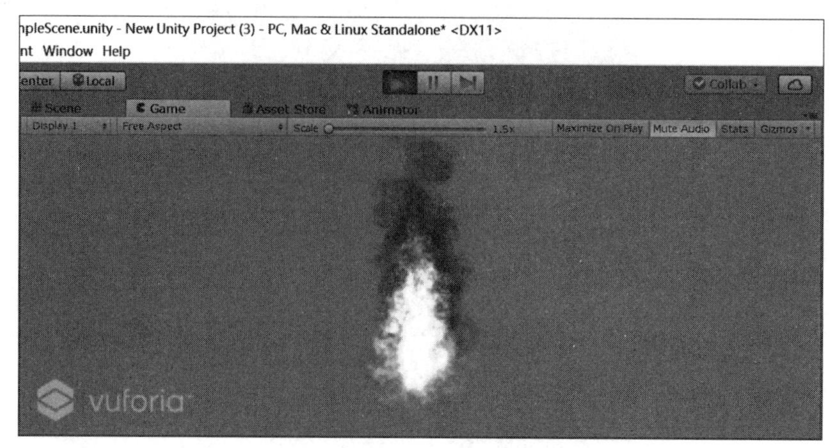

图9.60 AR火焰测试效果图

9.2.2 发光的法杖

1. 案例构思

法杖，主要是巫师、魔法师等施法时，用来传递、散发魔法的器物。法杖的使用可追溯到原印欧时代，无论索罗亚斯德教还是早期印度教，都可见到法杖的影子。在增强现实游戏中，经常可以看到发光的法杖，比如在DNF游戏中，法杖是魔法师的武器。本案例计划基于Unity3D粒子系统开发发光的法杖效果。

2. 案例设计

本案例选取最有代表的圆形粒子作为发光法杖粒子的基本形状，法杖在使用过程中粒子光度要瞬时变化，用以展现法杖威力的效果，这样制作出来的法杖更加真实，富有神秘感。发光法杖设计效果如图9.61所示。

图9.61 法杖效果图

3. 案例实施

1) AR环境配置

Step1：双击Unity软件快捷图标建立一个空项目，将其命名为fazhang。

Step2：登录Vuforia官方网站https://www.vuforia.com/找到AR数据库。

Step3：单击左上角Add Target按钮，上传识别图片，如图9.62所示。

Step4：上传法杖识别图片信息，如图9.63所示。

Step5：单击右上角Download Database(1)按钮，下载法杖识别资源，如图9.64所示。

Step6：在弹出的界面中选择Unity Editor，然后单击Download按钮，如图9.65所示。

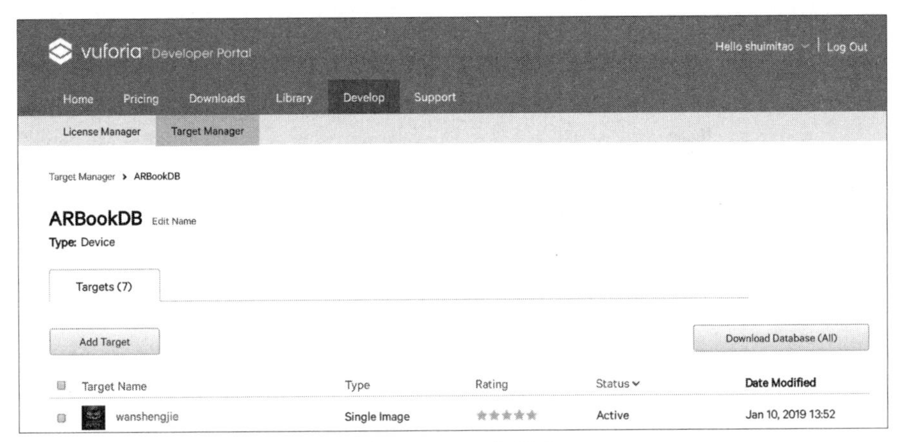

图 9.62　AR 数据库

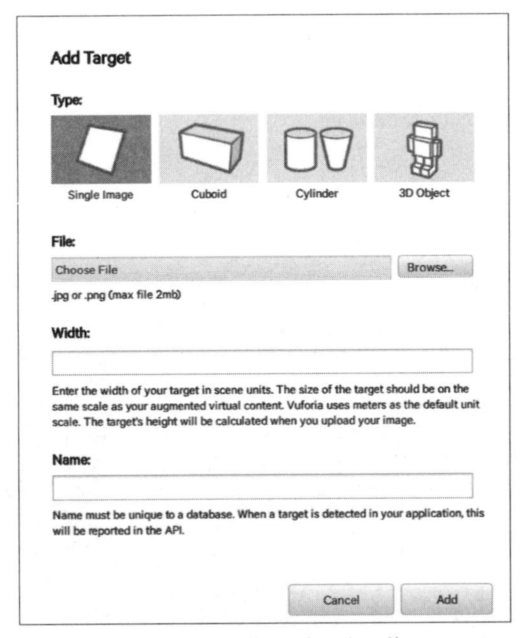

图 9.63　法杖识别图片上传

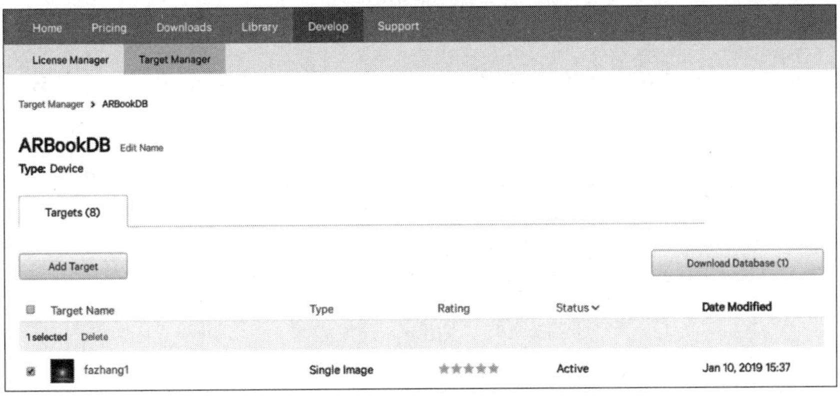

图 9.64　下载法杖识别图资源

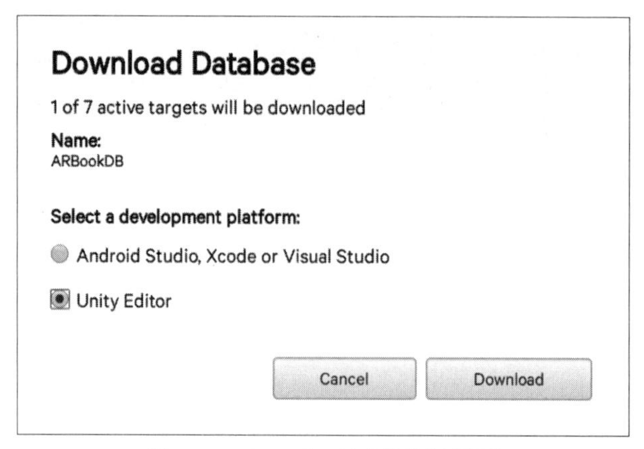

图 9.65　Download 下载选择界面

Step7：在 Unity 中单击 Assets→Import package→Custom Package 导入 AR 识别图资源，如图 9.66 所示。

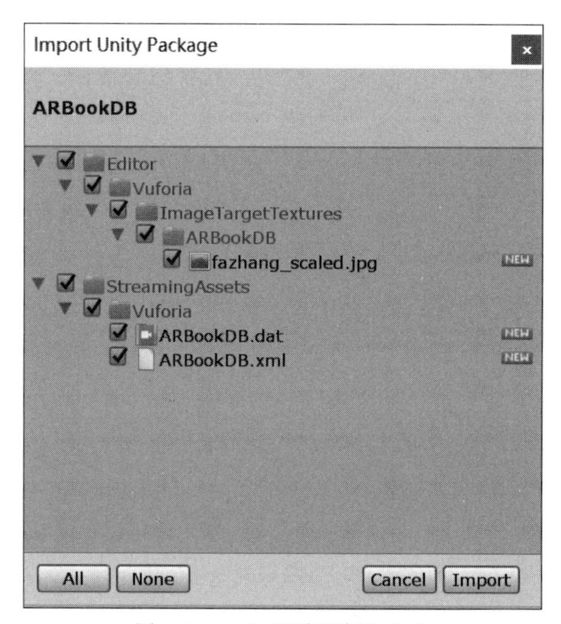

图 9.66　AR 识别图资源导入

Step8：单击 File→Build Settings，在 Player Settings 中设置 Vuforia 开发，如图 9.67 所示。

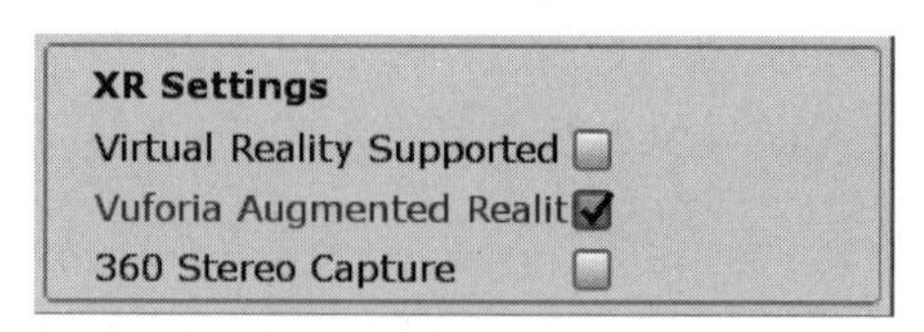

图 9.67　Vuforia 开发设置

Step9：单击 GameObject→Vuforia→ARCamera 加载 AR 相机，在弹出对话框中单击

Import 按钮导入 AR 相机，如图 9.68 所示。

图 9.68　加载 AR 摄像机

Step10：单击 ARCamera，在其属性面板中输入开发密钥，如图 9.69 所示。

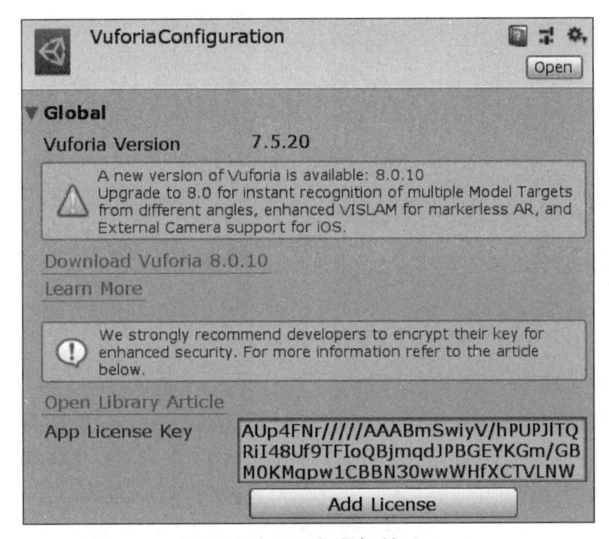

图 9.69　开发密钥输入

Step11：单击 GameObject→Vuforia→Image 加载识别图片。

Step12：选中 ImageTarget，在其属性面板中选择导入的数据库 ARBookDB。

Step13：将原来挂载在 MainCamera 摄像机上的组件挂载在 ARCamera 上，同时取消 Main Camera 的使用。

2）法杖特效设置

Step1：找到法杖资源文件并将其直接拖曳到 Unity 中的 Project 面板上，如图 9.70 所示。

名称	修改日期	类型	大小
Materials	2018/12/1 15:14	文件夹	
Modles	2018/12/1 15:14	文件夹	
texture	2018/12/1 15:14	文件夹	
301c1ebd	2017/12/2 11:31	WPS看图 TGA 图片...	129 KB
flare2_additive	2017/12/2 11:31	DDS Image	3 KB
Flash01	2017/12/2 11:31	DDS Image	22 KB

图 9.70　法杖资源文件

Step2：在 Project 资源面板中找到法杖模型 wand，将其拖入 Hierarchy 面板中，放置到合适位置，如图 9.71 所示。

Step3：单击 GameObject→Effects→Particle System 创建一个粒子系统。

Step4：设置法杖基本属性参数，如图 9.72 所示。

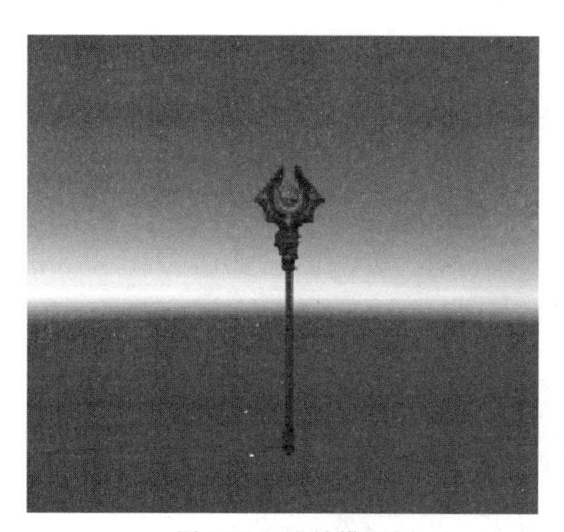

图 9.71　法杖模型

light03
Duration 5.00
Looping
Prewarm
Start Delay 0
Start Lifetime 5
Start Speed 0
3D Start Size
Start Size 0.15
3D Start Rotation
Start Rotation 0 360
Flip Rotation 0
Start Color
Gravity Modifier 0
Simulation Space Local
Simulation Speed 1
Delta Time Scaled
Scaling Mode Local
Play On Awake*
Emitter Velocity Rigidbody
Max Particles 1000
Auto Random Seed
Stop Action None

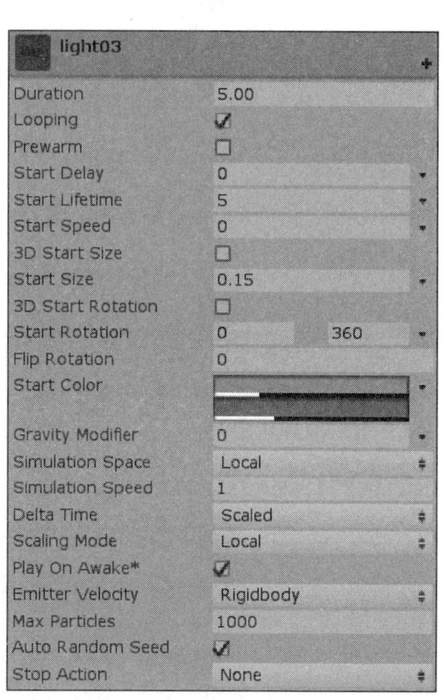

图 9.72　法杖基本属性参数

Step5：设置法杖发射属性参数，降低发射速率，如图 9.73 所示。

Step6：设置法杖形状属性参数，如图 9.74 所示。

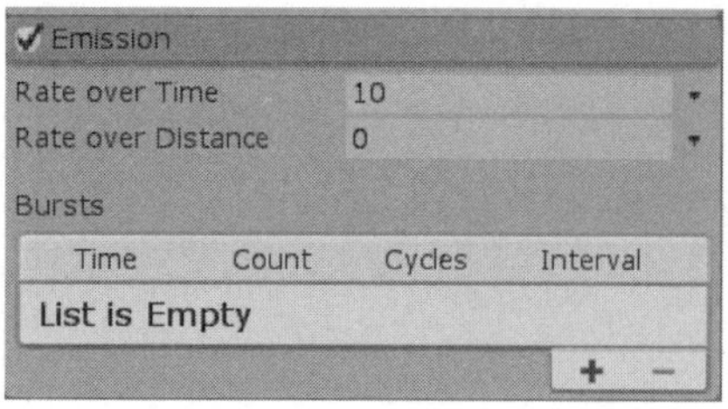

Emission
Rate over Time 10
Rate over Distance 0
Bursts
Time Count Cycles Interval
List is Empty

图 9.73　法杖发射属性参数

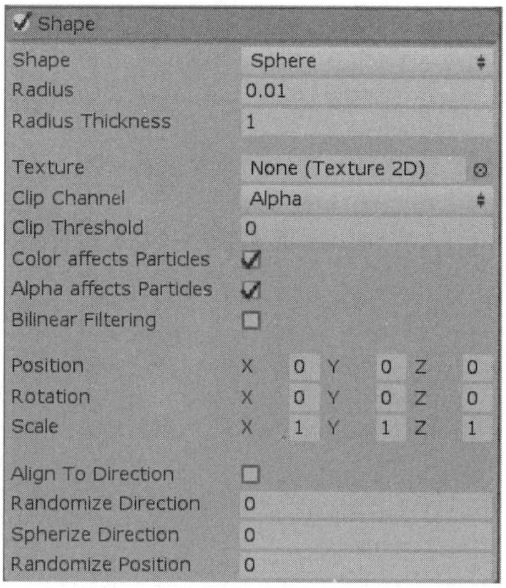

Shape
Shape Sphere
Radius 0.01
Radius Thickness 1
Texture None (Texture 2D)
Clip Channel Alpha
Clip Threshold 0
Color affects Particles
Alpha affects Particles
Bilinear Filtering
Position X 0 Y 0 Z 0
Rotation X 0 Y 0 Z 0
Scale X 1 Y 1 Z 1
Align To Direction
Randomize Direction 0
Spherize Direction 0
Randomize Position 0

图 9.74　法杖形状属性参数

Step7：设置法杖颜色属性参数，如图 9.75 所示。

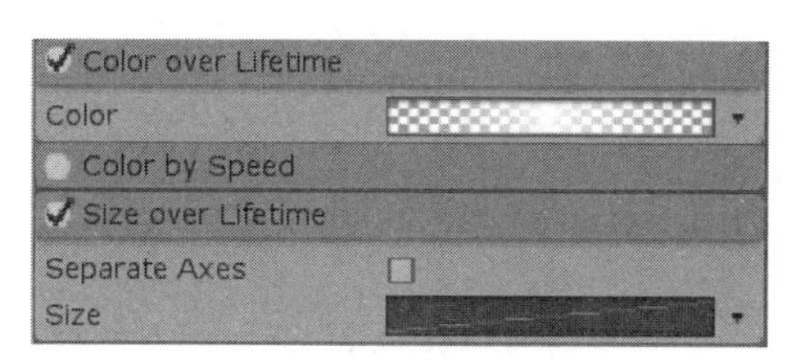

图 9.75　法杖颜色属性参数

Step8：设置法杖渲染属性参数，如图 9.76 所示。调整法杖的模型材质，使其不受场景内灯光的影响，如图 9.77 所示。

Step9：调整法杖、粒子特效等游戏对象的位置，使其合理地出现在界面中，运行测试，如图 9.78～图 9.79 所示。

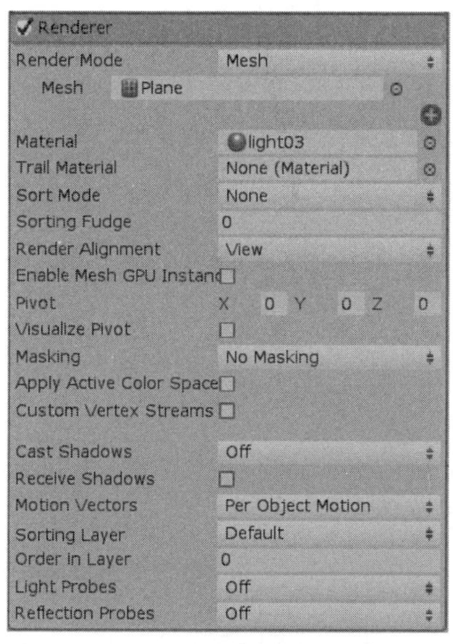

图 9.76　法杖渲染属性参数

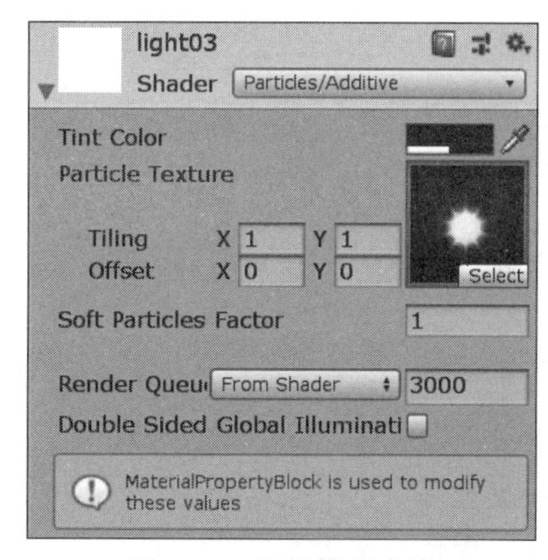

图 9.77　法杖模型参数

图 9.78　法杖运行测试效果图Ⅰ

图 9.79　法杖运行测试效果图Ⅱ

9.2.3　上升的泡泡

1. 案例构思

泡泡在增强现实游戏、动画中经常遇见。泡泡在自然界中是一种光的干涉现象，光线穿过肥皂泡的薄膜时，薄膜的顶部和底部都会产生反射，肥皂薄膜最多可以包含大约150个不同的层次。我们看到的凌乱的颜色组合是由不平衡的薄膜层引起的。本案例计划基于Unity 3D粒子系统开发上升的泡泡效果。

2. 案例设计

本案例选取最有代表的圆形粒子作为上升泡泡粒子的基本形状，泡泡在上升过程中大小、位置、速度要瞬时变化，用以展现轻盈的效果，这样制作出来的泡泡更加真实，富有层次感。上升的泡泡设计效果如图9.80所示。

图9.80 上升泡泡设计效果

3. 案例实施

1）AR环境配置

Step1：双击Unity软件快捷图标建立一个空项目，将其命名为paopao。

Step2：登录Vuforia官方网站https://www.vuforia.com/。

Step3：找到AR数据库，单击左上角Add Target按钮，上传识别图片，如图9.81所示。

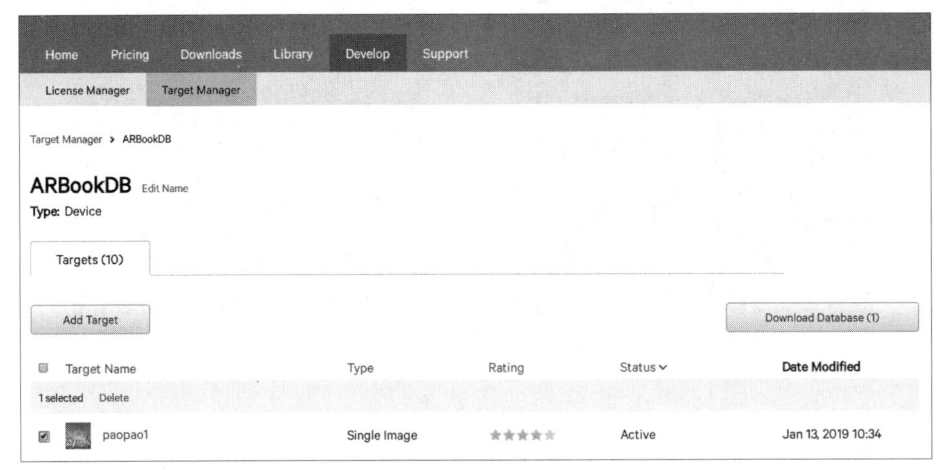

图9.81 AR数据库

Step4：上传泡泡识别图片信息，如图 9.82 所示。

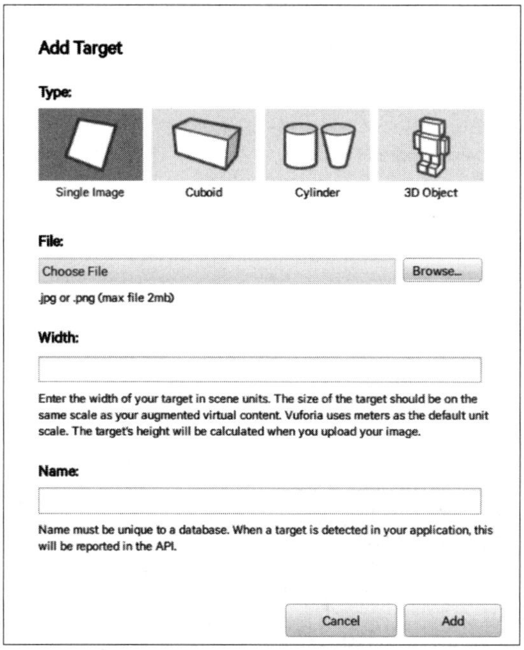

图 9.82 上传识别图信息

Step5：单击右上角 Download Database(1)按钮，下载泡泡识别图资源，如图 9.83 所示。

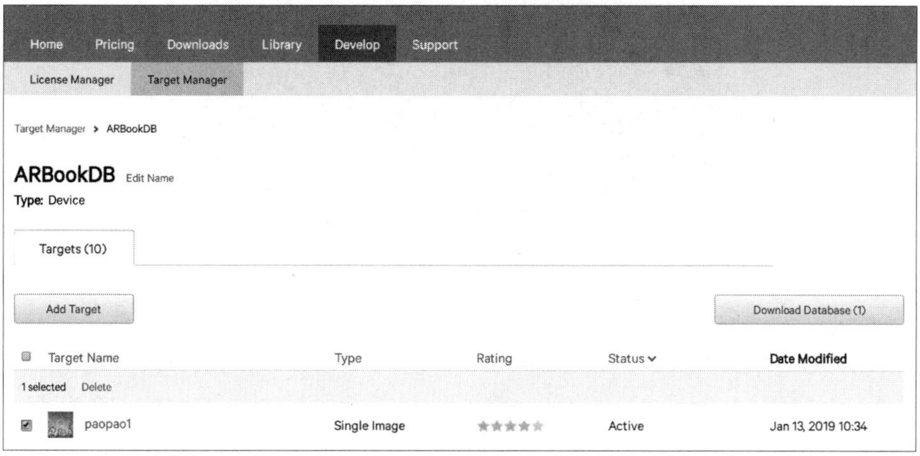

图 9.83 下载识别图资源

Step6：在弹出的界面中选择 Unity Editor 复选框，然后单击 Download 按钮，如图 9.84 所示。

Step7：在 Unity 中单击 Assets→Import package→Custom Package 导入 AR 识别图资源，如图 9.85 所示。

Step8：单击 File→Build Settings，在 Player Settings 中设置 Vuforia 开发，如图 9.86 所示。

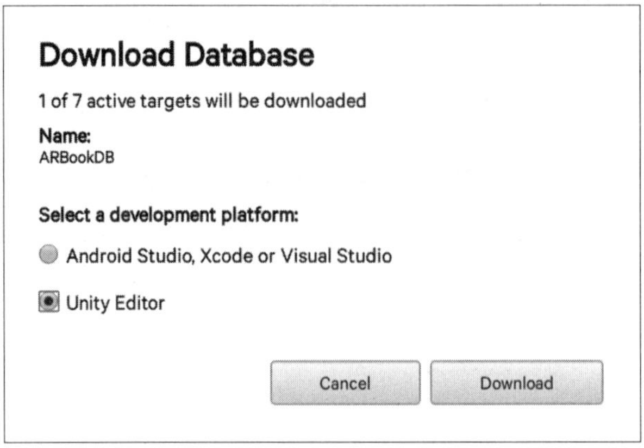

Download Database

1 of 7 active targets will be downloaded

Name:
ARBookDB

Select a development platform:

Android Studio, Xcode or Visual Studio

Unity Editor

Cancel　Download

图 9.84　Download 下载选择页面

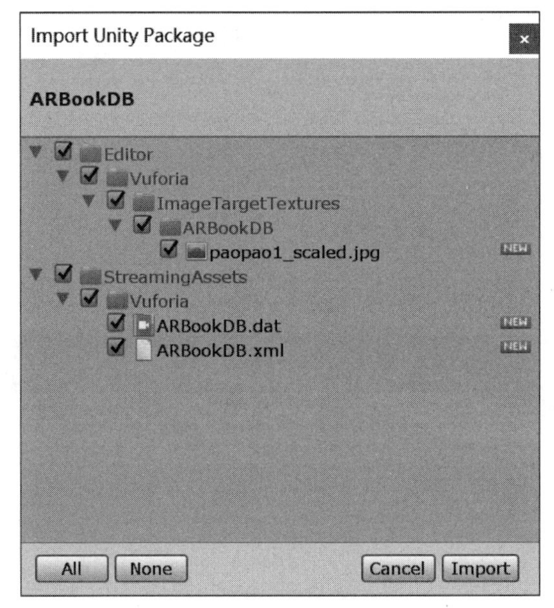

图 9.85　AR 识别图资源导入

Step9：单击 GameObject→Vuforia→ARCamera 加载 AR 相机，如图 9.87 所示。

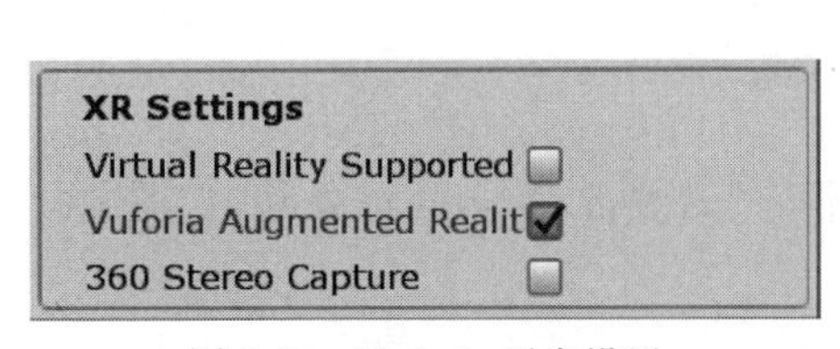

图 9.86　Vuforia 开发设置

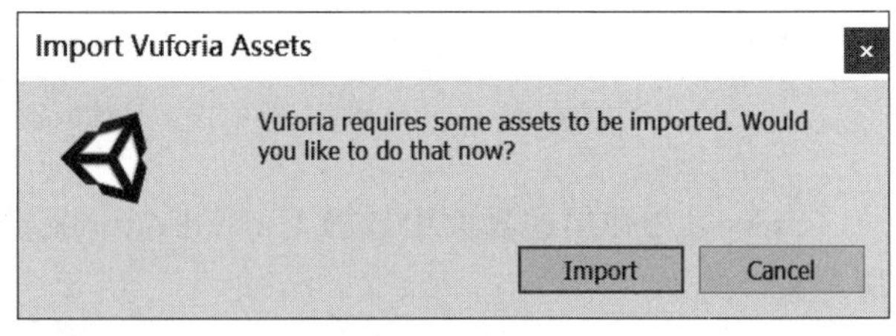

图 9.87　AR 相机导入

Step10：单击 ARCamera，在其属性面板中输入开发密钥，如图 9.88 所示。

Step11：单击 GameObject→Vuforia→Image 加载识别图片，将粒子泡泡作为

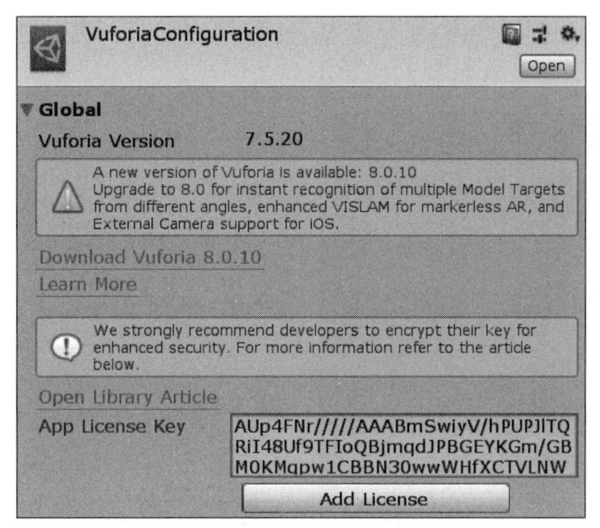

图 9.88 开发密钥输入

ImageTarget 的子节点，Hierarchy 面板中层次关系如图 9.89 所示。

Step12：选中 ImageTarget，在其属性面板中选择导入的数据库 ARBookDB。

Step13：调整 ARCamera 位置，使其照射全景。同时取消 MainCamera 的使用。

2）泡泡设置

Step1：找到泡泡资源文件 soapbubble.package，并将其直接拖曳到 Unity 中的 Project 面板上，单击 Import 按钮导入，如图 9.90 所示。

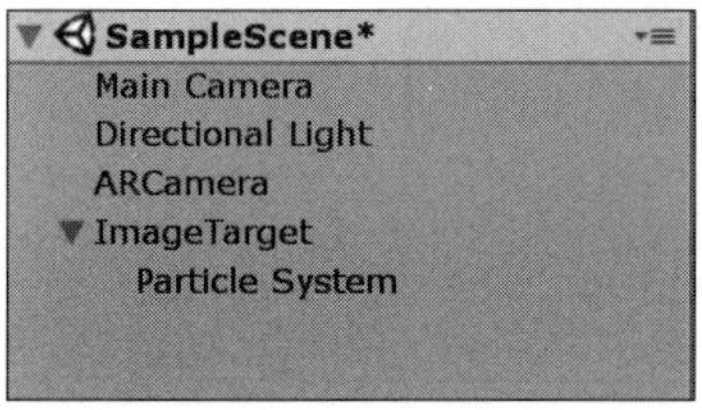

图 9.89 Hierarchy 层次关系

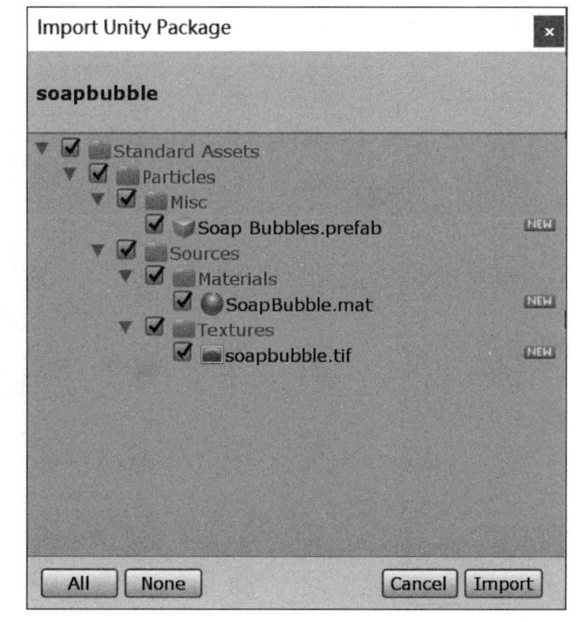

图 9.90 资源导入

Step2：单击 GameObject→Effects→Particle System 创建一个粒子系统。

Step3：设置泡泡基本属性参数，将 Start lifetime 设为 30，增加例子的存活时间；Start

Speed 为 3，降低粒子运动速度；Start Size 为 6，增加粒子大小；Max Particle 为 100，减少粒子的最大数量。具体属性参数如图 9.91 所示。

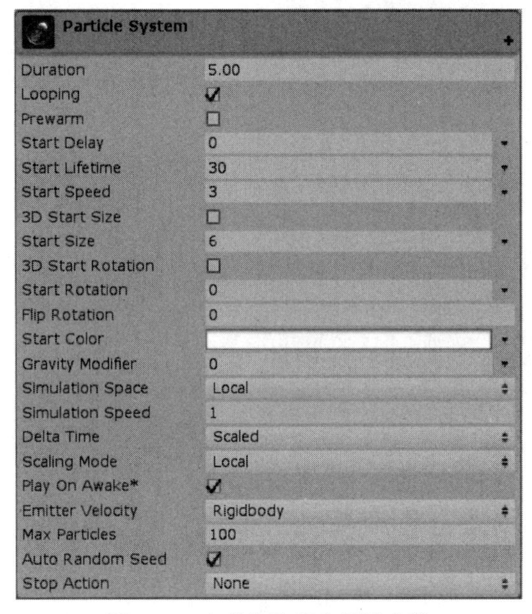

图 9.91 上升泡泡基本属性参数

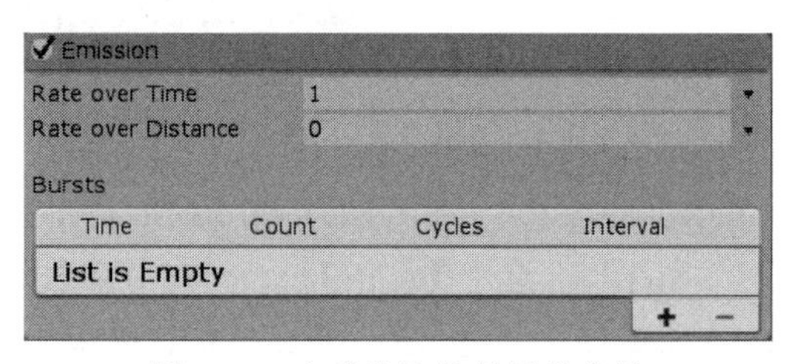

图 9.92 上升泡泡发射属性参数

Step4：设置泡泡发射属性参数，将 Rate over Time 设为 1，降低发射速率，如图 9.92 所示。

Step5：设置泡泡形状属性参数，将粒子发射器形状设置成一个立方体空间，并调整 Scale 值，让其扩大 100 倍，如图 9.93 所示。

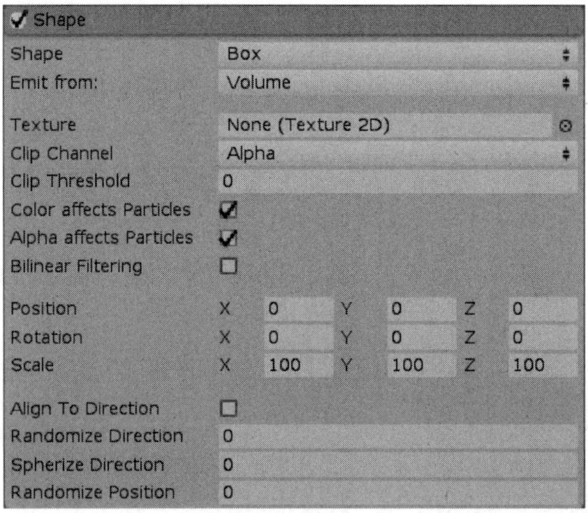

Shape
Shape Box
Emit from: Volume
Texture None (Texture 2D)
Clip Channel Alpha
Clip Threshold 0
Color affects Particles
Alpha affects Particles
Bilinear Filtering
Position X 0 Y 0 Z 0
Rotation X 0 Y 0 Z 0
Scale X 100 Y 100 Z 100
Align To Direction
Randomize Direction 0
Spherize Direction 0
Randomize Position 0

图 9.93 上升泡泡形状属性参数

Step6：设置泡泡渲染属性参数，主要将粒子材质修改成 SoapBubble，如图 9.94 所示。此时场景内泡泡效果如图 9.95 所示。

Step7：开启摄像头，调整粒子泡泡的位置，使其合理地出现在界面中，运行测试，如

Renderer	
Render Mode	Billboard
Normal Direction	1
Material	SoapBubble
Trail Material	None (Material)
Sort Mode	None
Sorting Fudge	0
Min Particle Size	0
Max Particle Size	0.5
Render Alignment	View
Pivot	X 0 Y 0 Z 0
Visualize Pivot	☐
Masking	No Masking
Apply Active Color Space	☑
Custom Vertex Streams	☐
Cast Shadows	Off
Receive Shadows	☐
Motion Vectors	Per Object Motion
Sorting Layer	Default
Order in Layer	0
Light Probes	Off
Reflection Probes	Off

图 9.94　上升泡泡渲染属性参数

图 9.95　上升泡泡效果

图 9.96 所示。

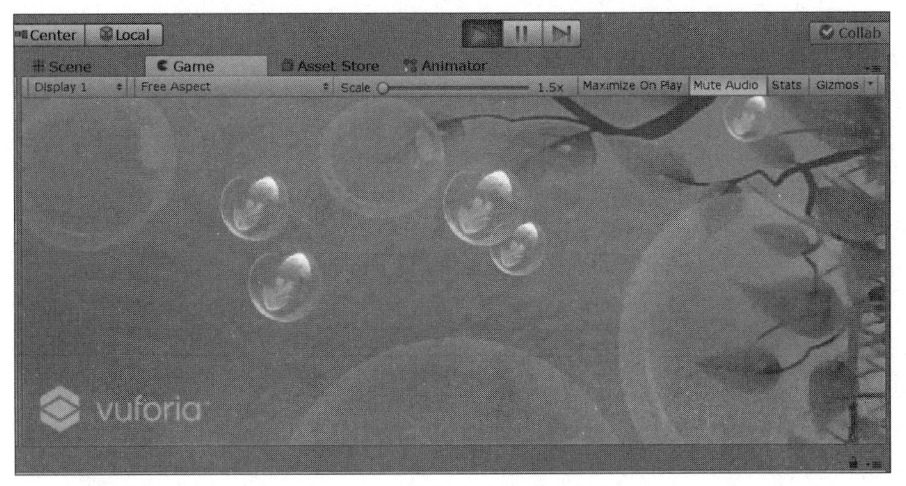

图 9.96　上升的泡泡测试效果图

9.3 综合项目：AR角色特效开发

9.3.1 项目构思

AR角色动画可以按照顺序播放，也可以通过交互实现单击播放特定动作，如果在动画播放过程中配以粒子特效会有更好的效果。AR角色特效项目计划将AR动画与AR特效结合，实现角色动画播放时的炫酷效果。为此，需要从外部导入一些声音、角色、粒子特效等资源，随书附送素材包中包括本项目的所有素材。

9.3.2 项目设计

项目角色使用Unity官方商店推出的一款角色Unity-chan。Unity-chan是2014年推出的，如图9.97所示。金发碧眼的可爱形象非常萌，之所以会选择这款角色作为动画开发角色，是因为Unity-chan身上自带的动画非常多，其中包括精美的贴图文件、31个动画，还有12个弯腰动作。需要注意的是，Unity-chan角色需要运行在Unity5.2.0版本以上才可以，所以在下载资源时需要看一下自己的Unity版本是否符合。

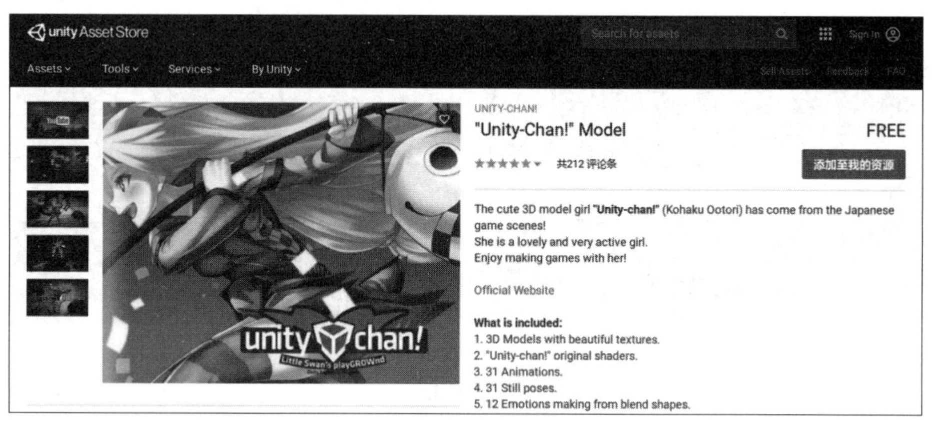

图9.97 Unity-chan角色资源

9.3.3 项目实施

1. AR环境配置

Step1：双击Unity软件快捷图标建立一个空项目，将其命名为chapter9。

Step2：登录Vuforia官方网站https://www.vuforia.com/，找到AR数据库。

Step3：单击左上角Add Target按钮，上传识别图片，如图9.98所示。

Step4：单击右上角Download Database(1)按钮，下载识别图资源，如图9.99所示。

Step5：在弹出的界面中选择Unity Editor复选框，然后单击Download按钮，如图9.100所示。

Step6：在Unity中单击Assets→Import package→Custom Package导入AR识别图资源，如图9.101所示。

Step7：单击File→Build Settings，在Player Settings中设置Vuforia开发，如图9.102所示。

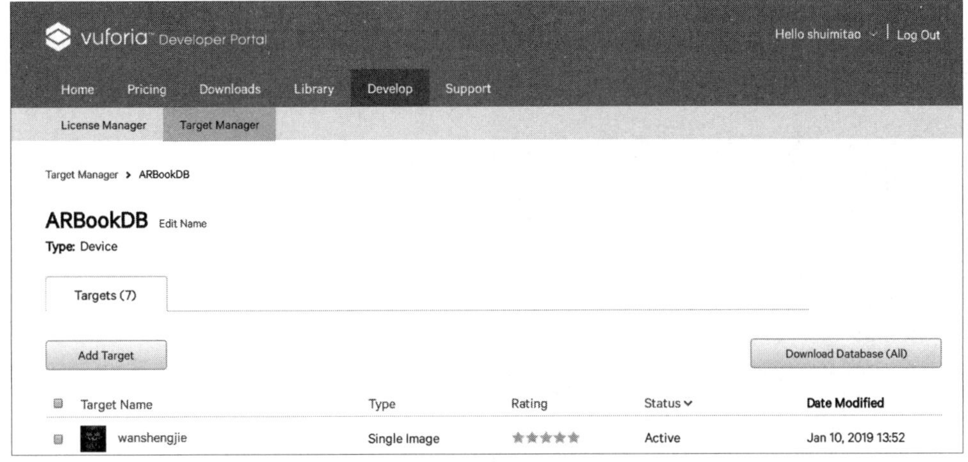

vuforia Developer Portal
Hello shuimitao | Log Out
Home Pricing Downloads Library Develop Support
License Manager Target Manager
Target Manager > ARBookDB
ARBookDB Edit Name
Type: Device
Targets (7)
Add Target
Download Database (All)
Target Name Type Rating Status Date Modified
wanshengjie Single Image Active Jan 10, 2019 13:52

图 9.98 AR 数据库

Home Pricing Downloads Library Develop Support
License Manager Target Manager
Target Manager > ARBookDB
ARBookDB Edit Name
Type: Device
Targets (10)
Add Target
Download Database (1)
Target Name Type Rating Status Date Modified
1 selected Delete
paopao1 Single Image Active Jan 13, 2019 10:34

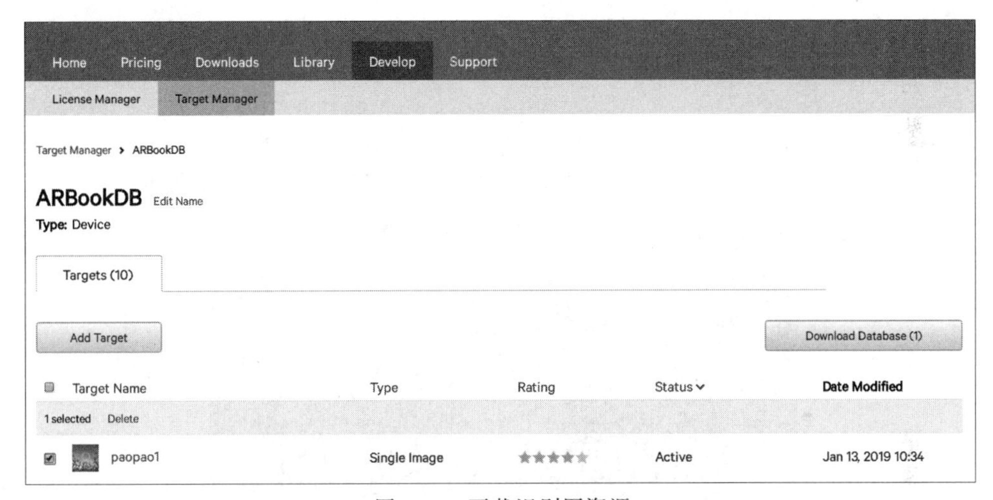

图 9.99 下载识别图资源

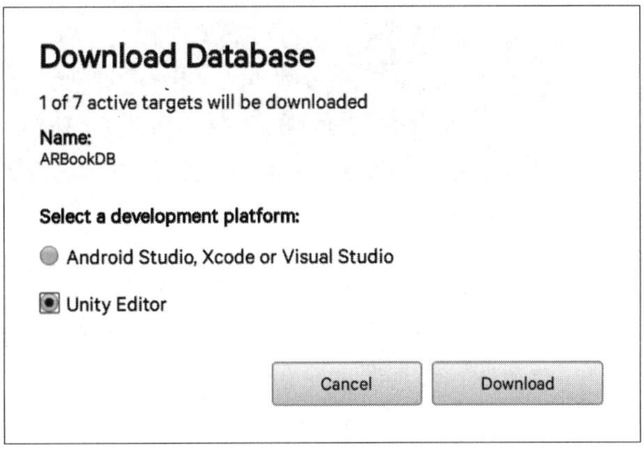

Download Database
1 of 7 active targets will be downloaded
Name:
ARBookDB
Select a development platform:
Android Studio, Xcode or Visual Studio
Unity Editor
Cancel
Download

图 9.100 Download 下载选择页面

图 9.101　AR 识别图资源导入

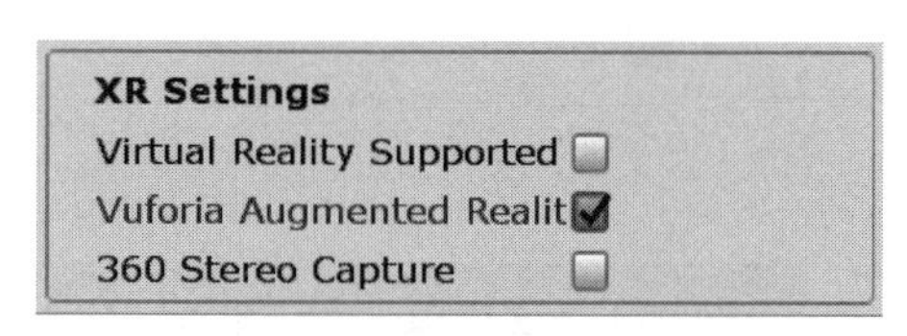

图 9.102　Vuforia 开发设置

Step8：单击 GameObject→Vuforia→ARCamera 加载 AR 相机。

Step9：单击 ARCamera，在其属性面板中输入开发密钥，如图 9.103 所示。

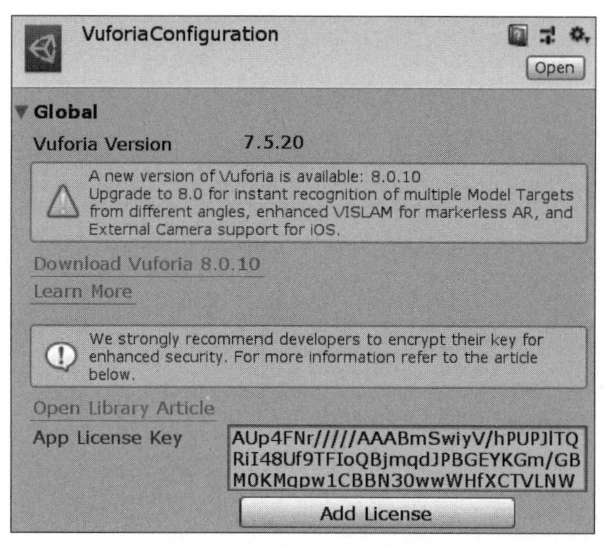

图 9.103　开发密钥输入

Step10：单击 Game Object→Vuforia→Image 加载识别图片。

Step11：选中 ImageTarget，在其属性面板中选择导入的数据库，如图 9.104 所示。

Step12：调整 ARCamera 位置，使其照射全景。同时取消 MainCamera 的使用。

2. 动画制作

Step1：导入 Models、ModelsAnimations、Textures 模型资源，导入之后的资源文件出现在 Project 面板中，如图 9.105 所示。

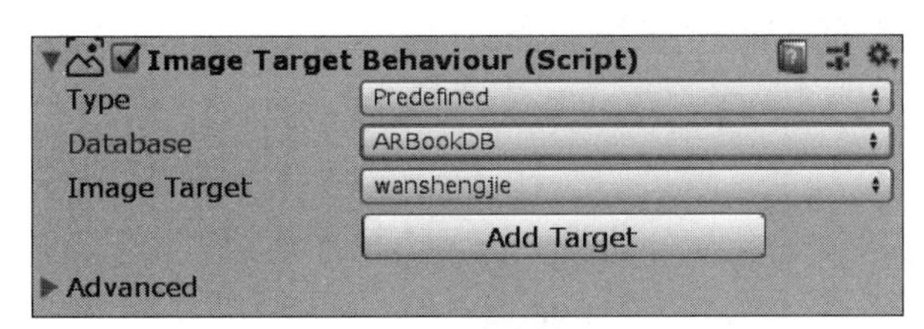

图 9.104 选择数据库

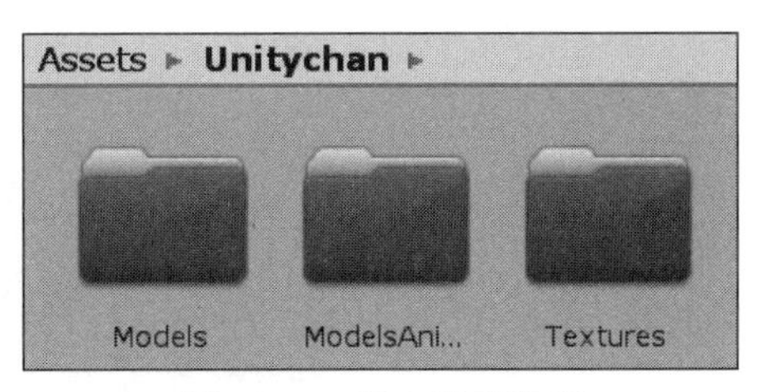

图 9.105 导入模型资源

Step2：将 AmeshoA 模型资源拖曳到 Hierarchy 面板中，放置在 ImageTarget 下，如图 9.106 所示。

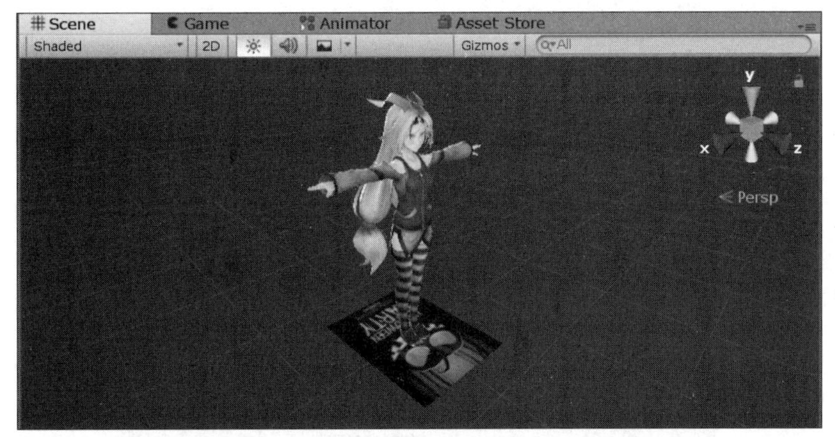

图 9.106 AmeshoA 模型资源放置在 ImageTarget 下

Step3：为了让角色动起来，单击 Project 面板下 Create 旁边的倒三角，创建一个 Animator Controller，制作角色动画循环播放状态机，如图 9.107 所示。

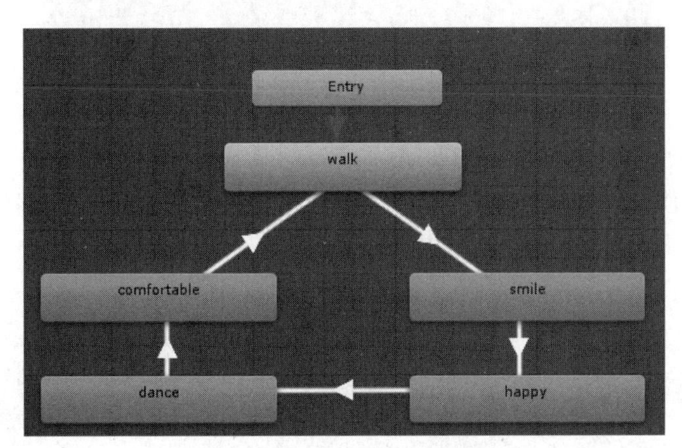

图 9.107 角色状态机制作

Step4：分别为 walk、smile、happy、dance、comfortable 动画状态进行赋值，如图 9.108 所示。

Step5：将制作好的动画状态机赋予 Unity-chan 角色，如图 9.109 所示。

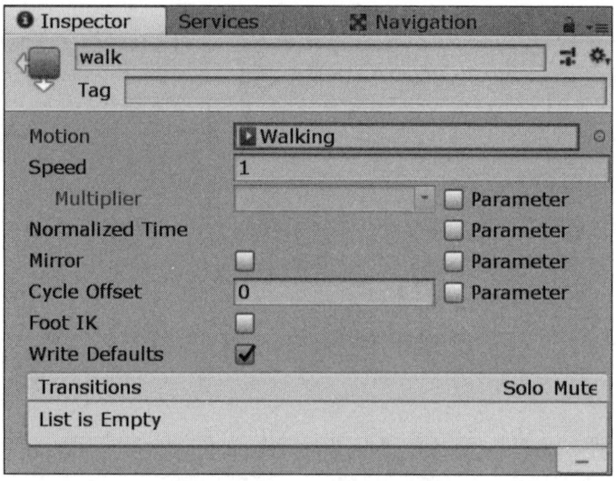

图 9.108　动画状态赋值

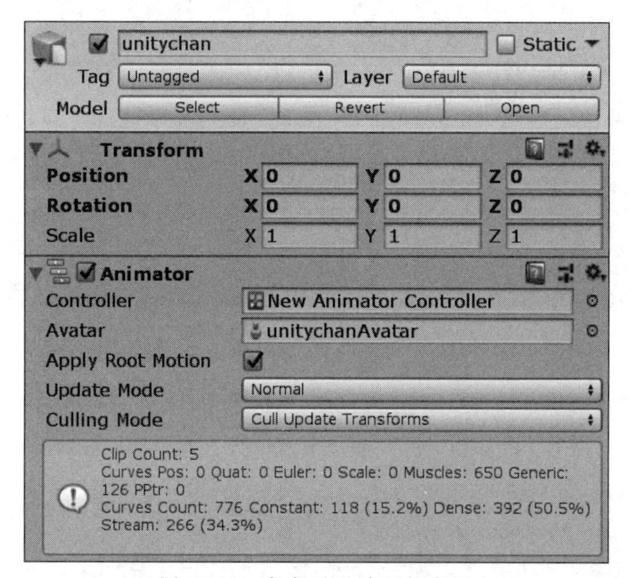

图 9.109　角色赋予动画状态机

Step6：单击 Project 面板 Create 旁边的倒三角，创建一个 prefab，将场景中角色拖入预制件上，并将其重命名为 unityChan，如图 9.110 所示。

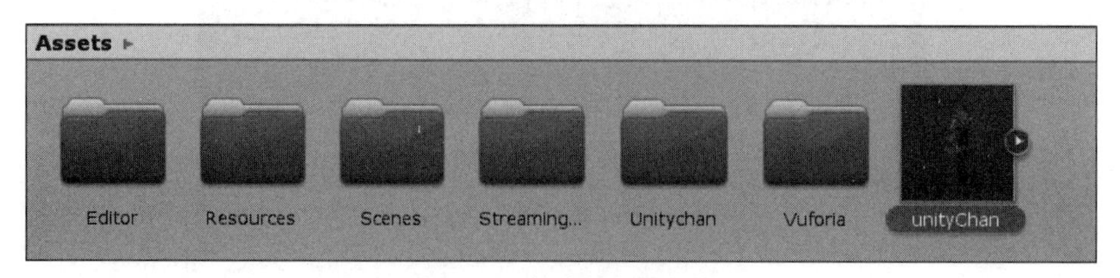

图 9.110　创建角色预制体

此时，再次进行测试可以发现 Unity-chan 角色可以自动播放动画状态机中的动画。但是，通过测试可以发现，每次扫描识别图的时候，角色动画可以播放，但是并不是从初始的动作开始播放，而是根据执行时间，执行到哪个动作就播放哪个动作，为此可以通过代码修正方式完善动画播放顺序。

Step7：复制脚本 DefaultTrackableEventHandler，将复制后的脚本重命名为 MyDefaultTrackableEventHandler，如图 9.111 所示。

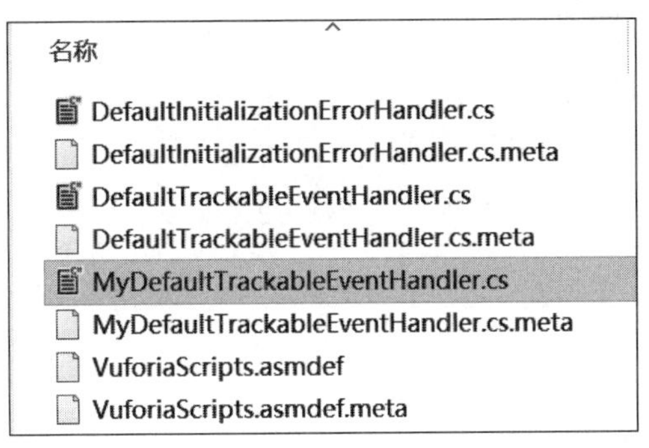

图 9.111 DefaultTrackableEventHandler 脚本复制

Step8：打开 MyDefaultTrackableEventHandler 脚本修改代码。

(1) 定义变量：

```
public GameObject unityChanprefab;
```

(2) 修改 OnTrackingFound()和 OnTrackingLost()函数。

```
protected virtual void OnTrackingFound()
    {
        GameObject unityChan=GameObject.Instantiate(unityChanprefab);
        unityChan.transform.position=this.transform.position;
        unityChan.transform.parent=this.transform;
    }
    protected virtual void OnTrackingLost()
    {
        Destroy(GameObject.Find("unityChan(Clone)"));
}
```

Step9：禁用 ImageTarget 上面的 DefaultTrackableEventHandler 脚本，同时用新建的 MyDefaultTrackableEventHandler1 脚本取代原来的 DefaultTrackableEventHandler 脚本并为 Unity Chanprefab 赋值，如图 9.112 所示。

Step10：删除场景中的角色，改由脚本控制动态生成。运行测试，可以发现当再次开启摄像头时，无论何时角色动作都是从初始的动画开始播放。

3. 加入特效

Step1：单击 Assets→Import Package→Custom Package 导入特效资源包 particles，如图 9.113 所示。

Step2：在 Project 面板下 Assets 文件夹中，找到 30_RFX_Magic_LightTeleport1 特效资源并将其拖入到 Hierarchy 面板中 ImageTarget 对象下，如图 9.114 所示。

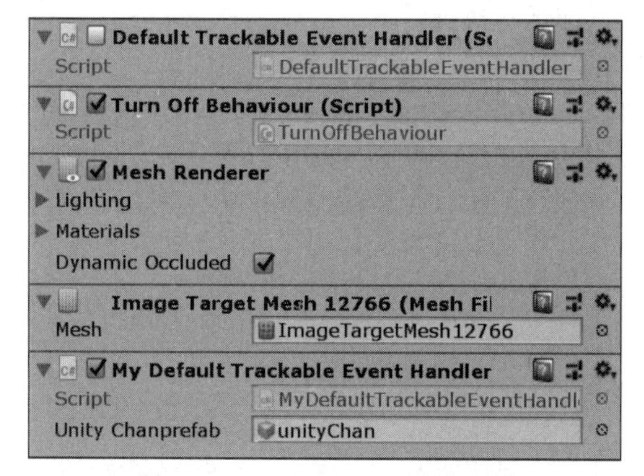

图 9.112　ImageTarget 属性面板

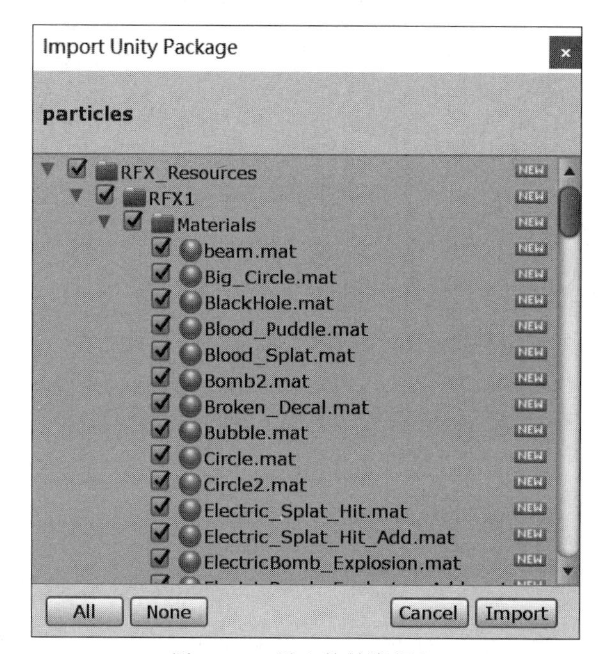

图 9.113　导入特效资源包

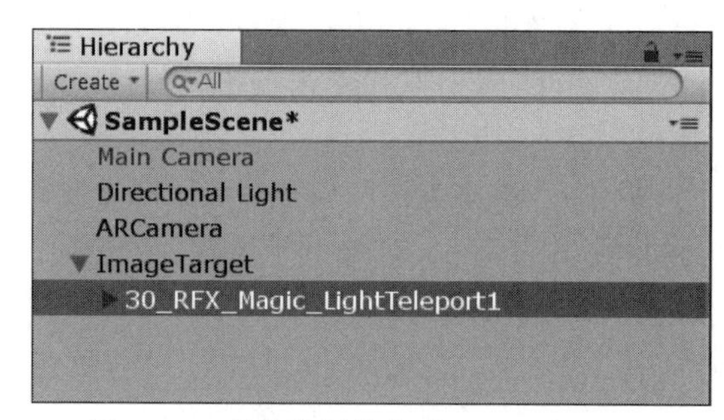

图 9.114　特效资源拖曳到 ImageTarget 下

Step3：在 Hierarchy 面板中调整 30_RFX_Magic_LightTeleport1 特效资源大小以及

位置,将其重命名为 texiao,效果如图 9.115 所示。

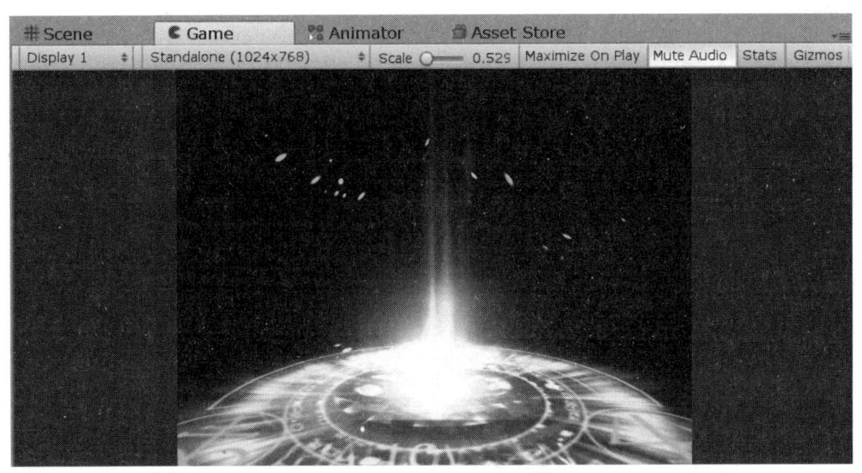

图 9.115 特效效果图

Step4:打开 MyDefaultTrackableEventHandler 脚本修改代码。

(1) 定义变量:

```
public GameObject lightPrefab;
```

(2) 在 OnTrackingFound()函数中加入代码。

```
GameObject e1 = GameObject. Instantiate ( lightPrefab, transform. position,
Quaternion.identity);
        e1.transform.parent=this.transform;
        Destroy(e1, 10.0f);
```

(3) 在 OnTrackingLost()函数中加入如下代码。

```
Destroy(GameObject.Find("texiao(Clone)"));
```

Step5:删除 Hierarchy 面板中的特效,改为由程序控制,并为 Unity Chanprefab 赋值,如图 9.116 所示。

图 9.116 脚本属性赋值

Step6:运行测试,可以发现扫描识别图时,特效和角色同时出现。

4. 加入音效

Step1:单击 Assets→Import Package→Custom Package 导入特效资源包 Audios,如图 9.117 所示。

Step2:在 ImageTarge 上面添加音效 Audio Source 组件,加载背景音效 Bg,取消自动

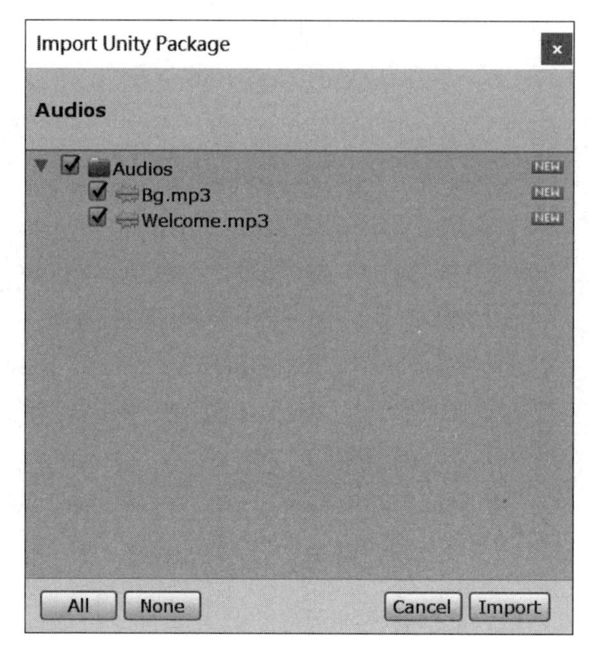

图 9.117 导入声音特效包

播放,改由脚本控制,如图 9.118 所示。

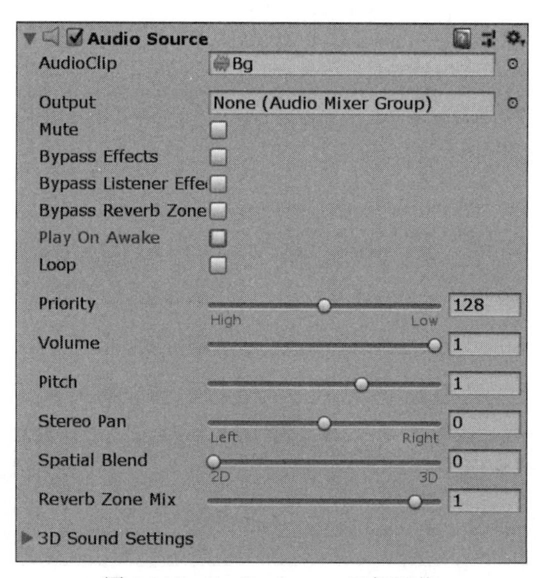

图 9.118 Audio Source 组件赋值

Step3：打开 MyDefaultTrackableEventHandler 脚本修改代码。

(1) 定义变量：

```
public newAudioSource audio;
```

(2) 在 virtual void Start()函数中加入代码。

```
audio=this.GetComponent<AudioSource>();
```

(3) 在 OnTrackingFound()中加入代码。

```
if (! audio.isPlaying)
{
    audio.Play();
}
```

(4) 在 OnTrackingLost()函数中加入代码。

```
if (audio.isPlaying)
{
    audio.Pause();
}
```

Step4：为 ImageTarget 对象 Audio 属性赋值，如图 9.119 所示。

图 9.119　脚本属性赋值

Step5：运行测试，可以看到识别到图片时可以播放音效，图片消失，音效消失。
完整代码如下。

```
public GameObject unityChanprefab;
        public GameObject lightPrefab;
    public new AudioSource audio;
protected virtual void Start()
       {
        mTrackableBehaviour=GetComponent<TrackableBehaviour>();
        if (mTrackableBehaviour)
            mTrackableBehaviour.RegisterTrackableEventHandler(this);
            audio=this.GetComponent<AudioSource>();
    }
protected virtual void OnTrackingFound()
    {
      if (! audio.isPlaying)
       {
         audio.Play();
        }
        GameObject unityChan=GameObject.Instantiate(unityChanprefab);
        unityChan.transform.position=this.transform.position;
        unityChan.transform.parent=this.transform;
        GameObject e1=GameObject.Instantiate(lightPrefab, transform.position,
        Quaternion.identity);
      e1.transform.parent=this.transform;
      Destroy(e1, 10.0f);
    }
```

```
protected virtual void OnTrackingLost()
{
    if (audio.isPlaying)
    {
        audio.Pause();
    }
    Destroy(GameObject.Find("unityChan(Clone)"));
    Destroy(GameObject.Find("texiao(Clone)"));
}
```

9.3.4 项目测试

单击 Play 按钮进行测试，当扫描识别图时可以看到 Unity-chan 角色播放动画，同时伴有粒子特效以及声音特效；当移走识别图时，相应的 Unity-chan 角色和粒子特效以及声音特效瞬间消失，测试效果如图 9.120 和图 9.121 所示。

图 9.120 加入粒子特效前

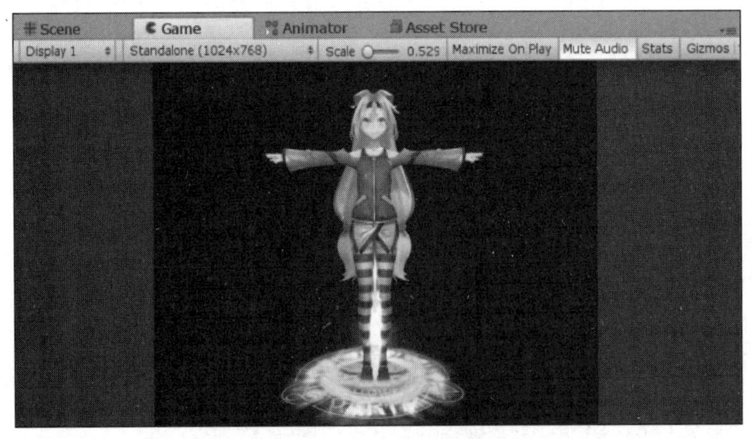

图 9.121 加入粒子特效后

小结

本章重点讲解粒子系统的属性参数的使用方法，基于不同的参数变换出一系列粒子特效，制作出各种不同的绚丽 AR 粒子特效。实践过程中主要通过燃烧的火焰、发光的法杖案例讲解了如何在增强现实中加入粒子特效的方法，达到帮助读者熟悉 Unity 3D 粒子系统的目的，将粒子特效带入 Unity 3D 增强现实应用世界。

习题

1. 概述粒子系统属性有哪些？
2. 概述粒子系统的应用领域有哪些？
3. 基于粒子系统模拟 AR 喷泉效果，如图 9.122 所示。

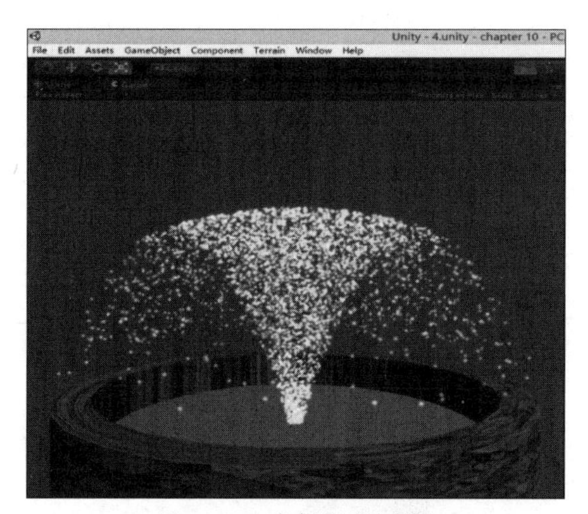

图 9.122　喷泉测试效果图

4. 基于粒子系统模拟 AR 火炬效果，如图 9.123 所示。

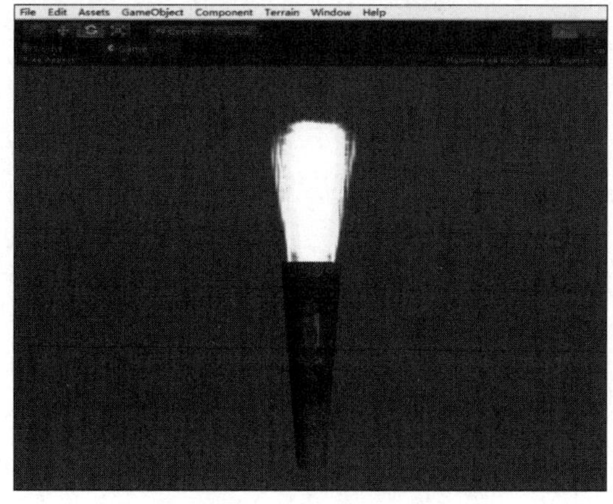

图 9.123　火炬测试效果图

5. 基于粒子系统模拟 AR 烟花效果，如图 9.124 所示。

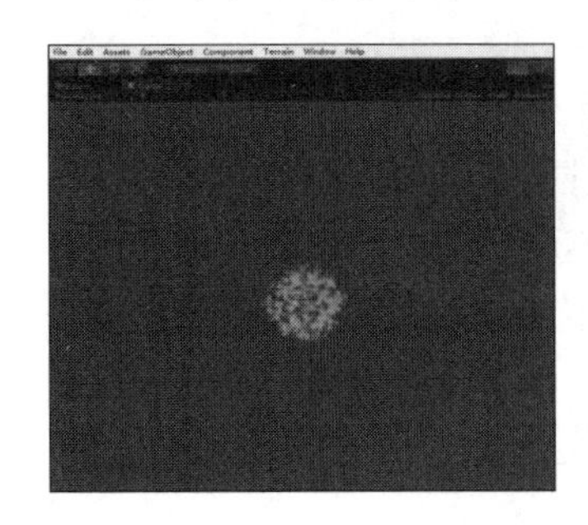
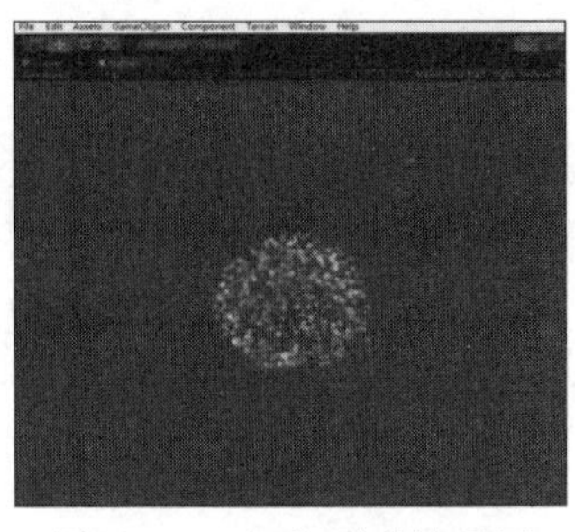
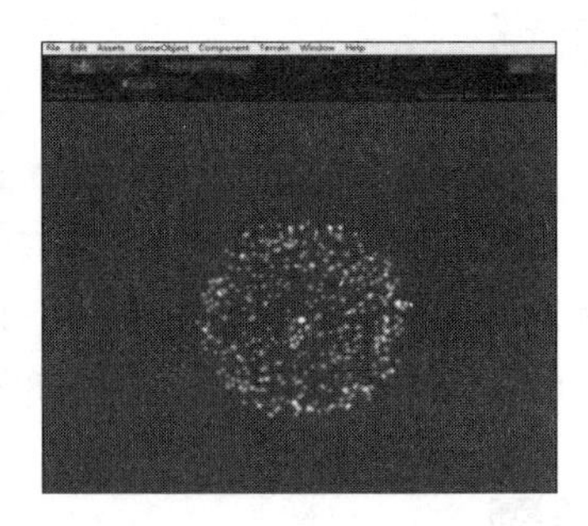

图 9.124 烟花测试效果图

第10章

AR 游戏开发

本章将讲解实现一个综合项目——海洋垃圾拾取游戏的开发，使其能够流畅地运行在 Android 平台。这款应用的开发目的是帮助用户学习海洋污染相关知识，唤醒人们保护海洋的意识。通过该综合项目，可以复习巩固 Unity AR 开发的基本操作和各种特效的使用方法，更深入地理解使用 Unity 借助 Vuforia 平台进行增强现实应用开发，并了解项目开发的整个过程。

10.1 项目构思

随着智能手机的普及，各种各样的应用层出不穷，在很大程度上影响着人们的生活方式，本项目以保护海洋生物为主题，普及海洋垃圾危害海洋的相关知识，在游戏中不断传递海洋垃圾对海洋生物和海洋内部造成的影响，以便提高人们认知与培养保护海洋的意识。

10.2 项目设计

本款游戏以清理海洋垃圾为主题，要体现出海洋，因此，游戏的背景以海浪为主。而平时海洋垃圾出现的位置大多为沙滩上，丢入海洋的垃圾被海浪推到岸上，所以在游戏背景设计中加入了沙滩元素。被冲上岸的垃圾要放入垃圾桶内，设计垃圾桶为回收垃圾的容器，为了给游戏添加乐趣，设计游戏为积分制。游戏中加入虚拟按键具有钢琴音以增加游戏效果。游戏设计效果如图 10.1 所示。

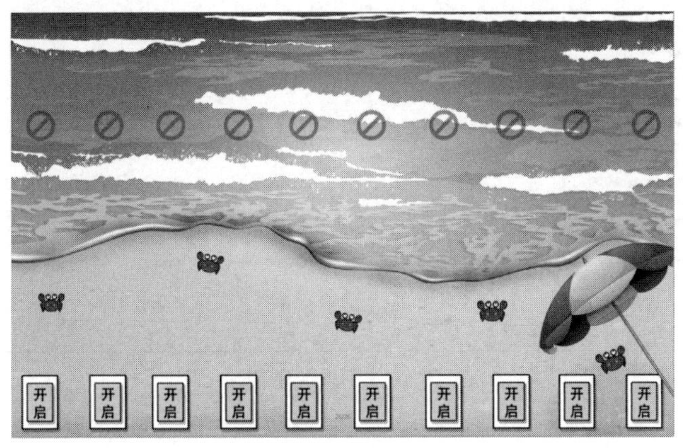

图 10.1　游戏设计效果图

10.3 项目实施

10.3.1 Vuforia 开发设置

Step1：首先登录 Vuforia 官网 https://developer.vuforia.com/，如图 10.2 所示。

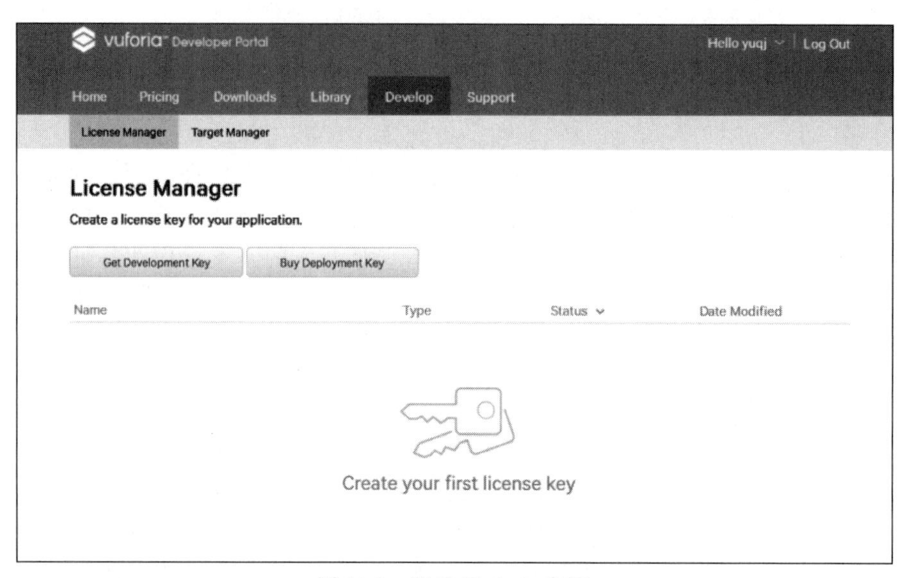

图 10.2 登录 Vuforia 官网

Step2：添加密钥，系统会自动生成密钥，如图 10.3 和图 10.4 所示。

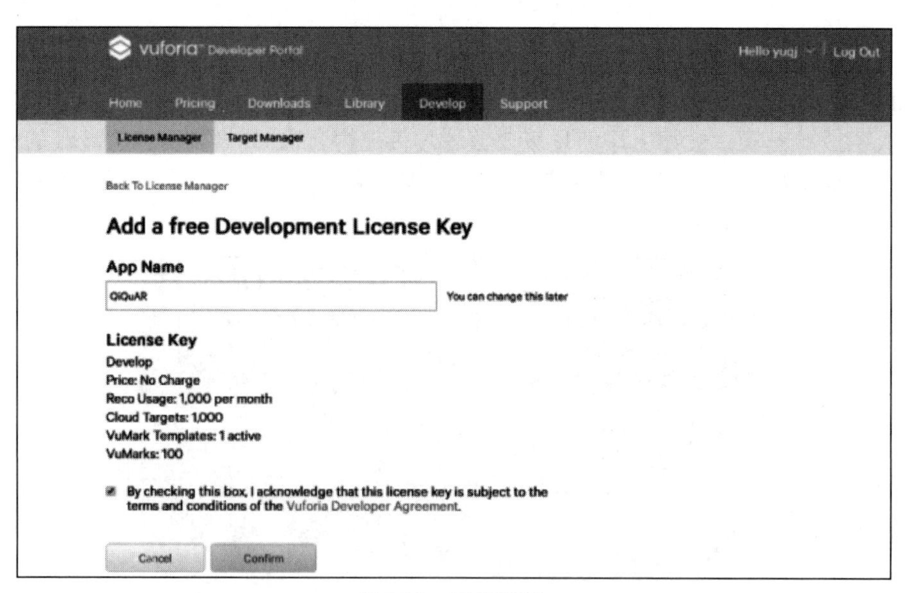

图 10.3 添加密钥

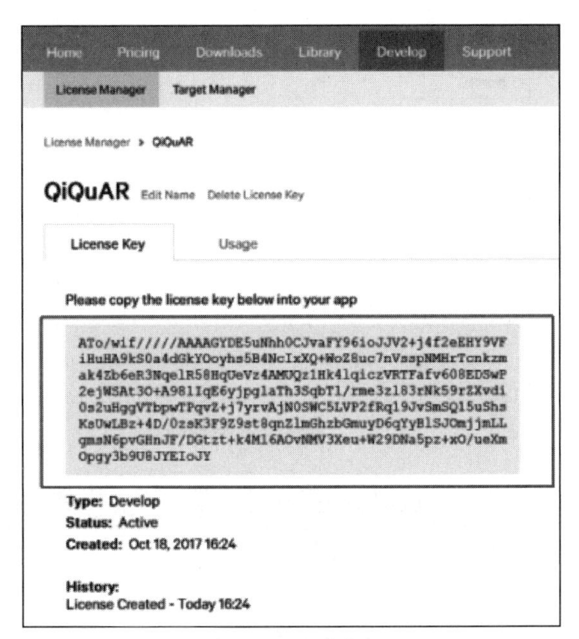

图 10.4　生成密钥

Step3：单击 Add Database 按钮，创建一个数据库，如图 10.5 和图 10.6 所示。

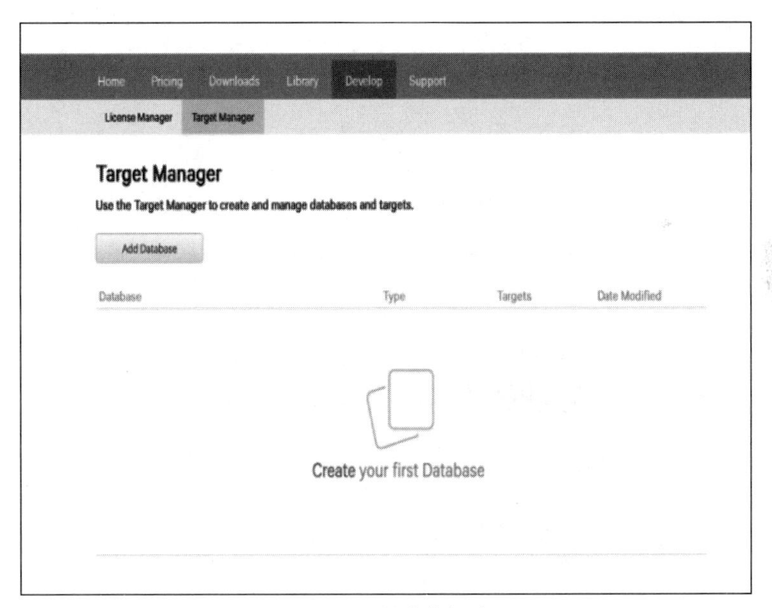

图 10.5　创建数据库

Step4：单击 Add Target 按钮将制作好的识别图上传，如图 10.7 和图 10.8 所示。

Step5：选中需要下载的目标图数据包，单击 Download Database 按钮下载识别图，如图 10.9 和图 10.10 所示。

Step6：创建一个新项目，将其命名为"ar-game"，导入从高通下载的数据包，如图 10.11 所示。

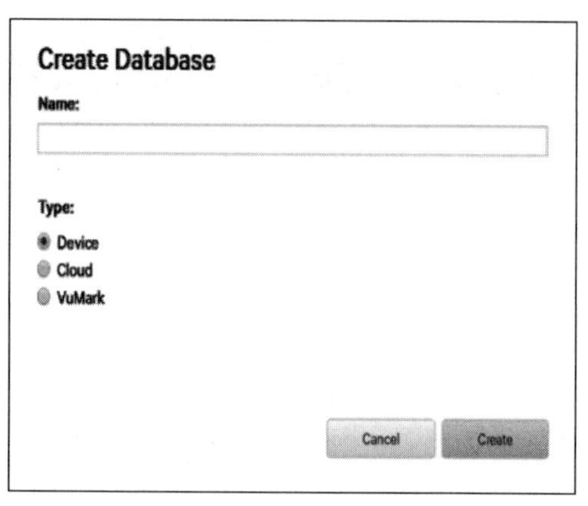

Create Database
Name:
Type:
Device
Cloud
VuMark
Cancel
Create

图 10.6　选择数据库种类

Home
Pricing
Downloads
Library
Develop
Support
License Manager
Target Manager
Target Manager ▸ QiQuDB
QiQuDB
Edit Name
Type: Device
Targets (0)
Add Target
Download Database (All)
Target Name
Type
Rating
Status
Date Modified

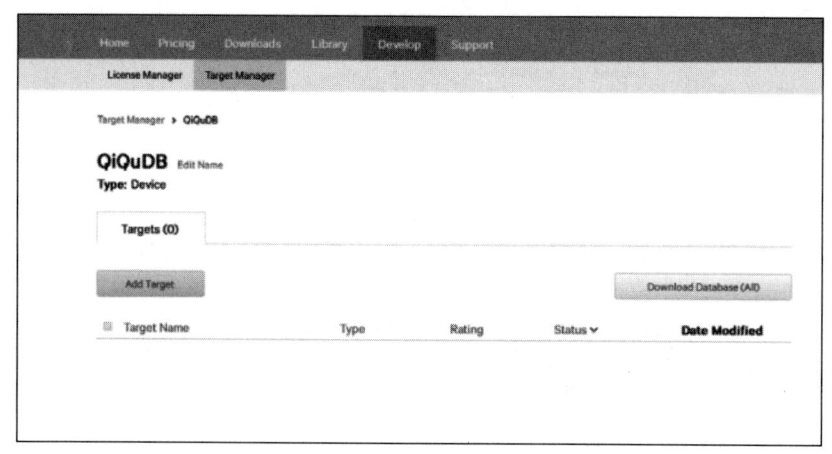

图 10.7　上传识别图

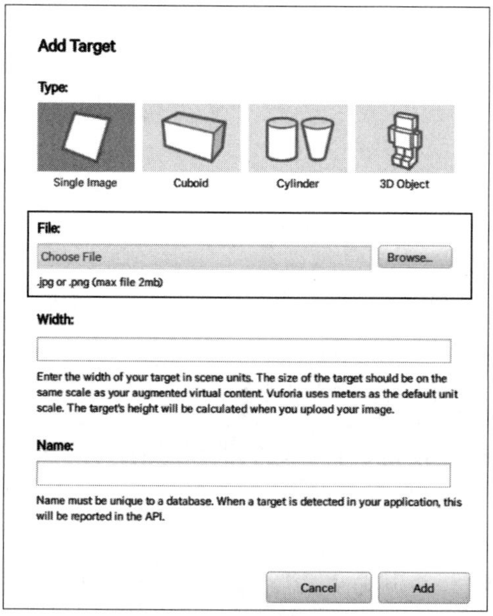

Add Target
Type:
Single Image
Cuboid
Cylinder
3D Object
File:
Choose File
Browse...
.jpg or .png (max file 2mb)
Width:
Enter the width of your target in scene units. The size of the target should be on the same scale as your augmented virtual content. Vuforia uses meters as the default unit scale. The target's height will be calculated when you upload your image.
Name:
Name must be unique to a database. When a target is detected in your application, this will be reported in the API.
Cancel
Add

图 10.8　添加平面识别图

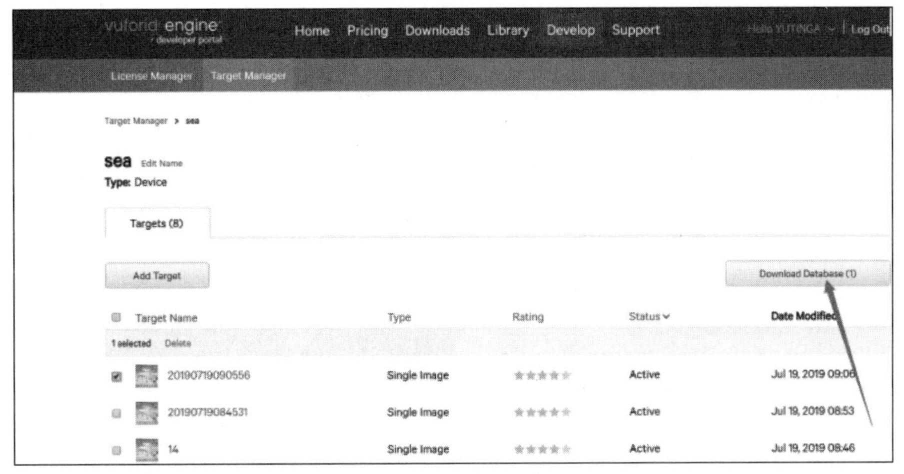

图 10.9　下载识别图

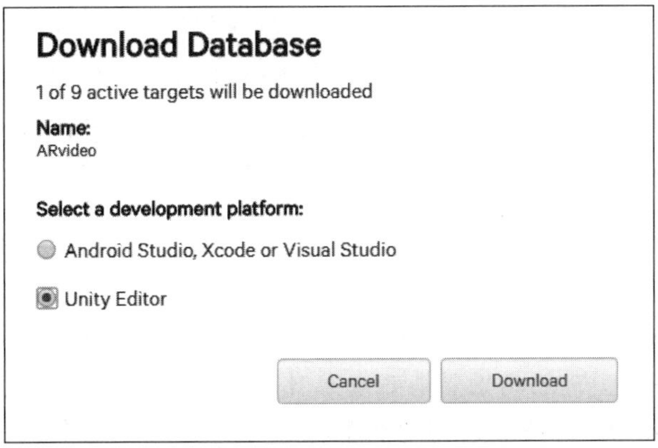

Download Database

1 of 9 active targets will be downloaded

Name:

ARvideo

Select a development platform:

Android Studio, Xcode or Visual Studio

Unity Editor

Cancel　Download

图 10.10　选择识别图属性

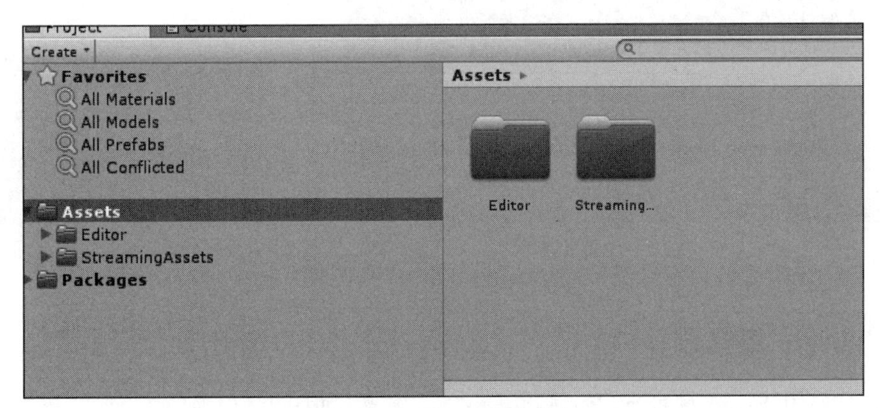

图 10.11　导入下载数据包

Step7：在 Build Settings 中勾选 Vuforia Augmented Reality 复选框设置 Vuforia 开发，如图 10.12 所示。

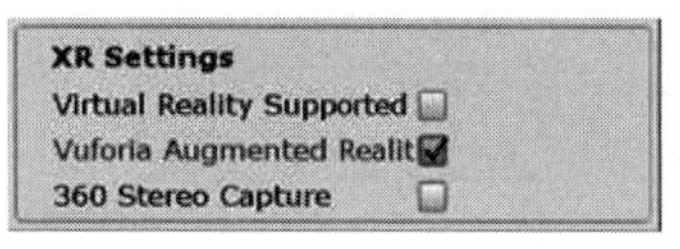

图 10.12　Vuforia 开发设置

Step8：在 Unity 菜单栏中单击 GameObject→Vuforia→ARCamera 加载 AR 相机，单击 GameObject→Vuforia→Image 加载 ImageTarget 游戏对象。

Step9：设置 Unity 与 Vuforia 对接。在 Hierarchy 面板中选中 ARCamera，在其属性面板中单击 Open Vuforia Configuration 输入开发密钥，如图 10.13 所示。

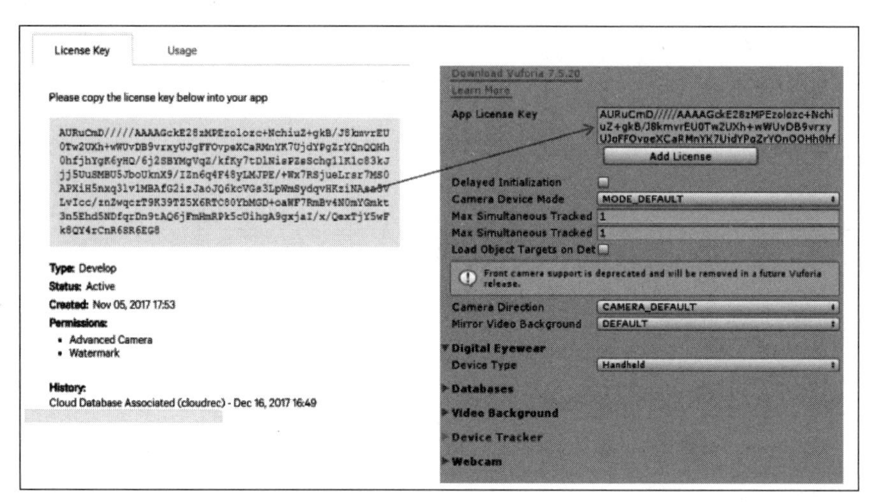

图 10.13　Unity 与 Vuforia 对接

Step10：在 Hierarchy 面板中选中 ImageTarget 对象，在其属性面板中设置 Database 为对应识别数据库，ImageTarget 为对应识别图，如图 10.14 所示。在开发游戏时，要求在识别到设置的识别图时出现的场景要全部作为 ImageTarget 的子物体。

Step11：单击 File→New Scene 创建两个场景，第一个场景命名为 Begin，作为开始界面使用；另一个场景命名为 happy，作为游戏界面使用，如图 10.15 所示。

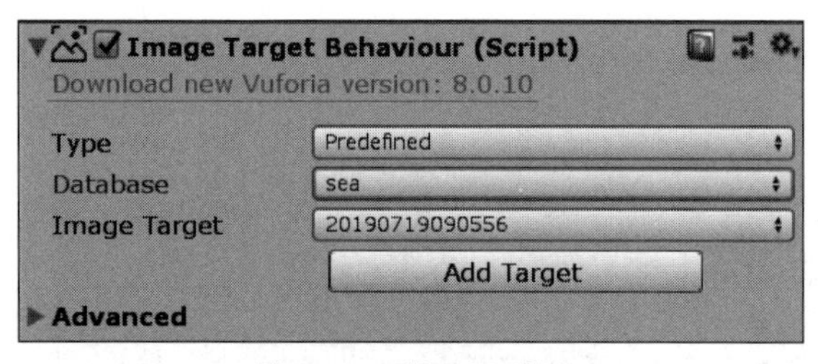

图 10.14　设置识别图

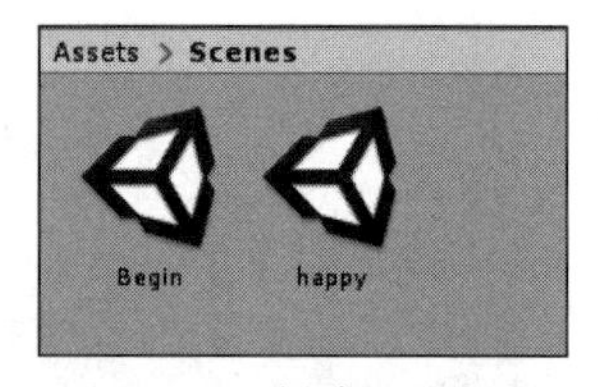

图 10.15　创建两个场景

10.3.2　Begin 场景制作

Step1：打开 Begin 场景，设置 Main Camera 参数，如图 10.16 所示。

Step2：把背景图资源直接拖曳到 Unity 的属性面板里，并将其设置为 Sprite(2D and UI)，如图 10.17 所示。

Step3：单击 GameObject→UI→Image，系统自动创建 Canvas 画布，在其下包含 Image 游戏对象。拖放到 Image→Source Image 上，如图 10.18 所示。

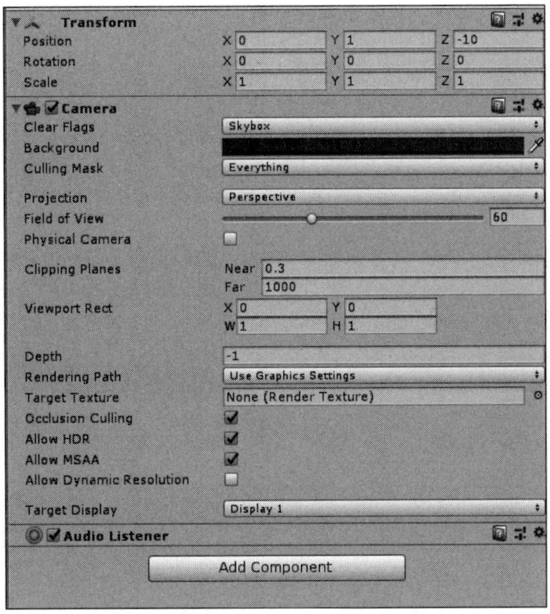

Transform
Position X 0 Y 1 Z -10
Rotation X 0 Y 0 Z 0
Scale X 1 Y 1 Z 1
Camera
Clear Flags Skybox
Background
Culling Mask Everything
Projection Perspective
Field of View 60
Physical Camera
Clipping Planes Near 0.3 Far 1000
Viewport Rect X 0 Y 0 W 1 H 1
Depth -1
Rendering Path Use Graphics Settings
Target Texture None (Render Texture)
Occlusion Culling
Allow HDR
Allow MSAA
Allow Dynamic Resolution
Target Display Display 1
Audio Listener
Add Component

图 10.16 Main Camera 参数

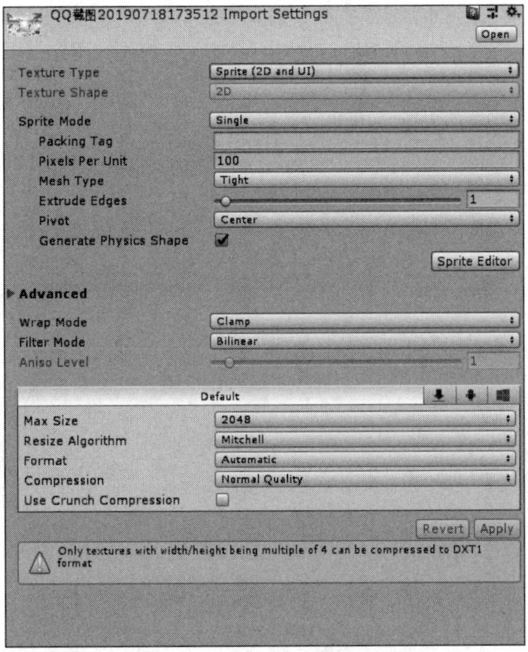

QQ截图20190718173512 Import Settings
Open
Texture Type Sprite (2D and UI)
Texture Shape 2D
Sprite Mode Single
Packing Tag
Pixels Per Unit 100
Mesh Type Tight
Extrude Edges 1
Pivot Center
Generate Physics Shape
Sprite Editor
Advanced
Wrap Mode Clamp
Filter Mode Bilinear
Aniso Level 1
Default
Max Size 2048
Resize Algorithm Mitchell
Format Automatic
Compression Normal Quality
Use Crunch Compression
Revert Apply
Only textures with width/height being multiple of 4 can be compressed to DXT1 format

图 10.17 Image 设置为精灵

Step4：在 Hierarchy 面板中选中 Canvas，并在其属性面板中将其 Render Mode 属性设置成 World Space。并将 Pos X，Pos Y，PosZ 轴都设置为 0（适当调整 Image 的 X，Y，Z 轴参数，调整 Image 大小使其完全在摄像机视野内），如图 10.19 所示。

Step5：单击 GameObject→UI→Button，创建两个 Button，分别将其命名为 Start Game

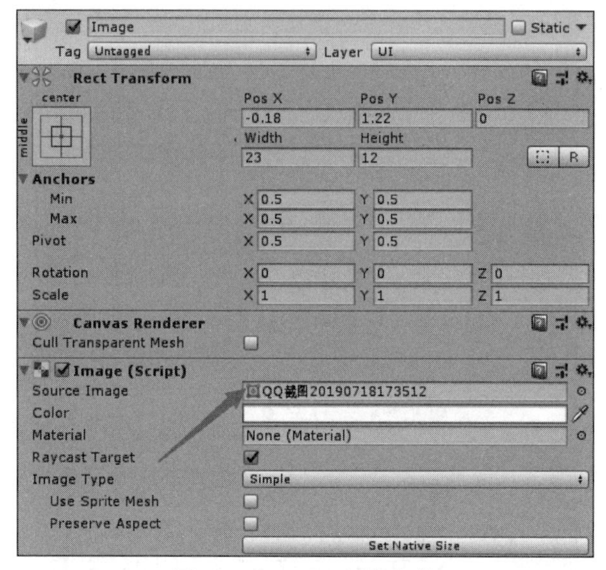

图 10.18 Image 属性参数

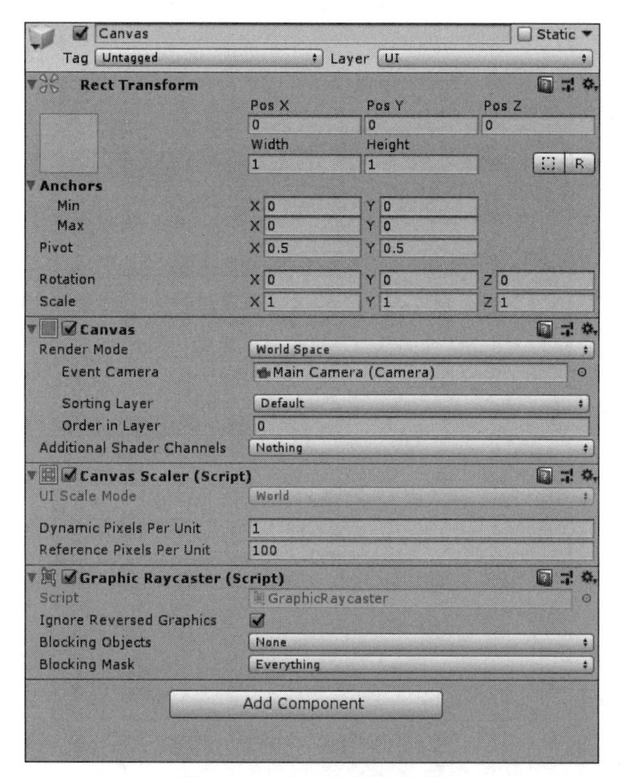

图 10.19 Canvas 属性参数

和 Exit Game，调整 Normal Color 透明度为 87 以及位置和大小，如图 10.20 和图 10.21 所示。

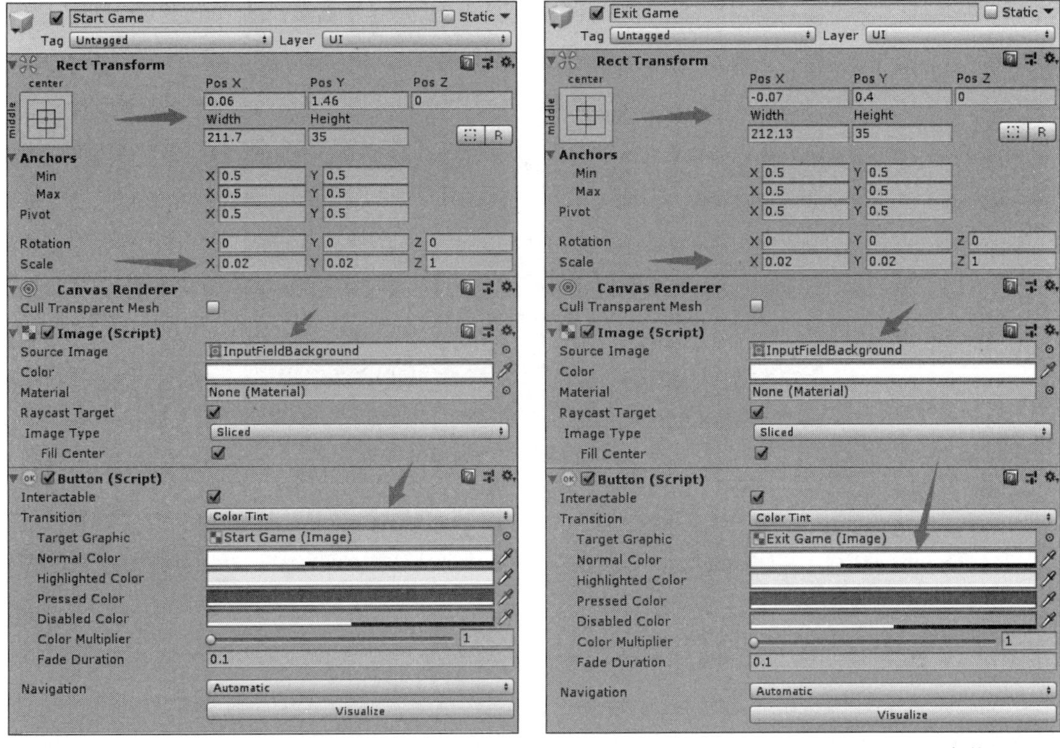

图 10.20　Start Game Button 属性参数 1　　　　图 10.21　Start Game Button 属性参数 2

Step6：修改 Button 上的 Text 参数，将其修改为 Start Game 和 Exit Game，如图 10.22 和图 10.23 所示。

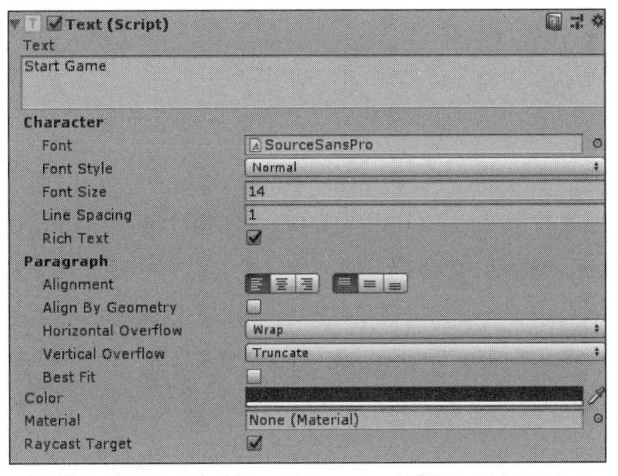

图 10.22　Start Game Text 属性参数 1

Step7：编写代码，在 Project 面板单击鼠标右键创建 Create→C＃ Script，命名为“button”，打开脚本，引用 SceneManagement 命名空间，在此脚本内用不到 Start 和 Update，所以全部删除。public 的两个方法分别为 ClickQuitGame 和 ClickPrGame，即退出游戏和开始游戏，跳转到 Happy 场景，把这个代码挂载到 Image 上，代码如下所示。

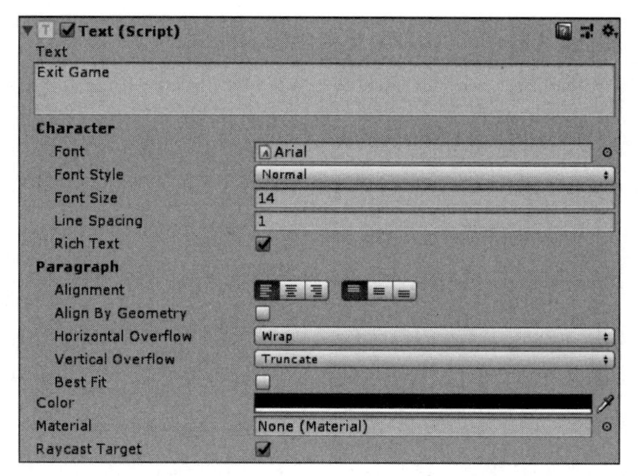

图 10.23 Start Game Text 属性参数 2

```
using System.Collections;
using System.Collections.Generic;
using UnityEngine;
using UnityEngine.SceneManagement;

public class button : MonoBehaviour {
    public void ClickQuitGame()
    {
        Application.Quit();
    }
    public void ClickPrGame()
    {
        SceneManager.LoadScene("happy");
    }
}
```

Step8：将脚本链接到 Image 上，为 Start Game 和 Exit Game 两个按钮创建单击事件，添加 On Click，拖曳 Image 到 None(Object)上，选择单击事件为 button→ClickPriGame 和 button→ClickQuitGame，如图 10.24 所示。

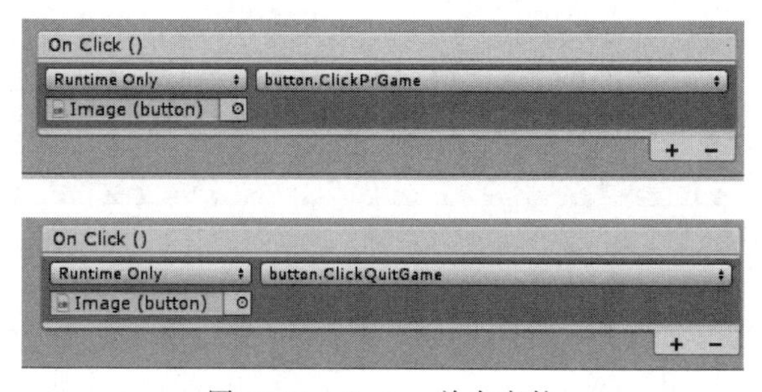

图 10.24 Button 单击事件

Step9：Begin 场景基本建立完毕，效果如图 10.25 所示。

图 10.25　Begin 场景效果图

10.3.3　Happy 场景制作

Step1：制作 AR 识别图，要使识别图具有识别点，在 Vuforia 官网上图片的星级越高说明越容易识别，单击图片可以查看识别点分布的位置。在项目中，设计为有 10 个虚拟按钮，所以在按钮处要有识别点，否则虚拟按钮无效，如图 10.26 所示。

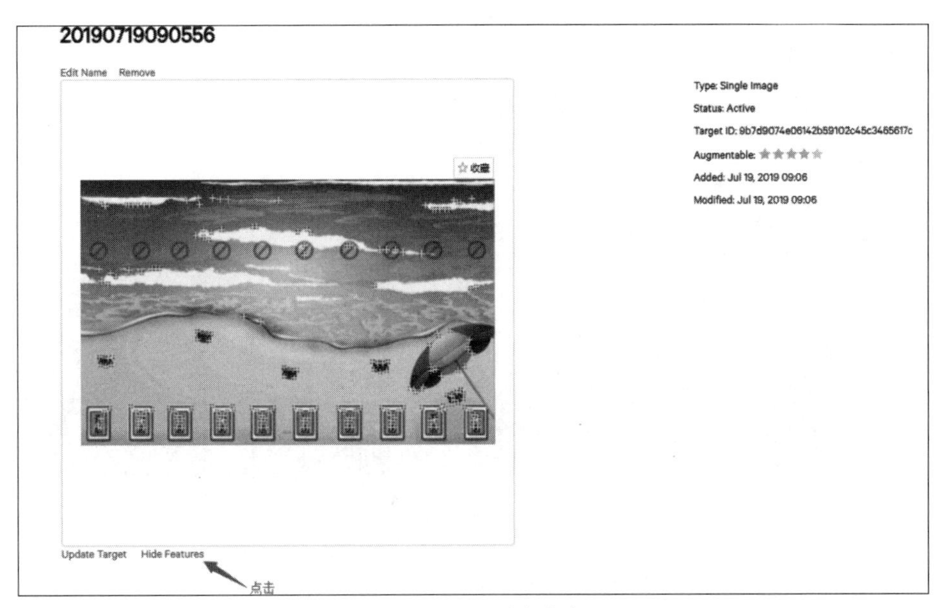

图 10.26　识别点分布

Step2：在 Happy 场景中，要在识别图上设置好垃圾桶出现的位置，做好的识别图如图 10.27 所示。

Step3：在 Unity 菜单栏中单击 GameObject→Vuforia→ARCamera 加载 AR 相机，单击 Game Object→Vuforia→Image 加载 Image Target 游戏对象，Hierarchy 属性面板如图 10.28 所示。

图 10.27 识别图效果

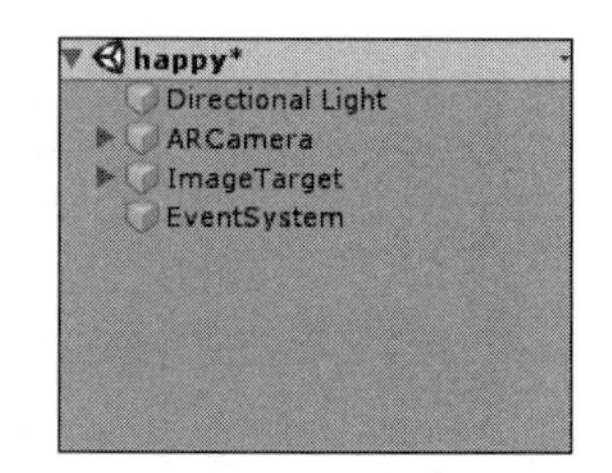

图 10.28 happy 场景创建

Step4：创建虚拟按钮，单击 ImageTarget 找到 Inspector 面板，单击 Image Target Behaviour→Advanced→Add Virtual Button 创建 10 个虚拟按钮，并为其添加 Audio Source 组件，然后分别命名，如图 10.29 和图 10.30 所示。

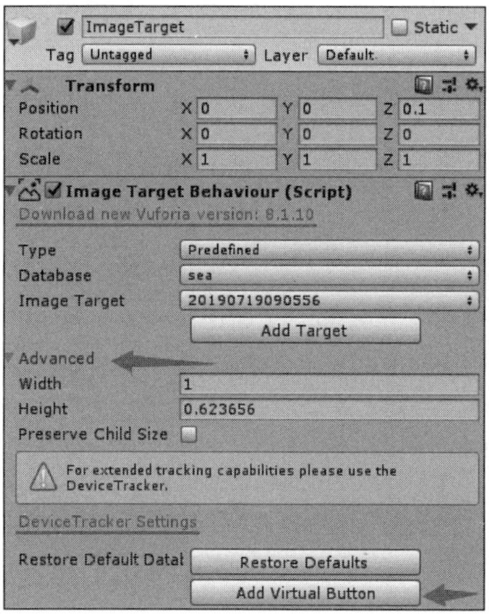

图 10.29 创建虚拟按钮

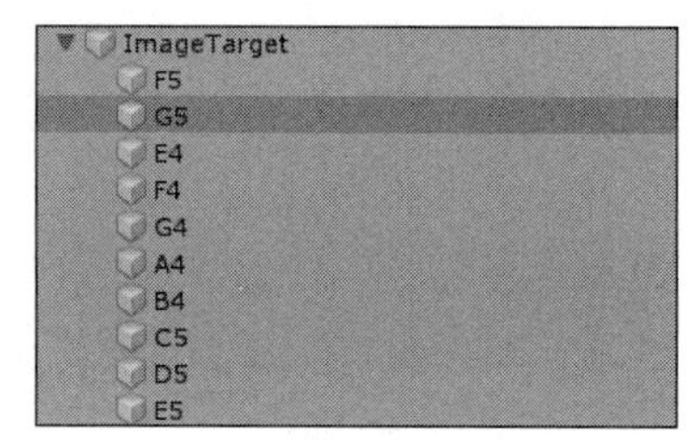

图 10.30 虚拟按钮命名

Step5：设置虚拟按钮大小为识别图按钮大小，如图 10.31 所示。

Step6：在 ImageTarget 下创建一个空物体 GameObject，然后在空物体下创建 10 个空物体，作为垃圾桶出现的位置，并分别命名，如图 10.32 所示。

Step7：设置 10 个空物体的位置，分别对应 10 个禁止号，放置位置也分别对应，例如 F5→F5POS，如图 10.33 所示。

Step8：导入声音素材，如图 10.34 所示。

Step9：创建垃圾桶，载入垃圾桶图片，设置成 Sprite(2D and UI)，直接把图片拖曳到场景中，如图 10.35 所示。

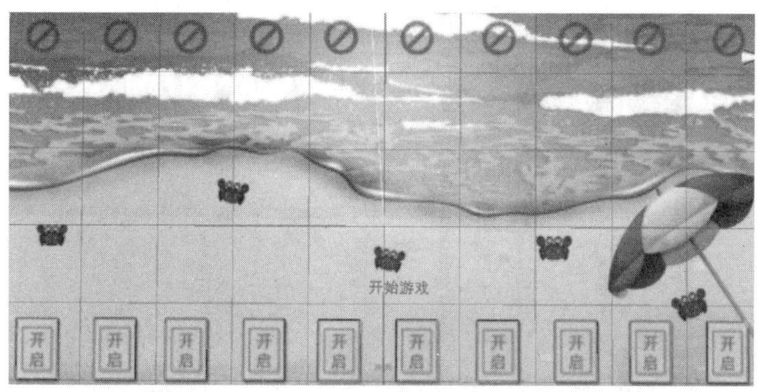

图 10.31 虚拟按钮

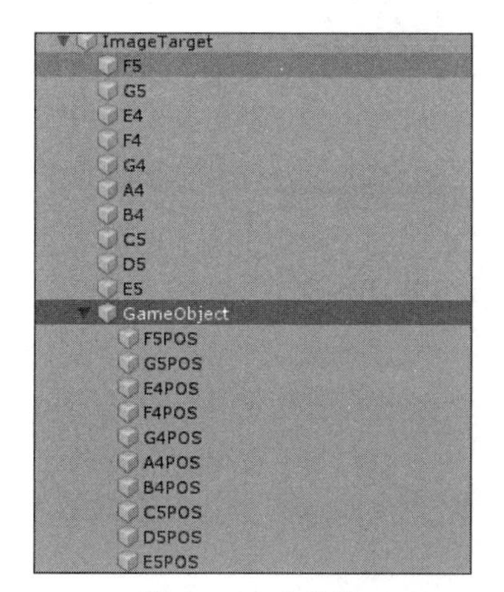

图 10.32 空物体

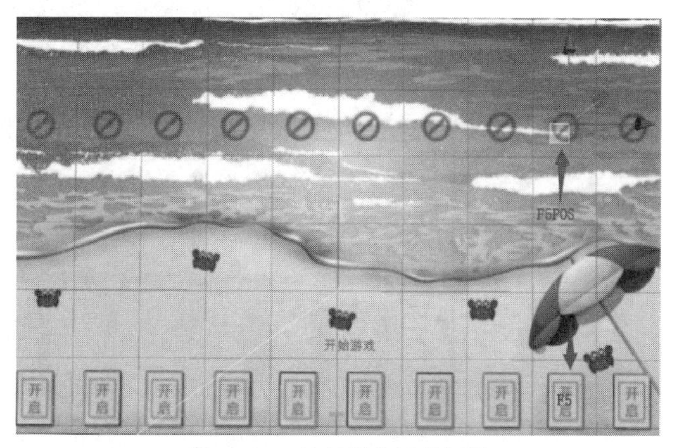

图 10.33 垃圾桶位置的摆放

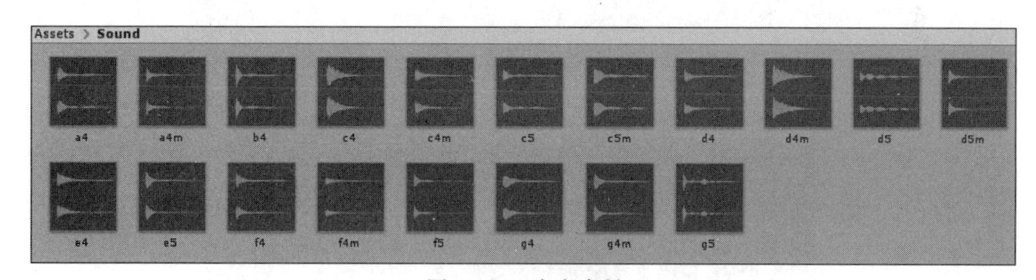

图 10.34 声音素材

Step10：修改垃圾桶大小至适合识别图为止，并调整位置，如图 10.36 所示。

Step11：创建一个空物体，把垃圾桶放在空物体下，为空物体添加 Box Collider 组件，调整大小，如图 10.37 所示。

Step12：创建脚本 DESTORY 使垃圾桶出现后消失，代码如下。

```
using System.Collections;
using System.Collections.Generic;
using UnityEngine;
```

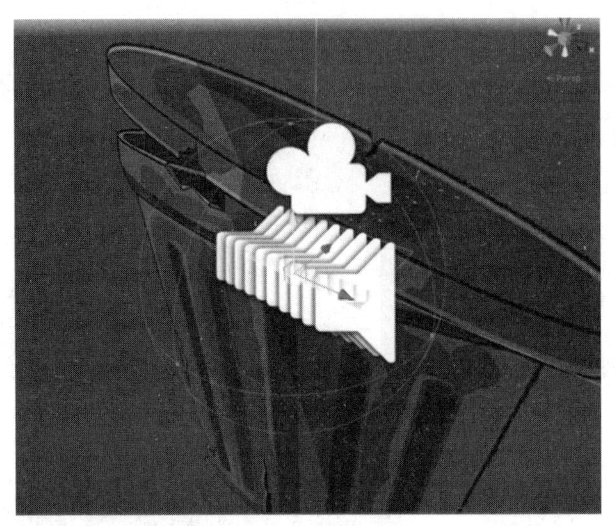

图 10.35 创建垃圾桶

图 10.36 调整垃圾桶

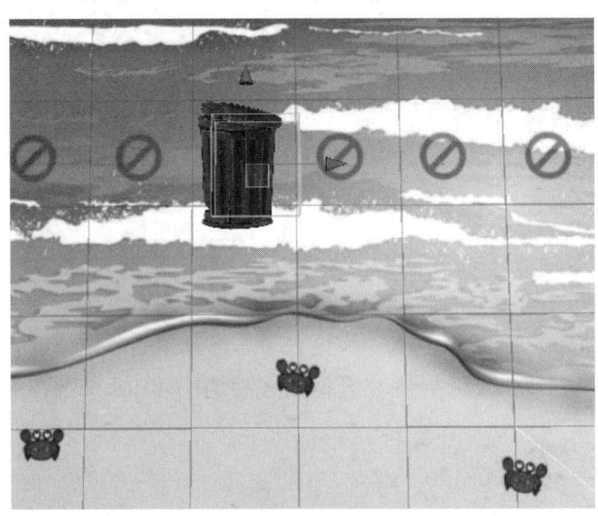

图 10.37 为垃圾桶添加 Box Collider 组件

```
public class DESTORY : MonoBehaviour {
    void Update()
    {
        Destroy(this.gameObject, 0.5f);
    }
}
```

Step13：将脚本 DESTORY 挂载到空物体 GameObject 上，如图 10.38 所示。

Step14：将垃圾桶创建为预制体，删除 Hierarchy 内的垃圾桶，如图 10.39 所示。

图 10.38　挂载 DESTORY 脚本

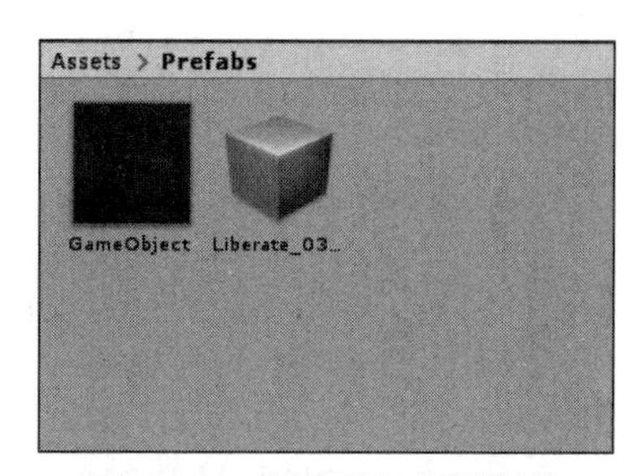

图 10.39　创建垃圾桶预制体

Step15：创建脚本命名为 Practice，将其挂载到 ImageTarget 上，编写代码如下。

```
using System.Collections;
using System.Collections.Generic;
using UnityEngine;
using Vuforia;
using UnityEngine.UI;

public class practice : MonoBehaviour, IVirtualButtonEventHandler
{
    public Text score;
    public static int i;
    public AudioSource As_G5;
    public AudioSource As_F5;
    public AudioSource As_E4;
    public AudioSource As_F4;
    public AudioSource As_G4;
    public AudioSource As_A4;
    public AudioSource As_B4;
    public AudioSource As_C5;
    public AudioSource As_D5;
    public AudioSource As_E5;

    public GameObject AsObj;
```

```
    public Transform As_G5Pos;
    public Transform As_F5Pos;
    public Transform As_E4Pos;
    public Transform As_F4Pos;
    public Transform As_G4Pos;
    public Transform As_A4Pos;
    public Transform As_B4Pos;
    public Transform As_C5Pos;
    public Transform As_D5Pos;
    public Transform As_E5Pos;

    GameObject newObj;

    private VirtualButtonBehaviour[] vbs;
// Use this for initialization
void Start () {
        AudioSource As_F5=gameObject.GetComponent<AudioSource>();
        AudioSource As_G5=gameObject.GetComponent<AudioSource>();
        AudioSource As_E4=gameObject.GetComponent<AudioSource>();
        AudioSource As_F4=gameObject.GetComponent<AudioSource>();
        AudioSource As_G4=gameObject.GetComponent<AudioSource>();
        AudioSource As_A4=gameObject.GetComponent<AudioSource>();
        AudioSource As_B4=gameObject.GetComponent<AudioSource>();
        AudioSource As_C5=gameObject.GetComponent<AudioSource>();
        AudioSource As_D5=gameObject.GetComponent<AudioSource>();
        AudioSource As_E5=gameObject.GetComponent<AudioSource>();
        vbs=GetComponentsInChildren<VirtualButtonBehaviour>();

        for (int i=0; i <vbs.Length; i++)
        {
            vbs[i].RegisterEventHandler(this);
        }
}

// Update is called once per frame
void Update () {
      score.text="Score:" +i.ToString();
}

    public void OnButtonPressed(VirtualButtonBehaviour vb)
    {
        switch (vb.name)
        {
            case "F5":
                 newObj= (GameObject) (GameObject.Instantiate(AsObj, As_F5Pos.
                 position, As_F5Pos.rotation));
               As_F5.Play();
```

```
            break;
        case "G5":
              newObj = (GameObject) (GameObject.Instantiate(AsObj, As_G5Pos.
              position, As_G5Pos.rotation));
            As_G5.Play();
            break;
        case "E4":
            As_E4.Play();
              newObj = (GameObject) (GameObject.Instantiate(AsObj, As_E4Pos.
              position, As_E4Pos.rotation));
            break;
        case "F4":
            As_F4.Play();
              newObj = (GameObject) (GameObject.Instantiate(AsObj, As_F4Pos.
              position, As_F4Pos.rotation));
            break;
        case "G4":
            As_G4.Play();
              newObj = (GameObject) (GameObject.Instantiate(AsObj, As_G4Pos.
              position, As_G4Pos.rotation));
            break;
        case "A4":
            As_A4.Play();
              newObj = (GameObject) (GameObject.Instantiate(AsObj, As_A4Pos.
              position, As_A4Pos.rotation));
            break;
        case "B4":
            As_B4.Play();
              newObj = (GameObject) (GameObject.Instantiate(AsObj, As_B4Pos.
              position, As_B4Pos.rotation));
            break;
        case "C5":
            As_C5.Play();
              newObj = (GameObject) (GameObject.Instantiate(AsObj, As_C5Pos.
              position, As_C5Pos.rotation));
            break;
        case "D5":
            As_D5.Play();
              newObj = (GameObject) (GameObject.Instantiate(AsObj, As_D5Pos.
              position, As_D5Pos.rotation));
            break;
        case "E5":
            As_E5.Play();
              newObj = (GameObject) (GameObject.Instantiate(AsObj, As_E5Pos.
              position, As_E5Pos.rotation));
            break;
    }
}
```

```
    public void OnButtonReleased(VirtualButtonBehaviour vb)
    {

    }
}
```

Step16：在 ARCamera 下创建一个 Text，作为分数显示，如图 10.40 所示。

Step17：为脚本 Practice 添加物体数据，Score 为所创建的 Text，As_G5～As_E5 为虚拟按钮，根据名称对号入座，AsObj 是垃圾桶预制体，AS_G5Pos～As_E5Pos 是所设置的垃圾桶出现点，也是根据名称对号入座，如图 10.41 所示。

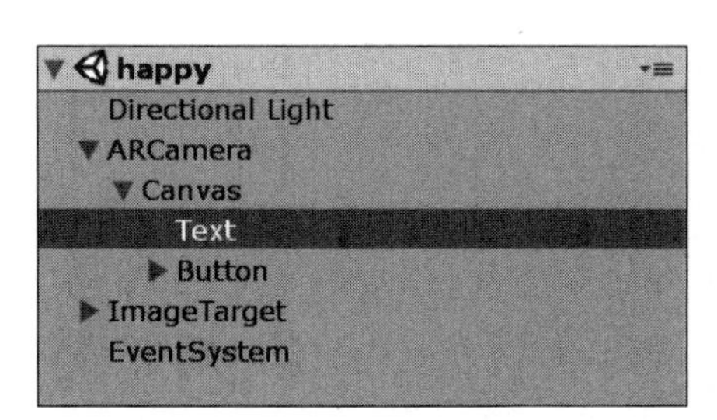

图 10.40　Text 分数显示

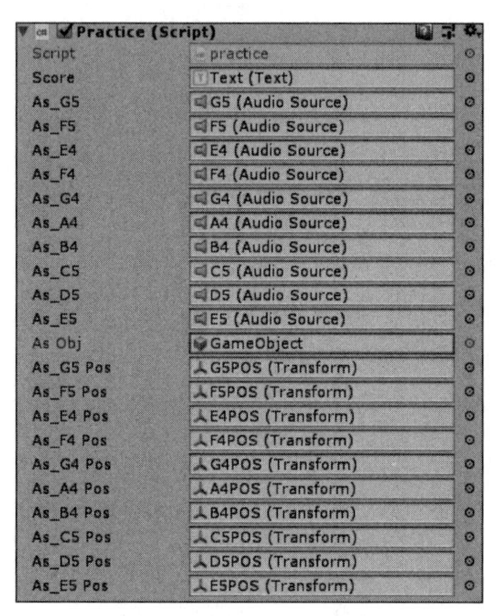

图 10.41　Practice 脚本

Step18：把矿泉水瓶 UI 导入到 Unity 内，调整为 Sprite(2D and UI)，拖入场景内，调整好大小，摆放位置要对应识别图的禁止号，如图 10.42 所示。

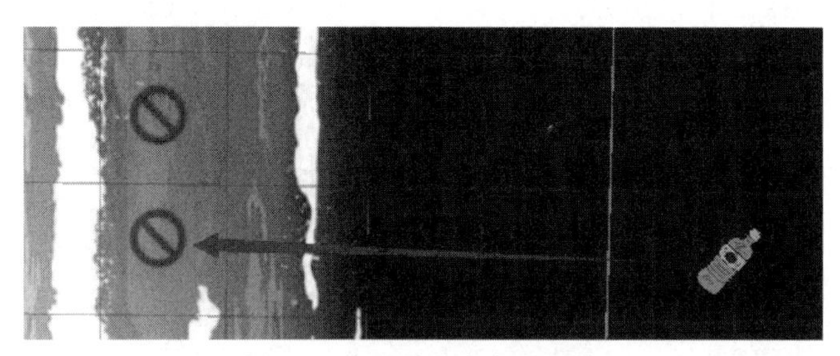

图 10.42　1 号矿泉水瓶摆放

Step19：处理垃圾矿泉水瓶，添加 Box Collider，勾选 Is Trigger 复选框，取消勾选 Use Gravity 复选框并调整合适大小，添加 Rigidbody，如图 10.43 所示。

Step20：创建脚本 MUSIC，挂载在 1 号矿泉水瓶上，使矿泉水瓶只有 Y 值小于 0.35 时才显示出来(具体数值请根据自己制作位置调整)，以免影响游戏体验，具体编写脚本内容如下。

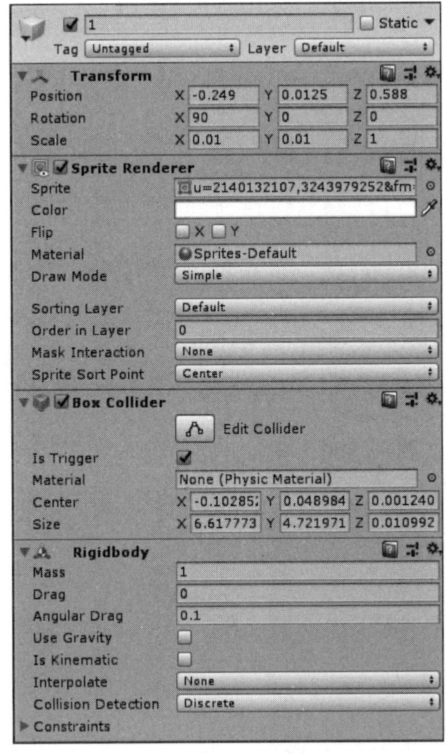

图 10.43　1号矿泉水瓶属性参数

```
using System.Collections;
using System.Collections.Generic;
using UnityEngine;
public class MUSIC : MonoBehaviour {
    public float MoveSpeed=10;
    public GameObject ExceptPrefab;
    void FixedUpdate()
    {
        transform.Translate(Vector3.up* -MoveSpeed * Time.deltaTime);
        if (gameObject.transform.position.z >0.35)
        {
            gameObject.GetComponent<SpriteRenderer>().enabled=false;
        }
        if (gameObject.transform.position.z <=0.35)
        {
           gameObject.GetComponent<SpriteRenderer>().enabled=true;
        }
    }
    void OnTriggerEnter(Collider other)
    {
        if (other.tag=="music")
        {
```

```
                Instantiate(ExceptPrefab, transform.position, transform.rotation);
                practice.i +=1;
                Destroy(this.gameObject,0.5f);
            }
            Destroy(this.gameObject);
        }
    }
```

Step21：添加 Tag 标签 music，把垃圾桶预制体 GameObject 的 Tag 设置为 music，如图 10.44 所示。

Step22：修改挂载在矿泉水瓶 1 上的 MUSIC 代码参数，导入粒子特效 Liberate_03 Megido 1，修改如图 10.45 所示。

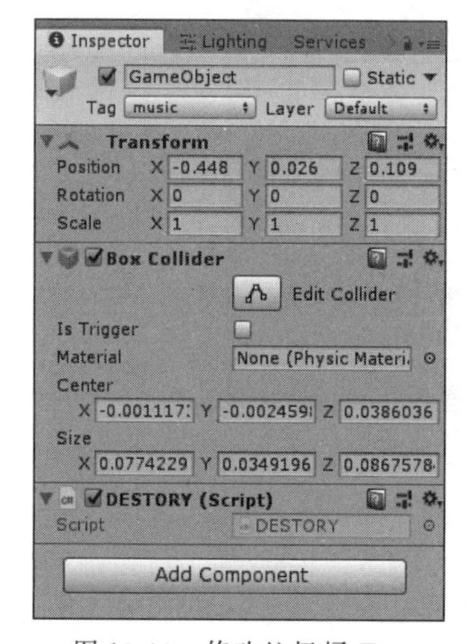

图 10.44　修改垃圾桶 Tag

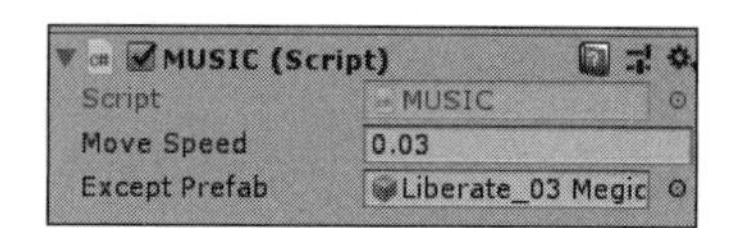

图 10.45　修改 MUSIC 参数

Step23：复制 1 号矿泉水瓶，这里复制了 51 个，然后对应识别图禁止号摆放，要注意摆放的高度不能太高过于识别图 ImageTarget，本项目摆放如图 10.46 所示。

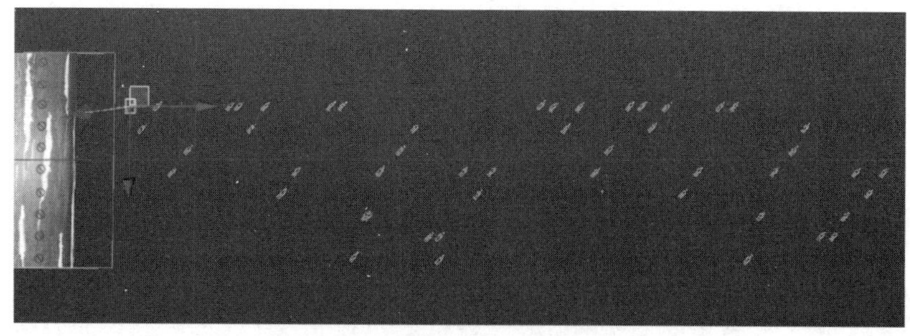

图 10.46　摆放矿泉水瓶位置

Step24：在 ImageTarget 下创建一个空物体为“底”，作为消灭没有用垃圾桶接住的矿泉水瓶，为其添加 Box Collrder 组件，调整其大小和位置，如图 10.47 所示。

Step25：在 ImageTarget 下创建一个 Text，内容为“开始游戏”，作为 AR 游戏识别成功

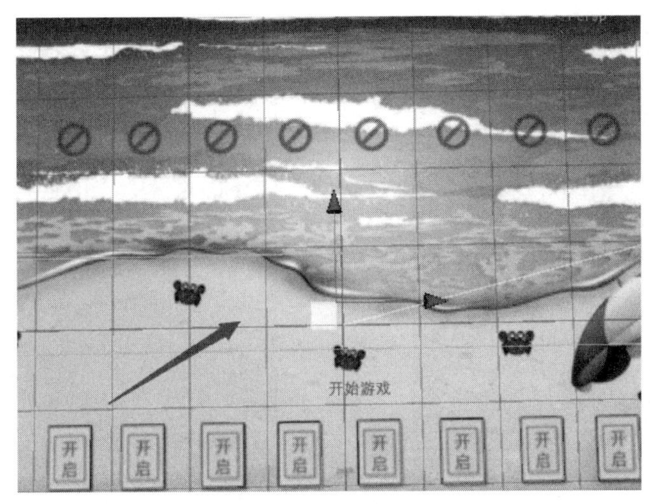

图 10.47 “底”效果图

的标志，把 Canvas 调整为 World Space，并调整位置大小等，如图 10.48 和图 10.49 所示。

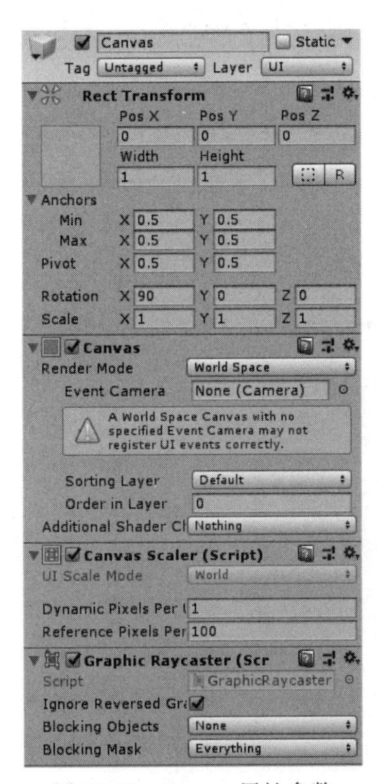

图 10.48 Canvas 属性参数

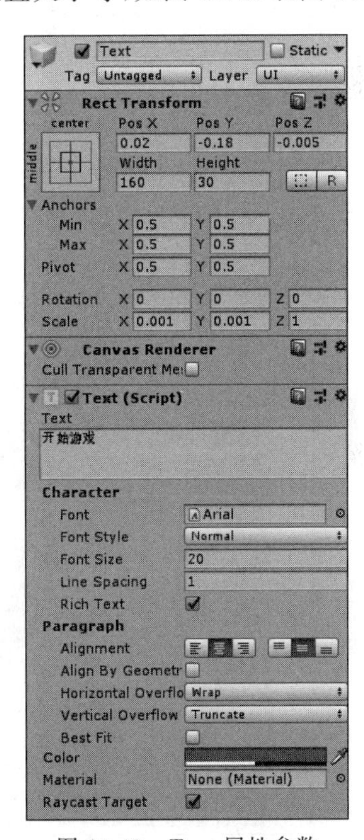

图 10.49 Text 属性参数

Step26：在 ARCamera→Canvas 下创建一个 Button，此 Button 起到返回到 Begin 场景的作用，导入 Button 的 UI，并设置为 Sprite（2D and UI），把按钮图片拖放到 Button→Image→Source Image 上，如图 10.50 所示。

Step27：调整 ARCamera 下的 Canvas 为 Scale With Screen Size 模式，如图 10.51 所示。

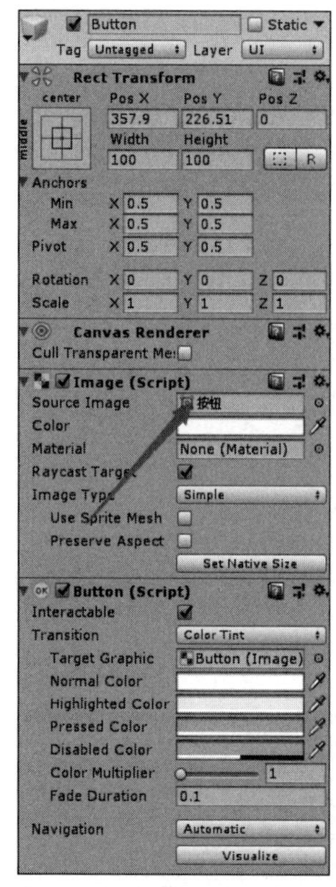

图 10.50 创建返回 Butto

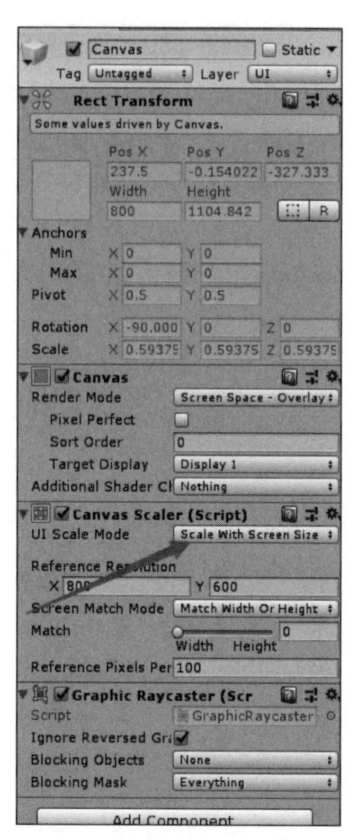

图 10.51 调整 Canvas 属性参数

Step28：调整分数 Text 和返回 Button 位置，如图 10.52 所示。

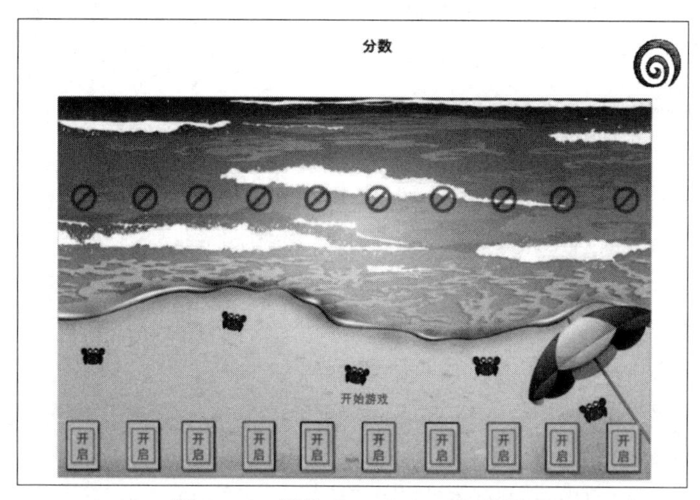

图 10.52 调整 Text 和 Button 位置

Step29：创建脚本 tuichu，将其挂载到 ARCamera→Canvas→Button 上，主要作用是返回到 Begin 场景。场景跳转主要有两种情况，一种是单击按钮事件，另一种是当获得分数达到一定数值后自动跳转场景到 Begin，代码如下。

```
using System.Collections;
using System.Collections.Generic;
using UnityEngine;
using UnityEngine.SceneManagement;

public class tuichu : MonoBehaviour {
void Update () {
        if (practice.i ==15)
        {
            SceneManager.LoadScene("Begin");
            practice.i=0;
        }
    }
    public void ClickPnGame()
    {
        practice.i=0;
        SceneManager.LoadScene("Begin");
    }
}
```

Step30：为返回按钮 Button 添加单击事件，如图 10.53 所示。

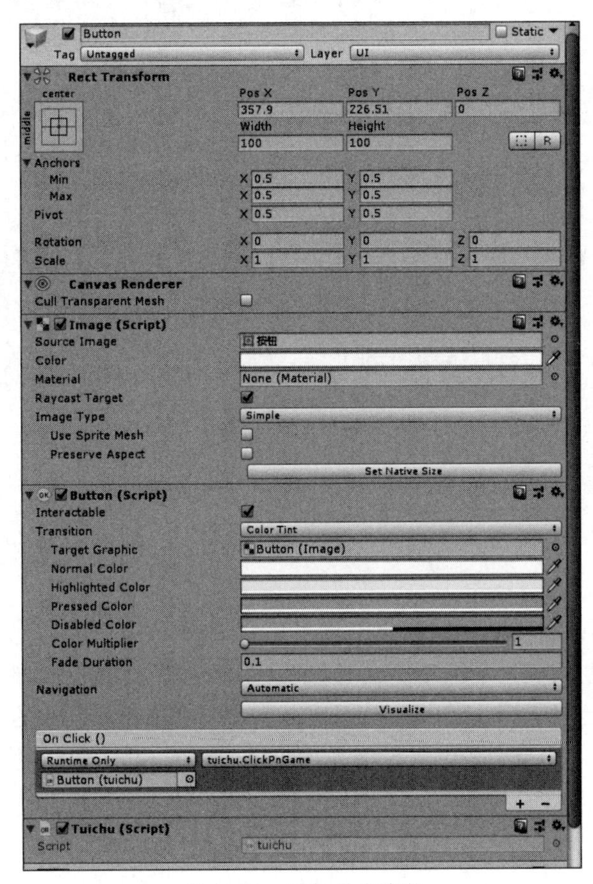

图 10.53 添加单击事件

10.4 项目测试

单击 Play 按钮运行测试,测试游戏运行效果如图 10.54 和图 10.55 所示。

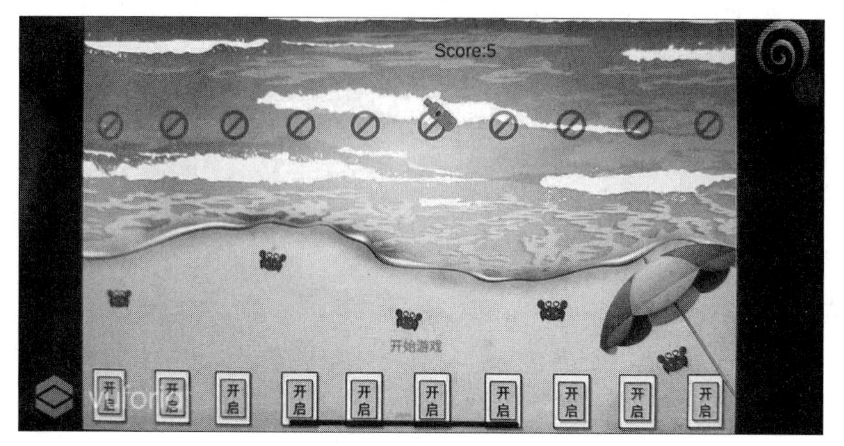

图 10.54　运行效果图 1

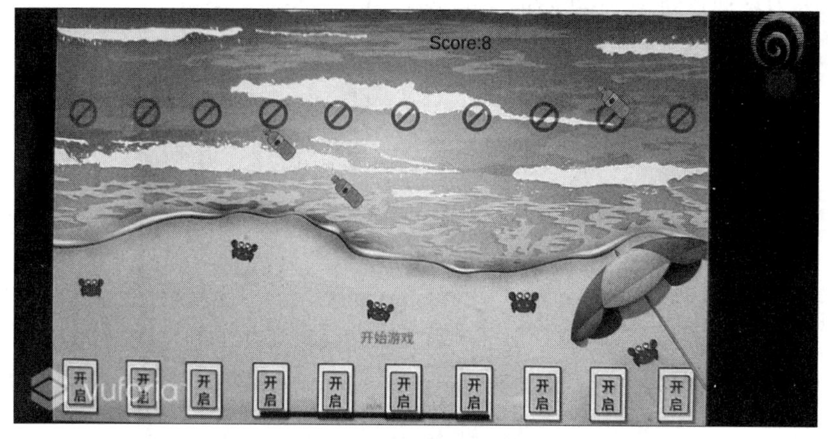

图 10.55　运行效果图 2

小结

增强现实技术通过将虚拟场景与真实场景进行结合,创造出一种全新的体验和交互方式,实现了虚拟现实与人们生活的零距离接触。本章讲解了实现一个综合项目——海洋垃圾拾取游戏的开发,复习巩固 Unity AR 开发的基本操作和各种特效的使用方法,更深入地理解使用 Unity 借助 Vuforia 平台进行增强现实应用开发,并了解项目开发的整个过程。

习题

设计制作一个简单AR小游戏——金币大战，如图10.56所示。在场景中通过摄像机扫描，随机出现若干金币，单击金币时可以将其捡起，在规定的时间内捡起足够的金币算通关，要求游戏最终发布到移动端测试。

图10.56　金币示意图

参考文献

[1] 李晔. Unity AR 增强现实完全自学教程[M].北京：电子工业出版社，2017.

[2] 蒋斌，胡小亮.计算机视觉增强现实应用程序开发[M].北京：机械工业出版社，2017.

[3] 苏凯，赵苏砚. VR 虚拟现实与 AR 增强现实的技术原理与商业应用[M].北京：人民邮电出版社，2017.

[4] 基珀，兰博拉.增强现实技术导论[M].郑毅，译.北京：国防工业出版社，2014.

[5] 张克发，赵兴，谢有龙. AR 与 VR 开发实战[M].北京：机械工业出版社，2016.

[6] 鲍虎军，章国锋，秦学英.增强现实原理算法与应用[M].北京：科学出版社，2019.

[7] 安福双.AR 革命[M].北京：人民邮电出版社，2018.

[8] 吴哲夫，陈滨. Unity 3D 增强现实开发实战[M].北京：人民邮电出版社，2019.